地质资源"双一流"学科建设经费资助

金属矿产系统勘查学

JINSHU KUANGCHAN XITONG KANCHAXUE

池顺都　编著

序

  进入20世纪70年代，由于遥感技术、计算机技术、全球定位系统、航空物探、区域化探等快速发展，获取信息、整理信息、传输信息能力的水平提高的同时，矿产勘查程序也发生了变化：由之前的主要是发动群众报矿、矿点检查和异常检查等方法，形成了"以点到面，连点成片"，进而转变为系统勘查的方法，即"快速扫面，面中求点，逐步缩小和筛选靶区"。

  池顺都教授编著的《金属矿产系统勘查学》，适应矿产勘查学的历史性的变化，在矿产系统勘查原则、地下矿藏的结构模型、矿藏各层次潜在含矿性地质前提与标志、矿产勘查工作的阶段性及与各矿产勘查工作阶段相对应的矿产勘查技术手段与工作比例尺等方面做出了系统全面的总结。同时，这本书中有关系统勘查的若干研究的内容具有参考价值，特别是本书的第三编，对具有重大工业意义的若干具体金属矿产，从Ⅱ—Ⅲ级成矿区（带）、矿田、矿床直至矿体的潜在含矿性准则——找矿地质前提和找矿标志做了详细的剖析，对于金属矿产的勘查有实际意义。本书是矿产资源系统勘查方面的学术专著，同时也是学习矿产资源勘查学的教学参考书。

  最重要的矿床赋存于地壳中具有最大异常地质结构性质组合的地段。全球性地质异常、区域性地质异常和局部性地质异常的套合地段是找矿最有利的地段。预测找矿工作，就是要循序渐进地寻找不同层次的地质异常的套合地段。

  在矿产勘查阶段，通过各种方法和途径依次圈定出与成矿有关的"致矿地质异常"，作为圈定成矿可能地段的依据。进一步筛选出可找到特定矿种、矿床类型的"专属致矿地质异常"以用于圈定出找矿可行地段。进而结合更多的找矿信息如物化探异常、典型围岩蚀变等，圈定"综合地质异常"以确定出更有希望找到预期类型矿床的找矿有利地段。再结合1：5万～1：1万比例尺的地质、物化探及遥感的综合研究及地表勘查工程取样可查明"矿化地质异常"用以圈定矿产资源体潜在地段。在经过深部勘查工程控制、基岩化探及物探测井等进一步获取有关信息后，可发现"工业矿化地质异常"以指导圈定矿体远景地段。

  池顺都教授治学严谨。他对矿产资源系统勘查的研究花费了毕生的心血。1986年

10月至1987年11月在苏联莫斯科地质勘探学院进修的研究方向就是找矿勘探中的系统分析。回国后,一直坚持研究,发表了一系列论文。

  在这里我要特别指出的,这本著作是他退休17年后完成的。生命不息,工作不止,这种精神是我所主张的。

赵鹏大

前 言

《金属矿产系统勘查学》终于脱稿了。

中国地质大学(武汉)资源学院每年春节前都要召开退休教师座谈会。在2017年的座谈会上,学院领导提出,支持老教师将一生研究所得写出来正式出版。矿产系统勘查是我退休前一直致力的研究方向之一。现在退休了,有大量的空闲时间,于是萌生了编写《金属矿产系统勘查学》的想法。

(一)

进入20世纪70年代,与矿产勘查有关的技术有了突飞猛进的进步:①3S技术,即空间定位系统[主要有全球定位系统(GPS)、中国北斗卫星导航系统(BDS)等]、遥感(RS)和地理信息系统(GIS),为目前对地观测系统中空间信息获取、存储管理、更新、分析和应用的三大支撑技术。②航空物探,常用的有磁、电磁、重力和伽马能谱测量,是短时间内能在大面积地区上进行连续测量的方法,在许多情况下,经济效率高、地质效果好。航空物探主要是从事小比例尺大面积的物探普查工作,由于GPS、BDS的迅速发展,可以实时地确定测量飞机的三维空间位置,其定位精度可达到分米级。物探测量仪器进一步小型化、智能化,操作简便。航空测量可获得与地面测量同等的效果。③区域化探的发展。上述诸方面发展成就,使矿产勘查出现了"快速扫面,面中求点,逐步缩小和筛选靶区"的系统勘查方法。

(二)

近年出版了一些矿产勘查学的教材,如《矿产勘查理论与方法》(赵鹏大等,2006)、《矿产勘查学简明教程》(池顺都,2012)、《成矿预测的理论与实践》(范永香等,2018)、《矿产勘查学》(叶松青等,2011)、《矿产资源勘查学》(阳正熙等,2017)等。这些教材涉及部分矿产系统勘查的内容,但是,尚无一本系统完整地论述矿产系统勘查的参考教材。

20世纪50年代以来的矿产勘查学的教学体系,源于苏联,将矿产勘查分为找矿与勘探两部分。那时勘查技术不发达,勘查工作主要是以地表地质研究、就矿找矿为策略,形成了"以点到面,连点成片"的战略。矿产勘查程序主要是发动群众报矿、矿点检查和异常检查等。预测找矿时,对矿产勘查技术手段和矿产潜在含矿性准则——找矿地质前提和含矿性标志的分析,没有按不同级别含矿单元展开。

进入 20 世纪 70 年代,由于遥感技术、计算机技术、全球定位系统、航空物探、区域化探等快速发展,获取信息、整理信息、传输信息能力的水平提高,在矿产勘查战略上以"快速扫面,面中求点,逐步缩小和筛选靶区"更为有效,同时,勘查程序也发生了变化。

显然,已有的教材已不能完全满足预测找矿工作系统的要求。

本书系统地对矿产系统勘查原则、金属矿藏结构模型、矿藏各层次潜在含矿性准则、矿藏各层次勘查技术手段等做出了全面阐述,介绍了数据处理的系统方法——局部预测中的系统分析和地球化学块体;对矿产系统勘查的若干研究,如赵鹏大的"5P"地段逐步逼近法和熊鹏飞、池顺都等的铜矿床勘查模式,苏联地质学家 А. И. Кривцов 等(1983)的"预测找矿组合"(ППК)作了介绍;对具有重大工业意义的若干金属矿产具体矿藏的含矿性准则作了剖析,其中包括豫西铝土矿,白银厂块状硫化物铜多金属矿,德兴斑岩铜矿,个旧锡多金属矿,铜陵矽卡岩型铁铜矿,胶东金矿,福建紫金山金、铜矿及鞍山-本溪地区"鞍山式"铁矿等。

(三)

矿产系统勘查的研究,花费了我毕生的心血。1986 年 10 月至 1987 年 11 月在苏联莫斯科地质勘探学院进修的研究方向就是找矿勘探中的系统分析。回国后,一直坚持研究,发表了一系列论文,其中主要有《系统分析在矿产普查勘探中的应用》(1985)、《苏联处理化探数据方法介绍》(1989)、《矿产勘查系统分析的理论与方法》(1990)、《矿产勘查模型建立的原则——以个旧锡多金属成矿区为例》(1991)、《研究和评价矿床的系统分析方法原理》(1993)、《斑岩铜矿的勘查模式》(1993)、《GIS 支持下的地质异常分析及金属矿产经验预测》(1997)、《云南元江地区铜矿 GIS 预测时的找矿有利度和空间相关性分析》(1998)、《应用 GIS 圈定找矿可行地段和有利地段——以云南元江地区大红山群铜矿床预测为例》(1978)等。

第三编"若干金属矿藏的含矿性准则"中有我从事矿产勘查工作的经验积累。例如,豫西铝土矿,我参与河南省有色金属地质二队 1966 年完成的历时一年多的河南省三门峡—巩义一带铝(黏)土矿普查工作。当我的大学同学吴国炎高级工程师告诉我,普查发现的一些矿点现在成为大、中型矿床时,我非常高兴。个旧锡多金属矿是我研究生论文的研究对象。我参与了由武汉地质学院、西南有色勘探公司 308 队等单位共同完成的《个旧锡矿勘探程度及勘探方法》的研究,是报告的主要编写人,先后在野外工作半年以上。参与"中国若干主要类型铜矿床勘查模式"课题的研究时,1995 年我去过德兴斑岩铜矿多次。多次带领本科生去铜陵矽卡岩型铁铜矿田实习。研究较深入的是在 2003 年,我完成了《铜陵市矿产资源总体规划研究报告》的地质部分,该研究报告获得好评。我在紫金矿业工作时曾多次去过福建紫金山金、铜矿。

（四）

这本书的写作得到了很多人的帮助。

我首先要感谢的是我的老师赵鹏大院士。他给予我学术方面的指导是多方面的。仅在系统勘查方面，他提出了在地质异常找矿理论基础上的"5P"地段逐步逼近法。我在他的指导下进行了研究。

我还要感谢 А. Б. 卡日丹教授。他是我在莫斯科地质勘探学院进修时的导师。他在 1984 年出版的《Поиски и разведка месторождений полезных ископаемых——научные основы поисков и разведки》及其他文献中，对找矿勘探中的系统分析有系统全面的论述，提出建立在系统分析基础上的评价矿床的定量方法。

我要感谢中国地质大学（武汉）资源学院及李建威院长对本书出版的大力支持。资源系的张晓军副教授在担任系主任时，为本书的出版付出了大量的心血，组织了多次讨论，提出了许多宝贵的意见。资源学院的吕新彪、曹新志、陈守余、魏俊浩、张均等教授也对本书提出了许多宝贵的意见。

中国地质大学出版社的赵颖弘编审、张燕霞编辑，为本书的出版付出了大量的心血。

还有许多没有提及的帮助过我的人，在此一并表示衷心感谢！

编著者

2019 年 4 月

目 录

第一编 金属矿产系统勘查概论

第一章 矿产系统勘查的产生与勘查准则 ………………………………………… (3)

第一节 矿产系统勘查的出现与发展 ………………………………………… (3)

第二节 科学技术高速发展是系统勘查出现的前提 ………………………… (5)

第三节 系统勘查是提高找矿效率的有效途径 ……………………………… (9)

第四节 矿产系统勘查原则 …………………………………………………… (12)

第二章 金属矿藏结构模型 ……………………………………………………… (15)

第一节 金属矿藏的不均匀性 ………………………………………………… (15)

第二节 金属矿藏的结构层次 ………………………………………………… (19)

第三节 金属矿藏各结构层次的描述 ………………………………………… (21)

第三章 矿藏各层次潜在含矿性准则 …………………………………………… (25)

第一节 成矿区(带)潜在含矿性准则 ………………………………………… (25)

第二节 成矿亚区(带)潜在含矿性准则 ……………………………………… (28)

第三节 矿田潜在含矿性准则 ………………………………………………… (29)

第四节 矿床潜在含矿性准则 ………………………………………………… (32)

第五节 工业矿带、矿体潜在含矿性准则 …………………………………… (35)

第四章 矿产勘查工作阶段 ……………………………………………………… (41)

第一节 成矿区划阶段 ………………………………………………………… (41)

第二节　区域地质调查阶段 ……………………………………………………………… (46)

第三节　矿产勘查阶段 …………………………………………………………………… (48)

第四节　开发勘探（矿山地质工作） …………………………………………………… (50)

第五节　矿产资源整装勘查 ……………………………………………………………… (50)

第五章　矿产勘查技术手段 …………………………………………………………… (53)

第一节　矿产勘查技术手段简述 ………………………………………………………… (53)

第二节　勘查地球化学、地球物理进展 ………………………………………………… (63)

第三节　技术方法有效组合若干案例 …………………………………………………… (68)

第六章　数据处理的系统方法 ………………………………………………………… (79)

第一节　局部预测中的系统分析 ………………………………………………………… (79)

第二节　地球化学块体 …………………………………………………………………… (89)

第二编　矿产系统勘查的若干研究

第七章　"5P"地段逐步逼近法 ……………………………………………………… (101)

第一节　地质异常找矿理论 ……………………………………………………………… (101)

第二节　"5P"地段逐步逼近法的提出 ………………………………………………… (102)

第三节　在 GIS 平台上圈定找矿可行地段和找矿有利地段

——以云南元江地区大红山群和昆阳群铜矿预测为例 ………………………… (104)

第四节　鲁西隆起区"5P"找矿地段的定量圈定与评价 …………………………… (113)

第八章　矿产勘查模型 ………………………………………………………………… (123)

第一节　矿产勘查模型的建立 …………………………………………………………… (123)

第二节　矿产勘查模型案例——德兴斑岩铜矿勘查模型 …………………………… (126)

第九章　预测找矿组合 ………………………………………………………………… (135)

第一节　建立最佳"预测找矿组合"的原则和方法 ………………………………… (135)

第二节　隐伏含铜黄铁矿矿床最佳"预测找矿组合" ……………………………… (138)

第三编 若干金属矿藏的含矿性准则

第十章 豫西铝土矿 ············(143)

第一节 铝土矿成矿亚区潜在含矿性地质前提 ············(143)
第二节 铝土矿成矿小区划分及潜在含矿性前提 ············(145)
第三节 矿带潜在含矿性地质前提 ············(152)
第四节 矿床潜在含矿性地质前提 ············(152)
第五节 矿体潜在含矿性准则 ············(155)

第十一章 白银厂块状硫化物铜多金属矿 ············(159)

第一节 北祁连成矿带地质概况 ············(159)
第二节 白银成矿亚区潜在含矿性准则 ············(162)
第三节 白银矿田潜在含矿性准则 ············(168)
第四节 矿床潜在含矿性准则 ············(178)
第五节 矿体潜在含矿性准则 ············(181)

第十二章 德兴斑岩铜矿 ············(184)

第一节 成矿带地质背景 ············(184)
第二节 乐-德成矿亚带潜在含矿性准则 ············(185)
第三节 德兴矿田潜在含矿性准则 ············(189)
第四节 矿床潜在含矿性准则 ············(195)
第五节 矿体潜在含矿性准则 ············(199)

第十三章 个旧锡多金属矿 ············(204)

第一节 滇东南锡多金属成矿带地质特征 ············(204)
第二节 成矿亚区潜在含矿性准则 ············(209)
第三节 矿田潜在含矿性准则 ············(216)
第四节 矿床潜在含矿性准则 ············(221)
第五节 矿体潜在含矿性准则 ············(225)

第十四章　铜陵矽卡岩型铁铜矿 ··(228)

　　第一节　长江中下游成矿带 ··(228)

　　第二节　铜陵铁铜金成矿亚区潜在含矿性准则 ·································(236)

　　第三节　矿田潜在含矿性准则 ···(244)

　　第四节　矿床潜在含矿性准则 ···(255)

　　第五节　矿体潜在含矿性准则 ···(260)

第十五章　胶东金矿 ··(267)

　　第一节　成矿背景及成矿区（带）划分 ···(267)

　　第二节　胶东金矿成矿亚区潜在含矿性准则 ····································(270)

　　第三节　V级成矿带潜在含矿性准则 ··(276)

　　第四节　矿田潜在含矿性准则 ···(281)

　　第五节　矿床潜在含矿性准则 ···(287)

　　第六节　矿体潜在含矿性准则 ···(293)

第十六章　福建紫金山金、铜矿 ···(301)

　　第一节　区域地质背景 ··(301)

　　第二节　矿田潜在含矿性准则 ···(304)

　　第三节　矿床潜在含矿性准则 ···(314)

　　第四节　矿体潜在含矿性准则 ···(323)

第十七章　鞍山-本溪鞍山式铁矿 ··(326)

　　第一节　华北陆块成矿省内鞍山式铁矿 ··(326)

　　第二节　鞍山-本溪成矿亚带 ··(328)

　　第三节　矿田潜在含矿性准则 ···(335)

　　第四节　矿床潜在含矿性准则 ···(339)

　　第五节　矿体潜在含矿性准则 ···(343)

主要参考文献 ··(348)

第一编　金属矿产系统勘查概论

系统分析方法将地下矿藏看成是具有不均匀结构的复杂系统。系统由假想不可分的相互有内在联系的不均匀单元组成。矿床的预测和找矿除了研究矿床本身,还要研究更大尺度的成矿单元——成矿区(带)、成矿亚区(带)和矿田;而进行地质勘探则要研究更小尺度的成矿单元——工业矿带(层)或含矿带(层)和工业矿层(矿体);开发(生产)勘探则要研究矿层形态独立地段(与单个开采块段相应的地段)。以上就是地下矿藏的不同结构层次。从小比例尺成矿预测、中比例尺成矿预测到大比例尺成矿预测,从矿产预查、矿产普查、矿产详查、地质勘探到开发(生产)勘探,不同的工作阶段,查明矿藏不同结构层次的对象,这就是矿产系统勘查。

第一章 矿产系统勘查的产生与勘查准则

第一节 矿产系统勘查的出现与发展

系统分析方法是指把要解决的问题作为一个系统,对系统要素进行综合分析,找出解决问题的可行方案的咨询方法。

系统分析方法来源于系统科学。系统科学是 20 世纪 40 年代以后迅速发展起来的一个横跨各个学科的新的科学学科。它是从系统的着眼点或角度去考察和研究整个客观世界的理论和方法。它的产生和发展标志着人类的科学思维由主要"以实物为中心"逐渐过渡到"以系统为中心",是科学思维的一个划时代突破。

1980 年 Б. А. 丘马钦科(Б. А. Чумаченко)等在《地区含矿远景地质评价的系统分析》一书中,将系统分析引入矿产资源的勘查评价中(Чумаченко и др.,1980;池顺都,1990)。矿产勘查过程是一个分阶段依次进行的动态过程。Б. А. 丘马钦科将矿产勘查分为地质测量、普查、评价和勘探 4 个工作阶段,每个阶段包括预测、设计、实施和评价 4 部分内容(图 1-1)。

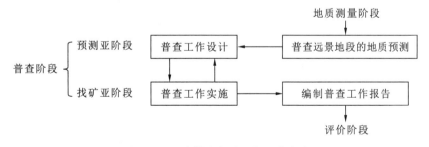

图 1-1 矿产勘查各阶段的基本内容

例如,根据上一阶段——地质测量阶段的工作成果开始了普查阶段的工作。在普查阶段,工作分为两个亚阶段:预测亚阶段,主要工作有普查工作设计和普查远景地段的地质预测;找矿亚阶段,主要工作有普查工作实施和编制普查工作报告。普查工作实施依据普查工作设计进行,而实施过程获得的信息,又可修改设计的不当之处。完成了全部的阶段工作后,进入下一阶段——评价阶段。这是矿产勘查各阶段勘查工作系统分析的例子(池顺都,

1985)。

Л. М. 那塔波夫等(1983)应用"АИПС/ЕС регион"信息系统预测东雅库特某地的锡矿化,获得的成果证明了用人机对话方法综合解释地质资料的预测研究具有比较高的可靠性(池顺都,1985)。

自20世纪60年代中期开始,苏联莫斯科地质勘探学院找矿勘探方法教研室在 А. Б. 卡日丹(А. Б. Каждан)教授的领导下,研究建立在系统分析基础上的评价矿床的定量方法,形成了独创的找矿勘探新学派。在他的《矿床找矿与勘探——找矿与勘探的理论基础》(А. Б. Каждан,1984)一书中,对系统勘查有不少的论述。

20世纪80年代,苏联的地质学家 А. И. 克里夫佐夫(А. И. Кривцов)等(1983)将系统分析引入矿产预测和找矿,研究了有色金属"预测找矿组合"(ППК)。所谓"预测找矿组合",指的是在系统分析的基础上,按照广义的矿产勘查过程循序渐进的原则,把确定找矿对象模型的原理,同矿产勘查工作的阶段性、不同阶段的任务、工作种类和最佳方法组合成一体的最优方案,其实质是实施矿产勘查工作的一种先进工艺流程。根据勘查工作阶段、勘查对象、勘查标志和勘查技术手段一致性的原则建立了矿产勘查工艺流程,从而萌生了矿产勘查工艺学。

20世纪90年代以来,我国矿床勘查学家开展了系统勘查研究。其中较重要的有赵鹏大的"5P"地段逐步逼近法和熊鹏飞等的铜矿床勘查模式。"5P"地段逐步逼近法由赵鹏大于1998年系统提出(赵鹏大等,1998)。它以系统论作指导,以地质异常找矿思路为出发点,从总结不同尺度、不同种类的地质异常指示找矿的作用角度而提出。逐步圈定成矿可能地段(probable ore-forming area)、找矿可行地段(permissive ore-finding area)、找矿有利地段(preferable ore-finding area)、矿产资源体潜在地段(potential mineral resources area)及矿体远景地段(perspective ore body area),简称为"5P"地段逐步逼近法。

熊鹏飞等(1995)的《中国若干主要类型铜矿床勘查模式》就是从矿产勘查工艺学出发对矿床勘查模式研究的专著。矿产勘查模式是在成矿规律研究和系统分析的基础上,考虑到勘查对象的主要找矿准则和产出条件而对某矿种一定工业类型矿产的勘查工作进程和方法组合的概括和总结。池顺都对勘查模式有较多的研究(池顺都,1990,1991,1995)。

从1993年开始,谢学锦等(2002)用综观全局的新思路将各省取得的数据置于一起观察,研究整个中国钨的分布模式,从而产生了套合的地球化学模式谱系的新概念。如果假定给出一个岩块的厚度(如1000m),那么就能够计算出整个岩块中金属的供应量,通过剖析它的内部结构就能够追踪金属聚集形成矿床的踪迹。谢学锦将面积大于和等于地球化学省的范围的巨大岩块定名为"地球化学块体"。

苏联莫斯科地质勘探学院 А. Б. 卡日丹和 В. И. 巴霍莫夫在20世纪80年代提出处理化探数据的方法——改进的逐步扩展滑动平均法(池顺都,1989)。为了评价研究区内的含矿远景,局部观测结果应当用原始资料逐步扩展的方法,扩展到样品周围的矿藏范围内。矿藏可划分为不同的结构层次,如矿体、工业矿带(矿体群)、矿床、矿田等。逐步扩展就是将原始资料按照结构层次逐步扩展。

第二节　科学技术高速发展是系统勘查出现的前提

进入 20 世纪 70 年代,矿产勘查科学技术高速发展。下述诸方面发展成就,使获取信息、整理信息、传输信息能力的水平提高,出现了"快速扫面,面中求点,逐步缩小和筛选靶区"的系统勘查方法。

一、"3S"技术的发展

空间定位系统[主要有全球定位系统(global positioning system,GPS)、中国北斗卫星导航系统(BeiDou navigation satellite system,BDS)等]、遥感(remote sensing ,RS)和地理信息系统(geographic information system,GIS)是目前对地观测系统中空间信息获取、存储管理、更新、分析和应用的三大支撑技术。由现代计算机技术和通信技术将遥感、空间定位系统和地理信息系统集成在一起,即"3S"技术,从而形成了一种有机的结合、在线的连接、实时的处理和系统的整体性。"3S"技术是地理空间信息技术体系中基本的技术核心。这三大技术有着各自独立、平行的发展成就。

1. 遥感技术(RS)

遥感技术是从人造卫星、飞机或其他飞行器上收集地物目标的电磁辐射信息,判认地球环境和资源的技术。遥感图像数据,一方面可提供高分辨率、高精度定位的立体地貌,可在前期踏勘阶段准确、迅速地查明地形、地貌、露头岩性组合和覆盖区地下构造的基本形态及断层延伸走向等信息;另一方面可利用它与地表、地下信息的相关关系,作为矿产勘查的信息源。

经过 30 多年的探索,遥感逐步发展成为对地观测的重要技术手段,当代遥感技术的发展主要表现在它的多传感器、高分辨率和多时相特征。遥感信息的应用分析已从单一遥感数据向多时相、多数据源的融合与分析过渡,从静态分析向动态监测过渡,从对资源与环境的定性调查向计算机辅助的定量自动制图过渡,从对各种现象的表面描述向软件分析和计量探索过渡。近年来,航空遥感具有的快速机动性和高分辨率特点,使之成为遥感发展的重要方面。

1970 年 4 月 24 日,第一颗人造地球卫星发射。1975 年 11 月 26 日,返回式卫星首次成功返回,得到卫星相片。20 世纪 80 年代,遥感技术发展空前活跃,"六五"计划中遥感被列入国家重点科技攻关项目。1988 年 9 月 7 日,我国发射第一颗"风云 1 号"气象卫星。1999 年 10 月 14 日,我国成功发射资源卫星。

2. 地理信息系统(GIS)

地理信息系统技术的兴起为信息的处理、信息的应用提供了强有力的工具。GIS 从空间数据的管理与分析的角度,可以真实地再现用空间数据和属性数据描述的地物实体,并建立实体-环境或实体-实体之间的空间关系,建立分析模型,提供决策依据。在认识上人们不再遵循从信息获取、信息处理到信息应用的僵硬模式,而是希望从信息应用的角度出发,设计一整套切实可行的信息描述方法,把信息获取、处理和应用有机地结合起来。遥感、地理信息系统与全球定位系统的综合集成势在必行:利用 GPS 的定位功能,快速准确地测量控制点坐标辅助遥感图像的几何纠正,大大提高了工作效率和精度;利用 GPS 的定位功能,快速准确获取目标点的坐标,并结合 GIS 大大提高了移动目标的管理能力。GIS 数据和 RS 数据相互结合显著增强了遥感对地面目标的识别能力和地理信息系统的空间分析预测能力。国内外主要的地理信息系统软件有 ArcGIS、MapInfo、MapGIS、GeoStar 等。

3. 全球定位系统

全球定位系统起始于 1958 年美国军方的一个项目,1964 年投入使用。20 世纪 70 年代,美国陆海空三军联合研制了新一代卫星定位系统 GPS,主要目的是为陆、海、空三大领域提供实时、全天候和全球性的导航服务,并用于情报搜集、核爆监测和应急通信等一些军事目的,经过 20 余年的研究实验,耗资 300 亿美元,直到 1994 年,全球覆盖率高达 98% 的 24 颗 GPS 卫星星座已布设完成。

中国北斗卫星导航系统是我国自行研制的全球卫星导航系统,是继美国全球定位系统(GPS)、俄罗斯格洛纳斯卫星导航系统(GLONASS)之后第三个成熟的卫星导航系统。中国北斗卫星导航系统(BDS)、美国 GPS、俄罗斯 GLONASS 和欧盟 GALILEO,是联合国卫星导航委员会已认定的供应商。北斗卫星导航系统定位精度 10m,测速精度 0.2m/s,授时精度 10ns。2012 年 12 月 27 日,北斗系统空间信号接口控制文件正式版 1.0 正式公布。中国北斗系统预计于 2020 年覆盖全球。

二、航空物探的发展

航空地球物理探测简称航空物探,是地球物理勘探技术与航空技术相结合的一门高新技术,其实质是将航空飞行器作为运载工具装载地球物理探测仪器在空中完成地球物理信息采集的方法,是一种快速获取并研究地球岩石圈,特别是与地壳有关的多种地球物理场信息(如磁场、电磁场、重力场、放射性场)的方法。目前常用的航空物探方法有磁测量、电磁测量、重力测量和伽马能谱测量,这些构成对地探测技术的重要组成部分。

航空物探的优点是短时间内能在大面积地区上(包括地面难以通行的地区,如沙漠、森林、海洋、高山区等)进行连续的测量,在许多情况下,经济效率高、地质效果好,主要是从事小比例尺大面积的物探普查工作。缺点是受飞机性能的限制,有些地区难以保证必需的低飞高度,并且需要有导航、定位设备,否则不能把空中测得的数据与地面位置联系起来。详细勘查的精度在很大程度上取决于定位的精确度:①首先是由于 GPS、BDS 的迅速发展,可以实时地确定测量飞机的三维空间位置,其定位精度可达到分米级;②物探测量仪器的进一步小型化,减轻了仪器的质量,可安装在不同类型的小型飞机或直升飞机上;③仪器逐步智能化,操作简便,航空测量可获得与地面测量同等的效果。

"十一五"以来,利用航空物探方法寻找矿产资源,尤其是寻找铁矿资源的工作又得到蓬勃发展,国家和社会对航空物探的需求迅速增大。在不少地区开展了大规模的高精度航空物探测量工作,同时加大了对航空物探异常的查证力度。异常查证取得了突破性进展,相继发现了一批在全国产生重大影响的铁矿,如辽宁桥头铁矿、弓长岭铁矿,河北迁安铁矿,山东济宁铁矿,安徽泥河铁矿,河南新蔡铁矿,山西呼延庆铁矿,西藏尼雄铁矿和新疆松湖南铁矿、坎苏西铁矿等(熊盛青,2009)。

一方面,需求的激增刺激了航空物探技术的快速发展;另一方面,航空物探的勘查能力受多种因素的限制,尤其是高分辨率、大探测深度的航空物探技术难以满足社会的需求。国家863计划重大项目"航空地球物理勘查技术系统"等的实施,在航空物探测量系统研制、集成,测量方法和信息处理技术及成果解释应用等方面取得了许多创新性成果,促进了中国航空物探技术的进步。

通过国家"十一五"863计划"航空地球物理勘查技术系统"重大项目以及国家有关专项的实施,中国航空物探技术取得了长足的进步(熊盛青,2009):开发集成了新型的航磁总场测量系统、航磁梯度测量系统、航空伽马能谱测量系统、航空频率域电磁测量系统和航空重力测量系统,与不同类型的运载飞机构成了各有特色的不同方法组合,并且配套建立了包括磁日变、差分GPS等多参数的地面同步观测系统,可承担中国全地域实施不同目标、不同尺度的航空物探任务,每年工作量在(40~50)万 km。

(1)航磁测量技术方面,研制成功新一代数字式航空氦光泵磁力仪,多通道实时软补偿、数字收录一体机和航磁水平梯度仪、航磁全轴梯度仪等。

(2)航空重力测量技术方面,集成了具有国际先进水平的航空重力测量系统并具备实际勘查能力,研究工作取得一定进展。

(3)航空电磁测量技术方面,完成了IMPULSE直升机六频航空电磁测量系统的引进与消化吸收,全面掌握了直升机航空电磁测量与解释技术,编制了相应的技术规程,通过国际合作、863课题和地质调查项目的实施已形成了实际生产能力,并成功应用于矿产勘查和地下煤火探测(熊盛青等,2006)。在时间域航空电磁测量技术方面,全面开展了时间域航空电磁测量系统的研制,目前已完成系统的整体设计,着手发射子系统和接收子系统的研制,已初步攻克了提高发射成功率的技术难关。

(4)航空伽马能谱测量技术方面,在引进GR-820航空多道伽马能谱仪的基础上,集成高灵敏度航空伽马能谱测量系统并形成勘查能力,在环境放射性调查和地质填图等方面取得了很好的应用效果。

三、区域化探的发展

区域化探全国扫面计划是一项科学研究与大规模调查密切结合的大科学计划。在20

世纪 70 年代为计划的提出进行了许多预研究。1978 年该计划得到国家地质总局的批准。批准后正式展开之前进行了 5 年的技术准备,包括拟定工作方法规范,举办培训班,研制多元素多方法分析系统,制备水系沉积物、土壤及岩石标准样,拟定分析质量监控方案以及对各种特殊景观地区野外工作方法进行研究。这项计划到 2008 年已进行了 30 年,覆盖了全国 700 余万平方千米,取得了数以千万计的 39 种元素的高质量含量数据,圈出了近 6 万个综合异常,从中初步筛选出万余个异常进行工程验证,迄今为止 3000 余处见矿(表 1-1)。根据这项计划提供的地球化学异常的线索找到了数百个新矿床,特别是金矿。所取得的海量数据还对基础地质研究、环境、生态及农业的研究提供了新的依据,并为国内外地球化学填图的思路与方法技术做出了极大的贡献,使中国的地球化学填图走在了世界的前列。

表 1-1 化探圈定的异常数及发现矿床数(据奚小环,2003)　　　　单位:个

五年计划	发现异常数	检查异常数	验证异常数	见矿数
"六五"(1981—1985 年)	5711	2042	741	679
"七五"(1986—1990 年)	4260	1570	661	689
"八五"(1991—1995 年)	19 870	3692	1074	756
"九五"(1996—2000 年)	7665	5648	1128	782
"十五"(2001—2005 年)	11 282	4671	614	443
合计	58 788	17 623	4218	3349

目前各省已将区域地球化学资料和地球化学图作为各省找矿工作部署、中大比例尺地质勘查工作部署及资源潜力预测的主要或重要依据。区域化探全国扫面计划取得的巨大科学成就、经济效益和社会效益已为国内外所承认(谢学锦等,2009)。

我国加强厚覆盖地区地球化学勘查技术研究。勘探地电化学方法越来越受到人们的重视,该方法能检测到迁移至距矿体几百米甚至数千米的地表金属元素。

1999—2009 年,中国区域化探发生了根本性的改变。基于成矿地球化学理论建立资源潜力地球化学评价方法和实行地质找矿定量预测,使勘查地球化学从单纯方法手段上升到指导地质找矿的理论高度,主要标志是在全国建立了完整的区域化探工作方法技术系统和实行样品分析质量全程监控。在区域化探高精度数据基础上绘制与出版了精美的地球化学图集,使区域地球化学图精确地反映地质背景分布与异常特征,促进区域化探数据信息深度开发和利用,建立从区域资源调查、普查到详查进行全过程独立开展资源调查、评价和预测的方法技术体系和工作程序。区域化探长期支撑中国地质找矿工作,是整个地质找矿工作的先导(奚小环等,2012)。

第三节 系统勘查是提高找矿效率的有效途径

一、寻找大型矿床是矿床勘查的要务

D. A. Singer(1996)对世界级金银铜铅锌矿床进行定量分析,引用的数据均出自经过勘探被认为具有开发价值、富含有用组分的矿床,尽管由于种种原因有些矿床目前尚未开采。列出的内容,包括矿床类型、产出国家、金属储量及所占金属资源总量的百分比等。统计表明,截至 1995 年,金、银、铜、铅和锌的探明资源总量分别为 19.3 万 t、174 万 t、15.2 亿 t、3.49 亿 t 和 7.13 亿 t。

D. A. Singer(1996)提出以金属拥有量最大的 10% 的矿床所对应的最低金属储量,作为界定世界级矿床(或大型矿床)的界线。按此分法,世界级金矿床,至少拥有 100t 的金;世界级银矿床,应拥有 2400t 以上的银;世界级铜、铅、锌矿床,应分别拥有 200 万 t 以上的铜、100 万 t 以上的铅和 170 万 t 以上的锌。

金储量在 1200t 以上的金矿床,仅占金矿床总数的 1%,而所拥有的金总量却占世界金资源总量的 57%(表 1-2)。这样的金矿床,似乎可以称之为超大型金矿床。类似的,超大型银矿床,应具有 22 000t 以上的银;超大型铜矿床,应具有 2400 万 t 以上的铜;超大型铅矿床,应具有 700 万 t 以上的铅;超大型锌矿床,应具有 1200 万 t 以上的锌。

对上述每种金属来说,98% 以上的金属储量均蕴藏在规模较大的 50% 的矿床中。金在 6t 以上的 50% 的矿床中,拥有 99% 的资源量;而另外 50% 规模较小的矿床,其金属拥有量仅占 1%,因此不可能对市场供应产生很大影响。

小型矿床,即另外 50% 规模较小的矿床,其金属拥有量仅为资源总量的 2% 左右。而介于小型矿床与大型矿床之间的矿床,可称之为中型矿床,这些矿床占矿床总数的 40%,它们所拥有的金属储量介于 13%(金)~27%(锌)之间。

表 1-2 金、银、铜、铅和锌金属拥有量最大的 **50%** 的矿床、**10%** 的矿床和 **1%** 的矿床所对应的金属储量百分比和金属储量下限(据 D. A. Singer,1996)

矿床种类		Au	Ag	Cu	Pb	Zn
金属储量最大的 50% 的矿床(中型矿床)	金属储量下限/t	6	100	6×10^4	7×10^4	11×10^4
	金属储量百分比/%	99	99	99	98	98

续表 1-2

矿床种类		Au	Ag	Cu	Pb	Zn
金属储量最大的10%的矿床(大型矿床)	金属储量下限/t	100	2400	2×10^6	1×10^6	1.7×10^6
	金属储量百分比/%	86	79	84	73	71
金属储量最大的1%的矿床(超大型矿床)	金属储量下限/t	1200	22 000	24×10^6	7×10^6	12×10^6
	金属储量百分比/%	57	37	34	30	25

数量只占少数的大、中型矿床,其拥有的储量和开采量占绝大多数。寻找大、中型矿床是矿床勘查的要务。

有不少人计算过,将各种矿产的已知含矿省的面积累计起来,也只占地球陆地面积的百分之几。

按照金属储量的大小,成矿省、成矿区、矿结[成矿亚区(带)]、矿田和矿床一样,可划分出小型、中型、大型和特大型。矿产的主要储量基本上取决于个别大型、特大型矿田和矿床的储量。

二、提高矿产勘查效率的途径

对众多的群众报矿点、矿点、异常点逐一进行工作,从中找出大、中型矿床。半个世纪之前,科学技术不发达,此方法应用较多,找矿概率太低。

根据矿藏统计分布规律,矿床、矿田、成矿亚区(带)、成矿区以及更大的成矿单元的储量规模之间,存在着正相关关系。要找到大矿床,我们先找大的矿田、成矿亚区(带)、成矿区以及更大的成矿单元。就是说,在大范围内,用较小的工作比例尺预测、找矿,找出大成矿区,然后在大成矿区范围内用较大的工作比例尺预测、找矿,找出大矿田,又在大矿田范围内用更大的工作比例尺预测、找矿,找出大矿床。这就是系统勘查,能提高找矿效率。

经研究发现:在小型成矿区内,以小型矿田和矿床为主,而大型的矿田和矿床多半出现在大型的成矿区内。

在地壳中含矿地段的分布是不均匀的。这取决于全球性、区域性和局部性的有利地质条件的综合影响。也只有当有利的全球性、区域性和局部性地质因素结合在一起时,才有可能在地壳的具体地段形成大型矿床。下面举几个实例。

1. 豫西铝土矿成矿亚区

豫西铝(黏)土矿划分为焦作黏(铝)土矿、三门峡-渑池-新安铝土矿、嵩箕铝土矿和宜阳-汝阳-鲁山铝(黏)土等4个成矿小区。其中最具成矿远景的是三门峡-渑池-新安铝土矿成矿小区。每个成矿小区又可划分出若干个矿带,如三门峡-渑池-新安铝土矿成矿小区可划分出七里沟-焦地铝土矿带、杜家沟-郁山铝土矿带和张窑院-下冶铝土矿带。量大质优的张窑院铝土矿床就产在张窑院-下冶铝土矿带内。

2. 乐-德成矿亚带

乐-德成矿亚带指江西境内乐华至德兴呈 NE 60°方向展布的有色金属贵金属成矿带,长 100km,北东端宽 12km,南西端宽 15km,平均宽 13km,面积 1300km²。带内分布着德兴、银山和金山 3 个大矿田。德兴铜矿田包括富家坞、铜厂、朱砂红等 3 个大型—特大型斑岩型铜(钼、金)矿床,矿化垂深达 1200m,主要矿体规模巨大、分布集中、形态规整、产状稳定,含矿率达 83%~92%。银山多金属矿田是一个火山岩-次火山岩-斑岩成矿体系。全矿田包括 5 个成矿区段(大型矿床)12 个矿带,矿化垂深已控制 1300m,圈定矿体近百个。其中主要矿体规模大、形态较规整、品位较稳定,并伴生多种有益组分可供综合利用。金山矿田包括金山、石碑、西蒋、西矿和蛤蟆石等 5 个构造蚀变岩型金矿床。已探明铜储量占中国铜储量的 17.5%,金约占中国已探明伴(共)生金储量的 37%,岩金储量约占 4%,铅锌数百万吨。

3. 长江中下游成矿带

长江中下游成矿带西起湖北鄂城,东至江苏镇江,自西向东依次分布有鄂东南、九瑞、安庆-贵池、庐枞、铜陵、宁芜、宁镇等 7 个成矿亚区,发育有数百个铁、铜、金、银、铅、锌矿床。其中铜陵成矿亚区铜金多金属矿床(点)集中分布于近乎等距的铜官山、狮子山、新桥、凤凰山、沙滩脚等 5 个矿田中。

4. 胶东金矿成矿亚区

根据宋明春等(2007),胶东金矿内划分的成矿亚区(带)有Ⅴ级成矿区(带):

(1)三山岛-仓上成矿带,有三山岛、仓上、新立等 3 个特大型、大型金矿床。

(2)龙(口)-莱(州)成矿带,有新城、焦家、河西等 3 个特大型金矿床及河东、东季、上庄、望儿山、马塘、寺庄等一批大、中型金矿床。

(3)招(远)-平(度)成矿带,有玲珑、台上、大尹格庄等 3 个特大型金矿床及曹家洼、夏甸、姜家窑、张格庄、旧店等一批大、中型金矿床。

(4)牟(平)-乳(山)成矿带内有邓格庄、金青顶、西直格庄、金牛山等大、中型金矿床及福禄地、唐家沟、初家沟等数十个小型金矿床。

(5)栖(霞)-蓬(莱)-福(山)成矿区,小型矿床、矿(化)点密集成片分布,有的已达或接近大、中型金矿床规模,矿床集中分布于蓬莱市东部及栖霞市中部地区。

(6)胶莱盆地周缘成矿区。

根据上述分析,可采用"快速扫面,面中求点,逐步缩小和筛选靶区"的勘查战略。为了提高勘查效果,在矿产勘查工作中引入系统分析。首先应当评价地壳较大地段——相当于成矿亚区(带)尺度的含矿性,划分出潜在成矿亚区(带);再在有利找矿地段,如在Ⅰ、Ⅱ号成矿亚区(带)内加密网度,开展预测找矿工作,找出矿田和矿床。从区域地质调查到预查、普查、详查和勘探,循序渐进地开展矿产勘查工作。这种工作方法可以大大地提高矿产勘查效率。

第四节 矿产系统勘查原则

矿产系统勘查的主要原则有:循序渐进原则,工作阶段和查明对象一致原则,尺度对等原则和不同级别含矿系统套合原则。

一、循序渐进原则

遵循循序渐进原则,从整体到局部对矿藏进行研究。在矿产预测和找矿、勘探过程中,对象由Ⅲ级成矿区(带)到矿田、矿床至矿体,相应的工作比例尺由1:100万到1:2000,逐步地缩小靶区。

矿产资源区域调查阶段,因相邻观测点之间的距离很大,只能查明含矿产物及围岩的相当大的构造单元。在未查明不均匀单元之间联系的特点之前,只能对被研究系统的内部不均匀性做出判断。随着相邻观测点之间的距离缩小,可以查明单元的空间方位,并逐渐形成有关研究对象不均匀结构的概念,然后确定单元之间的主要联系,此后才有可能转入下一个更高结构层次的调查研究。

要想做好在勘探工作的早期舍弃大多数矿点和小型矿床的工作,就应不打折扣地实行循序渐进的原则。事实上,只利用矿床层次的含矿性准则是不可能完成任务的,因为矿床含矿性准则不包含按照不同规模划分含矿性表现的信息。为了解决这个问题不仅必须知道矿床层次的潜在含矿性准则,还需知道更高层次的含矿系统——矿田、成矿亚区(带)及成矿区(带)的含矿性准则。

矿产勘查工作的目的是发现有工业价值的矿床,它是从矿产预测开始的。在已完成的区域地质调查和物探、化探、遥感工作的基础上,开展矿产预测研究,圈定找矿远景区,对部署与工作比例尺详细程度相应的找矿工作提出论证,然后,转入普查、详查和勘探。矿产勘查工作的阶段性体现了循序渐进原则,即逐阶段地缩小面积,提高工作详细程度。

二、工作阶段和查明对象一致原则

每一阶段工作,必须遵守工作阶段和查明对象一致的原则。这种对象相当于不同级别的预测单元。工作阶段与查明对象的一致性如表1-3所示。根据循序渐进原则和一致原则,形成了复杂的由若干亚系统组成的矿产勘查工作系统。结合我国具体的矿产勘查阶段的划分,矿产勘查基本框架中的工作阶段、查明对象及工作比例尺建议按照表1-3所推荐的进行。

表1-3 大部分金属矿产的不同结构层次等级及勘查工作阶段表

矿产调查、勘查工作阶段	结构层次等级	划分比例尺	研究比例尺
区域1:100万~1:50万地质、地球物理调查	成矿区(带)	1:100万~1:50万	1:25万~1:10万
区域1:25万(1:10万)地质测量及物化探工作	成矿亚区(带)	1:25万~1:10万	1:5万~1:2.5万
1:5万矿调及预查	矿田	1:5万~1:2.5万	1:1万~1:5000
普查工作	矿床	1:1万~1:5000	1:2000
详查工作	工业矿带	1:2000	1:500
地质勘探工作	矿体	1:500	1:100
开发勘探工作	矿体形态独立地段	1:100	1:20

表1-3中的勘查工作阶段,与我国区域地质调查阶段和矿产勘查阶段的划分是一致的。结构层次等级列出的是大多数的情况,在成矿亚区(带)与矿田之间,在有些具体的地区,还可以划分出Ⅴ级矿带或成矿小区。在这类地区进行大比例尺区域地质(矿产)调查时,往往将查明Ⅴ级矿带或成矿小区作为重点,至于划分比例尺和研究比例尺只具参考意义。

三、尺度对等原则

尺度对等是区域预测、找矿、勘探工作中的普适原则,是在各个工作环节都应遵循的原则,主要包括以下几个方面。

1. **对象-准则尺度对等原则**

据此原则,对象的尺度与用以预测对象的潜在含矿性准则的尺度要对等(表1-3),也就是说,预测成果的比例尺要与原始资料的比例尺对等。例如,预测的对象是潜在矿田,研究比例尺采用1:5万,这时获得潜在含矿性准则的所有图件都采用1:5万比例尺。

2. **模型区(已知区)-预测区(未知区)尺度对等原则**

据此原则,要求在已知区建立预测模型所采用的潜在含矿性准则,在预测区(未知区)一定都能获取。在已知区即使有大量更大尺度的详细信息,由于在预测区不可能得到,也不能用来建立预测模型。模型区(已知区)与预测区(未知区)尺度要一致,如矿体的含矿性地质前提和含矿性标志不能用于矿床或矿田的预测。此外,露头矿床的预测准则也不可能用于隐伏矿床的预测。

3. **方法-准则尺度对等原则**

为了保证根据某一种准则或某一组准则发现勘查对象,必须在相应的勘查工作阶段中采用一定的工作方法。例如,在模型区确定1∶5万比例尺发现潜在矿田的预测准则中,化探异常是最重要的准则之一。在未知区开展找矿工作时,选用化探方法的比例尺也应为相同的比例尺(1∶5万),使之尺度对等。至于具体的化探方法用水系沉积物测量还是土壤测量,则可视工作区的具体条件而定。

四、不同级别含矿系统套合原则

不同级别含矿系统套合条件,即全球的、区域的和局部的含矿性标志在空间上并存,是肯定地预测矿化的最重要条件。只有分布在大矿田范围内,才能有效、可靠地预测大、中型矿床。相应地,大矿田只有在大成矿亚区(带)的范围内才被预测出来。

在上述含矿地域之外,即使所有的找矿前提和找矿标志都十分有利,也只能发现小矿床和矿点。各种含矿系统的套合是有效预测的必要条件。

为了有效预测,必须研究相邻等级层次的成矿单元的预测评价关系。这个要求在逻辑上是这样得出的:在统一的成矿作用下,在不同规模上都应该有所表现;成矿作用在不同的等级层次上出现应互为条件。由于较高等级层次对象的预测评价的结果对较低等级层次对象的评价有重要意义,并能决定局部预测的结果,所以在预测时,不能只研究矿床结构层次的含矿性准则。查明相邻结构层次成矿单元的套合越完全,就越有可能出现大的局部含矿地段,反之亦然。

各种不同层次(如矿床、矿田)异常面积的套合程度可以作为确定矿藏局部地段远景的标准。

第二章 金属矿藏结构模型

第一节 金属矿藏的不均匀性

矿藏是埋藏在地下的各种天然矿物资源。任何研究尺度，小至岩石、矿物颗粒，大至地球壳层，矿藏都具有复杂的不均匀结构。进行矿产勘查必须研究矿产自然聚集体的不均匀性、各向异性、韵律性或者分带性，这些性质对于选择勘查方法、勘查工作条件的优化和客观地解释所取得的资料是必要的。研究矿藏的不均匀性与研究其围岩的不均匀性密切相关。为此，必须了解岩石不均匀性的地质特点、它们呈现的规模、样品及观测网的大小对所研究性质评定的影响。

一、金属矿藏和围岩的不均匀性及地质背景

岩石的原生不均匀性的产生与其形成时期有关。沉积岩的原生不均匀性是由于沉积条件的变化造成的，表现为各种成分的岩层的交替和沿走向、倾向发生的相变。每个薄层结构的不均匀性表现为岩石成分的局部变化及不同成分和厚度的细小夹层在走向和倾向上交替出现。薄层本身又聚集为不同成分和结构的岩层，岩层则聚集为岩段，岩段聚集为地层、岩组和岩系，于是决定了不同结构层次上所表现的沉积岩剖面的韵律性。

岩浆岩体的原生不均匀性取决于它们形成的条件，表现为岩石成分、结构和构造的变化。

岩石原生的不均匀性特征，在构造变形、成岩作用、变质作用的影响下发生了根本性的改变。成岩作用阶段，在沉积物中形成了透镜体、结核体、层状结核体等；后生作用阶段发生石化作用和岩石结构构造的全面改造。在构造变形、区域变质、接触变质和热流变作用的影响下，岩浆岩和沉积岩的不均匀性表现为各种不同构造形态。

矿藏的不均匀性取决于生成条件。同生矿藏的不均匀性取决于围岩的形成条件；而后生矿藏的不均匀性则取决于矿体围岩的性质、构造和成矿作用的特点。围岩和控矿构造的良好渗透性、成矿作用稳定的物理化学条件和周围环境平静的构造条件，会使矿藏的不均匀

程度减弱;反之,在容矿构造复杂和孔隙、裂隙发育的地段,则矿藏分布不均匀。成矿的物理化学条件有局部变化,内生成矿作用的脉动性和构造状态不稳定都会加剧矿藏不均匀程度。

由于原生矿藏的破坏、再沉积或变化,矿藏及围岩的后生改造会使原来形成的构造发生局部或整体的改变。这样,就会形成硫化物矿床的氧化带、次生富集带和风化壳矿床、变质矿床以及成矿后构造极其复杂的各类矿床。因此,研究矿藏的不均匀性和结构应该在分析该地区地壳发展史的基础上进行,并应联系到围岩的不均匀性情况。

矿藏的不均匀性研究是在矿产勘查时按一定的比例尺逐步进行的,其比例尺根据每一个工作阶段的工作任务确定。

二、研究不均匀性的抽样方法

在循序地探求矿藏矿化地段的不均匀程度、各向异性和结构的过程中,随着工作的细化,必然会导致在每一个不均匀单元内,划分出许多更小的结构单元,这就意味着结构研究进入到一个新的、更深入(或更高)的水平。另一方面,每个勘查对象均可以看作是更大体系的不均匀单元,也就是说是某一个更大总体中的一部分。在矿产勘查中采用系统方法,能够建立适用于定量描述、查明它们之间相互关系的通用的结构模型。

可以在与选定的研究比例尺相应的任意结构层次上研究含矿系统的性质,是系统方法的优点之一。

(一)含矿系统的重要性质

含矿系统的重要性质可以概括为:

(1)系统的形态特征、取向,其中包括所研究性质的最大变化方向,取决于其地质构造的各向异性和对称性;

(2)系统结构的分带性和韵律性;

(3)在研究范围内含矿体系最重要性质的空间变化特征;

(4)该结构层次上的含矿形成物与围岩地质单元的关系(特别是与围岩层理或节理的关系);

(5)在该结构层次的系统范围内含矿产物的典型组合、数量关系和矿石饱和度(产矿率)指标。

(二)认识矿藏的抽样方法

矿藏的不均匀结构在任何研究尺度内部都有所表现,但要进行观测实际上几乎办不到。正是由于这个原因,认识矿藏最主要的是抽样方法。有关研究对象的成分和结构的概念,主要取决于矿藏的自然特性。

大家都熟悉,划分矿床的勘查类型的依据主要是矿藏的自然特性。不同的矿产勘查阶段,以不同的勘查网密度进行勘查。根据所取得的资料圈定"矿体",求取不同资源/储量类型的矿量,同时也得到了有关研究对象的成分和结构的概念。在传统圈定"矿体"概念里,所圈定的不一定是矿体,有可能是工业矿带、矿层形态独立地段或其他结构层次。如果勘查类型的论证正确,则不均匀层次与其工作阶段相对应。详查阶段与工业矿带相应;勘探阶段与矿体(层)相应;开发勘探阶段与矿层形态独立地段相应。也有由于矿藏构造比较简单、连续性好,划分出的结构层次较少的情况。

1∶5万矿调及预查,区域1∶25万~1∶10万地质测量及物化探工作,区域1∶100万~1∶50万地质、地球物理调查也是用抽样观测的方法。所获得的地质、物化探资料具有不同的精度,可用于相应比例尺的成矿预测,也就是说,可预测相应结构层次的矿藏。

(三)矿藏内部结构的复杂性

金属矿藏的结构层次数反映出矿藏内部结构的复杂性。А. Б. 卡日丹(1984)指出,根据矿藏的自然特性,矿床构造可划分出1~6个结构层次。层次的多少将客观地反映出其内部结构的复杂性。例如,同生矿床的构造不均匀性许多只反映在矿物集合体的结构层次上,少数在矿产局部分隔的层次上有所表现,在更低的级别上可将其看作是具有块状构造,假定其内部均一的岩层;而后生矿床的不均匀性表现为有数量较多的结构层次,并随着矿化间断程度的增加而增加(表2-1)。类似方法可以用于评价矿田、成矿亚区(带)等矿藏的更大矿化地段。

表2-1 各种成因类型矿床结构层次数量变化示意表(据 А. Б. 卡日丹,1984)

结构层次	不均匀单元	矿床					
		同生的			后生的		
		块状的	带状的	连续的	间断的	强间断的	极间断的
工业矿带(层)	矿体(层)	在这些构造层次中认为矿床在内部构造是有条件均一的			在工业矿带(层)层次上表现出不均匀性		
矿体(层)	形态独立地段				在矿体(层)层次上表现出不均匀性		
形态独立地段	矿产局部堆积				在矿层形态独立地段层次上表现出不均匀性		
矿产局部堆积	矿物集合体				在矿产局部堆积层次上表现出不均匀性		
矿物集合体	矿物集合体	在矿物集合体层次上表现出不均匀性					

含矿系数(K_p),反映的是在全部工业矿层的体积中,矿石总体积所占的份额。考虑到不连续结构矿层的结构复杂性和矿石饱和度,根据含矿系数的大小,将其划分为三类:高矿石饱和度、中矿石饱和度和低矿石饱和度。①具高矿石饱和度(K_p为0.7~1.0),矿层具有相对简单的内部结构,只在一个结构尺度上表现出不连续性。在圈定范围内实际上连续矿化,分布有孤立的夹石(图2-1A)。典型的高矿石饱和度矿床有许多,如铁矿床、铝土矿床、铜矿床、铜镍矿床、多金属矿床等。②具中矿石饱和度(K_p为0.25~0.7),矿层具有复杂的内部结构,在两个以上结构尺度上表现出不连续性。矿产堆积相互孤立,并具大小不同的尺寸。小块孤立的矿石堆积经常组成较大的矿块(图2-1B)。具有这种结构的矿床有汞矿

床、铀矿床、金矿床、脉状钨矿床、钼矿床和锡矿床等。③具低矿石饱和度（$K_p \leq 0.25$），矿层具有复杂的内部结构，在若干个结构尺度上表现出不连续性。空间上分隔的小的有用矿物堆积形成一个个矿巢（图2-1C）。典型的低矿石饱和度矿床有云母矿床、压电光学原料矿床、宝石矿床、一些金矿床及其他矿床。

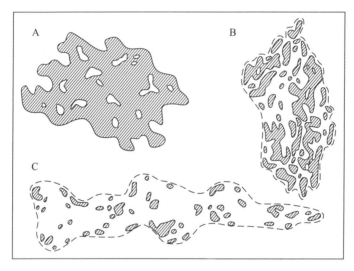

图2-1 矿层不连续结构

矿石饱和度：A. 高；B. 中；C. 低

（四）观测网密度、样品规格和长度的影响

认识矿藏最主要的是抽样方法，因此有关研究对象的成分和结构的概念，还取决于观测网的密度、样品的规格和长度。

从图2-2可以看出样品的长度对矿藏结构认识的影响。矿藏的不均匀性具有相对性。

А. Б. 卡日丹（1984）指出：当不均匀单元的线性规格（如图2-2上的网脉密集带的宽度）比样品的线性规格小很多倍，而且它们在每个样品中的总数很大，则可得到研究对象结构均匀的概念。如果不均匀单元的线性规格是样品长度的1/3～1/2，而且在样品中数量较少，则研究对象结构不均匀性可用统计的方法评价。如果不均匀单元的线性规格大于样品的规格，则不均匀性的统计学性质受整个岩体结构特点的影响变得模糊。在这种情况下，除了统计学的不均匀性外，还出现了低级别的地质不均匀性，反映出更大构造单元的特征。例如网脉状矿床，作为不均匀单元的各条细矿脉、浸染状细带及其间脉石，其尺度不超过10cm，那么只有根据样长小于10cm的样品才能得到有关网脉状矿床地质不均匀性的认识；样长为0.1～2m的样品将提供判断统计不均匀性的原始资料；而根据样长大于2m的样品，网脉状矿体的结构可认为是均匀的。

由上述可知，样品的尺度会影响对矿藏结构的认识。例如，网脉状矿层，如果样品的尺度明显地大于矿脉和脉石的宽度，则根据分析结果圈定出的矿层的构造是均匀的；如果样品的尺度与脉宽相近或更小,则根据分析结果可圈定出矿脉及其间的脉石,也就是说其构造是不均匀的。为了不会因大尺度样品得到的构造均匀的结论与网脉矿层实际情况相矛盾,要用部分小尺度的样品,反映出局部矿化特征。

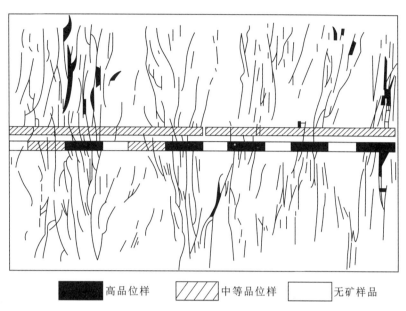

图 2-2　网脉矿的结构连续性与样品长度的关系(据 А. Б. 卡日丹,1984)

第二节　金属矿藏的结构层次

系统分析方法将地下矿藏看成是具有不均匀结构的复杂系统。系统由假想不可分的相互有内在联系的不均匀单元组成。每一个结构单元随着观测密度的提高,总能划分出更小的相互联系的结构单元,组成新的更高序次的独立系统。显然,在观测密度较稀时,该系统本身又可看作是更大系统的结构单元,也就是说地下矿藏是由一系列并列或从属的系统组成的等级体系。

为了便于在每一个性质属同类的结构层次上进行矿产勘查,必须按规模划分一系列的含矿地质体及围岩的结构层次。多年的地质填图的实践经验表明,循序采用小比例尺 1∶100 万(1∶50 万)、中比例尺 1∶20 万或 1∶25 万(1∶10 万)、大比例尺 1∶5 万(1∶2.5 万)是合理的。对于大部分矿石矿床,更大的 1∶1 万(1∶5000)比例尺用于矿田的地质填图,1∶2000(1∶1000)比例尺用于矿床的地质填图,而 1∶500(1∶200)及 1∶100 比例尺用于工业矿带及矿体的地表与地下的填图。

根据已经选定的观测比例尺,可以确定该地段适宜于构造研究的层次。而不同比例尺的层次组合则构成了地质单元的谱系。

例如,一般小比例尺地质填图时图上的地层单位是界、系(群、组);中比例尺地质填图时,图上的地层单位是系、统、阶(组、段、带);大比例尺地质填图时,图上的地层单位是统、阶(组、段、带)。矿床的地质填图在地层中可划分出岩段;在岩段中可划分出不同岩层;在更大比例尺的研究时,岩层中可划分出薄层或夹层。岩浆岩在中、小比例尺地质填图时,图上只能反映出岩基、大岩体、杂岩体及超单元、岩脉群;大比例尺地质填图时还能反映出不同的岩体及其岩相分带;小比例尺地质填图时,可划分出不同的火山岩带。火山机构只能在大比例尺的图上反映出来。不同比例尺的图件上反映的地质构造形态的尺度与其工作比例尺相对应。

考虑金属矿藏结构和自然特点,含矿体分布的自然规律和含矿体的常用比例尺,А. Б. 卡日丹(1984)划分了12个结构层次:①有用矿物颗粒、晶体或碎屑(Зерно,кристалл или обломок полезного минелала),②由有用矿物颗粒所组成的矿物集合体(Минеральный грегат,состоящий из зерн полезного минелала),③矿产局部堆积(开采时的分采地段)[Локальное скопление полезного ископаемого(объём селекции или добычи)],④矿层形态独立地段(与单个开采块段相应的地段)[Морфологически обособленный участок(болок)залежи полезного ископаемого],⑤工业矿层(矿体)[Продуктивная залежь(Тело) полезного ископаемого],⑥工业矿带(层)或含矿带(层)[Продуктивная(Минерализованная) зона(толща)полезного ископаемого],⑦矿床(Месторождеие полезного ископаемого),⑧矿田(Рудное поле),⑨矿结(Рудный узел),⑩成矿区(Рудный район),⑪成矿域(Металлогеническая область),⑫成矿省(Металлогеническая провинция)。

1980年地质矿产部向全国发布了"成矿远景区划基本要求"。"要求"中规定了成矿域(Ⅰ级)、成矿带(Ⅱ级)、成矿亚带(Ⅲ级)、矿田分布区(Ⅳ级)、矿田(Ⅴ级)的五级划分法和划分要求,开拓了成矿区(带)研究的整体概念。

2000—2003年,以陈毓川为首的一批区域矿产地质学家,对全国成矿区(带)作了整体研究,确立了将成矿区(带)正式命名为成矿域(Ⅰ级)、成矿省(Ⅱ级)、成矿区(带)(Ⅲ级)、成矿亚区(带)(Ⅳ级)和矿田(Ⅴ级)的五级划分法,在全国范围内划分出5个成矿域,16个成矿省,80个成矿区(带)(陈毓川等,2003)。

宋明春等(2015)在全国Ⅰ—Ⅲ级成矿区(带)划分的基础上,根据山东省矿产资源分布规律,将Ⅳ—Ⅵ级成矿区(带)划分成了成矿亚区(Ⅳ)、成矿小区(Ⅴ级)和矿床集中区(Ⅵ级)。笔者认为,他们所说的矿床集中区,实际上就是矿田。

笔者在豫西铝土矿、白银厂铜多金属矿、鞍山—本溪地区鞍山式铁矿都划分出成矿小区或Ⅴ级成矿带。

综上所述,成矿区(带)划分有五分法和六分法两种方案(表2-2)。

成矿域属洲际性的成矿单元,受全球性地质构造区(带)所控制,受控于特定的构造旋回及伴随的成矿旋回。成矿省的划分是建立在区域成矿学和全国矿产分布的实际资料基础上,按地质构造的演化过程出现的成矿地质环境标定的。

表 2-2 成矿区(带)划分方案表

方案提出者	А. Б. 卡日丹(1984)	地质矿产部(1980)	陈毓川等(2003)	宋明春等(2015)	本书
方案	五分法			六分法	
Ⅰ级	成矿省	成矿域	成矿域	成矿域	成矿域
Ⅱ级	成矿域	成矿带	成矿省	成矿省	成矿省
Ⅲ级	成矿区	成矿亚带	成矿区(带)	成矿区(带)	成矿区(带)
Ⅳ级	矿结	矿田分布区	成矿亚区(带)	成矿亚区	成矿亚区(带)
Ⅴ级	矿田	矿田	矿田	成矿小区	成矿小区或Ⅴ级成矿带
Ⅵ级				矿床集中区	矿田

矿产勘查的实践中一般只涉及从成矿区(带)到矿层形态独立地段(与单个开采块段相应的地段)这几个结构层次。此外,我国的地质术语中,很少用苏联使用的矿结这个术语。

结合我国的具体情况,在进行系统勘查时,往往涉及如下等级的矿藏结构层次:①矿层形态独立地段(与单个开采块段相应的地段),②工业矿层(矿体),③工业矿带(层)或含矿带(层),④矿床,⑤矿田,⑥成矿小区或Ⅴ级成矿带,⑦成矿亚区(带)[Ⅳ级成矿区(带)],⑧成矿区(带)[Ⅲ级成矿区(带)]。

上述等级的矿藏结构层次中,并不是所有的矿藏类型(如成矿小区或Ⅴ级成矿带)都可能被划分出来的。А. Б. 卡日丹(1984)指出,层次的多少将客观地反映出其内部结构的复杂性。同生矿床的构造不均匀性许多只在矿物集合体的结构层次上,少数在矿产局部分隔的层次上有所表现。在更低的级别上可将其看作是具有块状构造,假定内部均一的岩层,工业矿带(层)或含矿带不一定能划分出来。而后生矿床的不均匀性表现为有数量较多的结构层次,并随着矿化间断程度的增强而增加(表 2-1)。

第三节 金属矿藏各结构层次的描述

目前,对成矿区的划分和命名原则不太一致。有的以一、二级大地构造单元或构造体系划分为全球性成矿区(带),如太平洋成矿带、特提斯成矿带等;有的是以地槽区或褶皱带作为划分成矿带的单位,如我国内蒙海西成矿带、长江中下游中生代成矿带,国外如乌拉尔成矿带、安第斯成矿带等。

下面对Ⅲ级成矿区(带)到矿层形态独立地段的金属矿藏各结构层次作一简要描述。

1. 成矿区（带）[Ⅲ级成矿区（带）]

成矿区（带）是以Ⅲ级构造单元或构造体系划分为成矿区（带）。有时，成矿区（带）以一种或一组相关的矿产来表示，如华南钨锡成矿区、长江中下游铁铜成矿区等。成矿区（带）的成矿特征是由区域地质构造、地质发展史、地球化学背景以及地壳深部构造特征决定的。不少成矿区（带）具有多旋回的特征，如我国华南成矿区、祁连山成矿区等。

成矿区（带）的面积达数千平方千米或数万平方千米。在成矿区（带）的范围内可能有许多分散的矿点、小型矿床，甚至有不大的没有工业价值的矿田。但是成矿区（带）内一般总是有两个或更多建造类型的典型矿床，构成统一的成矿系列。这些矿床的形成可能与一个或几个成矿期有关。

2. 成矿亚区（带）[Ⅳ级成矿区（带）]

成矿亚区（带）是以Ⅳ级构造单元或构造体系划分为成矿区（带）。成矿区（带）的面积达数百平方千米或数千平方千米。在成矿亚区（带）的范围内可能有许多分散的矿点、小型矿床，甚至有不大的没有工业价值的矿田。但成矿亚区（带）内一般总是有一两个建造类型的典型矿床，构成统一的成矿系列。在很多情况下，成矿亚区（带）是某些矿产的集中产区，是开展区域1∶25万(1∶10万)地质测量及物化探工作的地区。

3. 成矿小区或Ⅴ级成矿带

有部分矿石矿藏是在成矿亚区（带）与矿田结构层次间划分出的成矿单元。这种划分考虑了矿藏的区域分布、岩浆岩、构造、物化探异常、重砂异常等矿藏综合信息特征。例如将山东金矿划分为三山岛-仓上Ⅴ级成矿带、龙莱Ⅴ级成矿带、招平Ⅴ级成矿带、牟乳Ⅴ级成矿带、栖蓬福成矿小区、胶莱盆地周缘成矿小区和鲁中南中生代杂岩体分布区成矿小区等7个成矿区（带）（宋明春等，2015）。

成矿小区或Ⅴ级成矿带的规模可达几十平方千米到几百平方千米，包含若干个在空间上相邻近的矿田。

4. 矿田

矿田为由一系列在空间上、时间上、成因上紧密联系的矿床组合而成的含矿地区，亦即成矿带中的矿床、矿化点、物化探异常最集中的地区。一个成矿带或成矿亚带、成矿区或成矿亚区，往往是由若干个矿田构成。例如凹山-南山矿田是长江中下游成矿带的宁芜成矿亚带中的一个矿田，而整个宁芜火山成矿亚带中则包括几个凹山-南山类型的矿田。

矿田的规模可达几十平方千米，偶尔达一两百平方千米，包含几组在空间上相邻近的矿床。单个矿床及分隔矿床的无矿地段是组成矿田的不均匀单元。

5. 矿床

可以把矿床看作是在空间上邻近的、结构比较简单或复杂的几组矿段或工业矿带。大多数矿产，矿床的面积为几平方千米；某些特殊贵重的矿产，如金刚石矿、光学原料矿、金等，矿床的面积可能不足$1km^2$；大型层状矿床、煤矿床等的面积可达几十平方千米。

在矿山工作实践中，矿床的规模通常与矿山企业独立的生产单位，即矿山、露天矿、地下矿坑或矿井相当。

在具体矿床界线内，以下的矿藏不同结构层次——工业矿带（层）或含矿带（层）、工业矿层（矿体）及矿层形态独立地段（与单个开采块段相应的地段）等，有关规模、形态特征和构造的概念，不仅取决于其自然性质，还取决于工业指标——工业对矿产的质量、开采条件和加工条件的要求。例如，福建紫金山金、铜矿床，边界品位、最低工业品位的降低，使原先圈定的小型脉状矿床重新圈定成为规模巨大的全岩矿化的超大型矿床，原先圈定的不连续的矿体变为连续矿体。

6. 工业矿带（层）或含矿带（层）

如果考虑到矿山工艺要求，整个矿床范围内划分出在空间上分隔的地段，其中每一个地段可以用一组独立的大巷来开拓和开采。工业矿带按照其结构的复杂程度可以分为两种情况：第一种是结构简单的，它们是在工艺上结构连续的矿体，具有块状、浸染状、细脉状或巢状构造；第二种是结构较复杂的，在工业矿带范围内可划分出工业矿层（矿体）及矿体间的无矿地段。

7. 工业矿层（矿体）

工业矿层（矿体）为赋存于地壳中，具有各种几何形态及产状的矿石自然聚集体。矿体的圈定受一定工业指标的限定。矿体是矿山开采的对象。矿体是一个具体的地质体，因而有一定的大小、形态、规模和产状等。

工业矿层是沉积岩层中或层状侵入体中的矿石富集层，是沉积矿床的典型矿体形态。沿某些沉积岩层发育的交代矿体，具有似层状的特点。矿层常被其中的岩石夹层分割为分层，分层又可分割为薄层。因此，矿层可划分为简单的矿层（无岩石夹层）和复杂的矿层（有夹石层）两类。

矿体有各种形态：矿脉、透镜状矿体、矿柱、矿筒、矿囊、鸡窝状矿体等。

8. 矿层形态独立地段（与单个开采块段相应的地段）

工业矿层的结构也可以是在工艺上连续的或不连续的。在工艺上不连续的工业矿层中可划分出在空间上独立的矿产聚集体。如果把每个空间上独立的矿产聚集体看作值得单独开采或分采的矿段，那么就将其作为矿产的局部聚集体划分出来。

小结

（1）金属矿藏的结构层次数反映出矿藏内部结构的复杂性。同生矿床的构造不均匀性许多只表现在矿物集合体的结构层次上，少数在矿产局部分隔的层次上有所表现；而后生矿床的不均匀性表现为有数量较多的结构层次，并随着矿化间断程度的增强而增加。

（2）结合我国的具体情况，在进行系统勘查时，往往涉及如下等级的矿藏结构层次：成矿区（带）[Ⅲ级成矿区（带）]→成矿亚区（带）[Ⅳ级成矿亚区（带）]→成矿小区或Ⅴ级成矿带

(不单独划分矿产调查工作阶段)→矿田→矿床→工业矿带(层)或含矿带(层)→工业矿层(矿体)→矿层形态独立地段(与单个开采块段相应的地段)。

(3)与上述矿藏结构层次对应的矿产调查、勘查工作阶段为:区域1:100万～1:50万地质、地球物理调查→区域1:25万～1:10万地质测量及物化探工作→1:5万矿调及预查→普查工作→详查工作→矿床勘探工作→开发勘探工作。

第三章 矿藏各层次潜在含矿性准则

在我国进行系统勘查时,往往涉及如下等级的矿藏结构层次:成矿区(带)[Ⅲ级成矿区(带)]、成矿亚区(带)[Ⅳ级成矿亚区(带)]、矿田、矿床、工业矿带(层)或含矿带(层)、工业矿层(矿体)、矿层形态独立地段(与单个开采块段相应的地段)。与上述矿藏结构层次对应的矿产调查、勘查工作阶段为:小比例尺(1∶100万~1∶50万)区域地质地球物理调查工作、中比例尺(1∶25万~1∶10万)区域地质测量及物化探工作、大比例尺(1∶5万)矿调及预查工作、普查工作、详查工作、矿床勘探工作、开发勘探工作。不同矿产勘查工作阶段,其查明的矿藏结构层次不同,相应潜在含矿性准则也不同。

矿藏潜在含矿性准则,是指在研究区内查明矿产远景时起决定作用的地质体的全部标志,其中包括含矿性地质前提和含矿性标志。

含矿性地质前提通常是指决定矿产在地壳中产出的全部地质因素,查明这些因素有助于肯定评价研究区的含矿远景,并可提高在研究区内发现矿产的概率。"找矿前提""控矿因素"是与"含矿性地质前提"含义相似的术语。为了查明含矿性地质前提,可以利用一切能反映地质对象与潜在含矿性之间的时代、物质、空间关系的控矿因素。时代关系包括研究区含矿性的地层前提;物质关系包括沉积岩、岩浆岩及变质作用前提;空间关系包括构造和地貌前提。

凡显示研究区地质体的范围内有矿产存在的因素均可称为含矿性标志或找矿标志。按可靠程度可细分为直接指明矿产存在的直接标志和证明矿产可能存在的间接标志。而在间接标志中,有些是矿产存在的地球物理、地球化学、遥感信息的显示;有些则是表明有可能存在有利的成矿地质前提的地球物理、地球化学、遥感信息的显示。含矿性标志按其成因分类,可分为地质标志、地球化学标志、地球物理标志、生物标志和人工标志5类。

第一节 成矿区(带)潜在含矿性准则

一、成矿区(带)含矿性地质前提

1. 构造前提

小比例尺的区域成矿预测可利用成矿区(带)与地盾、地台、褶皱区或活化区的具体构造建造带的关系。构造建造带的位置取决于该地区断块构造的特点,它们的边界往往与控制岩浆活动的深大断裂一致。

古老地盾上的许多成矿区(带)分布在太古宙花岗片麻岩体与古、中元古代褶皱系的交接带,或分布于绿岩带与花岗闪长岩型地壳上发育的原始大陆地块范围内。地槽带成矿区(带)的轮廓往往与大陆地块(中间地块)、优地槽槽谷、内地向斜或内地背斜的轮廓一致。构造岩浆活化区成矿区(带)的边界取决于主要裂谷构造单位的结合情况。

2. 沉积岩前提

在预测煤田及其他沉积矿产成矿区(带)时,可以把沉积岩标志当作沉积建造标志使用。成矿区(带)与相应的建造关系密切。例如:煤田与泥砂质含煤建造;矿物盐类与地台型含盐建造;磷块岩与硅质白云岩建造;铁、锰矿石的沉积盆地与滨海砂-硅-泥质建造;黄铁矿型铜、多金属与细碧角斑岩建造。

3. 地层前提

在中、小比例尺区域预测时,利用地层前提的效果比大比例尺预测的效果要好,因为矿产与特定地层单位(组或系)的联系特别明显。外生铁矿虽然几乎每个时代都有,但最有意义的是前寒武纪地层,其储量占世界铁矿总储量的60%以上;前寒武纪和第三纪(古近纪+新近纪)地层还集中了全世界锰矿50%以上的储量;铝土矿主要形成于石炭纪—二叠纪地层中;磷主要形成于前震旦纪、震旦纪—寒武纪、二叠纪和第三纪地层中;我国煤矿主要集中于石炭纪—二叠纪、三叠纪—侏罗纪和第三纪地层中;沉积铜矿主要集中于前震旦纪、二叠纪—三叠纪和侏罗纪—白垩纪地层中;世界上盐类集中于泥盆纪、二叠纪和第三纪地层中;世界上石油总储量的90%以上形成于中、新生代地层中。

地层前提也能用于地槽区内生成矿作用的区域预测。对于具体的成矿区(带),常常容易明显地确定出盛产某种特定的矿产的相当窄的地史时期或地层区间。例如,乌拉尔的黄铁矿型铜矿化分布于志留纪—泥盆纪的岩石中,而阿尔泰的黄铁矿型多金属矿化分布于中泥盆统的沉积-火山岩地层中。

锰矿、铝土矿、磷块岩等产于海侵岩系底部或底部层位。预测这些矿产的成矿区(带)时可以广泛利用此特点。

成矿区(带)内,在沿走向由海侵韵律向海退韵律的过渡地带,或由正韵律向反韵律的过渡地带矿产最多。

地壳中各种地层的结构和成分,对于预测和评价成矿区(带)的潜在含矿性具有重要意义。在大洋型玄武岩壳上形成的成矿区(带),具有铜硫化物、铬铁矿、钛磁铁矿及其他矿化作用;在中等厚度的大陆型双层壳上形成的成矿区(带),具有稀有金属、铜钼矿化和萤石矿化作用。

4. 变质岩层前提

太古宙花岗岩和变质地层是条带状含铁建造的赋矿围岩。在鞍山地区,鞍山群樱桃园组为条带状含鞍山式铁矿的容矿围岩。在本溪地区,鞍山群茨沟组是条带状含鞍山式铁矿的容矿围岩。

二、成矿区(带)含矿性标志

1. 遥感的线环构造标志

遥感影像除能反映出地球深部、浅部及表壳的大量线性构造外,还可反映一些圆形、圆环形、弧形封闭形以及半圆形影像特征,一般称为环形构造。

根据直径达100km的椭圆形或环状构造,发现了规模与潜在成矿区(带)类似的不同成因的大型穹隆和坳陷。年轻的穹隆和坳陷在地形上表现明显,而古老的穹隆和坳陷往往只留下一些残余(А. Б. Каждан,1984)。

2. 地球物理标志

1)重力异常

根据重力异常的不同特点,可以划分大地构造单元。地槽区的区域重力异常的等值线多呈条带状重力低平行排列,延伸可达数百千米乃至数千千米。区域异常的变化幅度可达数百重力单位至数千重力单位(g.u.,1g.u.=1×10^{-6}m/s^2)。一般地槽区布格重力异常与地形起伏有镜像关系。地台区的区域重力异常变化平缓、稳定,相对幅度变化小,方向性不明显。因为地壳厚度较薄,平均异常值较地槽区高。

图3-1是重庆—西藏马尼根果的地形与布格重力异常剖面对比图。此图表明在东段地形平坦区,重力异常变化平缓,反映了地台区的主要特征。康定—雅安一段是过渡带,地形逐渐升高,重力值逐渐降低。西段处于高山区,重力异常值很低并且变化较大,显示了地槽区的异常特征(刘天佑,2007)。

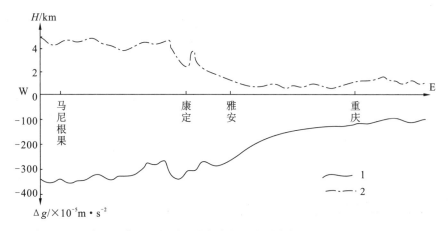

图3-1 重庆—西藏马尼根果地形与布格重力异常剖面对比图(据刘天佑,2007)

1. 布格重力异常剖面;2. 地形剖面

2) 大地电磁测深

由于该法不需要人工建立场源，装备轻便、成本低，且具有比人工源频率测深法更大的勘探深度，所以主要用于地壳和上地幔地质构造研究。运用该方法能分析地壳和上地幔的电性结构，特别是壳内高导层和幔内高导层。研究区域构造，主要指研究基底起伏、埋深和断层分布，以及局部构造研究。该法勘探深度可达数百千米。

第二节　成矿亚区(带)潜在含矿性准则

一、成矿亚区(带)含矿性地质前提

1. 构造前提

成矿亚区(带)的构造取决于地壳的构造剖面，其中包括壳下断裂和深的地壳断裂为界的断块构造。在由变质岩构成的有超变质作用、花岗岩化及交代作用表现的古老地盾范围内，成矿亚区(带)与壳内断裂和上地壳断裂交会、交接或分叉地段有关，成矿亚区(带)往往产于区域性断裂弯曲部位，这些断裂长期以来控制着各种岩浆岩的活动。

例如，对鞍山成矿亚带地质构造影响最大，可能控制了区内的含铁建造分布的北东走向寒岭-偏岭平移断裂带，为郯城-庐江断裂带东盘的一条次级断裂；又如，赣东北深大断裂带是一条长期活动的超壳深断裂，它对赣东北地区的构造演化、岩浆活动和成矿作用都具有特别重要的控制意义。

在地槽区内，成矿亚区(带)与花岗岩类岩浆岩建造有成因联系。如果说岩浆岩建造本身常产于大型复背斜中，那么成矿亚区(带)则产于复背斜边缘带或复向斜中。

2. 地层前提

在预测和评价潜在成矿亚区(带)含矿性时，岩性建造和地层前提具有重要意义。许多金、铜、锡矿的成矿亚区(带)与复理石建造、火山陆源地槽建造有关。与英安流纹岩、细碧角斑岩建造有关的是黄铁矿-多金属矿、黄铜矿成矿亚区(带)。与白云岩建造有关的是多金属矿成矿亚区(带)。

二、成矿亚区(带)含矿性标志

1. 遥感的线环构造标志

线环构造的规模与潜在成矿亚区(带)的中心型火山-深成岩体和地质构造相近，直径数十千米。

2. 地球物理标志

1）磁异常

磁异常对于铁矿具有明显的指示意义。例如鞍山式铁矿，1∶50万的航磁异常能反映出鞍山-本溪成矿亚带基底构造及矿田和超大型铁矿床的分布。1∶20万航磁异常分布区鞍山群出露地段均已发现鞍山式铁矿。

在区域深部地质调查中，可以根据基性—超基性岩体、玄武岩、闪长岩、花岗岩、沉积岩、变质岩等的不同磁场特征，大致地判断隐伏地质体的岩性。

深大断裂常是两个不同大地构造单元的分界线断裂，切割地球的硅铝层甚至更深。在深大断裂带内，近平行的断裂线成组出现，磁异常也是如此。该断裂长约800km，宽30～50km，其磁异常以正异常的形式出现。

2）大地电磁测深异常

大地电磁测深异常能反映地壳和上地幔地质构造，能解决地壳和上地幔的电性结构，特别是壳内高导层和幔内高导层。用以研究区域构造，主要研究基底起伏、埋深和断层分布以及局部构造。勘探深度可达数百千米。

3. 1∶25万（1∶20万）区域化探标志

一般用水系沉积物测量，部分用土壤测量获得1∶25万（1∶20万）区域化探异常。特别适用于在成矿亚区（带）内迅速查明找矿远景区，为战略决策提供依据。适用于铜、铅、锌等贱金属矿床，也适用于钨、锡、钼、铌、钽、铍、铀等稀有金属和放射性铀钍矿床，特别是金、银贵金属类"隐矿物"矿床。

第三节　矿田潜在含矿性准则

一、矿田含矿性地质前提

1. 构造前提

矿田在成矿亚区（带）构造中的位置由地壳和上地壳的构造决定。许多矿田位于地壳断裂与不同级别和方向的区域构造断裂交接或交叉部位的构造中。

在古老地台区，矿田的位置通常受地壳断裂系统控制。这种断裂常常有大量岩浆活动，以及物理力学性质迥异岩层存在。

在褶皱区，矿田常分布在造山期和造山期后侵入岩体带、次火山岩体带上；位于岩墙带构造中；在不均匀的具有利岩相成分的褶皱岩层中，其中有隐伏的（贯穿）地壳断裂或上地壳断裂。

在构造-岩浆活化区，矿田往往产于裂谷构造、具有明显变质作用标志的地壳活化断裂、构造-岩浆活化期的叠加盆地边缘地带或褶皱地层强烈改造地段。

火山成因矿田往往在火山口相发育区,特别是区域构造变动与揉皱带的交接和交错地段。矿田的边界常取决于区域构造断裂的位置。

2. 沉积岩(地层)前提

在矿田和矿床的预测时,可以把沉积岩前提当作沉积相标志使用。沉积相前提可用以预测现代砂矿、隐伏砂矿、含矿风化壳铁锰矿层等。岩相标志反映当时的海陆分布、海水深浅、海水进退方向等有关沉积矿产的空间分布特征。其基本规律是:主要外生矿产均分布在沉积区和剥蚀区的中间地带,如古陆的边缘、滨海、浅海、潟湖、三角洲等。

主要的外生沉积矿床的形成可分海侵和海退两个序列。海侵阶段形成的矿床有铁矿床、锰矿床、磷矿床等,多分布于海侵岩系的底部。海退阶段形成的矿床有铜矿床和膏盐矿床等。而铝矿床和煤等为海陆交互相和滨海沼泽相产物。

煤炭等一些沉积矿产在预测时可有效地利用地层前提,其含矿岩段和岩层与围岩的特定岩系、层位或岩层有稳定的联系。

3. 岩浆岩前提

评价矿田含矿性远景时,岩浆岩前提仅限于狭义的岩浆矿石建造,以及与其有密切空间及成因联系的矿产。超基性岩铬铁矿和石棉矿田、基性岩钛磁铁矿石矿田、矽卡岩矿田、斑岩矿田和稀有金属云英岩、霞石正长岩、碳酸岩、含金刚石金伯利岩、铜镍硫化物矿田及其他建造类型的矿田均属此列。

4. 地貌前提

在砂矿的勘查工作中,预测矿田不仅要研究堆积地貌,还要研究侵蚀地貌。对评价区进行地貌和新构造分析,恢复地形形成史,以及研究矿产在岩石被破坏和改造产物中富集的条件。

二、矿田含矿性标志

一般潜在矿田研究比例尺为1:5万~1:2.5万。地质、物探、化探和遥感资料的比例尺要与上述比例尺相对应。

1. 地球物理标志

1)磁异常标志

磁异常在固体矿产勘查中,能直接找到磁铁矿床,还能确定矿体的深度、产状要素,估算磁铁矿石的储量。磁测寻找磁铁矿效果举世公认。变质岩中的铁矿,其磁铁矿石的感应磁化强度达 $0.03\sim0.2A/m$,围岩变质岩的磁化率小,两者有差异。当矿体出露地表,磁异常有明显的峰值,异常可达上万纳特。

1:5万航磁 ΔT 等值线为矿田找矿最为直接的标志。航空磁测异常和地面磁测异常为寻找磁铁矿的有效找矿标志。

间接找矿主要根据磁异常查找在空间上和成因上与成矿有关的地层、构造、岩浆岩、蚀变岩石、矿化带等,还可寻找与磁性矿物共生的矿种。

超基性岩中的铜镍矿床,磁异常除作为找矿的标志外,还用来圈定超基性岩体。

矽卡岩型多金属矿床往往含有磁铁矿或磁黄铁矿,使用磁测方法较为有效。

在普查金、铂、金刚石、钨等砂矿及地台型铝土矿等矿床时,可以用地球物理的方法圈出隐伏的古河床、河谷。这些重矿物富集地段常有磁铁矿。因此,普查隐伏砂矿时,常用垂向电测深法确定基岩表面的起伏。若在基岩埋深最大的地段或古阶地上发现磁场增高,则能推测有磁性矿物。

运用磁异常圈定斑岩体也具有较好的效果。通常花岗闪长斑岩和闪长玢岩磁性较强,二长花岗斑岩和花岗斑岩磁性较弱(朱训等,1983)。

利用磁异常推断断裂、破碎带及褶皱。断裂或破碎带上的磁异常有不同特征:沿断裂有磁性岩脉(岩体)充填,这时沿断裂方向会有高值带状异常分布或线性异常带分布。若沿断裂方向岩浆活动不均匀,可能产生串珠状异常。有些断裂带范围较大,构造应力比较复杂,既有垂直变化,也有水平变化和扭转现象。在这种情况下会造成雁行排列的岩浆通道,因此会出现雁行状异常带。磁性岩石断裂无岩浆活动伴随,破裂现象显著时,因磁性变化会出现低值或负异常带。

2)重力异常标志

例如,1:20万布格重力异常图显示南芬、大台沟、思山岭铁矿床均位于负重力异常中,剩余重力为正异常,同1:5万航磁ΔT等值线、航磁ΔT化极垂向一导等值线相吻合(崔培龙,2014)。

2. 地球化学标志

工作比例尺:应用1:5万分散流加密Ⅲ级查证。查证的对象是潜在矿田。

1)水系沉积物地球化学标志

1:20万区域化探扫面发现的水系沉积物成矿元素异常,特别是有明显多异常的浓集中心,可进一步进行Ⅲ级查证,如1:5万加密水系沉积物测量。其结果可能将原异常分解为多个Au异常。若异常元素组合好、套合好,可推断为矿致异常,作为矿田的找矿标志。

2)土壤地球化学标志

德兴斑岩铜(钼)矿田上覆残、坡积层中,通常会发现Cu、Mo、W、Sn、Sb、Au、Ag、As、Pb、Zn、Mn、Ba和Co等元素异常。即使覆盖层厚达20~40m,仍有明显的Cu、Mo异常。江西省地质局物探大队在德兴斑岩铜(钼)矿田进行了1:2.5万土壤测量,以200m×80m测网,穿过A层采样,经半定量光谱分析,不仅圈定了与矿床有关的Cu、Mo异常,而且清晰地反映了矿田内W-Bi-Mo-Cu-Ag-Pb-Zn-Mn等找矿元素异常分布特征。

区域找矿(预查阶段)中根据1:5万土壤地球化学异常,圈定矿田、矿床。例如:江西省地质局物探大队在景德镇下徐—朱溪一带380km²区域内开展1:5万土壤地球化学测量。工作结果圈出的土壤异常沿两组北东向断裂带作不连续带状分布。该区的异常较好,其中2

处验证打到工业矿体,4处异常与已知矿化吻合,还有3处值得进一步工作(蒋敬业,2006)。

3. 重砂标志

重砂异常是找矿的重要标志。例如,在江西德兴斑岩铜矿田发现重砂矿物达50种,主要为金属硫化物及自然金。

4. 遥感标志

通过 ETM 图像处理,主要侧重于中酸性侵入体边部小岩体的提取,突出岩体接触带断裂构造及褶皱构造等,研究成矿有利部位。

根据 ETM1、ETM4、ETM5、ETM7 多光谱组合作主成分分析,根据特征向量组合选取适当主成分分割出遥感蚀变异常,主要为褐铁矿、含羟基蚀变矿物或碳酸盐矿物。

遥感标志是次要的辅助标志。

第四节 矿床潜在含矿性准则

一、矿床含矿性地质前提

1. 构造前提

矿床和大的矿化带的位置受地壳浅表地带(特别是物理机械性质有明显差别的岩层结合带)构造断裂的共轭、交会、分叉或弯曲地段的控制,以及受大型背斜及少数向斜构造和火成岩及其他岩石的屏蔽构造控制。

矿床在矿田构造中的空间分布规律性是各种各样的。分布在褶皱带、地台及活化区范围内的矿床构造取决于地壳沉积岩层近地表部分的地质构造特征;而分布在古老地盾和活化地盾区的矿床构造则取决于花岗岩层近地表圈层的构造特征。

许多后生矿床在空间上多数产于巨大背斜褶皱(少数产于向斜褶皱)中,巨大构造断裂的交叉、交接及弯曲地段,以及小侵入体、岩墙、次火山岩及有关的局部火山构造发育地段。

2. 沉积岩(地层)前提

受沉积岩相、古地理的控制,许多沉积矿床常形成特有的相变分带。例如:沉积铁、锰矿床的相变分带,一般由海岸→大陆斜坡,可分为3个相带:①高价铁锰氧化物相,形成于古海水波动面之下,充分氧化环境,以高价铁锰氧化物和铁锰氢氧化物为主,如赤铁矿、褐铁矿、软锰矿、硬锰矿等;②低价氧化物及硅酸盐相,在浅海环境及不充分氧化条件下,形成鲕绿泥石和菱铁矿,以及水锰矿和蛋白石等;③碳酸盐及硫化物相,在浅海至陆棚地带,含氧不足趋向还原环境中,形成含铁碳酸盐、菱锰矿、黄铁矿、白铁矿、含锰黄铁矿及含锰方解石等。

矿床含矿构造显示的尺度和与有利于同生矿化和后生矿化发育的沉积岩岩性带或岩相

带有关的围岩岩段相当。在许多方面,层状和层控矿床常清楚地显示出它们与局部岩带或岩层内一定相的韵律的规律性有关。采用韵律地层的方法,对沉积岩的成分和结构进行详细的分析常常可以明确地确定矿层底板或顶板的位置以及岩石的正常顺序。在评价内生矿床的含矿性时,应查明化学活动性高的岩石单层及层系,特别是对矿石沉积有利的岩层,如石灰岩、白云岩、蚀变的喷出-火山碎屑岩等。在碳酸盐岩层中,已发现铜、钨、钼、金的矽卡岩矿床及层控铅锌矿床,砷重晶石和萤石矿床。砂页岩地层中常有锡矿化和锡-钨矿化等。

沉积岩岩性条件不仅对外生矿床,而且对部分内生矿床均有较明显的控制作用。

外生矿床常与一定的沉积组合共生。例如前寒武纪沉积变质铁矿,常产于含铁石英岩中,含铜砂岩多受浅色钙长石石英砂岩控制。对于风化矿床和砂矿床,其形成都必须在具有以提供矿质来源的一定岩石类型的基础上,才使有用矿物和元素富集。

3. 岩浆岩前提

只有那些与能够分异形成矿产的岩浆岩体有关的矿床、矿带和矿体,才能应用岩浆岩前提达到局部预测的目的。这里包括与基性—超基性岩有关的含铂族元素矿床、金刚石矿床、铬铁矿床、铜镍硫化物矿床、钒钛磁铁矿床和石棉矿床,与碱性岩和碱性超基性岩有关的含Nb、Ta、Zr、Th、REE 元素矿床及磷灰石矿床。对上述矿床进行预测时不仅可以利用成矿作用与岩浆岩体的关系,而且还可以利用这些岩体的岩石构造和岩石化学的特点,对预期的成矿作用做出更为准确的预测和评价。

岩浆岩被剥蚀程度影响到与其有关的矿床形成后的保存条件。对基性、超基性岩体,由于与其有关的岩浆矿床通常位于岩体的偏下部位,当岩体经受一定程度的剥蚀时,各种矿化显示增多、物化探异常增强,对找矿有利。对于中酸性侵入体,由于与其有关的各种岩浆期后矿床分布于岩体的顶部及其附近围岩中,当剥蚀程度较低,未及岩体顶部时,围岩的蚀变现象及脉岩分布区可作为找寻铅、锌、汞、锑等中低温矿床的标志及有希望的地区;当剥蚀程度中等,刚刚达到岩体顶部,侵入体呈岛状出露,各种蚀变较强时,是找寻各种热液矿床和矽卡岩矿床很有希望的地区;当剥蚀程度很高、中酸性岩体大面积出露时,对找矿一般不利,因为在成因上与该岩体有关的矿床数量将大为减少。

4. 变质作用前提

变成矿床是经受区域变质作用才形成的矿床,因此变质作用、变质相就决定了变成矿床的富集和分布规律。为寻找这类矿床必需在恢复原岩的条件下,深入地研究变质程度、变质作用和变质相。矿床总是分布在特定的变质相中,并与它们有成因联系。

5. 地貌前提

地貌前提的基础是矿产的分布与研究区现代或古代地形的空间联系。地貌前提对砂矿和含矿风化壳的预测、找矿最为有效。在砂矿的勘查工作中,首先分析研究新、老地形的负地貌:河谷、冲积平原、三角洲沙滩带。含矿砂的堆积与这类地形有关,要从中划分出最有远景的地带。

在预测内生矿床时,地貌前提可用来评价研究区的侵蚀深度,有助于明确该区潜在含矿性的远景。

各种外生矿床受特定的古地理环境控制。其中铁、锰、磷、铝矿床主要形成在温湿气候下的古陆边缘、滨海、浅海地带和淡水湖泊中。膏盐矿床（包括石膏、岩盐、钾盐、硼砂、自然碱等）形成于干旱气候条件下的古内陆盐湖和潟湖。煤形成于潮湿气候条件下的内陆盆地和滨海沼泽。含铜砂页岩和油气矿产则形成于三角洲和内陆大型盆地。古河谷、阶地、海滨以及部分坡积和冲积层是各类砂矿形成的有利场所。重要的砂矿床有金、铂、锆英石、铌钽、钨、锡、钛铁矿、金刚石等矿床。炎热潮湿气候及地形平缓条件，是风化淋滤矿床和风化壳矿床形成的有利环境。

二、矿床含矿性标志

一般潜在矿床研究比例尺为 1∶1 万～1∶5000。地质、物探、化探和遥感资料的比例尺要与上述比例尺相对应。

1. 地球物理标志

1）重力异常

20 世纪 70 年代，陈善等在吉林省某地利用 1∶2500 重力异常，成功地发现含铜硫铁矿。

2）磁异常

磁异常在固体矿产勘查中，能直接找到磁铁矿床，还能确定矿体的深度、产状要素，估算磁铁矿石的储量。航空磁测异常和地面磁测异常为寻找此类矿床的有效找矿标志。地磁异常多为条带状，具有明显的走向方向。对于中酸性侵入体与碳酸盐岩的接触带中的铁矿，中酸性侵入体具有磁性，可观测到明显的磁异常；碳酸盐岩石不具磁性。铁矿产于接触带及其附近。在碳酸盐岩石平静磁场与侵入体磁场的过渡带上叠加的次级磁异常就成为找此类铁矿的磁测标志。对于基性岩沿深大断裂侵入生成的钒钛磁铁矿，矿石具有强磁性，基性岩具有磁性。两者仍然有差别，可根据不同的异常特征用磁测圈定岩体及矿体。

间接找矿主要用磁法查找在空间上和成因上与成矿有关的地层、构造、岩浆岩、蚀变岩石、矿化带等，还可寻找与磁性矿物共生的矿种。

利用磁异常找铜矿分两种情况：一是含铜磁铁矿床；二是铜矿床中局部含有磁铁矿或磁黄铁矿。对于超基性岩中的铜镍矿，磁异常除作为找矿的标志外，还用来圈定超基性岩体。矽卡岩型多金属矿床往往含有磁铁矿或磁黄铁矿，使用磁测方法较为有效。

在普查金、铂、金刚石、钨等砂矿及地台型铝土矿等矿床时，可以用地球物理的方法圈出隐伏的古河床、河谷。这些重矿物富集地段常有磁铁矿。因此，普查隐伏砂矿时，常用垂向电测深法确定基岩表面的起伏。若在基岩埋深最大的地段或古阶地上发现磁场增高，则能推测有磁性矿物。

利用磁异常推断断裂、破碎带及褶皱。断裂或破碎带上的磁异常有不同特征：沿断裂有磁性岩脉（岩体）充填，这时沿断裂方向会有高值带状异常分布或线性异常带分布。若沿断裂方向岩浆活动不均匀,可能产生串珠状异常。有些断裂带范围较大,构造应力比较复杂,既有垂直变化,也有水平变化和扭转现象。在这种情况下会造成雁行排列的岩浆通道,因此会出现雁行状异常带。磁性岩石断裂无岩浆活动伴随,破裂现象显著时,因磁性变化会出现低值或负异常带。

2. 地球化学标志

工作比例尺:应用1:1万土壤测量Ⅱ级查证(覆盖区)或1:2.5万～1:1万分散流Ⅱ级查证(切割区)。查证的对象是潜在矿床。

土壤地球化学标志:德兴斑岩铜(钼)矿田上覆残积、坡积层中,通常会发现Cu、Mo、W、Sn、Sb、Au、Ag、As、Pb、Zn、Mn、Ba和Co等元素异常。即使覆盖层厚达20～40m,仍有明显的Cu、Mo异常。江西省地质局物探大队在德兴斑岩铜(钼)矿田进行了1:2.5万土壤测量,以200m×80m测网,穿过A层采样,经半定量光谱分析,不仅圈定了与矿床有关的Cu、Mo异常,而且清晰地反映了矿田内W-Bi-Mo-Cu-Ag-Pb-Zn-Mn等找矿元素异常分布特征。

3. 重砂标志

重砂异常是找矿的重要标志。例如,在江西德兴斑岩铜矿田发现重砂矿物达50种,主要为金属硫化物及自然金。

第五节 工业矿带、矿体潜在含矿性准则

一、工业矿带、矿体含矿性地质前提

(一)潜在工业矿带的地质前提

在矿床的总体范围内,工业矿带的分布取决于一整套与其对应的构造、岩浆岩及地层等要素。例如:包含矿层及矿段的整合层状构造;物理机械性质或岩性成分迥异,有利于成矿的围岩岩层或岩段;片理化带或层间断裂带;褶皱构造,特别是包含挠曲的背斜褶皱及其翼部;构造断裂带,构造断裂的共轭、交会及分支地段,构造带沿倾向和走向的平缓弯曲地段;古火山机构、侵入体、次火山岩体及岩墙接触带构造;渗透性良好的地段与屏蔽构造交替出现。

(二)潜在矿体地质前提

在工业矿带构造中,工业矿层的位置由相应的一套构造、岩浆岩、地层、地貌要素确定。

层间破碎带、背斜及少数向斜脊线的挠曲带,切割褶皱的构造断裂带,特别是在断裂交会、弯曲、分叉或共轭的地段,是最有利的构造要素。工业矿层常分布在大型构造断裂附近

的羽状构造裂隙系中,以及侵入体和次火山岩体、岩墙局部贯入构造或火山构造接触带的屏蔽构造中。大多数工业矿层构造与物理机械性质或化学成分有利于成矿的岩层结合,可形成有利于矿液运移的剥离破碎空间,或有利于形成集中交代的特定条件。许多层状矿层分布在整合层状构造中。

为了查明煤层及预测其定性特征,要了解含煤地层剖面中每层的顺序,详细了解微韵律层中的每个层位;为了确定冲积砂矿中带状矿层的富集条件,要了解沙洲中心部位、阶地基底带、小河及河床汇合地段的位置及其他决定现代地形或古地形结构特征的地貌前提。许多汞-锑矿层分布在灰岩与页岩接触带的屏蔽构造中,与构造断裂的部位相毗连,或在构造断裂共轭地段、交叉地段的块状灰岩与薄层似碧玉岩(硅化灰岩)的接触带。当有利的岩石被顺层断裂或贯穿断裂切割时,不仅可产生似层状的矿体,也可产生形态较复杂的矿体。

二、工业矿带、矿体含矿性标志

(一)地质标志

1. 矿产露头

矿产露头可以直接指示矿产的种类、可能的规模大小、存在的空间位置及产出特征等,是最重要的含矿性标志。由于矿产露头在地表常经受风化作用的改造,因此据其经受风化作用改造的程度,可分为原生露头和氧化露头。

原生矿产露头:是指出露在地表,但未经或经微弱的风化作用改造,其矿石的物质成分和结构构造基本保持原来状态的矿产露头。一般来说,物理化学性质稳定,矿石和脉石较坚硬的矿体在地表易保存其原生露头,例如含铁石英岩、铝土矿、含金石英脉和各种钨、锡石英脉型矿体与矿脉。原生露头中主要矿物皆为氧化物。这类露头一般能形成突起的正地形,易于发现,并且还可以根据野外肉眼观察鉴定确定其矿床类型,目估矿石的有用矿物百分含量,初步评定矿石质量。

氧化矿产露头:特指由于遭受不同程度的氧化作用改造,使矿体的矿物成分、矿石结构构造均发生了不同程度的破坏和变化的矿产露头。在对金属氧化露头的野外评价中,要注意寻找残留的原生矿物以判断原生矿的种类及质量,另外也可以根据次生矿物特征来判断原生矿的特征。

金属硫化物矿体的氧化露头最终常在地表形成所谓的"铁帽"。铁帽是指各种金属硫化物矿床经受较为彻底的氧化、风化作用改造后,在地表形成的以 Fe、Mn 氧化物和氢氧化物为主及硅质、黏土质混杂的帽状堆积物。铁帽是寻找金属硫化物矿床的重要标志。国内外许多有色金属矿床就是据铁帽发现的,如果铁帽规模巨大,还可作为铁矿进行开采。

找矿工作中首先须区分是硫化物矿床形成的真铁帽或是由富铁质岩石和菱铁矿氧化而成的假铁帽,然后对铁帽要进一步判断其原生矿的具体种类和矿床类型。

2. 近矿围岩蚀变

在内生成矿作用过程中,矿体围岩在热液作用下所导致发生在矿物成分、化学组分及物理性质等诸方面的变化,即围岩蚀变。由于蚀变岩石的分布范围比矿体大,容易被发现,更为重要的是蚀变围岩常常比矿体先暴露于地表,因而可以指示盲矿体的可能存在和分布范围。围岩的性质和热液的性质是影响蚀变种类的主要因素。不同的蚀变种类常对应一定的矿产种类,根据蚀变岩石特征可以对可能存在的盲矿的矿化类型做出推断。主要的围岩蚀变类型及有关矿产见表 3-1。

表 3-1 主要围岩蚀变类型及有关矿产表(据侯德义等,1984)

含矿溶液温度	围岩蚀变类型	围岩条件					矿产种类	
		沉积岩、变质岩		岩浆岩				
		碳酸盐岩	硅酸盐岩	超基性岩、基性岩	中性岩	酸性岩	金属	非金属
气化-高温热液	云英岩化		常见			最常见	钨、锡、钼、铋	
	钠长石化					最常见	铌、铍、钽	
	矽卡岩化	最常见			常见	常见	铁、铜、铅、锌、钼、锡、钨	
	方柱石化	常见				常见		
	电气石化					常见	锡	
中低温热液	次生硅化				常见	最常见	铜、钼、金	明矾石、叶蜡石
	黄铁绢英岩化					最常见	金、铜、铅、锌	
	硅化	常见	常见		常见	常见	铜、金、汞、锑	
	绢云母化		最常见		常见	最常见	铜、钼、金、铅、锌、砷	
	绿泥石化		常见	常见	最常见	少见	金、铜、铅、锌、锡、铬	
	蛇纹石化	常见		最常见			铬	
	碳酸盐化		常见	最常见	常见	少见	金、铜、铅、锌、铌、钽、稀土	
	青磐岩化		少见		常见	少见	金、银、砷、锑	
	滑石菱镁岩化			最常见			镍、钴	
	重晶石化	常见					铅、锌	

3. 矿物学标志

矿物学标志是指能够为预测找矿工作提供信息的矿物特征。它包括了特殊种类的矿物和矿物标型两方面的内容。前者已形成了传统的重砂找矿方法。

特殊种类的矿物的指示找矿作用体现在由于某些种类的矿物本身就是重要的矿石矿物，或者常与一些矿产之间具有密切的共生关系，因而对于寻找有关的矿产常起到重要的指示作用。例如水系沉积物中的砂金常指示物源地有原生金矿的存在，镁铝榴石、铬透辉石、含镁钛矿因常与金刚石共生而对找寻金刚石矿产具指示意义。

矿物标型是指同种矿物因生成条件的不同而在物理、化学特征方面所表现出的差异性。通过矿物标型特征研究可以提供以下方面的找矿信息：

(1)对地质体进行含矿性评价。利用矿物标型可以较简捷地判断地质体是否有矿。例如，金伯利岩中的紫色镁铝榴石含 $Cr_2O_3 \geqslant 2.5\%$ 时，可以判断该岩体为含金刚石的成矿岩体；铬尖晶石中的 $FeO > 22\%$ 时，其所在的超基性岩体通常具铂、钯矿化；再如金矿床中石英呈烟灰色时，其所在的石英脉含金性一般较好。

(2)指示可能发现的矿化类型及具体矿种。预测工作区发育的可能矿化类型，在评价矿点和圈定预测远景区时具有重要意义。例如，伟晶岩中玫瑰色和紫色矿物（云母、电气石、绿柱石等）的出现是锂、铯矿化的标志。

(3)反映成矿的物理、化学条件。利用矿物标型特征的空间变化，推测矿物形成时的物理、化学条件及空间变化特征，进行矿床分带，指导盲矿找寻。

(4)指示矿床剥蚀深度。矿床被剥蚀深度的分析，对深部找矿前景评价具有重要的意义。矿床形成时在垂直方向上存在着温度、压差、挥发分逸出度、成矿介质的酸碱度、氧化还原电位等规律性的变化，这些变化可以从矿物的结晶形态变化、混入杂质的组成及含量变化、有关元素的比值变化、挥发分的含量变化、不同价态阳离子比值的变化（如 Fe^{2+}/Fe^{3+} 的变化）和气液包裹体成分、形成温度及温度梯度等诸方面得到一定程度的反映，从而对矿床剥蚀深度做出判断。

(二)地球化学标志

地球化学标志主要是指各种地球化学分散晕。地球化学分散晕是围绕矿体周围的某些元素的局部高含量带。这些分散晕据调查介质的不同可分为原生晕、次生晕（分散流、水晕、气晕、生物晕）等。

地球化学标志在金属、能源矿产勘查工作中应用非常广泛，与其他含矿性标志相比，具有其独特的优点：首先是找矿深度大，是找寻各类矿产、特别是盲矿床的重要标志，找矿深度可以达到百米甚至数百米；其次地球化学标志是发现新类型矿床及难识别矿床的唯一途径或重要途径。

地球化学的内涵丰富，获取途径之多也是其一大特点。地球化学异常除了上述的以众多的成矿元素作为指示元素外，还可以根据与成矿元素具相关联系的非成矿元素作为指示元素进行异常的提取及评价工作,例如在金矿的勘查工作中常选用 Cu、Pb、Zn、As、Sb、Hg 等元素作为指示元素。

在矿产勘查普查到勘探阶段(地球化学详查和勘探阶段比例尺 1∶1 万～1∶2000),岩石地球化学应用最为广泛,对于缩小、确定具体找矿目标,圈定矿化范围,评价矿化类型和剥蚀程度和预测隐伏矿化找盲矿体,有重要作用。特别是在矿床勘探阶段利用钻孔、坑道基岩采样进行原生晕研究,可以指出漏矿、预测矿化延伸,对指导工程布置有很重要的作用。

利用岩石地球化学测量找矿的基础是热液矿床原生晕的分带理论,特别是利用前缘晕和尾晕各有一组比较典型的元素组合,可以对所发现异常的剥蚀程度进行定量评价。

利用多建造晕或叠加晕可预测隐伏矿体。李惠(1998)提出,两矿体头尾相近时,不同矿体的原生晕重合叠加。若前一矿体的尾部出现有前缘晕异常,其下就可能有另一个盲矿体。

(三)地球物理标志

地球物理标志主要是指各类物探异常,如磁异常、电性异常、重力异常、放射性异常等。地球物理标志对各种金属矿产、能源矿产的勘查工作具有广泛的指示作用,主要反映地表以下至深部的矿化信息,对地表以下的地质体具有"透视"的功能,因而是预测、找寻盲矿床(体)的重要途径之一。

在详查、勘探阶段,应用的是地面物探详测或精测的资料,工作比例尺 1∶1 万～1∶2000。

磁法异常可直接寻找具有磁性的金属矿体,如磁铁矿、磁黄铁矿等;间接寻找无磁性的金属矿与非金属矿体,如铜、铅、锌、铬、镍、铝土矿、金刚石、石棉、硼矿床等。

电法异常是详查、勘探阶段最重要的找矿标志之一。根据矿体的不同特点,采用不同的物探方法。

用自然电场法进行大面积快速普查金属硫化物矿床、石墨矿床,如辽宁省红透山铜矿、陕西省小河口铜矿,在寻找黄铁矿矿床方面,应用此法地质效果显著。

中间梯度法(电阻率法)探测对象应为电阻率较高的地质体,主要用于找陡立、高阻的脉状地质体,如寻找和追索陡立、高阻的含矿石英脉、伟晶岩脉及铬铁矿、赤铁矿等效果良好。

中间梯度法(激发极化法)主要用于寻找良导金属矿和浸染状金属矿床,尤其是用于那些电阻率与围岩没有明显差异的金属矿床和浸染状矿体效果良好,如某地产在石英脉中的铅锌矿床及河北省延庆某铜矿运用此法地质效果显著。

电剖面对称四极剖面法主要用于详查和勘探阶段,是寻找和追索陡立而薄的良导体的有效方法。

偶极剖面法一般在各种金属矿上的异常反映都相当明显。在金属矿区,当围岩电阻率很低、电磁感应明显且开展交流激电法普查找矿时往往采用该方法,如我国某铜矿床用此法找到了纵向叠加的透镜状铜矿体。

电测深法可以了解地质断面随深度的变化,求得观测点各电性层的厚度。电阻率电测深法用于成层岩石的地区,如研究比较平缓的不同电阻率地层的分布。它在金属矿区侧重解决覆盖层下基岩深度变化、表土厚度等,为间接找矿标志。

而激发极化电测深法主要用于金属矿区的详查工作,借以确定矿体顶部埋深及了解矿体的空间赋存情况等。如个旧锡矿采用此法研究花岗岩体顶面起伏,对进行矿产预测起到了良好的找矿效果。

井中物探的作用是发现井周或井底深部盲矿,确定矿体相对于钻孔的位置、大小、形状、产状,追索和圈定矿体范围,以及研究井间空间矿体的连续性等。这不仅加大和补充了地面物探方法的勘探深度,同时也扩大了钻孔的有效作用半径,可更合理地布置钻孔,及时指导钻进或停钻,提高勘探速度和见矿率。

(四)生物标志

生物的生存状况受环境条件影响较大,一些特殊生物的存在可以在一定程度上反映地下的地质特征及可能的矿化特征,因而可以作为指示找矿的标志。例如我国长江中下游的铜矿区内一般都有海州香薷(铜草)生长,目前是公认的本地区内找铜的一种指示植物。

(五)人工标志

人工标志主要指旧采炼遗迹。例如老矿坑、旧矿硐、炼碴、废石堆等,它们是指示矿产分布的可靠标志。我国古代采冶事业发达,旧采炼遗迹遍及各地。古代开采放弃矿山,或者是由于当时技术落后不能继续开采,或是由于对矿产共生组合缺乏识别能力,用现代的技术及经济条件重新评价,有时会发现非常有工业价值的矿床。我国不少矿区是在此基础上发现和开发的。此外,更多的是以这些旧采炼遗迹为线索,通过成矿规律、找矿地质条件的研究而找到更为重要的新矿体。

第四章　矿产勘查工作阶段

矿产勘查工作循序渐进地进行。Ⅰ—Ⅲ级成矿区(带)划分是成矿区划阶段的主要任务。

区域地质调查阶段的主要任务是根据区域1：100万～1：50万地质、地球物理调查的资料,预测并圈定Ⅲ级成矿区(带);根据区域1：20万(1：25万)～1：10万地质测量及物化探工作的资料,预测并圈定Ⅳ级成矿区(带)——成矿亚区(带);根据1：5万矿调及预查的资料,预测并圈定Ⅴ级成矿区(带)或矿田。区域地质调查是公益性地质工作。

商业性矿产勘查工作阶段,是在1：5万矿调的基础上进行,依次进行预查、普查、详查及勘探。一般在完成地质勘探以后进行开发勘探工作,为矿床的开发作准备。

在资源前景明朗的地区,以矿产开发利用为最终目的,将预查、普查、详查、勘探、开发"一条龙"设计,物、化、电、磁、钻等多工种、多方法整合施工,加快勘查开发速度,这就是"整装勘查"。

第一节　成矿区划阶段

Ⅰ—Ⅲ级成矿区(带)划分是系统勘查的基础。成矿区划阶段是系统勘查的第一阶段。

根据中国地质科学院矿产资源所陈毓川等(2006)的研究,各个成矿区(带)地质构造演化和区域成矿作用的发生、发展和矿床的形成,在空间、规模和时代上都有不同程度的差别。所以,成矿区(带)不仅有规模上的异同,还有四维结构的区别,确定划分成矿区(带)级别的等级体制和赋予各级成矿区(带)的准确内涵极为重要(陈毓川等,1999)。近年来,综合分析了全国的基础地质、矿产地质、地球物理场、地球化学场、遥感特征和科研成果,完善了中国大陆成矿区(带)划分的整体概念、步骤和方法。

一、成矿区(带)的分级

全国的成矿区(带)划分采用五分法:即成矿域[又称Ⅰ级区(带)]、成矿省[又称Ⅱ级区(带)]、成矿区(带)[又称Ⅲ级区(带)]、成矿亚区(带)[又称Ⅵ级区(带)]、矿田[又称Ⅴ级区(带)]。级别由高到低,范围也由大变小,统称序次排列的成矿区(带)划分体制。

成矿区(带)是成矿单元的地质体,其内部结构应该是地质构造单元加区域成矿作用(矿床及其空间分布),其地质含义是很明确的,各序次的成矿区(带)所处的地质构造位置及赋存的矿产不同,其地质内涵又有较大的差异。中国在多年实践中积累的认识赋予各级成矿区(带)的地质内涵如下:Ⅰ——成矿域;Ⅱ——成矿省;Ⅲ——成矿区(带);Ⅳ——成矿亚区(带);Ⅴ——矿田。

二、成矿区(带)划分的基本原则

成矿区(带)划分的基本原则包括:①区域矿产空间分布的集中性和区域成矿作用的统一性;②逐级圈定的原则;③成矿区(带)与矿床成矿系列的对应关系;④地球化学场、地球物理场资料对厘定成矿区(带)的边界有参考意义。

三、Ⅰ—Ⅲ级成矿区(带)划分

(一)成矿域[Ⅰ级成矿区(带)]

Ⅰ-1　古亚洲成矿域;

Ⅰ-2　秦祁-昆成矿域;

Ⅰ-3　特提斯-喜马拉雅成矿域;

Ⅰ-4　滨太平洋成矿域;

Ⅰ-5　前寒武纪地块成矿域。

成矿域属洲际性的成矿单元,受全球性地质构造区(带)所控制,受控于特定的构造旋回及伴随的成矿旋回。在每个成矿域内,由于地区性的地质构造环境及演化的差异,后期新形成的成矿域通常叠加在前期已形成的古成矿域之上,存在后期成矿作用整体叠加在前期构造单元或部分构造单元之上,成矿域界线的定位按原则第③条选定。按对形成矿床影响最大、成矿作用最强烈、赋存矿产最丰富的构造旋回范围标定边界。由此可知,成矿域穿过已划定的构造单元是符合实际的划分原则,如滨太平洋成矿域穿过华北陆块和秦岭-大别等成矿省,所以出现了与大地构造单元划分图的差异。

(二)成矿省[Ⅱ级成矿区(带)]

成矿省的划分是建立在区域成矿学和全国矿产分布的实际资料基础上,按地质构造的演化过程出现的成矿地质环境标定的。本次划分依据的资料是最新的,汇集的成矿信息极为丰富,还集中了国内众多专家的经验。

Ⅱ-1　吉黑成矿省;

Ⅱ-2　内蒙大兴安岭成矿省;

Ⅱ-3　华北陆块北缘成矿省;

Ⅱ-4 华北陆块成矿省；

Ⅱ-5 阿尔泰-准噶尔成矿省；

Ⅱ-6 天山-北山成矿省；

Ⅱ-7 塔里木陆块成矿省；

Ⅱ-8 秦岭-大别成矿省；

Ⅱ-9 祁连成矿省；

Ⅱ-10 昆仑成矿省；

Ⅱ-11 下扬子成矿省；

Ⅱ-12 华南成矿省(含台湾岛和海南岛)；

Ⅱ-13 上扬子成矿省；

Ⅱ-14 西南三江成矿省；

Ⅱ-15 松潘-甘孜成矿省；

Ⅱ-16 雅鲁藏布江-唐古拉成矿省(简称"西藏成矿省")。

(三)成矿区(带)[Ⅲ级成矿区(带)]

1. 吉黑成矿省(Ⅱ-1)

Ⅲ-1 完达山中生代有色金属、贵金属成矿区；

Ⅲ-2 太平岭-老雅岭古生代、中生代金铜镍铅锌银铁成矿区；

Ⅲ-3 佳木斯-兴凯新太古代、元古宙、晚古生代、中生代铁多金属非金属成矿区；

Ⅲ-4 小兴安岭-张广才岭-吉林哈达岭太古宙、晚古生代、中生代铁金铜镍银铅锌成矿带；

Ⅲ-5 松辽盆地新生代油气铀成矿区。

2. 内蒙大兴安岭成矿省(Ⅱ-2)

Ⅲ-6 额尔古纳中生代铜钼铅锌银金成矿带；

Ⅲ-7 大兴安岭北段晚古生代、中生代铅锌银金成矿带；

Ⅲ-8 大兴安岭南段晚古生代、中生代金铁锡铜铅锌银铍铌钽矿床成矿带；

Ⅲ-9 二连-巴音查干晚古生代、中生代、新生代铜铁铬铅锌银成矿带；

Ⅲ-10 锡林浩特-索伦山元古宙、晚古生代、中生代铜铁铬金钨锗萤石天然碱成矿带。

3. 华北陆块北缘成矿省(Ⅱ-3)

Ⅲ-11 华北陆块北缘东段太古宙、元古宙、中生代金铜银铅锌镍钴硫成矿带；

Ⅲ-12 华北陆块北缘中段太古宙、元古宙、中生代金银铅锌铁硫铁矿带；

Ⅲ-13 华北陆块北缘西段太古宙、元古宙、中生代铁铌稀土金铜铅锌硫成矿带。

4. 华北陆块成矿省(Ⅱ-4)

Ⅲ-14 胶辽太古宙、元古宙、中生代金铜铅锌银菱镁矿滑石石墨成矿带；

Ⅲ-15 鲁西中生代金铜铁成矿区；

Ⅲ-16 华北盆地新太古代、中新生代铁煤油气成矿区；

Ⅲ-17 小秦岭-豫西太古宙、元古宙、古生代、中生代金钼铝土矿铅锌成矿带；

Ⅲ-18 五台-太行太古宙、元古宙、古生代、中生代金铁铜钼钴银锰成矿区；

Ⅲ-19 晋西-陕东黄河两侧元古宙、晚古生代铝土矿稀土铜铁金煤盐类成矿带；

Ⅲ-20 鄂尔多斯盆地中生代、新生代油气煤盐类成矿区；

Ⅲ-21 阿拉善元古宙、新生代铜镍铂族萤石成矿区。

5. 阿尔泰-准噶尔成矿省（Ⅱ-5）

Ⅲ-22 哈龙-诺尔特晚古生代、中生代金铅锌铁稀有宝玉石云母成矿带；

Ⅲ-23 克兰晚古生代铁铜锌金银铅成矿带；

Ⅲ-24 准噶尔北缘晚古生代、新生代铜镍钼金沸石膨润土成矿带；

Ⅲ-25 准噶尔西缘晚古生代金铬成矿区；

Ⅲ-26 准噶尔盆地晚古生代、中生代油气铀煤盐类成矿区。

6. 天山-北山成矿省（Ⅱ-6）

Ⅲ-27 博格达晚古生代铜锌石墨盐类成矿区；

Ⅲ-28 阿拉套-赛里木晚古生代锡钨铅锌成矿区；

Ⅲ-29 土哈盆地中、新生代油气煤铀沸石膨润土盐类成矿区；

Ⅲ-30 西天山前寒武纪晚古生代、中生代、新生代铀煤铜（钼）锰铁镍金银稀有金属云母盐类矿床成矿区；

Ⅲ-31 觉罗塔格-星星峡晚古生代铜钼金银镍成矿带；

Ⅲ-32 南天山马鬃山晚古生代铁金铅锌银钒铀稀有稀土磷灰石蛭石菱镁矿滑石矿床成矿带；

Ⅲ-33 额济纳旗晚古生代铜铁（萤石）成矿区；

Ⅲ-34 北山前寒武纪、晚古生代多金属铁铜镍金铅锌银磷稀有金属矿床成矿带；

Ⅲ-35 萨阿尔明晚古生代、中生代、金铁锰铅锌稀有金属盐类成矿带；

Ⅲ-36 西南天山晚古生代金铜铅锌银锑铀锡成矿带。

7. 塔里木陆块成矿省（Ⅱ-7）

Ⅲ-37 塔里木中、新生代油气煤铀盐类矿产成矿区；

  Ⅲ-37-1 库车新生代油气铀成矿带；

  Ⅲ-37-2 阿瓦提-沙雅中、新生代油气煤成矿带；

  Ⅲ-37-3 柯坪晚古生代铅锌铁钒钛成矿区；

  Ⅲ-37-4 卡塔克-满加尔新生代油气成矿区；

  Ⅲ-37-5 塔里木南缘盐类矿产成矿带。

8. 秦岭-大别成矿省（Ⅱ-8）

Ⅲ-38 北秦岭早古生代、中生代金铜银锑钼成矿带；

Ⅲ-39 桐柏-大别元古宙、中生代金铅锌银非金属成矿带;

Ⅲ-40 南秦岭晚古生代、中生代铅锌银铜铁汞锑重晶石成矿带。

9. 祁连成矿省(Ⅱ-9)

Ⅲ-41 走廊古生代、新生代铁锰萤石盐类成矿带;

Ⅲ-42 北祁连元古宙、早古生代金铜铁铬钨铅锌成矿带;

Ⅲ-43 南祁连古生代铜锌铅银镍磷成矿带;

Ⅲ-44 拉鸡山早古生代铜金镍成矿带。

10. 昆仑成矿省(Ⅱ-10)

Ⅲ-45 柴达木新生代锂硼钾盐钠盐镁盐芒硝石膏自然碱卤盐(水)矿床成矿区;

Ⅲ-46 阿尔金早古生代铜金石棉成矿带;

Ⅲ-47 东昆仑前寒武纪、晚古生代、中生代金铜铅锌铁成矿带;

Ⅲ-48 公格尔前寒武纪、晚古生代金铜铅锌宝玉石成矿带;

Ⅲ-49 塔什库尔干前寒武纪、晚古生代金铜成矿带;

Ⅲ-50 喀喇昆仑中生代铜铅锌金成矿带。

11. 下扬子成矿省(Ⅱ-11)

Ⅲ-51 苏北坳陷新生代油气盐类成矿区;

Ⅲ-52 长江中下游中生代铜金铁铅锌硫成矿带;

Ⅲ-53 江南地块中生代铜钼金银铅锌成矿带;

Ⅲ-54 江汉坳陷中生代、新生代金稀土盐类成矿区。

12. 华南成矿省(含台湾岛和海南岛,Ⅱ-12)

Ⅲ-55 浙闽沿海中生代非金属铅锌银成矿带;

Ⅲ-56 闽粤沿海中生代锡钨铅锌银非金属成矿带(台湾是中、新生代太平洋板块的组成部分,是一个特殊的成矿带,现暂归本成矿带);

Ⅲ-57 杭州湾-武夷山北段古生代、中生代铅锌银钨锡稀土稀有矿床成矿带;

Ⅲ-58 湘中-赣中元古宙、古生代、中生代、新生代铁钨锡锑铅锌稀有成矿区;

Ⅲ-59 南岭中段中生代锡银铅锌稀有稀土成矿区;

Ⅲ-60 粤中元古宙、古生代、中生代银铁金钨锡稀有成矿区;

Ⅲ-61 粤西-大明山中生代钨锡铅锌金银成矿区;

Ⅲ-62 海南元古宙、中生代、新生代铁铜钴金银铝土矿水晶高岭土成矿区。

13. 上扬子成矿省(Ⅱ-13)

Ⅲ-63 台湾燕山期-喜马拉雅期金银铜铁硫明矾石滑石成矿区;

Ⅲ-64 龙门山-神农架早古生代、新生代铁金铅锌磷成矿带;

Ⅲ-65 湘西-黔东中生代锑汞金铅锌磷滑石成矿区;

Ⅲ-66 渝南-黔中古生代、中生代铁汞锰铝成矿带;

Ⅲ-67 四川盆地新生代铁铜油气盐类矿产成矿区；

Ⅲ-68 金沙江东侧川滇黔晚古生代、中生代铅锌银磷成矿区；

Ⅲ-69 右江地槽中生代金铅锌锑铜锰铝磷成矿区；

Ⅲ-70 扬子地台西缘元古宙、晚古生代、中生代铁钛钒铜铅锌铂银金稀土成矿带。

14. 西南三江成矿省(Ⅱ-14)

Ⅲ-71 白玉-中甸印支期、燕山期、喜马拉雅期银铅锌铜金锡成矿带；

Ⅲ-72 西南三江北段中生代、新生代铜钼银金铅锌成矿带；

Ⅲ-73 大理-景谷中生代、新生代铜锌钼金铅锌成矿带；

Ⅲ-74 澜沧-保山晚古生代、中生代、新生代铅锌银铜金铁成矿带；

Ⅲ-75 西盟中生代、新生代锡钨稀土成矿区。

15. 松潘-甘孜成矿省(Ⅱ-15)

Ⅲ-76 松潘-玛多晚古生代金银铅锌稀有金属成矿区；

Ⅲ-77 可可西里-盐源中生代、新生代金铜锌稀有稀土成矿带；

Ⅲ-78 藏东-拉竹龙新生代铜钼金铁盐类成矿带。

16. 雅鲁藏布-唐古拉成矿省(Ⅱ-16)

Ⅲ-79 羌塘-昌都新生代铜钼金银盐类成矿带；

Ⅲ-80 冈底斯-念青唐古拉中生代、新生代铜钼金铁盐类成矿带；

Ⅲ-81 藏南喜马拉雅期汞锑金银成矿带。

全国统一分的5个成矿域、16个成矿省、81个成矿区(带)是在当代基础地质、矿床地质研究的水平上获得的成果。

第二节 区域地质调查阶段

区域地质调查(简称区调,又称地质填图)是整个地质工作的基础和先行,是国家公益性地质工作的核心。其主要任务是查明地层、岩石、构造及形成演化等基本地质情况,填绘地质图,为解决资源、环境、灾害问题和发展地球科学提供资料信息和科学依据。

区域地质调查阶段可细分为如下各亚阶段。

一、小比例尺(1∶100万~1∶50万)区域地质调查亚阶段

从1953年第一个国民经济五年计划起,我国有计划地在东部地区(东经108°以东)开展了1∶100万区域地质调查和矿产普查工作。到20世纪50年代末,基本完成了我国东部地区1∶100万区域地质编测和编图工作。

20世纪60年代,地质矿产部对我国西部地区1∶100万区域地质调查进行了全面部署,经过近30年的艰苦工作,至1987年,基本完成了我国陆地域1∶100万区域地质调查。全国地质资料馆共收藏1∶100万区域地质调查资料126档,资料类型有1∶100万区域地质调查(测量)报告(说明书)、1∶100万地质图、矿产分布图、大地构造图及其说明书(李华等,2011)。

在该阶段往往布置路线性的重力、地震等地球物理调查,以研究区域地质格架。

在我国多数地区,1∶100万~1∶50万小比例尺地质图,是在1∶25万中比例尺地质图及相应物探、化探、遥感图件基础上的综合编图获得,相应地在构造-建造图(大地构造图)等基础图件上划分出Ⅲ级成矿单元。

二、中比例尺1∶20万(1∶25万、1∶10万)区域地质调查亚阶段

(一)1∶20万区域地质调查

我国的1∶20万区域地质调查工作,是从1955年开始的。1955年在新疆组成的第一支中苏合作队,在阿尔泰、柯坪和西昆仑等地区开展1∶20万区域地质调查试点工作。1956年又相继组成3支中苏合作队,分别在南岭、秦岭和大兴安岭地区开展1∶20万区域地质调查工作。1956年起,北京地质学院、长春地质学院等部属高等院校也承担了部分区域地质调查工作。1958年起,陆续组建省(区、市)专业地质调查队,在全国大范围内陆续开展1∶20万区域地质调查工作。经过近半个世纪的艰苦工作,基本完成了我国陆域面积的1∶20万区域地质调查,其间编著的1∶20万区域地质调查报告陆续进馆。馆藏1∶20万的资料类型主要有:区域地质调查、区域矿产调查、区域水文地质调查、区域工程地质调查、区域环境地质调查、区域物探地质调查、区域化探地质调查、区域遥感地质调查、城市地质调查、区域农业地质调查和其他专项区域地质调查。截至2010年全国地质资料馆共收藏1∶20万区域地质调查资料1227档,其中大专院校编著的1∶20万区域地质调查资料70档(李华等,2011)。

(二)1∶25万区域地质调查

1996年,我国开展1∶25万区域地质调查试点,分别选取不同地质构造区(造山带)、不同岩类区、不同地理区、不同城市经济区部署了1∶25万区域地质调查填图试点及填图方法研究。

1999年国土资源大调查以来,开始在青藏高原和大兴安岭空白区部署了1∶25万区域地质调查。承担1∶25万区域地质调查任务的以各(区、市)地质调查院为主,大专院校和科研院所也承担了部分区域地质调查工作。全国地质资料馆共收藏1∶25万区域地质调查资料238档,其中大专院校编著的1∶25万区域地质调查资料21档(李华等,2011)。

中比例尺的1∶25万及1∶20万区域地质调查是综合性的调查,包括区域矿产调查、区域水文地质调查、区域工程地质调查、区域环境地质调查、区域物探地质调查、区域化探地质

调查、区域遥感地质调查。

根据地质图、矿产图、研究程度图、地球物理测量成果图、地球化学测量成果图、重砂测量成果图等图件编制成矿规律图。内生金属矿床，一般用构造岩浆图作为底图；外生矿床用岩相古地理图作为底图。图件应反映成矿时间、空间、成因规律，查明成矿因素、控矿条件、主要标志，尽可能详细地划分成矿单元，一般可划分出Ⅳ级成矿单元——成矿亚区(带)。

三、大比例尺(1∶5万～1∶2.5万)区域地质(矿产)调查亚阶段

我国的1∶5万区域地质调查试点工作始于1958年，分别在辽宁西部、山东沂蒙山等地开展1∶5万填图试点工作。

20世纪80年代以后，区域地质调查工作的重点转移到1∶5万区域地质调查上，"十一五"期间我国1∶5万区域地质调查工作重点部署在重要成矿亚区(带)或在中比例尺区域地质调查阶段预测的潜在成矿亚区(带)上，同时兼顾在国家重大工程建设区、重要地质问题区和重要经济开发区开展1∶5万区域地质调查。

一些新技术新方法(如遥感技术、计算机技术等)在区域地质调查中得到广泛应用。在进馆的1∶5万区域地质调查资料中，既有传统野外调查、重砂测量、物探、化探、航空遥感等方法形成的区域地质调查资料，又有数字填图技术形成的1∶5万区域地质调查资料。截至2010年全国地质资料馆馆藏1∶5万区域地质资料2892档，其中大专院校编著的1∶5万区域地质调查资料96档(李华等，2011)。

根据野外调查、重砂测量、物探、化探、航空遥感等方法形成的区域地质调查资料，以及数字填图技术形成的1∶5万区域地质调查资料，编制成矿规律图。内生金属矿床，一般用构造岩浆图作为底图；外生矿床用岩相古地理图作为底图。预测出潜在的Ⅴ级成矿区(带)或矿田。

第三节 矿产勘查阶段

根据《固体矿产地质勘查规范总则》(GB/T 13908—2002)，我国目前的矿产勘查工作划分为4个阶段，即预查阶段、普查阶段、详查阶段和勘探阶段。

一、预查

预查是通过对工作区内资料的综合研究、类比及初步野外观测和极少量的工程验证，初步了解预查区内矿产资源远景，提出可供普查的矿化潜力较大地区，并为发展地区经济提供参考资料。

预查阶段与大比例尺矿调相衔接。预查区相当于Ⅴ级成矿区(带)或矿田。可供普查的矿化潜力较大地区也就是潜在的矿床范围。划分比例尺1∶5万~1∶2.5万,研究比例尺1∶1万~1∶5000。

二、普查

普查是通过对矿化潜力较大地区开展地质、物探、化探工作和(有限的)取样工程,以及可行性评价的概略研究,对已知矿化区做出初步评价,对有详查价值地段圈出详查区范围,为发展地区经济提供基础资料。

比例尺1∶1万~1∶5000及更大比例尺的地质图是矿产勘查阶段的矿区地质图,反映在矿床(矿区)范围内矿体或工业矿带的分布规律。

三、详查

详查是对详查区采用各种勘查方法和手段,进行系统的工作和取样,并通过预可行性研究,做出是否具有工业价值的评价,圈出勘查区范围,为勘探提供依据,并为制定矿山总体规划、项目建议书提供资料。

四、矿床勘探

矿床勘探是在发现矿床之后,对已知具有工业价值的矿区或经详查圈出的勘探区,通过应用各种勘查手段和有效方法,加密各种采样工程以及进行可行性研究,为矿山建设在确定矿山生产规模、产品方案、开采方式、开拓方案、矿石加工选冶工艺、矿山总体布置、矿山建设设计等方面提供依据。

地质工作从本质上来说,不同阶段分属于不同性质。广义地质工作从基础地质工作到矿产开发工作,一般划分为基础地质调查、矿产勘查、矿产开发3个大的阶段。前者属科学研究性质,后者属技术施工性质,这是广泛的共识。而位于中间位置的矿产勘查又细分为预查、普查、详查和勘探4个阶段。不同阶段有着不同的特征,各阶段之间既有区别又有联系。预查阶段的地质工作特征是面上定向,研究性工作为主,辅以少量的浅表地质工程,为研究工作提取信息和佐证,确定找矿方向;普查阶段的地质工作特征是面上求点,研究性工作与施工性工作并重,施以少量的地质勘查工程,求证有矿无矿;详查阶段地质工作特征是点上深化,施工性工作为主,研究性工作为辅,重点是加密勘查工程,加深对矿体的认识;勘探阶段地质工作特征是点上扩展,属施工性工作,查明矿体的全部数据及其开发条件。总之,预查、普查、详查、勘探4个阶段的属性呈现研究性递减、施工性递增的趋势,即勘查阶段属性渐变规律(程利伟,2012)。

第四节 开发勘探(矿山地质工作)

开发勘探按具体任务和顺序,又可将其划分为基建勘探、生产勘探和补充地质勘探。在已知矿山的深部及外围进行的"探边摸底"是矿区局部预测的重要内容,是矿产勘查学的重要任务之一。

第五节 矿产资源整装勘查

随着经济的快速发展,我国矿产资源供需形势不容乐观,迫切需要地质找矿大突破。我国矿业权市场建设正在不断完善,但存在着探矿权小而散、"圈而不探"等问题。近几年,地质勘查投入虽然不断增加,但是缺乏长期持续滚动投资;在探索通过有效整合地质勘查要素,包括探矿权的整合、施工力量的整合、资金的整合等,实现找矿突破的过程中,整装勘查地质找矿模式应运而生,并且在中央地勘基金第一批勘查项目中的内蒙古东胜首次尝试,取得了良好的效果。

地质找矿新机制在实践中探索。《国务院关于加强地质工作的决定》中明确提出,要集中力量加强矿产资源勘查,突出重点矿种和重点成矿区(带)勘查工作,增加资源储量;国家建立地质勘查基金,着重用于重点矿种和重点成矿区(带)的前期勘查。中央和地方通过建立地勘基金,在实践中积极探索整合各种勘查要素,在大的勘查区内遵循地质工作规律进行统一部署、统一施工、综合评价,使勘查工作有序推进,提高了勘查效率,节约了勘查成本,降低了勘查风险,取得了一定的效果。全国开展地质找矿改革发展大讨论,各地推进优势资源转换战略的实施,加快勘查工作进程,集中资金和力量,尽快实现找矿突破,各相关部门大力推进整装勘查。实践公益先行、基金衔接、商业跟进、整装勘查、快速突破和构建中央、地方、企业多方联动的地质勘查新机制。

一、整装勘查的概念

整装勘查指在各级政府的主导下,由中央或中央、地方、企业多方参与,中央或中央、地方、企业多方投入,按照市场化运作,把分散的探矿权、勘查技术、资料信息、资金、人员、设备等勘查要素进行优化整合,在一个成矿区(带)内,或相似的地质成矿条件区域内,以寻找一种或数种矿产资源为目的,统一部署、统一组织实施、统一技术标准、综合研究、综合评价,通过科学的成矿理论,运用数种有效的勘查技术手段,开展系统化、规模化的矿产勘查活动(崔振民,2011)。

二、整装勘查的特征

整装勘查是在寻求地质找矿大突破的实践过程中,通过政府主导、市场运作,有效整合各种勘查要素,节约了勘查成本,提高了勘查效率,是被实践证明了的适应我国当前地质找矿形势的一种创新找矿模式,具有如下特征(崔振民,2011):

(1)多方参与、相互联动。投资者、作业者、各级政府及国土资源管理部门多方参与,有效协调、整合勘查要素是整装勘查的一个特征。

(2)政府主导。各级政府在整装勘查实施过程中起到了关键性作用,可以说,没有各级政府及国土资源行政主管部门的积极协调,整装勘查很难推进。

(3)投资集中、大规模作业。与普通的勘查项目相比,整装勘查作业区范围广,工程量大,投资规模大。

(4)统一部署、统一施工、综合评价。整装勘查实施过程中,对整个工作区统一部署、统一施工、综合评价,使勘查工作有序推进,提高了勘查效率,节约了勘查成本,降低了勘查风险,取得了很好的效果。

(5)市场化运作。整装勘查的实现,探矿权的整合是基础,利益分配是重点。在解决整装勘查作业区探矿权和确定利益分配的过程中,充分尊重各主体的利益,按市场规律办事,采取市场化运作,是整装勘查的又一显著特点。

三、整装勘查的基本原则

(1)市场原则。适应市场经济需求,实行合同化管理、市场化运作,建立项目管理制度和监管体系,有效保障各方权利、义务,有偿出让勘查取得的矿业权,实现自身滚动发展和良性循环,推进我国地勘投入的多元化和矿业权的有偿使用。

(2)地质规律原则。按地质规律办事,面向重点成矿区(带)、重点矿种,统筹考虑、统一部署、统一设计、统一施工、综合评价,提高勘查效果和质量。

(3)政府主导原则。充分发挥政府在整装勘查中的主导作用,政府统筹协调,中央地勘基金资金跟进,地勘单位勘查作业,实现政府主导、良性互动的局面。

(4)利益共享原则。建立科学合理的利益分配机制,保护投资者、作业者和相关利益主体的权益,调动各方积极性。

(5)公益性地质工作和商业性矿产勘查工作紧密结合的原则。多方合作,实现公益性地质工作和商业性地勘工作有效衔接,促进整装勘查有序推进(崔振民,2011)。

四、整装勘查工作中存在的主要问题

随着整装勘查工作的不断推进,许多难点问题陆续出现,严重影响整装勘查工作的正常开展,列举几个如下。

1. 矿业权多,整合难度大

一般整装勘查区内已设置探矿权数十个。矿山生产企业众多,但多数开采规模均较小。矿业权设置"多、小、散"问题存在。尤其是在区内重点成矿带中,原有矿业权设置密度大,关系复杂,矿业权进一步整合难度大,且整合周期长,一定程度上影响了整装勘查工作的推进(荣桂林等,2014)。

2. 协调自有矿业权人投资困难

按照整装勘查工作"五统一"原则,要求探矿权人保障勘查资金和勘查进度,加快探矿权范围内的地质工作,同步推进整装勘查。实际上,多数探矿权是由经济实力差、以运作经营探矿权为目的的小企业或个人所登记,找矿投入有限,剩余的空白区找矿潜力小且难以成片勘查。比如,已实施的个别项目,探矿权人按统一工作部署与勘查单位签定了勘查合同,拨付了首批工程款,随着工作的推进,因个别钻孔见矿效果不佳停止进一步投入,勘查单位又因底子较薄致使勘查工作不得不停止。究其原因,探矿权人的确出现资金断链,无力贷款(陈祎等,2011)。

3. 缺乏系统的成果资料和综合研究

例如,贵州省已开展了大量的基础性地质工作,包括1:20万、1:5万区域地质调查,1:25万区域矿产调查,矿产资源潜力评价等,取得了丰硕的地质成果。由于这些成果分散在不同时期、不同工作单位、不同勘查阶段、不同性质的勘查报告中,甚至一些重要数据只掌握在少数地勘单位或个人手中,缺乏系统的收集、整理和综合研究。对已有地质资料的研究和二次开发,充分发挥现有地质资料的作用显得尤为重要。如果能系统掌握工作区已有成果资料,可以有效选择勘查技术手段,提高方案的科学性、合理性,从而避免工作重复和资料浪费,减少资金投入,有效提高勘查成果(陈祎等,2011)。

4. 外部环境制约

地方政府和矿业权人对整装勘查机制和政策的认识与理解还有待提高。地质勘查工作的外部环境问题仍严重地制约着地质找矿工作。部分矿区地方关系协调难度较大,工程施工占地征用困难,占地、青苗赔偿等没有统一的标准,个别当地居民不配合甚至防碍施工等问题多见,漫天要价现象严重,从而加大了地质勘查工作成本。勘查项目工程施工进展缓慢,进程滞后,影响了勘查项目进展和成果的取得(荣桂林等,2014)。

第五章 矿产勘查技术手段

第一节 矿产勘查技术手段简述

矿产勘查技术手段泛指为了寻找矿产所采用的工作措施和技术手段的总称。矿产勘查技术手段按其功能可以分为3类,即专门测试型、综合调查型和探矿工程型。

专门测试型矿产勘查技术手段有地球化学探矿,地球物理探矿,矿物学、岩石学的专门鉴定、测试,包裹体及同位素的测试等。这一类技术手段的特点是有很强的针对性,一种技术手段往往只能查明一个潜在含矿性准则,而对其他准则是无效的。

综合调查型勘查技术手段包括地质调查法、遥感地质法等。该类型技术手段以其综合性为特点。一种方法所查明的不仅是一个潜在含矿性准则,而是可同时查明若干个潜在含矿性准则。

上述两类勘查技术手段可总称为调查测试型技术手段。

探矿工程型勘查技术手段不同于调查测试型。从本质上来讲,这类技术手段只能改善观测条件,延伸观测距离,创造观测的硬环境,给调查测试型勘查技术手段的实施提供必要的条件,也就是说,提供进行地质观测、测试样品采集、地球物理探测、地球化学探测等工作的条件。

一、地质找矿方法

地质找矿方法包括传统的地质填图法、砾石找矿法、重砂找矿法等。

(1)地质填图法是运用地质理论和有关方法,全面系统地进行综合性的地质矿产调查和研究,查明工作区内矿产露头及矿化、蚀变现象,以及地层、岩石、构造的基本地质特征,研究成矿规律和各种找矿信息进行找矿的方法。

因为地质填图法所反映的地质矿产内容全面而系统,所以是最基本的找矿方法。无论在什么地质环境下,寻找什么矿产,都要进行地质填图。因此,地质填图是一项很重要的综合性地质勘查工作。

(2)砾石找矿法是根据矿体露头被风化后所产生的矿砾(或与矿化有关的岩石砾岩)在重力、水流、冰川的搬运下,形成其散布的范围大于矿床范围的矿化分散晕,利用这种晕圈,沿山坡、水系或冰川活动地带追索矿砾并研究其特点,进而寻找矿床的方法。

砾石找矿法是一种较原始的找矿方法,简便易行,特别适用于地形切割程度较高的深山密林地区及勘查程度较低的边远地区的固体矿产的找寻工作。按矿砾的形成与搬运方式可分为河流碎屑法和冰川漂砾法,以前者的应用相对比较普遍。

(3)重砂找矿法(简称重砂法)是以各种疏松沉积物中的自然重砂矿物为主要调查对象,以实现追索寻找砂矿和原生矿为主要目的的一种地质找矿方法。我国人民远在4000年前就用重砂以寻找砂金。现今仍是一种重要的找矿方法,用于寻找物理化学性质相对稳定的金属、非金属等固体矿产,具体如自然金、自然铂、黑钨矿、白钨矿、锡石、辰砂、钛铁矿、金红石、铬铁矿、钽铁矿、铌铁矿、绿柱石、锆石、独居石、磷钇矿等金属、贵金属和稀有、稀土元素矿产及金刚石、刚玉、黄玉、磷灰石等非金属矿产。

我国一些重要的固体矿产地,如夹皮沟金矿,赣南的钨矿,湖北、广东、广西的汞矿,云南、四川的锆石等都是用重砂法首先发现的。

重砂法的找矿过程是沿水系、山坡或海滨对疏松沉积物(冲积物、洪积物、坡积物、残积物、滨海沉积物、冰积物以及风积物等)系统取样,经室内重砂分析和资料综合整理,圈定重砂异常区(地段),从而进一步发现砂矿床,追索寻找原生矿床。

矿源母体(矿体或其他含有用矿物地质体)暴露地表因表生风化作用改造而不断地受到破坏,在此过程中化学性质不稳定的矿物由于风化而分解,而化学性质相对稳定的矿物则呈单矿物颗粒或矿物碎屑得以保留而成为砂矿物,当砂矿物相对密度大于3时则称为重砂矿物。这些重砂矿物除少部分保留在原地外,大部分在重力及地表水流的作用下,以机械搬运的方式沿地形坡度迁移到坡积层,形成重砂矿物的相对高含量带,并与原地残积层中的高含量带一起构成重砂矿物的机械分散晕。有些矿物颗粒进一步迁移到沟谷水系中,由于水流的搬运和沉积作用使之在冲积层中富集为相对高含量带,构成所谓的机械分散流。应用重砂矿物进行找矿的依据是重砂机械分散晕(流)的存在。

二、遥感找矿法

遥感是"遥感技术"的简称。用各种仪器,从远距离探查、测量或侦察地球上、大气中及其他星球上的各种事物和变化情况,这种与目标不直接接触而获取有关目标信息的技术方法称遥感。

地球资源技术卫星是专门用于勘测和研究地球上的各种自然资源、人工作物、自然环境和各种动态变化的遥感卫星。1972年7月,美国发射了第一颗实验性的地球资源技术卫星(ERTS-1),后来又把这种卫星改名为陆地卫星。Landsat-1、Landsat-2、Landsat-3搭载反束光导管(RBV)摄像机和多光谱扫描仪(MSS)。Landsat-4、Landsat-5观测仪器加装了专题扫描仪(TM)。MSS和TM的观测参数见表5-1。

表 5-1 MSS 和 TM 的观测参数

遥感器	波段序号	波段	波长范围/μm	地面分辨率/m
MSS	4	绿色	0.5~0.6	80
	5	红色	0.6~0.7	80
	6	近红外	0.7~0.8	80
	7	近红外	0.8~~1.1	80
TM	1	蓝色	0.45~0.52	30
	2	绿色	0.52~0.60	30
	3	红色	0.63~0.69	30
	4	近红外	0.76~0.90	30
	5	短波红外	1.55~1.75	30
	6	热红外	10.40~12.50	120
	7	短波红外	2.08~2.35	30

Landsat-7 采用 ETM+,卫星上设置绝对定标,提高了对地观测分辨率和定位质量,调整了辐射测量精度、范围和灵敏度,是目前应用比较成熟、比较稳定,具有全球覆盖性的遥感数据之一。ETM 的观测参数见表 5-2。

表 5-2 ETM 波段的主要适用范围

波段序号	波段	波长范围/μm	地面分辨率/m	主要应用领域
1	蓝色	0.45~0.52	30	对水体有透射能力,能够反映浅水水下特征,可区分土壤和植被,编制森林类型图,区分人造地物类型
2	绿色	0.52~0.60	30	探测健康植被绿色反射率,可区分植被类型和评估作物长势,区分人造地物类型,对水体有一定透射能力
3	红色	0.63~0.69	30	这个波段为红色区,在叶绿素吸收带内,在可见光中这个波段是识别土壤边界和地质界线的最有利的光谱区
4	近红外	0.76~0.90	30	测定生物量和作物长势,区分植被类型,绘制水体边界,探测水中生物的含量和土壤湿度
5	短波红外	1.55~1.75	30	水的吸收率很高,区分不同类型的岩石,区分云、地面冰和雪
6	热红外	10.40~12.50	60	探测地球表面不同物质的自身热辐射的主要波段,可用于地热制图、热惯量制图
7	短波红外	2.08~2.35	30	用于地质制图,特别是热液蚀变岩制图

| PAN | 全色 | 0.50~0.90 | 15 | |

遥感方法在矿产勘查工作中的具体应用主要有以下3个方面。

1. 线环构造解译

在成因上与地质作用有直接或间接关系的地质体和地质构造所形成的线性影像称之为线性构造,主要有各种呈直线状的地质界线(如一些岩性界线、不整合界线等)、各种断裂构造形成的影像(如各种断裂、隐伏断裂、地壳断裂以及各种断层等)。利用遥感的构造解译方法,能够发现野外不易发现的构造信息以及深部构造的间接信息,以弥补地表工作的不足。

遥感影像除能反映出地球深部、浅部及表壳的大量线性构造外,还可反映一些圆形、圆环形、弧形封闭形以及半圆形影像特征,一般称为环形构造。根据成因,与地质作用密切相关的环形构造可分为以下几种:①火山机构,一般呈明显的环状或环状与放射状线;②岩浆侵入体或岩浆活动中心,常呈圆形、椭圆形,一般影像清晰;③褶皱构造,尤其是短轴背斜、向斜和穹隆构造等,常呈明显的环带状;④新的隆起和坳陷盆地,常呈环状或不规则环状。

2. 多光谱遥感矿化蚀变信息提取

所谓矿化蚀变信息,就是如下3类矿物的遥感信息:①黏土矿物,主要是含水的铝、铁和镁的层状结构硅酸盐矿物,包括高岭石族矿物、蒙脱石、黏土及云母、伊利石、海绿石、绿泥石等;②含铁离子矿物,包括赤铁矿(Fe_2O_3)、褐铁矿($Fe_2O_3 \cdot nH_2O$)、针铁矿[$FeO(OH)$]等;③碳酸盐矿物。用波段比值分析、主成分分析及光谱角填图法等方法提取矿化蚀变信息。这里所说的矿化蚀变,只是富含上述3类矿物的地段,是可能具矿化蚀变的地段,与矿床学中的矿化蚀变不是同一概念。

3. 高光谱遥感图像岩矿识别

高光谱遥感是高光谱分辨率遥感的简称,也就是光谱分辨率很高的遥感。它是指利用很多很窄的电磁波波段从感兴趣的物体提取有关数据的方法。

高光谱遥感是20世纪末的十几年发展起来的遥感新技术,被称为遥感领域的革命。开始主要采用航空平台进行研究,直到1999年开始出现卫星平台(美国EOSAM-1)。在地理学、地质学、生态学、环境科学、大气科学和海洋学等学科领域得到应用。可运用高光谱HyMap数据估计矿产资源,实现矿物填图计划(澳大利亚南部),对蚀变、矿化现象进行识别等。

但需要强调指出的是,迄今为止遥感方法并不是一种直接的找矿方法,它获取的信息多是间接的矿化信息,在矿产勘查工作中,必须与其他找矿方法相配合,才能最终发现欲找寻的矿产。

三、地球化学找矿法

地球化学找矿方法(又称地球化学探矿法,简称化探)是以地球化学和矿床学为理论基础,以地球化学分散晕(流)为主要研究对象,通过调查有关元素在地壳中的分布、分散及集中的规律达到发现矿田、矿床或矿体的目的的找矿方法。

根据样品的种类,勘查地球化学方法主要有地球化学岩石测量、地球化学土壤测量、水系沉积物测量、水化学测量、生物地球化学测量及气体地球化学测量等。

在实际地球化学找矿工作中,往往采用区域化探及逐级查证工作程式,依次应用:①1:20万(1:25万)区域化探异常筛选;②1:5万分散流加密Ⅲ级查证;③1:1万土壤测量Ⅱ级查证(覆盖区)或1:2.5万～1:1万分散流Ⅱ级查证(切割区);④1:5000～1:2000土壤或基岩测量,轻型工程验证Ⅰ级查证。从图5-1可以看出:在1:20万区域水系沉积物测量时的Cu、Mo异常高点,在进行1:5万土壤加密查证时则发现Cu、Mo异常,进而进行1:1万岩石测量得到可作为找矿对象的Cu、Mo异常区。

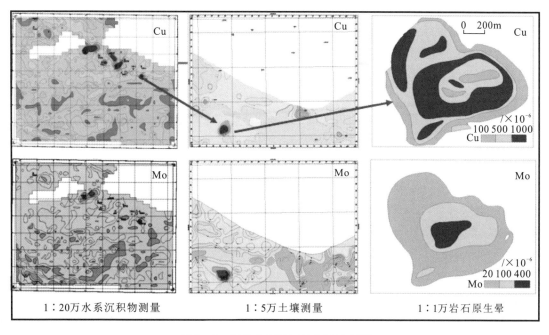

图 5-1 区域化探及逐级查证示意图

水系沉积物异常与矿的空间关系疏远,但形成的异常易于发现,可以用稀疏的样品进行查证,因此特别适用于化探概略普查阶段使用。多年来的实践证明,它是区域化探和化探普查阶段首选的找矿方法,适用于地形切割较好、水系发育的中低山区和丘陵低山区,适用于铜、铅、锌等贱金属矿床,也适用于钨、锡、钼、铌、钽、铍、铀等稀有金属和放射性铀钍矿床,特别是金银贵金属这类肉眼难以发现的矿床。

土壤地球化学找矿是一种成熟、有效的常规地球化学找矿方法,它既可用于区域化探阶段(1:20万～1:5万地球化学调查),也可在化探普查阶段、详查阶段使用。特别是在疏松层广泛覆盖区,它是一种有效的找矿方法,主要用于:①区域找矿中确定成矿带,主要适用于湿润丘陵区,特别是我国长江中下游及江南闽粤地区的低山丘陵区。②检查区域水系沉积物地球化学异常,对在中小比例尺水系沉积物地球化学测量中发现的有远景的重要异常,在中低山覆盖区可以开展土壤测量进一步缩小找矿靶区。③覆盖区化探找矿。已知矿区为扩大远景,通常在其外围开展大比例尺土壤地球化学测量,查明矿化延伸方向,寻找新的矿体。

岩石地球化学异常占有特殊的地位:①各类矿床的岩石地球化学异常最全面地保留了成矿时的地球化学信息。②岩石地球化学异常是各种类型次生地球化学异常物质来源的组成部分,各类次生地球化学异常都是原生矿体及其岩石地球化学异常的派生产物。③当前陆地上的找矿工作的发展趋势是寻找厚覆盖地区隐伏矿和浅覆盖区及开采矿山深部的盲矿。对于深部盲矿的寻找,岩石地球化学找矿是必不可少的方法。

岩石地球化学找矿适用于基岩露头好或工程暴露好的地区,主要应用于:①检查、验证水系沉积物异常,圈定找矿目标;②判断剥蚀程度,寻找盲矿体;③指导勘探工程施工;④利用多建造晕或叠加晕预测深部矿体。

水化学异常同水系沉积物异常一样,具有面积大的特点,可用低密度样品迅速了解全区,是区域化探确定战略找矿靶区的重要方法。我国尚未进行过大面积的区域水化学工作,但在德兴斑岩铜矿等地的找矿工作试验,找矿效果是显著的。

气体地球化学工作开展得较好的是汞气测量。断裂构造上的汞气异常以狭窄的峰值为特征,范围小于20m,但是往往可以沿走向追索。厚层外来覆盖区、厚层地层覆盖区、深埋于基岩中的盲矿体、放射性铀矿以及断裂中的金矿等,用汞气测量都取得了较好效果。

由于成矿元素的原生晕和次生晕的规模比矿体大得多,因而可以给找矿提供较大的目标。并且由于成矿元素分散的介质种类很多以及迁移的距离可以很大,因此通过地球化学晕的研究能发现难识别、新类型的矿床和埋藏很深的矿体。地球化学找矿法可找寻的矿产涉及金属、非金属、油气等众多的矿种及不同的矿床类型。

四、地球物理找矿法

地球物理找矿方法又称地球物理探矿方法(简称物探),是通过研究地球物理场或某些物理现象,如地磁场、地电场、重力场等,以推测、确定欲调查的地质体的物性特征及其与周围地质体之间的物性差异(即物探异常),进而推断调查对象的地质属性,结合地质资料分析,实现发现矿床(体)的目的的找矿方法。

解决某个地质问题,首先要研究一个地区的地球物理前提,即矿体与围岩之间或地质体之间的物性差异。岩石、矿物的主要物性包括磁化率、密度、电阻率、极化率以及弹性波的传播速度、放射性等。寻找金属矿与研究浅层构造的物探方法主要有磁法、重力法与各种电法。地震法和放射性法不常用。

若同时有几种物性前提,则要选用最经济有效的一种物探方法,而以另一种方法作为辅助手段。例如,要找的是一个构造(背斜、向斜、断层等),可用地震也可用电法勘探解决的任务,则以用电法比较经济。

若没有物性前提,则要采取间接方法:①用适当的物探方法寻找与某种矿产伴生的金属矿，进而找到矿床；②寻找控制成矿的构造，进而查明这些构造带内的矿床；③寻找控制成矿的岩体或沉积建造，进而寻找与之相关的矿产。

不同的物探方法，所用比例尺的范围不完全一样。如磁法，可从小比例尺的航空磁测，直到大比例尺的地面详测，而自然电流法则很少用于比例尺小于 1:5000 的测量。金属矿物探常用的测量比例尺参见表 5-3。

表 5-3 金属矿物探常用的测量比例尺及网距表

比例尺	测线距/m	测点距/m	适用工作阶段
1:20 万	2000	200～500	航空普查
1:10 万	1000	200～400	航空普查
1:5 万	500	100～200	航空普查/航空详查、地面检查
1:2.5 万	250	50～100	航空详查、地面检查
1:1 万	100	20～40	航空详查、地面检查/地面详测
1:5000	50	10～20	地面详测
1:2000	25	5～10	地面详测
1:1000	10	2～10	地面详测

1. 重力勘探

重力勘探在油气勘查、盐矿探测及金属矿勘查等方面都有应用。

2. 磁法勘探

磁法勘探是地球物理勘探中应用最广，也是目前金属矿勘查中应用最广的一种方法。它是通过研究自然地磁场在空间分布规律及其变化来解决地质问题。磁法可用于直接找矿并研究矿体产状、研究构造圈定找矿有利地带、确定岩石类型划分岩相等方面。

3. 电法勘探

电法勘探方法种类繁多，主要有如下各种。

(1) 自然电场法。在硫化矿所在的地表可以观测到这种自发产生的自然电位，其强度为几十毫伏至几百毫伏，符号总是负的，习惯上称这种局部负异常为负心。除硫化矿外，黄铁矿化与碳质岩层、石墨化岩层也都能引起负的自然电位。不仅可以在地面测量自然电场来普查找矿，如有钻孔或坑道可利用时，还可在地下测量自然电场。根据地面与地下取得三维空间的自然电场变化资料，即可确定矿体产状和延伸，还可以寻找新的矿体。自然电场法主要用于硫化矿的普查。此法是所有物探方法中最经济的一种方法。但勘探深度不大，一般只有 20～30m，对地下水面以下的深部硫化矿没有效果，对矿与非矿的分辨能力较差。

(2)充电法。充电法不是普查找矿方法,而是一种详查手段。

(3)电阻率剖面法。电阻率剖面法主要是研究地下一定深度范围内横向的电性变化,根据任务不同,可采用不同的电极装置。金属矿电法勘探常用的电阻率剖面法有以下几种:①对称四极剖面法。主要用来确定浮土掩盖的基岩起伏,寻找接触带、断层、喀斯特(溶洞),从事地质填图。②联合剖面法。在岩层接触面上,根据联剖曲线的特征,能更精确地确定接触面的位置。联合剖面法与其他剖面法相比,分辨力强,缺点是要布置远极,要读数两次,生产效率低。③中间梯度法。主要用来寻找埋深不大、倾斜较陡的高阻岩脉,对直立低阻板状地质体的勘探效果稍差。④偶极剖面法。偶极剖面法的优点在于它所测得的ρ_s异常曲线变差大,易于发现地下电性不均匀的地质体,一般来讲,比对称四极剖面法优越;缺点是受地表非均匀体的影响大,曲线变化复杂。

(4)垂向电测深法。垂向电测深法是用来确定水平产状地层的埋藏深度及其电阻率的。

(5)激发极化法。有两种工作方式:时间域的激发极化法(别名为瞬变、脉冲或直流激电法)和频率域激发极化法(别名为变频或交流激电法)。激发极化法主要用来寻找浸染硫化矿,是寻找斑岩铜矿最有效的一种手段,当然也能用于寻找外层包有浸染硫化矿晕的块状硫化矿。即使矿体与围岩电阻率差别不大,用其他物探方法无效(或是效果不好),如用激发极化法,也有可能获得较好的效果。某些充水断层裂隙,在各种电阻率剖面法中表现为低阻异常,有时与硫化金属矿异常不容易区别开,但用激发极化法有可能分辨。地形切割对激发极化影响不太严重(与其他电法相比),所以成果容易解释;缺点是对含石墨、黄铁矿岩层产生的非矿异常分辨力较差。

(6)电磁感应法。电磁感应法根据发射场源是固定的还是移动的,可以分为定源的和动源的两类;也可以根据发射的波形是连续的还是脉冲的,分为频率域的和时间域的两类。该方法对硫化物矿床的找矿和勘探有较好的效果。

4. 地震勘探

根据产生波的弹性介质形变类型,分为纵波勘探和横波勘探两大类型。根据波的传播方式分为反射波法、折射波法和透射波法3种。与其他物探方法相比,地震勘探具有勘探深度大、分辨率较高、解释结果较直接简单等特点,因此得到广泛应用。目前,地震勘探已普遍实现了数字化,不仅能查明复杂的储油气构造和含煤构造,而且在岩性、岩相研究和直接找油方面也取得了重大进展。地震勘探还可以间接寻找与构造有关的矿产,如铝土矿、砂金、铁、磷、铀等。

物探方法有一定局限性。例如有些方法勘探深度不大,对地形起伏反应灵敏;有些方法不能分辨矿异常与非矿异常,或对矿体产状反应不明显;许多物探异常又有多解性。这些问题在成果解释时都要给以足够注意,防止把地形、浅部的非矿干扰误认为矿异常。

物探方法的适用面非常广泛,几乎可应用于所有的金属、非金属、煤、油气、地下水等矿产资源的勘查工作中。与其他找矿方法相比,物探方法的一大特长是能有效、经济地寻找隐伏矿体和盲矿体、追索矿体的地下延伸、圈定矿体的空间位置等。在当前找矿对象主要为地下隐伏矿体及盲矿体的情况下,物探方法的应用日益受到人们的重视,促使了物探方法的迅速发展。

五、工程技术方法

找矿的工程技术方法主要指地表坑道工程及浅进尺的钻探工程等一类的探矿工程。地表坑道工程包括剥土、探槽及浅井等。在找矿工作中,工程技术手段主要用来验证有关的地质认识,揭露追索控矿构造、矿体或与成矿有关的地质体,调查矿体的产出特征以及进行必要的矿产取样等。在矿产普查阶段,配合其他找矿方法,通过有限的探矿工程的揭露,可以快速、准确地解决一些关键的找矿问题,如矿体的规模、质量等。因此,在必要的情况下尚需使用极少量的地下坑道工程和较深进尺的钻探工程。

(一)地表坑道工程

1. 剥土(BT)

剥土是用来剥离、清除矿体及其围岩上浮土层的一种工程。剥土工程无一定的形状,一般在浮土层不超过1m时应用,其剥离面积大小及深度应视具体情况而定。剥土工程主要用于追索固体矿产矿体边界及其他地质界线、确定矿体厚度、采集样品等。

2. 探槽(TC)

探槽是从地表向下挖掘的一种槽形坑道,其横断面通常为倒梯形,槽的深度一般不超过5m。探槽的断面规格视浮土性质及探槽深度而定。探槽一般要求垂直矿体走向布置,挖掘深度应尽可能揭露出基岩。探槽是揭露、追索和圈定残坡积覆盖层下地表矿体及其他地质界线的主要技术手段。

3. 浅井(QJ)

浅井是从地面向下掘进的垂直坑道,深度一般不超过30m,断面多为矩形、规格较小。浅井主要用于浮土厚度在3～5m之间的近地表矿体揭露、追索,物化探异常的检查验证工作,也是埋藏较浅、产状平缓的风化矿床、砂矿床的主要勘探技术手段。

(二)地下坑探

地下坑探工程是指为揭露、追索和圈定深部矿体而挖掘的地下巷道。它是矿床勘探阶段所采用仅次于钻探的主要技术手段之一,主要用于提高矿床勘探程度,尤其是首采地段的勘探精度,检查评价钻探结果,采取大规格的技术加工样品,以及用于复杂类型矿床的勘探。

由于坑探工程一般多是在地下深处的岩石或矿体中进行,施工技术复杂,需要较大的动力和各种特殊设备,故其效率较低,费用较高。优点是地质人员可以直接进入其内对地质现象进行观测和采样,所得结果较其他任何手段都可靠和精确,同时勘探坑道还可为开采所利用,便于实行探采结合,从而大大节约开采成本。坑探工程按其掘进方位可分为水平坑道、垂直坑道和倾斜坑道等。

1. 水平坑道

平硐——具有直接地面出口的水平坑道,往往具有探采结合作用。

石门——无直接地面出口,垂直于矿体走向,主要是在围岩内向矿体掘进的水平坑道,起联络作用,无直接探矿意义。

穿脉——无地面直接出口,垂直于矿体走向,主要在矿体内掘进的水平坑道,是主探矿水平巷道之一。

沿脉——无地面直接出口,在矿体内沿矿体走向掘进的水平坑道,又称脉内沿脉,主探矿巷道之一。

石巷——无地面直接出口,平行矿体走向一般在矿体下盘围岩内掘进的水平坑道,又称脉外沿脉,无探矿作用。

盲中段辐穿——在天井或上山中开口,沿矿体厚度方向掘进的水平探矿穿脉。

2. 垂直坑道

竖井——具有直接地面出口的大型铅直坑道,为控制性主体基建工程,无探矿作用。

暗井——无直接地面出口,在水平巷道内,由上向下开凿的铅直坑道,为探矿工程之一。

天井——无直接地面出口,由下向上开凿的铅直或陡倾斜坑道,分为揭露矿体的探矿天井与无探矿作用的联络、溜矿、通风天井。

3. 倾斜坑道

斜井——具有直接地面出口的大型倾斜坑道,为控制性主体基建工程。其中,在矿体下盘围岩中掘进者,无探矿作用。

上山——无直接地面出口,由下向上开凿的缓倾斜坑道。脉内上山具探矿作用。

下山——无直接地面出口,由上向下开凿的缓倾斜坑道。

(三)钻探

钻探是揭露、追索、圈定深部矿体和评价矿床经济价值的主要勘查技术手段之一;多用于物化探异常与矿点的检查验证评价及矿床详查、勘探阶段。钻探按其钻进原理有冲击钻、回转钻之分,按钻进取芯可分为无岩芯钻进与取岩芯(粉)钻进等。在固体矿产勘查中,一般多用后者,尤以岩芯钻探最为常用。按钻机设置位置分为地表钻和坑内钻。

坑内钻在生产勘探阶段广泛用于探矿、探水、探构造,比坑探更具快速、方便、安全、成本低等优点。按取样物质可分为岩芯钻和岩粉(泥)凿眼钻;按钻进方位分为水平钻和剖面钻,并多使用扇形钻。可代替穿脉、天井、上山等探矿;可寻找小、盲、分支矿体和断层错失矿体,探老窿残矿、采空区、暗河、含水层,并作超前放水孔等用。

钻探和坑探相比,具有效率高、操作简便、比较经济的优点。

(四)井中化探

在钻孔中同时进行岩石地球化学采样,已受到普遍的重视。它不仅是建立已知矿床原生晕模式、了解矿体蚀变带特征的基础,而且也是预测和评价深部盲矿体十分重要的依据。经验表明,它是矿区外围和深部盲矿预测找矿行之有效的一种重要勘查手段。

(五)钻井地球物理勘探

钻井地球物理勘探在煤田和油田勘查中应用较为成熟。根据目前发展的趋势,广义的井中物探可分为三大类:①测定钻孔之间或附近矿体在钻孔中所产生物理场的方法,主要有充电法、多频感应电磁法、自然电场法、激发极化法、磁法、电磁波法、压电法、声波法等;②测定井壁及其附近岩石、矿石物理性质的方法,如磁化率测井、密度测井及电阻率测井等;③测定钻孔所见矿体的矿物成分及大致含量的方法,如接触极化曲线法、核测井技术等。前一种称作井中物探;后两种又称为测井,或钻井地球物理勘探。

1. 井中物探

井中物探的作用是发现井周或井底深部盲矿,确定矿体相对于钻孔的位置、大小、形状、产状,追索和圈定矿体范围,以及研究井间空间矿体的连续性等。这不仅加大和补充了地面物探方法的勘探深度,同时也扩大了钻孔的有效作用半径,可更合理地布置钻孔,及时指导钻进或停钻,提高勘探速度和见矿率。

2. 测井

测井主要用于研究井壁地质情况,其具体任务是:划分和校验钻孔地质剖面,查明矿层位置并确定其深度和厚度;直接测岩矿石物性参数;研究和确定矿石成分及含量,以实现局部不取岩芯或无岩芯钻进。测井方法目前已由单一电测井发展到磁、电磁、放射性等多种参数综合测井。在研究和确定矿石成分及含量方面,核物理测井(γ能谱测量、选择性 γ-γ 测井、核磁共振、中子活化法及 X 荧光测井等)技术将成为一种主要手段,已引起国内外重视。

第二节 勘查地球化学、地球物理进展

一、勘查地球化学进展

(一)区域化探全国扫面

"区域化探全国扫面计划"自 1979 年开始实施,是一项持续时间最长的科学与大调查密

切结合的计划,至今已进行了 40 年,覆盖了全国 700 余万平方千米。该计划使用水系沉积物作为采样介质,1 个样/km²,1 组合分析样/4km²,分析 39 种元素(谢学锦,1979)。这一计划提供的巨量信息为新矿床发现做出了巨大贡献。从 1981 年至 2005 年的 20 多年期间,地矿部门和国土资源部门根据"区域化探全国扫面计划"在全国共圈定异常 58 788 处,根据这些异常检查发现矿床 3349 处,为我国矿床的发现发挥了巨大的作用(表 1-1)。

(二)深穿透地球化学与覆盖区矿产勘查

出露区找到新矿产地的可能性越来越小,寻找大型矿床的最大机遇在覆盖区。因此对能探测这一深度的矿产资源直接信息的地球化学勘查技术的要求已迫在眉睫。占我国陆地面积近 1/3 的覆盖区,特别是盆地和盆山边缘一直是地球化学调查的技术难点。

自 20 世纪 70 年代开始,国际找矿界都在致力于研究能探测更大深度、获取直接信息的地球化学找矿方法。苏联 70 年代发展了电地球化学方法(CHIM);瑞典 80 年代发展了地气法(GEOGAS);美国和加拿大 90 年代研制了酶提取法(ENZYME LEACH);澳大利亚 90 年代研制了活动态金属离子法(MMI);中国 80 年代末和 90 年代初研制了金属元素活动态提取方法(MO-MEO)和动态地球气纳微金属测量法(NAMEG)。这些方法经过多年的实践考验,已经开始走向成熟,并在矿产勘查中开始使用,成功的实例不断增多,探测深度可达几百米(王学求,2013)。

在此背景下,"深穿透地球化学"(deep-penetrating geo-chemistry)的概念开始被提出(王学求,1998)。这是通过研究成矿元素或伴生元素从隐伏矿向地表的迁移机理和分散模式,含矿信息在地表的存在形式和富集规律,发展含矿信息采集、提取与分析、成果解释技术以达到寻找隐伏矿的目的。基本原理是矿床本身及其围岩中的成矿元素或伴生元素,可以在某种或某几种营力作用下(地下水、地气流、离子扩散、蒸发作用、电化学梯度),被迁移至地表,在地下水和地表土壤介质中形成异常含量。

国际勘查地球化学家协会组织了由国际著名的 26 家矿业公司参加的"深穿透地球化学方法对比计划",目的就是为了完善各自的方法。澳大利亚"玻璃地球计划(glass earth)"主要目的是查明 1km 以内的金属矿产资源,并将地下水化学测量和活动金属离子测量列入研究内容之一。我国的科学家在深穿透地球化学研究领域中,取得了多项原创性技术,包括金属活动态测量技术、地气动态测量技术、独立供电的电化学提取技术及纳米微粒探测与识别技术。通过国家"攀登计划"、国家 973 计划、国家 863 计划和地质大调查计划的持续支持,已取得了一系列重要进展。

荒漠戈壁覆盖区深穿透地球化学机理研究和技术方法取得重要突破。成矿元素在矿体上方不同深度覆盖层中的异常具有明显的继承关系,准平原化过程中元素的侧向分散、垂向迁移和元素在地表卸载的复杂过程,最终形成地表所能观测到的深穿透地球化学异常。迁移到地表的含矿信息赋存于土壤弱胶结层细粒级黏土、碱性蒸发障的可溶性盐类和氧化障的铁锰氧化物膜中。这一发现对我国大面积荒漠戈壁区地球化学调查具有重要意义。通过东天山的 15 万 km² 超低密度深穿透地球化学调查制作了 30 余种元素地球化学图,填补了东天山盆山边缘和吐哈盆地地球化学调查空白。新发现远景 U、Cu、Au、W、Pt 和 Pd 异常十几处。曹建劲等(2009)发现地气中纳米金微粒。王学求等(2011)在 400m 深度隐伏铜镍矿上方气体和土壤介质中同时发现纳米级铜等金属微粒,微粒具有有序晶体结构。以上事实说明二者之间具有成因联系,即都来自内生矿体。实验室模拟迁移柱证实纳米金属微粒具有极强的穿透能力和快速迁移能力。这不仅为深穿透地球化学提供了直接的微观证据,而且说明利用土壤作为采样介质的微粒分离深穿透地球化学技术对寻找隐伏矿具有重要的应用价值。

(三)危机矿山隐伏矿体地球化学预测与评价

从 2004 年开始的全国危机矿山接替资源找矿专项,共实施了 200 多个危机矿山深部及外围找矿工作,勘查地球化学主要利用原生晕分带理论(李惠等,2005)和构造(裂隙)地球化学,在一些矿山深部及外围找矿中发挥了重要作用。如韩润生等(2007)在参加云南大姚铜矿、牟定铜矿深部及外围找矿勘查项目中,针对实施的大量钻孔和砂岩型铜矿体呈带状展布的特点,根据该类矿床地球化学元素组合在空间的变化规律,总结提出钻孔地球化学勘查方法,预测矿体在空间的位置,为钻探工程设计和合理实施提供了重要依据。

(四)盆地砂岩型铀矿地球化学勘查理论与技术进展

过去对铀矿的勘查主要是利用放射性方法。该方法在铀矿找矿历史中发挥了巨大的作用,但放射性方法只适用于寻找出露矿或近地表矿,即使只有几英尺(1 英尺=0.304 8m)土壤盖层或岩石盖层,该方法就无能为力。

现在世界各国都将找矿方向转向盆地中砂岩型铀矿。而盆地中砂岩型铀矿都为隐伏矿,产于地表以下几十米至几百米深处。因此,发展能用于盆地砂岩铀矿评价的地球化学方法是勘查地球化学面临的重要挑战。近年的主要进展在于发现铀在氧化条件下可以长距离迁移到地表被黏土所吸附,为盆地砂岩型铀矿地球化学勘查提供理论依据和有效采样介质(Xue et al.,2011)。

表生条件下铀容易氧化为铀酰阳离子(UO_2^{2+}),因此它在表生作用中异常活跃。而铀酰离子呈半径硕大的哑铃状,不能与任何阳离子类质同象替代,但易于嵌入链状或层状矿物面网中,因此易被黏土矿物、铁的氢氧化物、胶体和有机物等所吸附。在新疆吐哈盆地十红滩铀矿上方土壤中发现活动态铀的比例可达 30%~60%,其中位于吸附相中的铀比例最高(17%~40%)(Xue et al.,2011)。利用分离黏土的微细粒测量在吐哈盆地发现大规模、高强度铀异常(王学求等,2002)。

二、地球物理新方法、新技术

20 世纪 70—80 年代,随着地质找矿工作的不断深入,露头矿和近地表矿已基本查明。露头矿、易识别矿越来越少,找矿难度越来越大,地质找矿逐渐转向已知矿区的周边以及深部,采用新技术进行隐伏矿的勘查。物探、化探新方法、新技术的引进,有效地提取深部多种找矿信息,成为寻找隐伏矿的主要手段。我国物探、化探工作者,在引进新方法、新技术和消化吸收的同时,也自主研发了一些适合我国实际需要的新方法、新仪器等。周圣华等(2007)系统地总结了地球物理新方法、新技术。

(一)航空及地面甚低频电磁法(VLF)

甚低频电磁法(very low frequency electro-magnetism,简称VLF)的基本原理是利用频率为15~30kHz的甚低频军事或广播电台发射的电磁波作为场源,在地表、空中或地下测量电磁场的空间分布,从而获得浅层地质体的电性局部异常,其探测深度较小(一般在50m左右)。作为一种物探勘查方法,在我国被应用是于20世纪80年代从国外引入以后。该方法在圈定良导断裂破碎带、蚀变带,追踪含矿构造,寻找低电阻率的岩(矿)脉,圈定矿化范围等方面具有鲜明的特点。该方法仪器设备轻便,野外观测方法简单,资料处理速度快。但应注意地形、电缆等人文干扰异常的识别和改正。当第四系覆盖较厚时,对于埋藏较深的地质异常体所反映的有效信息较弱。因此,VLF一般用于浅覆盖区及外围的剖面或扫面工作。目前,我国已经可以生产较为先进的甚低频电磁仪,如重庆地质仪器厂生产的DDS系列,在我国的金属矿产勘查中取得了一定效果(王继伦等,1997;张寿庭等,1999;白大明等,2002;姜永兰等,2005)。

(二)地震层析成像(CT)

地震层析成像(computerized tomography,简称CT)就是用医学X射线、CT的理论,借助地震波数据来反演地下结构的物性属性,并逐层剖析绘制其图像的技术。该技术的主要目的是确定地球内部的精细结构和局部不均匀性。这一技术起源于20世纪30年代,技术理论成熟、分辨率高、探测深度大,尤其在深部探测方面具有明显的优势,因此主要应用于能源矿产的勘探、地球内部物理结构及地球动力学研究。在20世纪80年代以后,才将它应用于金属矿的地球物理勘查工作。近年来,我国学者在铜陵矿集区等金属矿勘查中应用了这一方法(史大年等,2004;吕庆田等,2005;徐明才,2005),积累了不少有益的经验。

(三)大地电磁测深(MT)

大地电磁测深(magneto-tellurics ounding,简称MT)是以自然交变电磁场作场源的被动场源电磁测深法。它是通过被动场源引起在地表观测到的电、磁场强度的变化来研究地下岩(矿)石电性及分布特征的一种方法(陈乐寿等,1990)。

20世纪60年代,我国开始研究该方法并于1980年前后将其应用于矿产勘查。由于它具有探测深度大(可探测至上地幔)、不受高阻层屏蔽、分辨能力强(尤其是对良导介质)、工作成本低(相对于地震勘探)和野外装备轻便等特点,在地球岩石圈深部结构研究、地震预报、油气勘探、地热田调查中发挥了重要的作用(赵国泽等,1998;詹艳等,1999)。大地电磁测深对于地下低阻层(良导电体)相当敏感,这是大地电磁测深方法能够在(隐伏)金属矿勘探中发挥作用的主要地球物理依据。就金属矿床而言,矿体与围岩之间,蚀变围岩与未蚀变岩石间,一般均存在较大的电性差异。矿体中金属硫化物的富集会使其电阻率明显降低,而控矿脆性断裂、韧性剪切带、蚀变破碎带的出现均可导致矿体与周围岩层(体)间产生明显的电性差异。这使大地电磁测深方法成为解决此类问题的有效手段(肖骑彬等,2005;梁光河等,2007)。

(四)瞬变电磁法(TEM)

瞬变电磁法(transient electromagnetic methods,简称 TEM)是电磁测深法的一种,但它是有别于大地电磁测深法(MT)的以脉冲电流信号为场源的主动场源时间域电磁勘探技术。TEM 以电磁感应理论为基础,通过研究探测目标物感生出的涡流场在其周围空间形成的二次电磁场随时间变化的响应特征,推测目标物的空间形态,从而达到探测目的。基于此,TEM 对于寻找高导电性的较大矿体的效能突出。另外,TEM 还具有探测深度较大、受地形影响较小、施工环境宽松、作业方便等优点。这使得该方法在一些地理景观复杂的矿区得到了广泛的应用(金中国等,2002;刘国兴等,2003;陈卫等,2006),找矿效果明显。

(五)可控源音频大地电磁法(CSAMT)

可控源音频大地电磁法(controlled source audio-frequency magneto tellurics,简称CSAMT),是 20 世纪 80 年代兴起的基于大地电磁测深法(MT)和音频大地电磁法(AMT)而发展起来的一种主动场源频率域电磁勘探技术。它用一个发射偶极 AB 供电,电极距离为 1～2km,测量工作布置在供电偶极中垂线±30°的扇形面积内,测线与供电 AB 极连线平行。这时的场源可以认为是平面波,通过不断变换供电频率便可达到电阻率测深的目的。在山区可根据地形灵活选择发射机位置。测量时只移动接收机便可进行面积性测深工作,从而提高了效率,降低了成本。

CSAMT 法勘探深度大(可达 2km 以上),同时由于其可以通过"变频"改变探测深度,而兼有测深和剖面研究的双重特点,是研究深部地质构造和探寻隐伏矿的有效勘查手段。对于地面甚低频电磁法(VLF)难以发挥作用的厚层覆盖区,可以选用 CSAMT。王继伦等(1997)曾在内蒙古莲花山、红花沟、撰山子金矿区以及辽宁柏杖子、青龙沟、盘道沟金矿区进行了以 CSAMT 为主的综合物探专题研究工作,圈定出了找矿的有利构造及岩性地段,取得了较好的地质找矿效果。此外,还有不少学者进行了 CSAMT 的应用研究工作(杨金中等,2000;石昆法等,2001;杨彦峰,2002),他们的研究中涉及 CSAMT 的成果都大致体现了上述优点。

(六)连续电导率剖面测量系统(EH4)

EH4 连续电导率成像系统是由美国 Geometrics 公司和 EMI 公司于 20 世纪 90 年代联合生产的一种混合源频率域电磁测深系统。结合了 CSAMT 和 MT 的部分优点,利用人工发射信号补偿自然信号某些频段的不足,以获得高分辨率的电阻率成像。其核心仍是被动源电磁法,主动发射的人工信号源探测深度很浅,用来探测浅部构造;深部构造通过自然背景场源成像(MT)。伍岳等(1998)在砂岩型铀矿床上应用研究指出 EH4 在高阻覆盖区具独到的优越性,可以穿透高阻盖层;而当基底为高阻时,且基底与上覆砂岩有明显电性差异时,EH4 能准确而清晰地探测出基底的埋深和起伏。申萍等(2007)、沈远超等(2007)采用 EH4 对横跨中国东西的 9 种不同成因类型的 25 个矿床进行了研究,结果表明:EH4 连续电导率成像结果能够直观地反映矿化异常在剖面的形态、规模、矿化强度等,是隐伏矿定位预测的方法之一。

(七)浅层地震技术

浅层地震技术是地震勘探方法的一种,它是用人工激发的弹性波在岩石中的传播来研究地下地质结构和岩性信息的一种方法。该方法最初用于油气勘查,目前仍是这一领域的主导方法。该方法比一般方法探测深度大(可达地表以下 3km 左右),经图像处理后能对地下构造的形态和分布做出精细的地质评价。

在 20 世纪 60—70 年代,国外即在金属矿区进行了地震勘探试验,蔡新平等(1994)在我国较早地将浅层地震方法应用于金厂峪金矿区隐伏地质结构的研究,有效地指导了深部找矿。韩金良等(2003)在山西堡子湾金矿隐伏矿体预测中应用浅层地震技术,效果明显,并指出该方法有推广的必要。总体来说,我国金属矿地震勘查技术仍处在试验阶段。

需要指出的是,在使用上述物探方法进行地球物理勘查工作之前,首先要对测区内的地层、岩体、矿石等采集足够数量的标本进行电性参数的测定,从而确定是否具备开展地球物理勘探的物性条件;同时应注意各种方法的综合使用以对异常进行相互印证,仅用单一的方法对隐伏矿进行成矿预测是很困难的,也不符合当前隐伏矿产勘查的发展趋势。

第三节　技术方法有效组合若干案例

一、个旧锡矿系统勘查

20 世纪 50 年代系统地对个旧锡多金属成矿亚区进行野外地质调查,短期内集中勘探了全区规模很大的残积、坡积砂锡矿床。

(一)浅部矿的系统勘查

池顺都(1991)指出,对于浅部矿型,明显的地球物理异常和地球化学异常大多是由矿体直接引起的,验证异常是发现新矿体的重要途径。Sn、Fe、Cu、Pb、Zn 等金属元素主要以含硫络离子的形式在热液中迁移,故在矿体及其周围有大量这些元素的硫化物存在。

又因锡石的结晶温度相当或略低于磁黄铁矿而高于黄铁矿,所以锡矿床中常伴生有磁黄铁矿;而锡矿化又常位于磁黄铁矿化蚀变带的顶部或外侧。Sn 元素还可以类质同象进入磁铁矿、钙铝榴石中,这种矽卡岩带具有磁性。因此,用磁法找有磁性的矽卡岩磁黄铁矿和磁铁矿,进而间接找锡可以取得明显的找矿效果。

因为硫化矿石往往具有良导电性,故可以使用各种电法。以高松矿田为例加以具体说明,在高松矿田浅部找到了大型层间氧化矿床。目前该矿田常用的找矿方法和手段基本上可归纳为以下 4 种(赖大信,2006):

(1)地表、坑内物化探和坑探相结合的找矿方法。结合该矿区具有"大矿田、小矿体"及坑下工程较多的特点,采用地表物化探和坑内物化探相结合圈定异常靶区,指导坑下地质找矿。此方法在近几年来的地质找矿中取得了较好的效果。

(2)"钻找坑控"的找矿方法。主要是针对生产矿山周边开展的地质找矿。在现有工程的基础上,利用坑内钻孔对成矿有利区段的深部、边部进行系统的地质找矿,然后再用坑井对钻孔揭露的矿体进行验证、控制。这种方法风险小、周期短、见效快,是矿山常用的地质找矿方法。

(3)"顺藤摸瓜"的找矿方法。由于矿田内矿体(群)的产出一般都受控于东西向或北东向的断裂构造带,因而只要沿着这两组断裂带,采用线距 50~60m、孔间距 40~50m 的勘查网度,基本上就可以控制区内的盲矿体。近几年来,矿山利用此方法找矿,平均每年新增锡金属达万吨以上,取得了显著的效果。

(4)"超前"普查找矿的方法。以少量深、浅结合的钻孔工程对生产矿区外围的成矿预测区进行普查找矿。

(三)隐伏矿的系统勘查

个旧锡多金属成矿亚区中大量矿体隐伏于地下 200~1000m 深处。对于隐伏矿型,虽然矿体与围岩有程度不同的电性、磁性和密度等物性的差异,但由于矿体埋藏深、地形切割等不利因素,直接找到锡矿体十分困难。而改用物探方法寻找控矿的隐伏花岗岩突起部位和断裂构造的位置进行间接找矿,取得了较好的找矿效果。

陈守余等(2009)认为,个旧锡铜多金属成矿亚区东矿区深部仍然有较大的找矿空间,包括已勘探区外围层间隐伏氧化矿床或脉状矿床、岩体接触带矽卡岩型多金属硫化物矿床和岩体内部蚀变岩型锡铜多金属矿床,可作为今后几年深部找矿的重要方向。

根据个旧锡铜多金属成矿亚区的成矿模式和磁性、密度、电性特征(熊光楚等,1994),结合多年开展的物化探工作积累,个旧矿区今后在深部及外围找矿实践中可以采取如下勘查方法组合:

(1)对重磁资料深化解译,结合遥感构造信息提取厘定大的构造格架、磁性基底分布、隐伏岩体可能的深度及边界,必要时可以有针对性地进行地面高精度磁测解剖。

(2)在重磁资料深化解译的基础上利用大功率的(有效供电电流大于 5A)可控源音频大

地电磁法(CSAMT)重点剖面测量,解释 800~2000m 及以上的断层破碎带空间构造(产状、规模、形态),确定低阻地质体的上下界面深度,同时可以大致确定岩体、主要地层的产状及空间分布概况,为其他物化探方法异常查证以及钻探布置提供参考依据。注意采矿范围人为干扰以及围岩以碳酸盐岩为主的地区,接地电阻大、供电电流较小(一般仅能达到 3A 左右),地形切割及高差大等因素带来的不利影响。

(3)干扰较小的地区可以辅助 TEM 和 EH4 测量,进一步查实层间破碎带分布情况。

(4)利用地面高精度磁测快速查明玄武岩的分布,参考构造、岩体空间结构,确定与玄武岩有关的矿床找矿方向。

二、狮子山矿田隐伏矿有效技术方法组合

中国地质科学院裴荣富教授的博士生孟贵祥(2006)在其博士论文《大型成矿区接替资源定位预测研究——以铜陵成矿区隐伏矿找矿预测研究为例》中,研究了狮子山矿田隐伏矿有效技术方法组合。下面引用了该论文的部分内容。

(一)隐伏矿勘查的常用物探方法

铜陵成矿亚区是我国金属矿物探工作最早、工作程度最高的地区之一,几乎所有的物探方法技术均不同程度地在这里开展过试验研究,包括了重力、磁法、电法和地震四大类物探手段。磁法和重力这两类是相对成熟的物探方法。电法是另一种应用广泛且发展十分迅速的物探技术手段,其中的勘探类别和具体方法种类很多,常用的主要是电阻率和极化率两种参数的相关方法技术。高精度地震勘探在金属矿勘查中最早于铜陵狮子山矿田开展实验研究,目前已取得了一些可喜的成果,成为深部间接找矿的一种极具潜力的物探方法。

1. 磁法测量

磁法是在成矿亚区应用最早、最广泛的一种有效的勘查方法。磁法勘探的作用主要表现在两个方面:①磁法勘探可以发现和推断出与成矿作用有关的磁性隐伏岩体、断裂构造的分布范围和深部延伸及变化情况,用于隐伏矿的间接找矿。②利用磁法直接寻找埋深不大且具有较强铁磁性特征的铁矿及与之相关的多金属隐伏矿,如狮子山铜矿、鸡冠山硫铁矿;利用热液活动形成弱剩磁的特征,间接寻找与之相关的多金属矿,如黄狮涝金矿、老鸦岭铜矿等。

正在开展的成矿亚区老矿山的"危机矿山"项目研究,尽管已经实现了高精度的测量。由于在老矿山存在无法避免的各种人文电磁干扰,不能有效地发现和提取可能与寻找隐伏矿有关的弱异常。

2. 重力测量

20 世纪 90 年代,在铜陵成矿亚区基本完成了各种比例尺的重力勘探测量。狮子山矿田

及外围一些矿点甚至做到了1∶1万比例尺的高精度测量。在长江中下游成矿带的勘查中，重力测量发挥了重要的指导作用，特别是在具有一定规模的贱金属隐伏矿找矿工作中具有独特、不可替代的作用。

重力勘探的作用在于发现和研究具有一定密度差异的各种地质体，和磁法勘探相似，重力勘探的研究深度可以很大，从而间接为深部地质研究和隐伏矿找矿提供重要信息和依据。与磁法勘探相比，重力勘探具有异常与地质体直接对应的明显优势，便于综合分析利用，对不具有明显磁性、相对高密度的贱金属矿具有直接发现和定位异常及其源体的独特优势，如无磁性的赤铁矿、镜铁矿等矿体的上方具有明显的重力高异常，霍邱李楼中型隐伏赤铁矿的早期发现就属此例。目前在铜陵成矿亚区所发现的大中型贱金属矿床均有明显的剩余重力高异常，典型的如埋藏很深的冬瓜山大型隐伏铜矿。

对铜陵成矿亚区的勘查史研究发现，早期的重力勘探重点主要放在了岩体、构造和深部地质信息的提取研究上，为深部地质研究提供了重要的地下密度变化信息，从而间接为地质基础理论研究和成矿带靶区划分提供了地球物理重力场异常变化依据。尽管一些研究人员发现并提出了研究重力异常在直接寻找大中型隐伏矿床(体)中的重要作用，但并未引起广泛的关注。

重力勘探是目前受人文干扰最小的一种较实用的技术手段，通过对以往重力勘探资料的分析和对采空区体积的获取及对岩矿石密度变化的研究分析，重力测量可以发现由勘查工程控制空白区或深部隐伏盲矿体引起的剩余重力异常，从而有效地指导找矿。一个典型的实例，是近年在著名的喀拉通克铜镍矿矿区的勘查研究中，对位于两条勘查线之间的以往未受到充分重视的较强剩余重力异常的勘查验证，发现了4万t金属储量的特富(平均品位在7%以上)隐伏镍矿体。由此可见，尽管重力测量的效率和轻便性不如磁法，勘查的成本也相对较高，但它在寻找隐伏矿中，特别是较富集的或有一定规模和埋深的大型贱金属隐伏矿中所发挥的作用更直接、更明显，因此认为，在成矿亚区或成矿带预测研究的同时，前期战略性、系统性地开展中大比例尺的高精度重力普查、详查对以后的勘查和研究具有长期的实用价值。

3. 电法测量

电法勘探是分支方法种类最多、最复杂，同时也是发展最迅速的一类重要方法，涵盖有自电、充电、直流和交流的电阻率及激发极化法(幅频、相频、复电阻率)，直交流充电法，各类电磁法(自然源、被动源、可控源、混场源)，频率域及时间域电磁测深法，自然源及可控源电磁剖面法以及地下电波透视法、地质雷达法等。随着近代电子技术、微机计算技术和信息处理及其合成技术的飞速发展，物探新方法、新技术的发展大多集中在电法勘探技术进步方面。

截至目前，几乎所有的电法方法技术均在铜陵成矿亚区各主要矿田特别是狮子山矿田开展过试验研究工作。由于大多数方法的研究工作成本较高，方法所涉及的研究以二维剖面测量为主，各种不同的电法勘探的研究参数主要集中在导电性电阻率和激发极化率两个方面。前期电法勘探的作用主要是进行隐伏矿体的定位预测,随着一些方法技术的发展成熟,后期电法勘探的作用扩展到矿区及外围的找矿靶区远景规划,在成矿带中开展大面积、快速电法普查进行成矿带大尺度的成矿靶区远景规划则是近些年才开始进行的试验探索。

目前较为成熟的直流激发极化法在矿区的工作和研究程度较高,在浅部以上的隐伏硫化矿体的定位研究中,取得了较好的定位预测效果。但由于勘查研究的深度有限,我国著名地球物理学家何继善院士最早提出的双频或多频激电技术,近几年在铜陵凤凰山矿田的隐伏矿定位预测中取得了很好的效果,对大功率一次场的研究有望能提高深部勘查研究的信噪比。

获取电阻率参数的电法方法中,常规的直流电法已被具有更高精度或分辨率的各种电磁测深方法所替代,如瞬变电磁法、可控源音频大地电磁法、电导率成像系统等。在目前开展的危机矿山研究中,电法是受人文电磁干扰影响程度最大的方法,如何克服人文电磁干扰的影响,有效地提取深部找矿的弱信息,是目前老矿区开展深部找矿研究中,电法勘探所面临的最大难题。

4. 地震测量

地震勘探是所有物探方法在金属矿找矿研究中应用最晚的一类方法,但它也是目前以深部找矿为主的勘查研究中最具发展潜力的勘查方法。近几年来国内陆续发表有这方面的试验研究。

狮子山矿田于20世纪80年代末就开始了高频地震的试验研究,由于当时的采集和处理技术尚不成熟,推断解释结果与实际地质验证的出入很大。

本次研究在数据采集和处理方面做了较大的改进,结合地质研究,利用深反射地震探测技术,较好地反映了铜陵成矿亚区的地壳结构,揭示了与成矿作用的关系;利用高精度的浅层高频地震反射技术,探明了浅层地壳的结构和构造,发现了本区重要赋矿层泥盆系五通组的特征波组;采用地震首波层析成像技术,获取了清晰的浅层结构、构造与岩体的位置和形态,取得了较好的研究成果。

(二)浅部隐伏矿矿产调查及预查的有效方法技术组合

在实践勘查研究中,考虑到勘查的经济合理性,在具体的实施中应根据实际探测目标、地质条件和已知的其他地质、物化探信息选择有效的方法技术组合。不仅要选择合适的方法,还应充分重视组合方法技术参数的试验研究,通常在已知矿上开展试验确定,即需遵循由已知到未知的基本原则。鉴于隐伏金属矿地质条件的复杂性,这里仅以铜、铁、铅、锌等多金属隐伏矿定位预测为例进行初步的探讨。

通过对长江中下游中段,特别是铜陵成矿亚区的勘查研究,结合笔者近年完成的1:5万成矿带物探电法快速普查试验研究的认识,认为在重要成矿带开展普查,必须坚持综合物探方法,在现代地质理论的指导下拓展找矿新思路,采用比较成熟、成本不高、找矿效果良好的重力、磁法和激发极化法,辅助和配合地质、化探联合勘查,开展成矿带中比例尺(1:5

万)的战略性普查找矿和综合信息立体成矿预测,探索深部隐伏矿的普查预测。

通过对新疆一些主要的大、中型铜、铜镍、铅锌矿和铜陵成矿亚区的大、中型铜、硫铁矿的调查研究发现,所有的大、中型隐伏矿床均在1:5万尺度的综合普查成果中有明显的物探组合异常反映。强调综合方法普查勘探的意义不仅在于确定大、中型隐伏矿找矿的有利靶区,还在于随地质找矿思路的拓展,为以后进一步的分析认识提供基础的有用信息,特别是对即将面临资源危机的老矿山的深部及外围找矿尤为重要。如在新疆喀拉通克铜镍矿区的再次勘查研究中,重视了对典型矿床中"三高一低"(高磁、高重力、高极化率和低电阻)中与隐伏富矿体关系更密切的重力异常的认识,在以往勘查的有勘查孔控制的两条勘查线之间发现了4万t镍和17万t铜金属储量的高品位全隐伏铜镍矿盲矿体。

通过对狮子山矿田以往的勘查研究发现,在新一轮隐伏矿定位预测勘查研究中,考虑到地质成矿规律的认识程度对物探资料处理的主观影响因素,同样需要对以往1:5万比例尺的重磁资料进行二次开发的处理,关注重力异常与大、中型贱金属隐伏矿的密切关系,开展新一轮的隐伏矿找矿预测研究。

深部隐伏矿的发现是在发现浅埋深隐伏矿的基础上,随着对地质成矿规律认识的不断加深而逐步实现的,配合重磁普查,进行同比例尺的激电法快速普查是加快隐伏矿找矿靶区定位预测的有效手段。此时,在勘查区内已知的典型矿床上开展方法技术参数的有效性试验是很重要的,以激电法为例,合适的信号采样延后时间、供电周期、信号积分时间和供电极距、测量极距等是消除电磁耦合干扰、有效获取异常信息的可靠保证,而这些参数在不同的地质情况下有较大的差异,因而必须通过普查前的试验研究确定。

(三)浅部隐伏矿普查的有效方法技术组合

如果说找矿靶区定位预测是基础,那么隐伏矿床(体)定位预测就是实现找矿目标的关键环节,这一阶段既是对方法技术有效性的实践检验过程,同时也是勘查投资风险很大的一个环节,因此,探寻有效的方法技术组合是规避勘查风险的一个研究性任务。

对铜陵大型成矿亚区的勘查研究历史分析可以发现,在一些重点研究的矿床,包括大多数的新方法技术,几乎所有的物探技术手段都开展过方法实验研究,这在铜陵成矿亚区尤其突出。对一些典型矿床的勘查史和后期断续的勘查研究可以发现,配合地质、化探的研究成果,靶区定位预测的物探普查技术手段仍然是这一阶段的关键基础任务之一,此时,主要目的是进一步准确确定目标地质体的范围,为进行大比例尺立体地质填图和隐伏矿体定位预测提供基础信息。实践中,出于快速发现并获取经济效益的考虑,这一过程往往被简化而不利于后期开发的进一步研究分析。目前,资源型"危机矿山"项目实施中往往将会面临这种不利的状况。

在这一阶段前期,针对目标地质体的大比例尺(1:1万~1:2000)重力、磁法、电法面积普查是必要的,以便尽可能提高获取资料的精度。比例尺的大小应针对基于对详查区地质复杂条件而判断的隐伏矿体和目标地质体的尺度大小进行选择。此时,需要对方法的技术参数进行有效性试验研究来确定,通常是在已知矿上进行。一般来说,需进行高精度的重力[总精度不大于±70微伽(1微伽=1×10^{-8}m/s^2)]、高精度磁法(总精度不大于±5nT)和较高精度的电法方法试验,建立已知矿初步的地质、地球物理找矿模型,以指导未知区详查勘探资料的分析解释。从解释分析的角度来看,这也是针对发现隐伏矿体而进行定性-半定量解释的过程。选择何种电法进行详查很重要,它是配合其他方法进行定性分析和定量解释的重要手段之一。电法分类是所有方法中最多也是最复杂的,方法的选取主要取决于当时对勘查区地质、岩矿石物性情况和勘查目标地质体电性特征的掌握程度。

目前,绝大多数新方法技术发展都集中在电法勘探技术上,获取的资料主要是直接或间接地反映与金属矿体有关的两个重要参数——电阻率和极化率,其中以反映电阻率参数的电磁类的方法技术为多。对于极化率参数异常,它是反映电子导电型金属矿存在与否的重要判断依据,实际地质勘查中形成的干扰因素也较少,主要是含碳层和黄铁矿,结合重力资料的分析一般可以很好地区分含碳因素存在与否,但如何有效地区分黄铁矿形成的干扰,目前尚无成熟的方法技术。在一些情况下,黄铁矿的存在是一种间接指示因素时,激电法仍可作为一种有效的方法技术,但利用极化率则不能有效区分隐伏矿体的富集程度。电阻率异常也是反映矿体存在和富集的重要参数之一,但受到的干扰因素则较多且很严重。通常,在基岩勘查区,与隐伏矿体可能有关的低阻异常或相对的中、低阻异常总是优先受到关注,但是引起该类异常的其他地质因素也是很多的,例如断裂破碎、断层泥、含碳地层、局部破碎、地下水等,因此,在选择反映电阻率参数的新方法技术进行隐伏矿找矿时需注意这一点。

综合上述,在隐伏矿体的定位预测过程中,强调综合方法技术联合勘查十分必要。然而,针对具体的地质条件、工作认识程度、勘查目标和经济合理性等要求,需要采取不同的方法技术组合。例如,对于目标为具有较强磁性的铁矿或铜镍多金属矿体,基本的高精度重力、磁法组合就可以很快确定地质钻探工程下一阶段的目标;对于具弱磁性或无磁性的块状硫化物隐伏矿体,则电法(电阻率+极化率)异常和重力高异常的组合是很好的判别标志,但随目标矿体规模减小或埋深加大,这一标志在量化的判断上将变得模糊。一般,随隐伏矿体顶部的埋藏深度达到150~200m及以上时,极化率参数基本已失去了矿体准确定位的作用,主要依据电阻率参数来进行判别。因此,需要选择实际探测中分辨率较高的新方法技术。目前,主要是各种电磁法技术,如使用人工场源的时间域瞬变电磁法(TEM)、频率域的可控源音频大地电磁法(CSAMT)和使用混场源的EH4电导率成像系统等类似的方法技术。在这一过程中,在对其他地物化资料研究认识的基础上,这些方法均可发挥较好的作用。在这一阶段中的电法勘查研究是最有利的,也是容易取得隐伏矿定位最好效果的阶段,主要是由于它所受到的人文干扰程度最小。

尽管一些方法的勘查深度较大,但受垂向分辨率的限制,实际能解决的地质问题大多局限于埋深500~600m及以上的地质空间的研究,对更深的地下空间的探测结果往往具有较大的不确定性,客观的定性判断主要是结合对已有地质成矿规律及基本重磁场特征的认识而做出的。目前,电法探测技术朝大探深、高分辨率的方向发展,主要是弥补这一缺陷,近几年在电阻率参数的探测技术上已经取得了一定程度的进展,但对另一个更值得关注的极化率参数,在深部探测技术上尚无明显的突破。

加强重磁资料的联合解释是区分异常性质的重要途径。在重磁测量解释过程中常出现所谓"重磁同现"与"重磁单现",这是前人对资料联合解释、判别异常性质的准则的概括。具一定规模的磁性铁矿体将同时在其周围空间激发起重力异常和磁异常,即所谓的"重磁同现"。而高密度但弱磁性到无磁性的地质体,如石膏,基岩起伏,或具弱磁性但不具剩余密度差的地质体,如强磁性火山岩,都将引起单一的重力异常或磁异常,即所谓的"重磁单现"。

"重磁同现"是指重力异常与磁场包括正异常及伴随的负异常在一起出现,并不是指两者的极大值重合。事实上,"重磁同现"的异常中心常常不吻合,梯度也不一样。造成这种情况的原因有:①矿体与非矿地质体的叠加;②斜磁化和矿体倾斜产状都将使异常中心偏离重力异常;③重磁场与场源到测点的距离关系不同。磁场与场源到测点的距离平方成反比,重力场与距离的平方成反比,因而异常的形态、规模不同。根据泊松方程,在同源均质的情况下,磁异常是比重力异常高一阶的导数,垂直磁化的物体的垂直磁力异常与重力的垂直导数仅差一个常数倍,即泊松比,所以重力异常一般比磁异常宽缓。

由于以上种种原因,同一个地质体激起的重磁异常往往有偏移,分布范围也不一致。而重磁中心重合的异常完全可能由不同的地质体引起。分布范围、峰度、宽度相同的重磁异常,其场源则往往不同。还应该指出的是,由于磁法与重力的勘探精度不同,当矿体规模大而埋深较小时,磁异常有明显的反映,而重力异常可能很小以至于无法发现,出现"有磁无重"的假象。因此,在实际工作中存在重磁异常是否同源,以及重力是测不出异常还是确实没有反映的判别方法问题。这个问题完全可以通过场的转换来解决,即依据泊松方程,由重力异常换算同源磁异常,或由磁异常换算同源重力异常。将换算出来的异常与实测异常对比,若两者形态位置一致,仅差一个常数因子即泊松比,则认为是同源的。如由磁异常转换成磁源重力异常即伪重力异常,与实测重力异常对比,若两者的形态、位置一致,则是同源的,是由既具磁性又是高密度的地质体引起,如磁铁矿;如只有磁源重力异常,而无实测重力异常,则可能是由强磁性低密度的地质体引起,如火山岩。

(四)深部隐伏矿定位预测方法技术组合

对于具有较大埋深(500～600m及以上)隐伏矿体定位预测方法技术组合的探索和研究是目前"危机矿山"项目研究的重点内容之一。这个阶段的主要任务是对老矿山深部及外围进行隐伏矿定位预测研究,通常,经过普查、详查和矿山地质研究工作,大多数情况下,对隐伏矿体的地质成矿规律已经有了较多的认识,深部隐伏矿定位预测研究基本是基于一种明显的找矿标志而开展进一步的探测方法技术研究。此时,具有大探测深度的物探方法技术组合研究是关键。

具有大探测深度的物探方法技术往往随深度的加大而对地质体的分辨率降低很快,尽管对大型的隐伏矿体会有一定的反映,但由于物探解释的多解性而往往可能被忽略。例如,在冬瓜山大型隐伏铜矿的发现过程中,主要是基于对层控矽卡岩和重要容矿层石炭系黄龙组-船山组赋矿的地质认识发现的。后期的重力勘探研究发现,在对西狮子山重力勘探剖面定量计算后仍然存在明显的剩余异常,而该异常则是已知冬瓜山大型隐伏铜矿体的反映。在未知的情况下,则很可能产生与褶皱隆起轴部有关的局部区域异常的认识。由此可见,加强铜陵成矿亚区中、小比例尺剩余重力异常分析也是实现深部寻找大型隐伏矿体的重要手段之一。

无疑,引入高精度地震勘探是提高地下地质体垂向分辨率的有效方法技术,特别是勘探深度在500m以上时更具优势,近些年的金属矿试验研究也在这些方面取得了较好的效果,但对深度大于1000m与隐伏矿有关的地质体的探测研究较少,本次研究的重点是探测1000m左右的深部隐伏矿体,主要地质依据是位于泥盆系五通组上的层状隐伏矿与下伏砂岩有一定的波阻抗差异。实际探测研究结果也很好地证实了这一认识,一方面,利用高精度反射地震清晰地确定了目标层的位置和埋深;另一方面,采用首波层析成像技术推测了与隐伏矿找矿关系密切的岩体分布形态,为进一步的找矿分析提供了很好的依据。

为了进一步地定性判断,除了运用重力勘探的手段外,相对探测深度较大、精度较高的电磁法也是重要的依据,但首先是如何克服在复杂干扰下的探测研究问题,目前这一方法尚不理想,本次研究采用了混场源的EH4电导率成像系统电磁测深进行研究,由于低频段所受到的电磁干扰严重,对深部的细节研究很不理想,不能为深部隐伏矿找矿提供有效的典型信息。采用大功率人工场源的电磁法新技术在该类强干扰地区开展对比研究尚值得探讨,主要的问题是如何有效地剔除干扰信息,提供深部(500~1500m)的重要电性分布信息。

对于以与围岩具有一定密度差且有一定规模的深埋藏的隐伏贱金属矿床体为主要探测目标时,基于对地质成矿规律的认识,采用高精度的反射地震、高精度重力和大探测深度、较好分辨率的电磁法是目前进行深部隐伏矿定位预测的一种有效的物探方法技术组合。

三、招平断裂带金矿床系统勘查

本部分参考徐述平(2009)的博士论文《招平断裂带金矿勘查模型与成矿预测》中的资料。

(一)浅部矿的系统勘查

1. Ⅴ级成矿带勘查

1∶5万~1∶2.5万地质填图是在地表研究招平断裂Ⅴ级成矿带最重要的勘查技术手段。

1∶20万~1∶5万航空区域重力、磁法测量,可追踪区域大型含矿破碎蚀变带,并填绘与金矿床在空间分布上有关的花岗岩类侵入体。

在断裂构造带内,由于一些岩浆岩的侵入,其磁场特征有强有弱,在区域上显示局部异常,并沿一定走向呈杂乱磁异常或磁场变化带,或串珠状异常,或低负磁异常展布,形成与区域场截然不同的磁场特征。

1:20万水系沉积物地球化学测量,Au异常范围内有金矿床或金矿点分布,提供了有价值的找矿线索。

2. 矿田勘查

1:5万水系沉积物测量是最有效的普查方法,通过测量可以圈出矿田的大致范围,划分出找矿远景区和找矿靶区。

1:5万~1:2.5万航空磁法测量,当花岗岩与变质岩构造接触时,两种不同场的分界可指示断裂构造的位置。构造带对岩石的破碎、蚀变等破坏作用,使岩石的结构发生变化,一般表现为退磁作用,当其具一定的长度和宽度时,可呈低磁异常带的反映,为断裂构造的划分提供了一定的依据。

3. 矿床(脉)勘查

1:1万物探电法测量能够圈出矿脉或金矿床的具体位置,并可估算其埋深。如果硅化强烈,可以圈出高阻硅化带。γ能谱测量、X荧光可以圈出蚀变带的位置。高精度磁法测量可以追踪断裂破碎带的位置。

1:1万土壤地球化学测量和岩石地球化学剖面测量,能对发现的异常或大规模破碎蚀变带进行检查,圈出矿化富集地段,为工程布置提供依据。

4. 矿体勘查

原生晕异常在空间上显示出明显的浓度分带,表现为以矿化体为中心向外,成矿元素含量依次降低,指示元素内带异常与矿化体相吻合,向外渐次出现中带、外带异常。近矿晕元素组合为 Au-Ag-Cu-Pb-Zn-Hg,头晕元素组合为 Au-Ag-As-Sb,尾晕元素组合为 Bi-Mo-Mn。

(二)隐伏矿系统勘查

所谓隐伏矿是指埋藏深度 800~1500m,用重力、磁法物探方法及传统的化探方法手段勘查难以奏效的矿床。

预测方法:地质、地球物理、地球化学综合手段,详细的含矿破碎带地质特征研究,深部坑道构造地球化学研究,大探测深度的物探电磁法测量。

研究破碎蚀变带的规模、产状、含金性、蚀变特征,沿走向、倾向的矿化、蚀变变化规律;对矿山坑道系统采集构造原生晕样品,研究微量元素组合及变化规律,对深部成矿的可能性进行定性判断;运用可控源音频大地电磁测深(CSAMT)、EH4电磁测深(HMT)、大地电磁测深(MT)等大探测深度的物探方法,寻找深部构造的有利成矿部位,在招平含金断裂带深部低阻带变厚、低阻异常变强的部位可能赋存着富大金矿床。

综合矿床地质、地球物理、地球化学各类标志,建立隐伏矿体定位预测模型(图5-2)。

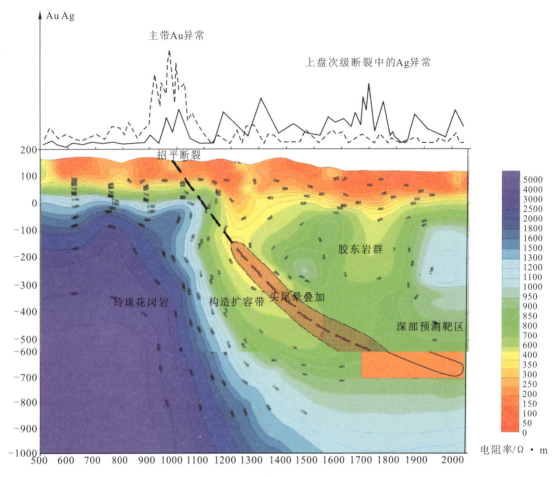

图 5-2 招平断裂深部矿体定位预测模型(据徐述平,2009)

第六章 数据处理的系统方法

在本章将探讨数据处理系统方法,主要介绍 А. Б. 卡日丹的局部预测中系统分析的运用及谢学锦的地球化学块体,前者是普查勘探阶段的数据处理系统方法,而后者则是区域预测阶段的数据处理系统方法。

第一节 局部预测中的系统分析

矿区局部预测是苏联学者最先提出的,泛指在矿区内开展的成矿预测。工作比例尺为1:2.5万或更大。池顺都(1990)介绍了苏联莫斯科地质勘探学院矿床找矿勘探教研室在 А. Б. 卡日丹教授的建立在系统分析基础上的评价矿床的定量方法。

一些学者认为,矿床是在一定的条件下形成的,是在空间上被分隔开的地壳异常地段。大型、超大型矿床的形成条件是那样独特,以致实际上类比原则不能用于大型、超大型矿床的预测。用建造分析的方法预测含矿远景区和圈定构造成矿带不是十分有效。在进行区域预测时,含矿区分布的规律性在区域构造中有所表现;而进行局部预测时,往往随机因素起主要作用。А. Б. 卡日丹认为只有建立在系统分析的基础上,才能有效地进行矿产预测,特别是局部预测。不仅要研究和评价矿产勘查的最终对象——矿床,还要研究和评价中间对象——矿结[相当于成矿亚区(带)]和矿田等,充分利用有关中间对象的信息。研究时不仅要建立统计模型,通过矿产勘查数据定量处理得到一元或多元的统计特征值,还要研究矿产的空间特征,提取矿产变化性确定性分量的信息。不仅要研究复杂而间断的地质对象的各个结构单元,还要研究单元之间的联系特点。经过二三十年的研究,他们提出了一套在研究和评价矿床时系统分析的原理和方法。

一、含矿性有效局部预测的基本条件

从系统分析角度出发,А. Б. 卡日丹(1987)认为,进行含矿性有效局部预测,必须符合如下基本条件:

(1)所查明的含矿性准则应与所评价的含矿对象规模相匹配。为了实现匹配条件,首先必须确定含矿地段结构层次的等级,并将每个结构层次与矿产勘查工作阶段联系起来,作为

该阶段查明和评价的对象。传统的将含矿的地质前提只分为区域地质前提和局部地质前提的做法已不能满足需要,应该具体划分控制矿体、工业矿带、矿床、矿田、矿结、成矿区及更大成矿单位的地质前提。

(2) 能够利用评价含矿性系统范围内标志变化性的比较定量特征值,可看作是含矿性有效局部预测的第二个条件。为了查明各个结构层次系统的含矿性标志,必须将原始资料逐步扩展。最有效的扩展方法是用不加权滑动统计窗的原始资料修匀。

(3) 各种规模含矿系统的套合是含矿性有效局部预测的第三个条件。除了所查明的含矿性准则应与所评价的含矿对象规模相匹配的要求外,还必须研究相邻等级层次的成矿单元的预测评价关系。这个要求在逻辑上是这样得出的:在统一的成矿作用下,在不同规模上都应该有所表现;成矿作用在不同的等级层次上出现应互为条件。由于较高等级层次对象的预测评价的结果对较低等级层次对象的评价有重要意义,并能决定局部预测的结果,所以在预测时,不能只研究矿床结构层次的含矿性准则,查明相邻结构层次成矿单元的套合越完全,就越有可能出现大的局部含矿地段,反之亦然。

二、建模信息的测量特征

应用系统论的方法,建立完全合乎条件的数学模型,就应考虑到用于建模信息的测量特征。任何研究对象的地质、地球物理或地球化学信息均可用抽样的方法,即用测量在地质空间具体点上的某些性质的方法得到。而每个测量结果又与具体的测量特征有关。所谓测量特征,包括单个观测基础和测量影响域。

单个观测基础是测量时在其界线内产生有关所研究性质信息积分积累的那部分地质空间。测量影响域是能够由地质测量结果划分出具体形态的最小地质空间。

所有的地质测量按单个观测基础的可变性可分为两类:具有不变的单个观测基础的地质测量和具有变化的单个观测基础的地质测量。前者的单个观测基础从一个测量点向另一个测量点其体积不变,每个观测仅代表地下一定大小的体积,如岩石地球化学测量、放射性测量、岩石化学测量、岩石物理测量和其值取决于自然客体(如重力场、磁场、电磁场、电场)异常叠加的一些测量;后者的单个观测基础无论是大小还是形状都是改变的,如测井、水地球化学测量、原子化学测量以及具有激发人工源的地球物理测量。

按照影响域的大小与观测条件的关系,所有地质测量可分为与观测条件有关的地质测量和与观测条件无关的地质测量。前者的典型代表有自然地理物理测量和航空放射性测量,还有人工激发的地球物理测量;后者的典型代表有地球化学测量、岩石化学测量及岩石物理测量等。

为了描述地质测量特征对经验数据处理的影响,可利用无量纲系数:
$$K = L/l \qquad (6-1)$$
式中,L 为观测点间距;l 为单个观测基础的尺寸。

$K > 1$,观测变量为空间间断型,相邻观测点间的数值缺乏相关关系,这时不能用确定性模型来处理原始数据；$K<1$，观测变量为空间不间断型，相邻观测点间的数值具有意义的相关关系，可采用确定性模型，其中有数据处理的矿山几何模型；$K=1$，测量变量为准不间断型。

三、划分出规律性分量的条件

系统分析数学模型的任务就是研究上述所有类型场的标志变化性的规律性分量。获得规律性分量的方法是借助于滑动统计窗系统分解原始定量信息，依次突出各级有序等级水平的不均匀单元。

假如将每个统计窗看作是该正方形窗口中心点标志平均化数值的混合样品平均化范围。此时，单个观测基础可采用边长为 l 的正方形，观测步长可采用相邻正方形中心的间距 L。当场具有指数结构时，点值的自相关函数 $r(L)$ 为

$$r(L)=\exp(-|L/l_0|) \tag{6-2}$$

式中，l_0 为自相关半径。当引入

$$\beta=l/l_0 \tag{6-3}$$

时，式（6-2）可记为

$$r(L)=\exp(-K\beta) \tag{6-4}$$

式中，K 即为式（6-1）的值。

假如平均化面积的尺寸比不均匀单元的尺寸小，那么点值与平均化值的自相关函数相互差异甚小。当 $\beta=0.2$ 时，其偏差不超过 10%，点值的自相关函数可近似地看成与按边长 $l<0.2l_0$ 的正方形平均化值的自相关函数相同。随着参数 β 增大，平均化值的离差迅速减小。假如采用的窗口尺寸等于不均匀单元尺寸，即 $\beta\approx1$，则 $L\approx l$，此时规律性分量的份额可增至 30%。但是当窗口中心间距减小至 l 的一半时，即 $K=L/l=0.5$，规律性分量的份额增至 50% 以上，从而可认为这样的地质测量是空间不间断变量。相应地，在应用拓扑函数作标志值内插所产生的可能误差，也从 $K>1$ 时的 $40\%\sim50\%$，降低至 $K=1$ 时的 $30\%\sim40\%$，至 $K<1$ 时则小于 30%。试验证明，在平均化统计窗移动距离小于 $l/2(K<0.5)$ 时，只要不均匀单元尺寸不小于平均化窗口的 $1/3(\beta<3)$，就能可靠地划分出标志变化性的规律性分量。

四、平均化统计窗口的确定

平均化统计窗口大小的确定由于矿产的种类和建造类型不同，在给定的等级水平上矿藏规模大小可在很大的范围内变化。比如说，矿床的面积可从不足 $1km^2$ 到数平方千米。然而对大多数的矿床来说，采用地球化学有效找矿面积可在数平方千米的范围内变化。相应于矿田，其面积一般为数十平方千米。在选择统计窗口时应以各级矿形成物当中规模较小的为标准，同时还应考虑到一般采用的地质图比例尺及相邻不同等级矿形成物间的长度比，其比值一般为 $4\sim5$。

在找矿勘探工作初期,由于对所研究对象了解得不多,确定图件比例尺和平均化统计窗口的大小及取向都比较困难,建议采用表 6-1 推荐的窗口大小。在矿产勘查后期,可根据本地区实际情况灵活选择。通常在图上窗口尺寸为 9cm×9cm。

为了可靠地估算出窗口内的平均值,还对窗口内的观测数有所要求。用滑动平均法估算时,观测数不应少于 25 个,而应用滑动中位法(即求中位数)时则降至 6~8 个。

表 6-1 不同层次矿藏统计窗口面积

结构层次	常用比例尺	统计窗口面积/km²	矿形成物面积/km²
矿体	1∶500	0.002 025	$n×0.01$
工业矿带	1∶2000	0.032 4	$n×0.1$
矿床	1∶1 万	0.81	n
矿田	1∶5 万	20.25	$n×10$
矿结(成矿亚区)	1∶20 万	324	$n×100$
成矿区	1∶100 万	8100	$n×1000$

五、系统不均匀要素相互联系特征值

可以用任何一元或多元的数作为系统不均匀要素相互联系特征值,例如方差、相关系数、熵等。矿田结构层次的化学元素含量的方差 D_x^{Π} 可以用下式描述:

$$D_x^{\Pi} = \frac{\sum_{i=1}^{n}(x_i^M - \bar{x}_i^M)^2}{n-1} \tag{6-5}$$

式中,D_x^{Π} 为在含矿系统中矿田结构层次上元素 x 的含量方差;x_i^M 为空间第 i 信点,在矿床结构层次上该元素含量的规律性分量;$\bar{x}_i^M$ 为在与矿田相匹配的统计窗内,x 的含量规律性分量的平均值;n 为计算平均值的点数。

А. Б. 卡日丹等(1986)提出,为了评价相邻结构层次上标志的变化程度,可利用矿化指示元素平均含量、方差或其他特征值的数值差分:

$$(\Delta C)^j = C^j - C^{j-1} \tag{6-6}$$

参数 $(\Delta C)^j$ 表征矿化地段在给定的结构层次上的不均匀性。在空间具体点上,低结构"整体"的值,可以看作是较高结构层次"整体"的背景值。相对于这个背景的偏离程度可以用参数 t 来估算:

$$t_c^j = \frac{(\Delta C)^j}{\sqrt{(\delta_c^2)^{j-1}}} \tag{6-7}$$

式中,$(\Delta C)^j$ 为 j 结构层次的不均匀性;$(\delta_c^2)^{j-1}$ 为在 $j-1$ 结构层次的统计窗内的剩余方差。

各种不同层次(如矿床、矿田层次)异常面积的套合程度可以作为确定矿藏局部地段远景的标准。在已知矿结的范围内寻找矿床时,其远景综合标准 T^M 即为评定与矿床和矿田等结构层次相应的 t 值的平均值。

$$T^M = \frac{t_x^M + t_x^{\Pi}}{2} \tag{6-8}$$

六、应用实例

实例1:逐步扩展滑动平均法与传统处理方法比较

实例是 A. Б. 卡日丹等根据一个不大的多金属矿结的岩石地球化学采样资料,用上述方法进行数据处理,并与传统的方法加以比较。

图6-1是用传统方法处理锌含量的资料,从图中可以看出锌晕明显地向北东方向延长。这是由于化探测量剖面呈北东走向,并非是地球化学场本身的特点。出现这种假的各向异性是地球化学资料不正确定位的结果。

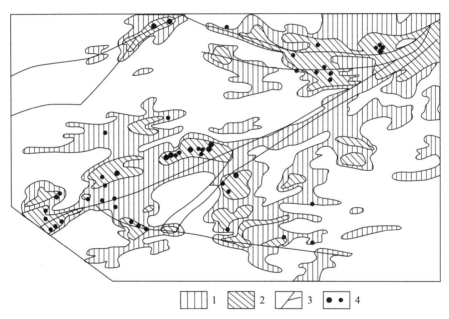

图6-1 矿结的锌地球化学晕图(据 P. Г. 罗斯托夫)
1. 锌含量0.01%~0.02%;2. 锌含量大于0.02%;3. 构造断裂;4. 矿床和矿化点

从前面所述的方法原理出发,应用大小为 $0.5km \times 0.5km$, $2km \times 2km$, $10km \times 10km$ 的统计窗口处理岩石化学采样结果,得到相当于矿床、矿田构造水平上锌含量异常图,以及矿田层次的锌含量方差异常图。

在图6-2上见到的矿床轮廓与图6-1异常的轮廓不同。首先是假各向异性没有了;其次是矿床层次的正异常与探矿地质构造和矿田地质单元的外形关系密切,更加清晰地局限在已知矿床的范围内,其形状接近于等轴状。

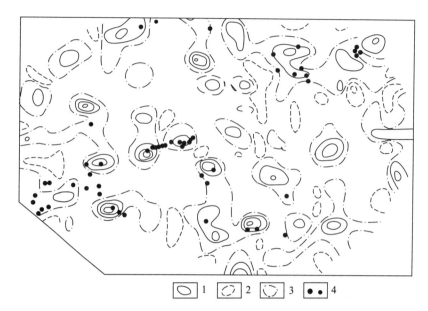

图 6-2 在矿床结构水平上锌含量异常图

等值线的异常标注:1. 正异常($t>1$);2. 负异常($t<-1$);3. 零值($t=0$);4. 矿床和矿化点

图 6-3 是用 2km×2km 的滑动统计窗口处理得到的。清楚地划分出两个正异常,其位置与两个已经确定了的矿田相吻合,这两个矿田的边界与矿结的区域控矿构造的外形相吻合,包括了所有的已知矿床的分布范围。

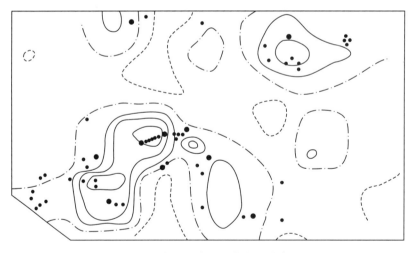

图 6-3 在矿田水平上锌含量异常图

(图例见图 6-2)

图 6-4 中,远景综合评价标准正异常($T^M>1$)清楚地将所有已知矿床圈出。除与已知矿床有关的异常外,还有一些尚未见矿的异常,有望在这些地段找到矿床。

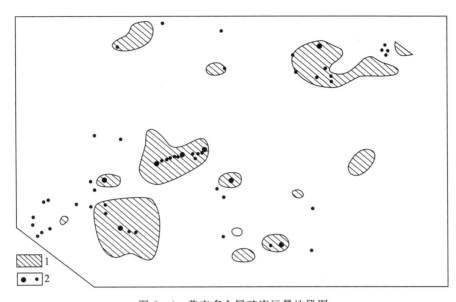

图 6-4 普查多金属矿床远景地段图

1. 远景标准正异常($T^M>1$);2. 矿床和矿化点

上述方法是改进的滑动平均法。最初采用的就是不同大小的统计窗口的滑动平均法。图 6-5、图 6-6 是对同一地区的岩石化学取样所作的锌含量等值线图。

正如 А. Б. 卡日丹所指出的,原始资料修匀的方法不是严格的数学方法,而是一种描述性的方法。应该重视该方法在实际应用中的有效性。

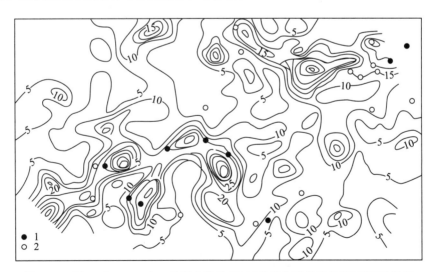

图 6-5 用 0.5km×0.5km 的滑动统计窗口(矿床水平的背景值)对原始资料
修匀后的铅等值线图

1. 铅锌矿床;2. 铅锌矿点

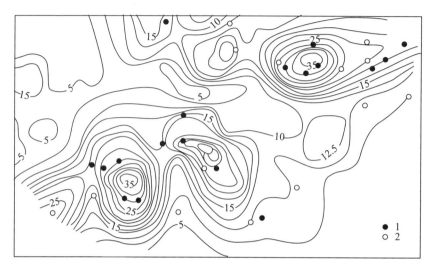

图 6-6　2km×2km 的滑动统计窗口(矿田水平的背景值)对原始资料修匀后的铅等值线图
1. 铅锌矿床;2. 铅锌矿点

实例 2:岩控型矿化的土壤地球化学测量数据处理

池顺都等(1994)用不加权滑动统计窗口修匀的方法处理了某斑岩型铜钼矿床的化探资料。矿床内发育横向逆断层,并伴生有破碎角砾岩带,长 500m,厚 190～250m,最大延深 470m。铜矿床赋存在破碎带内,以花岗岩体为核心。在花岗岩的内、外接触带及围岩破碎角砾岩带矿化强烈。

首先从不同尺度水平考察 Cu 元素的变化趋势。用 2km×2km 的滑动统计窗口修匀的 Cu 异常呈圆形(图 6-7),有浓集中心,异常围绕岩体分布,具有明显的岩控特征。统计窗口的面积 $4km^2$,接近矿床的面积,异常反映了矿床的特征。用 0.5km×0.5km 的滑动统计窗口修匀的 Cu 异常呈圆形,沿接触带异常最高,由接触带向岩体中心异常值有规律地降低(图 6-8),说明岩体中心并非是矿化中心,矿化强度最强的部位是岩体与围岩的接触带。统计窗口的面积 $0.25km^2$,接近矿体的面积,异常反映了矿体产出的特征。这是因为接触带附近原生裂隙发育,岩石孔隙度较大,有利于形成矿体群。这说明矿床和矿体群尺度不同,其含矿地质前提和找矿标志也不同。矿床尺度的异常与矿体群尺度异常的套合——即不同尺度水平或不同标志值的异常在空间中同时出现,对矿产的局部预测十分重要。套合越完全,预测大型局部含矿地段的可能性就越大,反之亦然。

本例 Cu 元素不同尺度异常的套合较好。下面我们再从同一尺度不同元素的套合来评价含矿远景。一般来说 Cu、Mo 异常的范围与含矿岩体出露的或赋矿地段较吻合。在矿床层次 Cu 异常(图 6-7)与 Mo 异常(图 6-9)套合得相当好。而在矿体群层次,则 Cu 异常(图 6-8)与 Mo 异常(图 6-10)则只有部分套合。Cu 南部异常中心与 Mo 异常套合得较好,而北部异常套合较差。这反映了南部最具有 Cu、Mo 含矿远景,北部次之。

在根据网格化数据绘制的 Cu、Mo 异常图上,圈出了比较多的 Cu、Mo 异常,但很难从中选出最具远景的地段。Cu、Mo 元素异常的套合也较差,难以以此来评价含矿远景。说明这

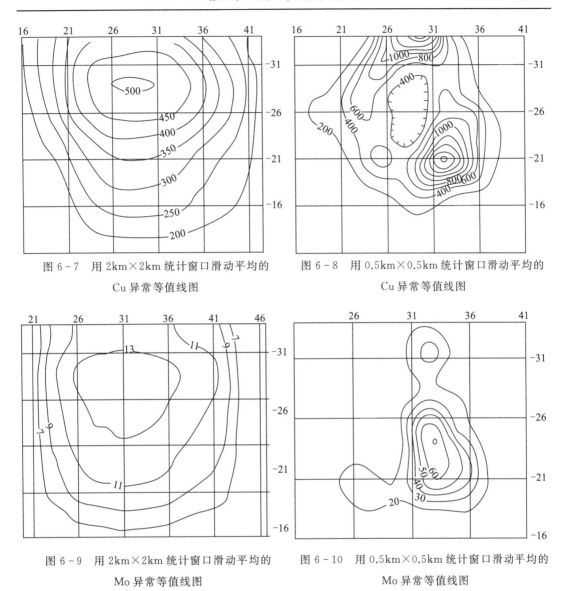

图 6-7 用 2km×2km 统计窗口滑动平均的 Cu 异常等值线图

图 6-8 用 0.5km×0.5km 统计窗口滑动平均的 Cu 异常等值线图

图 6-9 用 2km×2km 统计窗口滑动平均的 Mo 异常等值线图

图 6-10 用 0.5km×0.5km 统计窗口滑动平均的 Mo 异常等值线图

种异常图不能正确地反映地球化学场特征,这从反面说明了用系统分析的方法处理地质数据的必要性和有效性。

实例 3:层控型矿化的土壤地球化学测量数据处理

某铜锌块状硫化物矿床位于秦岭东西猛士喧东段南支。出露地层为下古生界刘家岩组变质富钠火山-沉积岩系。地层走向 280°～300°。矿田内主要构造应力为南北向的挤压力,形成了一系列沿地层层面移动的断裂。另外,作为次级构造,还发育有垂直于岩层走向的南北向纵断层。

在矿床尺度上,Cu 异常明显地呈现沿走向带状分布的特征(图 6-11),这是层控型矿化的重要标志。而且 Cu、Mo 元素异常的套合完全,表明 Cu、Mo 元素具有相同的成矿机制,可以看作两者是同一成矿作用形成的。

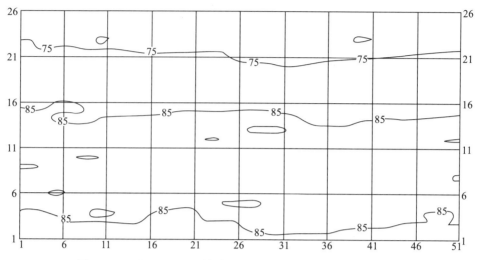

图 6-11 用 2km×2km 统计窗口滑动平均的 Cu 异常等值线图

在矿体群尺度上,Cu 异常在本区东西部均有呈现(图 6-12)。西部出现 3 个异常中心,东部出现 1 个异常中心。综合考虑 Cu、Mo 元素异常的套合及 Cu/Mo 比值,在图上可圈出 2 个最具远景的地段,东边和西边各有一个。从图上可以看出矿体群可能受垂直于岩层走向的南北向纵断层控制。

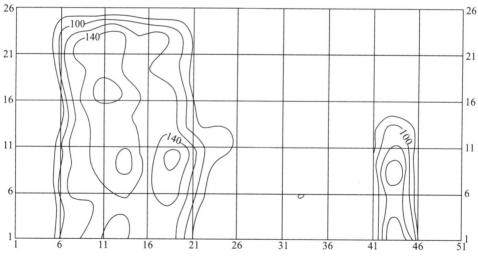

图 6-12 用 0.5km×0.5km 统计窗口滑动平均的 Cu 异常等值线图

七、结论

逐步扩展滑动平均法以及改进后的方法运用于矿床含矿性局部预测、找矿和评价,将矿藏作为相互联系的多层次等级系统来研究是合理的。本方法不仅可以查明矿藏不同层次的

含矿性标志,还可以根据不同层次的成矿单元的套合和不同成矿元素间的套合来评定成矿远景。从实例可以看出该方法具有以下优点:

(1)能够突出不同层次成矿单元成矿作用的主控因素。实例2矿床的岩控特点和实例3矿床的层控特点十分明显。在矿体群层次上,控矿因素则不同于矿床。前者是围绕岩体的接触破碎带;后者则是垂直于岩层走向的南北向纵断层。

(2)只有在大的矿田内才有可能出现大的矿床,这是评价含矿性的重要标志。各种不同层次(如矿床、矿田层次)异常面积的套合程度可以作为确定矿藏局部地段远景的标准。在改进的方法中,在已知矿结的范围内寻找矿床时,其远景综合标准为 T^M:

$$T^M = \frac{t_x^M + t_x^{\Pi}}{2}$$

(3)可以用不同元素异常的套合来评价含矿性。在地球化学上有成因联系的两个或数个元素异常的套合是成矿有利地段的重要标志。

(4)由于化探测量剖面走向而出现假的各向异性是地球化学资料不正确定位的结果。采用该方法可以消除这种不正确的定位造成的虚假现象。

第二节　地球化学块体

一、地球化学块体的概念

地球化学块体是地球上某种或某些元素高含量的巨大岩块,它们是地球从形成与演化至今不均匀性的总显示,为大型至巨型矿床的形成提供了必要的物质供应条件。

从1993年开始,谢学锦等(2002)摒弃一幅图一幅图地进行研究或对更大范围的区域性异常进行比较研究的传统思路,而用纵观全局的新思路将各省取得的数据置于一起观察,研究整个中国的钨的分布模式,从而产生了套合的地球化学模式谱系的新概念。这种新概念给我们展示了自然界中存在的比仅仅分布于矿床周围的分散晕、分散流更为宽阔的地球化学分布模式。而勘查地球化学界几十年来的主要研究对象仅局限于局部的分散晕与分散流。这种水系沉积物中地球化学异常是由岩石或土壤中的金属元素在地表风化过程中迁移到河流中产生的,它们是富含某种或某些金属元素的巨大岩块在地表的显示。如果假定给出一个岩块的厚度(如1000m),那么就能够计算出整个岩块中金属的供应量,通过剖析它的内部结构就能够追踪金属聚集形成矿床的踪迹。谢学锦将面积大于和等于地球化学省的范围的巨大岩块定名为"地球化学块体"。

地球化学块体的概念首次明确提出是谢学锦在1995年第5期《科学中国人》的《用新观念与新技术寻找巨型矿床》的文章中及1994年在加拿大Kingston皇后大学巨型矿床第二届学术会议上所作的报告中。在文中他对许多地质学家一直努力却无法解决的问题——无法从成矿过程、成矿环境和成矿条件来辨认巨型矿床与一般矿床的差异,提出了自己独到的见解,即巨型矿床与一般矿床只在成矿金属供应量上存在差异。这种巨大的成矿金属供应量可以由地壳中"存在着特别富含某种或某些金属的地球化学块体"表现出来,从而可以从把握"地球化学块体"这一物质前提出发,来把握巨型矿床的寻找(表6-2,图6-13)。

表6-2 套合地球化学模式谱系和地球化学块体(据谢学锦等,2002)

面积/km²	地球化学模式	
<100	局部异常	
100~1000	区域异常	
1000~10 000	地球化学省	地球化学块体
10 000~100 000	地球化学巨省	
100 000~1 000 000	地球化学域	
>1 000 000	地球化学洲	

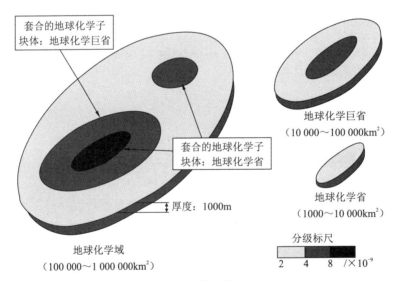

图6-13 套合的地球化学块体(据谢学锦等,2002)

这是比传统意义的分散晕、分散流更为宽广的地球化学模式:区域异常、地球化学省、地球化学巨省和地球化学域。这种更为宽广的所谓套合着的地球化学模式谱系实际上是地球上富含各种金属的巨大岩块的内部结构特征在地表的表现,而追索某元素地球化学块体的内部结构则可揭示该元素在地球化学块体中逐步浓集成矿的轨迹。

依此思路谢学锦等发展了一整套的矿产勘查新战略,迅速掌握全局,逐步缩小靶区,并应用于国土资源大调查的项目中。

这种方法技术能够迅速评价一个地区的矿产资源潜力,并能够战略选择大型、特大型矿床产出的有利地段,是新的矿产勘查战略"迅速掌握全局,逐步缩小靶区"的理论基础,该评价系统流程如图6-14所示。

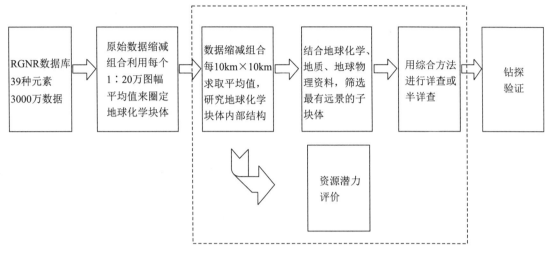

图6-14 地球化学块体方法评价与选区的流程简图
[引自谢学锦,2001,东亚东南亚地学计划协调委员会(CCOP)会议讲稿]

此后几年地球化学块体的概念不断完善,其内涵已经超出了最初定义,而且地球化学块体的方法技术也不断发展,并实际应用到中国地质调查局新一轮的地质大调查的项目中。

二、地球化学块体的方法技术简介

据刘大文(2002)的博士毕业论文《地球化学块体理论与方法技术应用于矿产资源评价的研究——以中国锡地球化学块体为例》作如下介绍。

(1)应用的数据不是原始的化探扫面数据(原始数据是4km²一个分析样,一个分析样分析39种元素),而是在原始数据的基础上组合而成的新的数据集:第一个数据集是全国1∶20万图幅平均值,用来勾绘元素地球化学块体在中国分布的轮廓;第二个数据集是1∶5万标准图幅的平均值(大致相当于400km²内原始数据的平均值);第三个数据集是100km²上原始数据的平均值,大致相当于标准1∶2.5万图幅平均值。对于全国来说,我们可以利用第二个数据集或第三个数据集来勾绘地球化学块体的内部结构,并进行资源潜力预测;而对于某个大区或某个省,我们可以利用第三个数据集来进行资源潜力预测。更进一步的工作可以利用4km×4km的平均值来刻画地球化学块体内部的详细结构,确定进一步工作的远景区。

(2)地球化学块体下限和块体分级的确定。我们利用全国或中国某大区块的全部数据集的数据进行数据统计计算,迭代剔除3倍方差以外的离群点,求得数据集的平均值和方差,然后利用平均值加一倍的方差作为该元素的块体下限,用0.1log μg/g或0.1log ng/g值作为逐步提高的块体分级值,一般分6个级次,并勾绘出地球化学块体的分布图。

(3) 对地球化学块体进行金属量的计算,每个块体给定一个假定厚度 500m 或 1000m,根据块体的面积、数据含量值和上地壳的平均密度,计算出该块体内某种金属的总量(ME)。这种金属供应量是指某种金属元素赋存在某个地球化学块体内呈活动态的或陷在晶格中的总量,这是一种估算值。这种估算是根据该元素在块体中的平均含量 C_m、岩块密度 σ、块体厚度 D_h 以及该块体的面积 S_a 来进行的,计算公式为:

$$ME = C_m \times (\sigma \times D_h \times S_a)$$

(4) 根据块体内已知的矿产资料和研究程度的高低,估算出该元素的成矿率(MC)。

地球化学块体成矿率是指地球化学块体内已探明的矿床总储量与块体内可供应金属量的比值。这里所说的成矿率不同于矿床学或经济矿床学研究中所提出的成矿率,只是一个预测某个战略选区中的找矿资源潜力的参照系数。某种金属元素成矿率具体的确定方法是在整个研究区域中,选择某一个研究程度较高的块体,矿产的研究和开发程度比较高,假定在当前该区域所形成所有矿产都已经勘探,那么这种矿产的所有探明储量与金属供应量的比值即为该种金属的成矿率(MC)。

$$MC = R/ME$$

式中,R 为该子块体某种金属的所有探明储量;ME 为子块体中该金属的总金属供应量。

需要特别说明的是,该成矿率必须与计算某个级别的地球化学块体的分级值相对应,因为不同分级值的地球化学块体中计算所得的金属供应量是不同的,因而,其成矿率也是不同的。所以,说明成矿率时必须说明是在哪一个分级的成矿率。

此外,不同地质条件、不同矿床类型的成矿率应该是不同的,所以,确定某种金属的成矿率是一个复杂的判断和计算过程,需要综合考虑许多影响因素,力求达到与自然界实际情况相符。

(5) 利用各地球化学块体及其中不同浓度水平的子块体的演化关系,勾绘出各地球化学块体的剖析图和谱系树,利用谱系树来追踪大型、巨型矿的有利靶区。

谱系树是一个特殊的编码系统来追索地球化学块体浓集的趋势,这种编码系统的建立是为了追索各级块体、子块体之间的相互关系,最后绘制成一种类似我们国家某一家族姓氏族谱一样的结构图(图 6-15)。如某个块体编号为 3,分为 6 个级次,最后形成的浓集中心有 7 个子块体,则第 6 级次某个子块体的编号为 31321-2,则表示是 3 号块体内在第 6 级次是第二个块体 31321-2,它位于第 5 级次第 1 个子块体 3132-1 内,而 3132-1 子块体位于第 4 级次第 2 个子块体 313-2 内,313-2 子块体位于第 3 级次第 3 个子块体 31-3 内,而 31-3 子块体位于第 2 级次第 1 个块体 3-1 内,那么 3-1 子块体位于块体下限所圈定的子块体中编号为 3-1 的子块体内,其中图中的虚线表示了这种子块体间的承袭关系。这样,我们能够通过这种特殊的编码来确定块体、子块体的父子继承关系,这种编码应用于谱系树的绘制和剖析图上地球化学块体子块体的编号上(谢学锦等,1999)。

之后,可以在这些有利的靶区,结合地质、地球物理资料进一步筛选更有利的局部地段,进一步缩小寻找大型、巨型矿床的有利区段。

下面以锡矿产资源潜力预测为例进行说明。

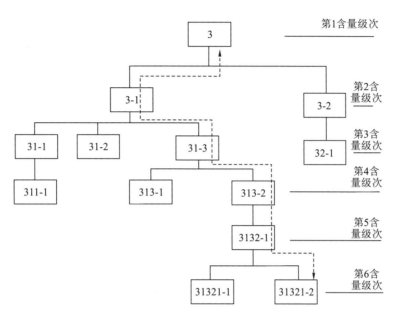

图 6-15 谱系树结构及其编码系统示意图

三、锡矿产资源潜力预测

(一)地球化学块体矿产资源潜力预测的方法

地球化学块体矿产资源潜力预测的方法,用两个例子加以说明。

1. 南丹大厂地球化学块体

南丹大厂地球化学块体位于广西壮族自治区西北部的贵州省边界,呈北西-南东向分布,有南、北两个浓集中心,如图 6-16 所示。圈出地球化学块体的面积为 2233km^2,其中位于地球化学块体中的该矿集区中的矿床数为 14 个(包括 4 个砂锡矿);在第 2 级次上($8\mu g/g$),其中有 13 个矿床落在了 n-2 子块体内;而在第 3 级次上($10\mu g/g$),子块体 n2-2 囊括了 14 个矿中的 10 个。根据这些矿的金属储量,计算的不同级次的成矿率以及地球化学块体特征见表 6-3。

如果考虑砂锡矿的影响,即在预测时不考虑砂锡矿的金属量,那么扣除其中 4 个砂锡矿金属量为 100 931t,则计算所得的成矿率分别为 1.7%($6\mu g/g$ 水平)、2.1%($8\mu g/g$ 水平)和 1.9%($10\mu g/g$ 水平)。

从图 6-16 上可以看出,在 $6\mu g/g$ 水平上,14 个矿分布在块体的北部,南部的勘查程度低,没有一个矿出现。如果按一半面积计算,成矿率提高一倍,即 3.8% 和 3.4%。在 $8\mu g/g$ 水平上,13 个矿位于 n-2 子块体的北部约 2/3 的面积,如果按此面积进行矫正,那么矫正后的成矿率为 3.06%。

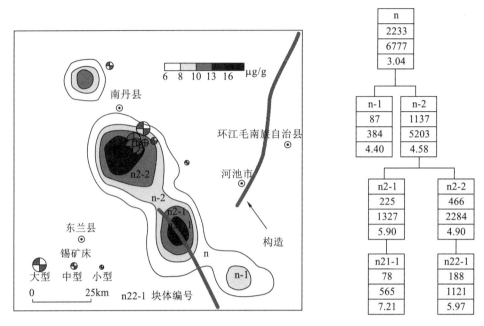

图 6-16 南丹大厂锡地球化学块体及谱系树图

表 6-3 南丹大厂锡地球化学块体参数统计及各级次成矿率

块体编号	面积/km²	平均值/μg·g⁻¹	金属供应量/万 t	单位体积金属供应量/万 t·km⁻³	落在块体中的矿床数/个	矿体中的金属量/t	成矿率/%
n	2233	11.24	6777	3.04	14	1 280 052	1.90
n-1	87	16.29	384	4.40		1 196 696	2.30
n-2	1137	16.95	5203	4.58	13		
n2-1	225	21.84	1327	5.90		533 833	2.24
n2-2	466	18.13	2284	4.90	10		
n21-1	78	26.69	565	7.21			
n22-1	188	22.11	1121	5.97			

按成矿率2.8%（8μg/g水平）和1.9%（10μg/g水平），来估算n-2子块体南部的资源量为：5203×2.8%×(1/3)×1000＝485 613t。而在10μg/g水平，子块体n2-1中没有矿床存在，根据子块体n2-2中的成矿率，可以计算出n2-1的潜在资源量为：1327×1000×1.9%＝251 466(t)。

大厂矿集区是中国乃至世界上最大的产地，然而，圈出的地球化学块体并不是很大，好像与如此巨型矿集区不吻合，原因可能是多样的，譬如或许这里的地球化学块体是半隐伏型的，或许这里出现了超聚集现象。这种现象值得在以后的工作中加以研究。

2. 云南个旧地球化学块巨省

该地球化学块体面积在全国排第四位,具有一个强烈的浓集中心。该浓集中心位于云南省个旧市(图 6-17),该区的主要矿集区位于子块体 41111-1 上。

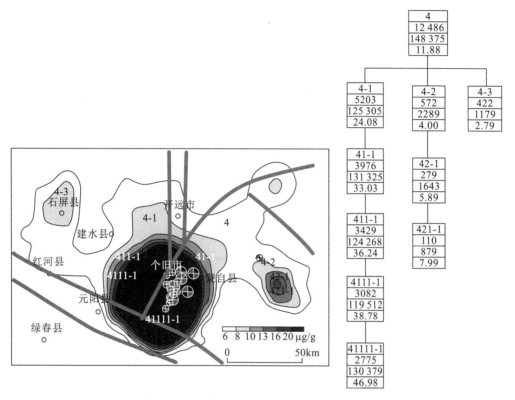

图 6-17 云南个旧锡地球化学块体及谱系树图

该地球化学块体的各种统计参数和各级次的成矿率见表 6-4。28 个矿体中有 3 个砂锡矿,总金属量为 714 037t。在表中若除去这部分金属量,则各级次成矿率分别为 0.062%、0.068%、0.065%、0.069%、0.072% 和 0.066%。由于子块体 4-1 的浓集中心面积、强度比较大(图 6-17),所以各级次的成矿率相差不大。如果按 8μg/g 水平的成矿率 0.068% 来预测子块体 4-2 和 4-3 的资源潜力,则分别为 15 565t 和 8017t。

表 6-4 云南个旧锡地球化学块体参数统计及各级次成矿率

块体编号	面积 /km²	平均值 /μg·g⁻¹	金属供应量/万 t	单位体积金属供应量 /万 t·km⁻³	落在块体中的矿床数/个	矿体中的金属量/t	成矿率/%
4	12 486	44.01	148 375	11.88	28	1 635 078	0.110
4-1	5203	89.20	125 305	24.08	26	1 571 598	0.125
4-2	572	14.80	2289	4.00			

续表 6-4

块体编号	面积 /km²	平均值 /μg·g⁻¹	金属供应量/万 t	单位体积金属供应量 /万 t·km⁻³	落在块体中的矿床数/个	矿体中的金属量/t	成矿率/%
4-3	422	10.30	1179	2.79			
41-1	3976	122.30	131 325	33.03	26	1 571 598	
42-1	279	21.80	1643	5.89			0.120
411-1	3429	134.20	124 268	36.24	26	1 571 598	
421-1	110	29.70	879	7.99			0.126
4111-1	3082	143.60	119 512	38.78	26	1 571 598	
41111-1	2775	174.00	130 379	46.98	26	1 571 598	0.132

(二)地球化学块体矿产资源潜力预测结果讨论

刘雪敏等(2012)在区域化探全国扫面计划 1∶20 万水系沉积物样品 Cu 含量的基础上,描述了华南陆块铜地球化学块体的空间分布特征,并分析了它们与地质体、已知的铜成矿省(矿集区)在空间上的对应关系,发现华南陆块铜地球化学块体主要分布于扬子地块西南缘、长江中下游、西秦岭、三江地区和湘粤桂交界区。其中扬子地块西南缘铜地球化学块体主要与峨眉山玄武岩的铜高背景值有关,其他异常与海西期镁铁质—超镁铁质岩铜矿和层控型铜矿有关;长江中下游地球化学块体与长江中下游成矿带吻合;西秦岭铜地球化学块体与岩体、铜矿和以铜为伴生元素的矿床有关;三江、湘粤桂交界区的铜地球化学块体也有与之对应的铜矿床或铜为伴生元素的矿床。

通过这些地球化学块体与已知的地质体、成矿省(矿集区)的对比得出如下结论:铜地球化学块体的形成可能与岩石的高背景值、铜成矿省(矿集区)或铜为伴生元素的矿床有关。巨量成矿物质的供应只是形成大型、超大型矿床的必要条件,如长江中下游铜地球化学块体为铜成矿省提供物质来源;但每个地球化学块体并不一定都有与之对应的矿集区,如峨眉山玄武岩铜地球化学块体与玄武岩高背景值有关,并没有形成大型的铜矿床。

1. 圈定地球化学块体的影响因素

地球化学找矿的优势是利用矿产所发出的直接信息,这种直接信息往往需要排除一些干扰因素才能够获得与矿产直接相关的那部分有价值的信息,即所谓去伪存真。地球化学块体理论与方法技术应用于矿产资源勘查也是首先从形成矿藏的成矿物质供应着手的,它的基础资料是利用的勘查地球化学数据,这些数据受一些条件的限制有时不能揭示勘查点的实际情况。因此,以此为基础圈出的地球化学块体也有些是弱化或掩蔽的,即地球化学块体有些是半出露的,只有出露地表的一部分被圈出,块体在地表表现的规模被缩小弱化,只表现出区域性异常或地球化学省,那么这类地球化学块体内所蕴藏的金属量及资源潜力可能会被低估;有些则是隐伏在地表之下,其上方被厚层堆积物、成矿后的火山岩或沉积岩所覆盖,过去的水系沉积物测量难以发现大型或巨型矿床的物质直接来源于深部下地壳或上地幔(图6-18)(谢学锦,2001)。

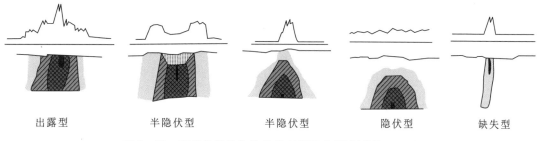

图6-18 地球化学块体的地表表现形式(据谢学锦,2001)

地球化学块体的圈定包括某种元素块体下限的确定是视研究目标域的大小而定的。如果以整个中国为目标域,那么目前圈定地球化学块体所应用的水系沉积物测量数据存在这样一些问题,即不同大地构造单元、不同景观区的元素背景不同、采样介质不同,特别是对于中国东部和西部在采样介质上差异比较大,造成西部数据值比东部偏低。即使不考虑采样介质的问题,那么那些元素背景值偏低的构造单元在与背景值高的构造单元置于一起来圈定地球化学块体时,往往会在背景值低的构造单元上漏掉一些非常有价值的信息。

类似这种情况也可以考虑一些补救的办法,譬如对不同大地构造单元、不同景观区或不同采样介质区的数据进行数据校正,对某些校正区的数据采用一种所谓视含量校正数据来进行地球化学块体的圈定、校正的方法如归一化(刘大文,1997)。

2. 地球化学块体与矿床的空间对应关系以及成矿率的高低

前面所讨论的所有锡地球化学块体是基于这些块体在地表是出露型的假设,包括对块体各种参数的统计、金属供应量以及成矿率的估算等。对于一个研究目标域资源潜力的评价,成矿率的确定是一个非常重要的环节,随着勘探程度的提高,成矿率是一个不断修正的参数,以便更接近真实,即使如此,这种参数还受到已知矿体与地球化学块体相互空间位置关系的制约。通过最近几年的研究工作,用地球化学块体的思路与方法已初步制作了全国Ag、Au、Cu、Pb、Zn、Sb、W、Sn的地球化学块体图,并研究它们与大型至巨型矿在空间上的关系,研究结果发现块体与矿产出位置有着4种不同的模型:①同心型;②偏心型;③边缘型;④侧移型(图6-19)。

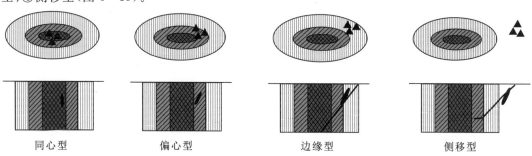

图6-19 地球化学块体与其产出矿的空间对应关系(据谢学锦,2001)

第二编　矿产系统勘查的若干研究

20世纪90年代以来,我国矿床勘查学家开展系统勘查研究。其中较重要的有赵鹏大的"5P"地段逐步逼近法和熊鹏飞、池顺都等的铜矿床勘查模式。在国外,20世纪80年代,苏联的地质学家А.И.克里夫佐夫等(1983)将系统分析引入矿产预测和找矿,研制了有色金属"预测找矿组合"(ППК)。

第七章 "5P"地段逐步逼近法

第一节 地质异常找矿理论

赵鹏大等(1991)在探索新的找矿思路方面系统地研究和发展了地质异常找矿新概念、新理论和新方法。

我们知道,矿床的形成是地球中有用元素或有用物质在某种特殊环境下发生活化、运移、富集、沉积、分异、稳定、保存、再变异、再稳定等一系列复杂作用的结果。而这种元素的富集又必须达到一定的规模和浓度以致能为人类在当今工艺技术水平和经济条件下可以加以提取和利用。

成矿作用就是一种比较稀有的事件,而且成矿作用各环节的发生都是在物质或运动存在着差异或变异时形成的结果。例如,提供成矿物质来源的"矿源",或是含某种成矿元素相对高的地层、岩体,或是受气液流体作用时易于析出或萃取某种成矿元素的地层、岩体,或是由异地(如深部)带入成矿地段的含矿流体等。这与不具备矿源性质的地层或岩体相比,矿源地层、岩体或流体显然是一种"异常"。各种充分和必要的成矿要素或环节"异常"在时间和空间上的有利匹配和耦合,就构成了一种有利于成矿的"地质异常",我们称之为"致矿地质异常"。

一些学者早已指出过,矿床产出的部位与周围无矿的地质环境有显著差异的事实,而且提出矿床形成于具有最大地质异常部位等(布加耶茨,1973;D. A. Gorelov,1982),但是过去人们还是习惯于从研究和分析成矿规律入手去寻求发现新矿床的途径。人们总结出各种各样的成矿模式,建立了种类繁多的矿床模型,目的是通过将研究区(未知区)与模型区(已知区)作对比以评价未知区的含矿性和找矿前景,这就是"模型类比"的找矿方法。我们提出的"致矿地质异常"新概念和"地质异常找矿法"是从分析各类地质异常入手达到地区含矿性评价和找矿的目的,这就是"求异"理论的找矿法。

应当指出的是,在矿产勘查中人们普遍使用的勘查地球物理法和勘查地球化学法,其主要目的都是为了发现"物探异常"或"化探异常"。这些异常当中,人们感兴趣的是由于矿化或矿床存在而引起的异常。为了区分无矿异常,通常称前者为"矿致物探异常"或"矿致化探异常"。我们称地质异常为"致矿异常",这表明,地质异常是诱发成矿的"因"。而地质异常又为成矿提供了时间和空间,所以矿化或矿床是地质异常的"果"。因此,地质异常与成矿的因果关系和物化探异常与矿化的因果关系恰恰相反。

"异常"是相对"背景"而言的。过去人们在矿产勘查中忽视地质异常研究是因为地质观测成果有别于物化探工作成果。地质调查面上的成果主要是各种地质界线圈定的地质体以及反映各种时空关系地质体组合的地质图和相关的文字描述或定性表述,而只在少数离散的点上,对特定的地质体才获取有少量定量数据。而物探、化探面上的成果则主要以数据形式表征,是大量的定量数据。因此,物探、化探具有明确的"场"的概念,二维分布(有时为三维)的物探、化探数据特征反映了某种地球物理场或地球化学场。

而异常就是以某种阈值为界限从场中区分出的高于或低于阈值的部分。因此,异常有一定的空间范围,有一定的强度,是一个有限的数字集合,但也具有一定的相对性,从而可以区分出"背景场"与"异常"。

要研究地质异常,就必须使地质研究或观测成果数字化和定量化。如何将图形、图像及文字描述数字化和定量化是一个信息转化的过程。这种转化应尽量减少信息的损失和失真,而且应尽量通过这种转换增加信息量并减少问题的多解性,特别是提高对隐蔽信息和间接信息的识别能力。提高对异常和背景形成与演化的时间与过程的识别和分解能力,这正是研究地质异常的意义所在,也是它的难点所在。

所以,地质异常找矿法也可以说是"数字找矿"法或是一种"定量找矿"法。单纯的定性描述只能说明地质异常的类别和性质,但不能圈定它的空间范围,也不能比较异常的相对强度。所以地质异常的研究过程是通过数字化和定量化的途径深入研究成矿地质特征,再造成矿地质环境并提取成矿信息的过程。

从地质异常角度考虑,那些"非矿致"物探、化探异常也是值得重视的。它们可能是某种异常地质体的反映,特别是通过物探、化探异常,有可能揭示深部地质异常的存在,这就需要对非矿致异常进行必要的地质解释。

第二节 "5P"地段逐步逼近法的提出

"5P"地段逐步逼近法是赵鹏大于1998年系统提出的。它以系统论作指导,以地质异常找矿思路为出发点,从总结不同尺度、不同种类的地质异常指示找矿的作用而提出的。"致矿地质异常"可作为圈定成矿可能地段(probable ore-forming area)的依据,"专属致矿地质异常"以用于圈定出找矿可行地段(permissive ore-finding area),"综合地质异常"以确定出更有希望找到预期类型矿床的找矿有利地段(preferable ore-finding area),"矿化显示地质异常"用以圈定矿产资源体潜在地段(potential mineral resources area),"工业矿化地质异常"以指导圈定矿体远景地段(perspective ore body area),以上简称为"5P"地段逐步逼近法。

"5P"地段逐步逼近法是一个逐步完善的过程。1996年,赵鹏大等最先提出了在预测找矿时的成矿可能地段、找矿可行地段及找矿有利地段。在找矿工作的早期阶段通过各种方法和途径圈定出与成矿有关的地质异常,可称为"致矿地质异常",可作为圈定成矿可能地段的依据;在此基础上,从"致矿地质异常"中进一步筛选出可找到特定矿种、矿床类型的"专属致矿地质异常"以用于圈定出找矿可行地段;进而结合更多的找矿信息,如物化探异常、典型围岩蚀变等,圈定"综合地质异常"以确定出更有希望找到预期类型矿床的找矿有利地段。

1998年,赵鹏大等在预测找矿时的成矿可能地段、找矿可行地段及找矿有利地段的基础上,增加了矿产资源体潜在地段和工业矿体远景地段,正式提出了"5P"地段的圈定。在找矿有利地段的范围内,再结合1∶5万~1∶1万比例尺的地质、物化探、遥感的综合研究及地表勘查工程取样可查明"矿化地质异常"用以圈定矿产资源体潜在地段。在经过深部勘查工程控制、基岩化探及物探测井等进一步获取有关信息后,可发现"工业矿化地质异常"以指导圈定矿体远景地段。

由图7-1可知,随着地质异常研究的深入,找矿异常信息由少到多,找矿靶区范围由大到小,靶区级别由低到高,找矿成功概率逐渐增大,因而,靶区的经济价值亦在逐步增高。需要强调的是,在"5P"找矿地段逐步圈定过程中,数学方法(传统数学方法和非线性数学方法)和高新信息技术(GIS、GPS、RS等)具有极其重要的作用。

下面介绍2个实例:云南元江地区大红山群和昆阳群铜矿找矿可行地段与找矿有利地段预测,鲁西隆起区"5P"找矿地段的定量圈定与评价。

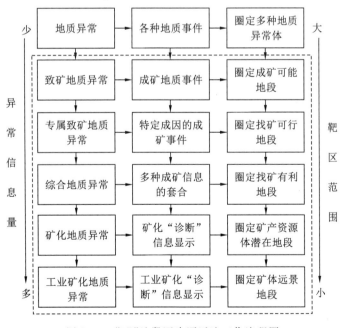

图7-1 "5P"地段逐步逼近法工作流程图

(据赵鹏大等,1998)

第三节　在 GIS 平台上圈定找矿可行地段和找矿有利地段
——以云南元江地区大红山群和昆阳群铜矿预测为例

化探异常找矿的诸多问题，大多是从化探异常本身出发予以解决，如化探异常背景场的确定、异常级别的确定、不同元素异常的空间组合关系等，都是从各元素分析值的变异性、元素的性状出发来确定的。如果换一个角度，从经验找矿的角度出发，我们就会从研究异常与已知矿产地的关系出发来解决化探异常的找矿问题：与已知矿床产出的关系最密切的异常是最重要的异常；最有利于发现新矿床的异常组合将是最有利的异常组合；还可以以此作为划分背景与异常的根据。用经验找矿的思路进行求异找矿的工具是地理信息系统。

在 GIS 支持下确定地质异常的基本原理可以这样表述：在一定的预测尺度水平上，不同地质体或同一地质体某数值特征的不同区间，其找矿的有利度与同一尺度水平的成矿单元在各地质体或各数值区间内出现的概率或频率成正比。成矿单元高概（频）率出现的地质体或数值区间，即是出现该矿种的地质异常区。两种或两种以上地质体的组合，可以形成组合地质异常。成矿有利地段，实质上是多因素的地质、物探、化探、遥感组合异常套合或耦合地区。

应用 GIS 技术进行矿产"求异"预测，需要作如下研究。

一、线性地质异常成矿分析及地质异常区的确定

在进行矿产预测时，线性地质异常成矿分析主要是分析线性地质异常与矿点之间的关系。线性异常主要为断层、剪切带、接触带等。矿点泛指所有的矿产地，包括大、中、小型矿床和狭义的矿点。

现以矿点与断层之间的相互关系分析为例加以说明。应用 MapGIS 软件作矿点（点）与断层（线）的叠加分析后，可得到矿点距断层距离（新属性）。再选取矿点距断层距离进行属性分析的单属性累计直方图操作，可得到矿点距断层距离统计直方图（图 7-2）。根据该图可以确定在断层两侧最有利于成矿的距离区间。

例如，在云南元江地区进行铜矿预测时，根据直方图可以确定，对于矿床和矿点，大部分与断层的间距在 2.00km 之内。对于矿床，则大部分在 1.14km 以内。分别以 2.00km 和 1.13km 为半径作 Buffer 区。再对它们进行找矿有利度分析，最终选择半径为 1.13km 的 Buffer 区作为预测时的证据层。

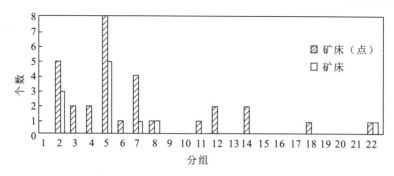

图 7-2 矿床(点)距断层间距统计直方图

二、面状地质、物化探异常的找矿有利度分析

面状的地质、物化探异常,如地质图上的各种岩浆岩和地层,以及各类平面分布的物化探异常等,是最常见的异常类型。一般对于这一异常类型的找矿有利度分析要解决两方面的问题:其一是面状信息在预测中的必要性,主要是从在这一要素层中是否有大量的矿点出现来评价;其二是面状信息在预测中的有效性,在进行空间分析时,考察面状信息预测有效性的方法之一是计算单位矿产当量。从预测的必要性来考虑,有大量矿点出露的地层就是重要的地层单元。但是,这些岩层在地表出露的面积是各不相同的。在评价各类地层找矿相对有效性时遇到的另一个问题是矿产地的规模各不相同,应该有一个统一的衡量标准。

为此,我们设计了单位矿产当量作为评价找矿相对有效性的指标。单位矿产当量 K_N 为:

$$K_N = N/S \tag{7-1}$$

式中,S 为地层出露面积,km^2;N 为由下式计算得到的矿产当量,个。

$$N = N_1 \times K_1 + N_2 \times K_2 + N_3 \times K_3 + N_4 \tag{7-2}$$

式中,N_1、N_2、N_3、N_4 分别为大、中、小型矿床和矿点的个数;K_1、K_2、K_3 则是大、中、小型矿床相应的权系数,一般 K_1、K_2、K_3 分别取 125、25、5。

从式(7-2)可知,所谓矿产当量,实际上就是将不同规模的矿产地,折算成相当于矿点规模的矿产地的个数,单位为个。

1. 地层的找矿有利度

为了探讨云南元江地区不同地层出露区的找矿有利度,对预测区内昆阳群各组地层[绿汁江组($Pt_2 lz$)、鹅头厂组($Pt_2 e$)、落雪组($Pt_2 l$)和因民组($Pt_2 y$)]及大红山群各组地层[坡头组($Pt_2 p$)、肥味河组($Pt_2 f$)、红山组($Pt_2 h$)、曼岗河组($Pt_2 mg$)、老厂河组($Pt_2 lc$)和底巴都组($Pt_2 db$)]作找矿有利度分析。

分析的结果表明:昆阳群铜矿床最有利于找矿的地层层位是落雪组,其次为因民组;绿汁江组和鹅头厂组单位矿产当量值很低,是找矿概率较低的地区。大红山群铜矿床最有利于找矿的层位是红山组,其次是曼岗河组;老厂河组出露区是找矿概率较低的地区;底巴都组出露区只见到矿化,未见到矿床(表 7-1)。

表 7-1 地层找矿有利度分析表

地层	大矿	中矿	小矿	矿点	矿点总数	地层面积/km²	见矿地层面积/km²	见矿地层比值	矿产当量/个	单位矿产当量/个·km⁻²	矿床出现率(F)
$Pt_2 lz$	0	0	0	1	1	101.88	84.25	0.827	1	0.010	0.003
$Pt_2 e$	0	0	1	1	3	112.81	110.31	0.978	7	0.062	0.024
$Pt_2 l$	0	4	1	3	8	14.88	11.06	0.743	108	7.528	0.375
$Pt_2 y$	0	0	0	4	4	19.00	12.00	0.632	4	0.211	0.014
$Pt_2 p$	0	0	0	0	0	41.88					
$Pt_2 f$	0	0	0	0	0	5.56				3.717	0.828
$Pt_2 h + Pt_2 mg$	1	0	2	0	3	36.32	5.19	0.143	135	0.542	0.172
$Pt_2 lc$	0	1	0	3	4	51.63	15.50	0.300	28		
$Pt_2 db$	0	0	0	0	0	4.50					

2. 化探异常的找矿有利度

该区内与铜矿预测关系较为密切的元素有 Cu、Co、Ni、Pb、Ag 5 种。每一元素的化探异常又按其异常下限的不同分为 A、B 两级。上述元素各级异常面积、所见矿点的情况、矿产当量及单位矿产当量和矿床出现率如表 7-2 所示。

表 7-2 化探异常找矿有利度分析表

异常	大矿	中矿	小矿	矿点	矿点总数	异常面积/km²	见矿异常面积/km²	见矿异常比值	矿产当量/个	单位矿产当量/个·km⁻²	矿床出现率(F)
Cu-A	1	5	2	2	10	126.56	83.46	0.659	262	2.070	0.910
Cu-B	1	5	2	7	15	782.63	307.05	0.392	267	0.341	0.927
Co-A	0	0	0	0	0	70.00	—	—		—	—
Co-B	1	1	1	5	8	863.75	354.68	0.410	160	0.185	0.556
Ni-A	0	1	0	0	1	195.56	1.63	0.008	25	0.128	0.087
Ni-B	1	2	0	6	9	1 020.90	202.93	0.199	181	0.177	0.628
Pb-A	0	0	0	2	2	84.44	6.40	0.076	2	0.024	0.007
Pb-B	0	0	0	2	3	710.38	53.23	0.075	7	0.010	0.024
Ag-A	0	0	0	0	0	41.81	—	—		—	—
Ag-B	0	0	0	2	2	301.56	8.13	0.027	2	0.007	0.007

在表 7-2 中,Pb 和 Ag 这两个元素的各级异常区,矿床出现率 F 为 $0\sim0.024$,单位矿产当量 K_N 为 $0\sim0.024$ 个$/km^2$,对铜矿床的找矿所起的作用不大。

与铜矿床的找矿关系最为紧密的有 Cu、Ni、Co 这 3 个元素,但 A 级异常和 B 级异常对指示铜矿床的找矿起着不同的作用。

Cu 元素,A 级异常区(Cu-A)内出现的铜矿床只比 B 级异常区(Cu-B)内出露的矿点少 5 个,而矿床的数量完全一样,两者的矿床出现率 F 分别为 0.910 和 0.927;但异常的总面积,B 级达 782.63km^2,A 级却只有 126.56km^2,只是 B 级异常区总面积的 1/6。A、B 两级异常的见矿异常比值分别为 0.659 和 0.392;单位矿产当量 K_N 分别为 2.070 个$/km^2$ 和 0.341 个$/km^2$。这两个指标也充分地反映出 A 级异常比 B 级异常有更好的预测效果。因此,在矿产预测中,A 级异常是更为重要的证据层。

Ni 和 Co 这两个元素异常的情况却有所不同。Co 和 Ni 的 A 级异常由于分布区太小,面积不大,会漏掉大、中型矿床,并非理想的证据层。Co 和 Ni 的 B 级异常虽能指示铜矿床的存在,矿床出现率 F 分别达到 0.556 和 0.628。但这两个元素的 B 级异常区的面积很大,近千平方千米。单位矿产当量值很低,K_N 分别为 0.185 个$/km^2$ 和 0.177 个$/km^2$,同时见矿异常比值也低,分别为 0.410 和 0.199,不是一个有效的证据层。进一步分析可知,上述两个元素的异常,与产在大红山群内铜矿床的成因联系更为紧密。在下面的有关组合异常的研究中将指出,Cu 与 Ni、Co 的组合异常,会提高化探异常指示铜矿床找矿的有效性。

三、组合地质异常的成矿有利度分析

组合异常包括线异常与面异常的组合及面异常与面异常的组合。通过这些研究,可以确定对找矿最有利的有效地质异常组合。

1. 两类面异常的空间相关性

如有 A、B 两个面异常在空间相交,面积分别为 S_A 和 S_B,且 $S_A<S_B$。A 和 B 相交的面积为 S_{AB}。显然,若两者不相交,则 $S_{AB}=0$;两者完全相交,则 $S_{AB}=S_A$。一般,$S_{AB}<S_A$。据此,可以用 S_{AB} 与 S_A 之比作为两个异常的空间相关系数,即

$$K=S_{AB}/S_A \tag{7-3}$$

问题在于研究两类面异常的空间相关性时,通常不是两个(一对)异常相交,而是多对异常的相交,很难用上式予以计算。设异常 A、B 的面积总和分别为 $\sum S_A$ 和 $\sum S_B$,异常相交的面积之和为 $\sum S_{AB}$。考虑到空间相关系数的值应在 0~1 之间,所以采用下式计算:

$$K=2\sum S_{AB}/(\sum S_A+\sum S_B) \tag{7-4}$$

根据上式计算的 B 级 Cu 异常与 B 级 Co 异常和 B 级 Cu 异常与 B 级 Ni 异常的空间相关系数如表 7-3 所示。计算表明,上述两对异常有较强的相关性,且前者强于后者。

表 7-3 空间相关性计算表

相关的异常	S_A/km^2	S_B/km^2	S_{AB}/km^2	K
Cu-B,Co-B	782.63	865.75	423.06	0.513
Cu-B,Ni-B	782.63	1 020.94	368.19	0.408

2. Cu-Co 和 Cu-Ni 组合异常的找矿有利度分析

表 7-4 给出了 B 级 Cu 异常与 B 级 Ni 组合异常(Cu-B+Ni-B)及 B 级 Cu 异常与 B 级 Co 组合异常(Cu-B+Co-B)的找矿有利度分析结果。

表 7-4 Ni,Co 与 Cu 的组合异常找矿有利度分析及与单一异常比较表

异常	大矿	中矿	小矿	矿点	矿点总数	异常面积/km²	见矿异常面积/km²	见矿异常比值	矿产当量/个	单位矿产当量/个·km⁻²	矿床出现率(F)
Cu-B+Ni-B	1	1	1	3	6	368.19	30.26	0.082	158	0.429	0.549
Ni-B	1	2	0	6	9	1 020.90	202.93	0.199	181	0.177	0.628
比值	—	—	—	—	—	0.361	0.149	0.412	0.873	2.424	0.874
Cu-B+Co-B	1	1	1	3	6	574.81	73.64	0.128	158	0.275	0.549
Co-B	1	1	1	5	8	865.75	354.68	0.410	160	0.185	0.556
比值	—	—	—	—	—	0.664	0.208	0.312	0.988	1.486	0.987

从分析结果可以看出,组合异常没有明显的漏矿现象,大、中型矿床都包含在组合异常内。矿产当量的比值 Ni 和 Co 分别高达 0.873 和 0.988,矿床出现率的比值分别为 0.874 和 0.987。而组合异常的面积明显地小于单一的异常,比值分别为 0.361 和 0.664。单位矿产当量则分别是单一异常的 2.424 倍和 1.486 倍。这就是说,在保证不漏掉大中型矿床的前提下,组合异常有浓缩找矿信息的作用。

四、建立 GIS 成矿预测空间模型

滇中地区铜矿床的预测找矿工作经过长期的实践,可以总结出大红山群铜矿产出的基本地质找矿规律(图 7-3)。

(1)昆阳裂谷地质异常区是在滇中寻找前寒武纪铜矿床的成矿可能地段。

(2)大红山群红山组、老厂组和曼岗河组地层分布区是寻找大红山群铜矿床的可行地段。考虑到大红山群之上覆盖着中、新生代地层的地区也可能找到大红山群铜矿床,因此,

在邻近大红山群分布区以外 1km 的地段仍是寻找大红山群铜矿的潜在可行地段。

(3)大红山群铜矿床产出的主要地质条件:①有利于大红山群铜矿床找矿的地层是红山组和曼岗河组,其次是老厂河组,它们的单位矿产当量为 3.717 个/km² 和 0.542 个/km²。②控制大红山群铜矿床产出的构造,主要是北西向断裂及更低级别的断裂,以及层间剥离构造。③铜矿与火山沉积建造关系明显。在早期层状中、基性岩喷溢时,只有小的透镜状铁矿而无铜矿产出;在火山喷发间歇期的碳酸盐岩沉积时期,形成了稳定、巨大的铜矿床;在后期火山喷发阶段,出现条带状铁铜矿。

(4)大红山群铜矿床最重要的找矿标志是:①化探 Cu 异常。Cu 异常强度和分布范围与矿床的剥露程度有很大的关系。有地表露头的矿床及埋藏较浅的矿床,其 Cu 异常能很好地反映矿化的存在;而埋藏较深的矿床则存在比较弱的矿化显示甚至无矿化显示。②化探 Co、Ni 异常。Co、Ni 元素与 Cu 元素有较强的相关关系,因此,Cu-Co 元素及 Cu-Ni 元素的组合异常是寻找大红山群铜矿床的重要标志。③对于大红山式铁铜矿床,较强的磁异常是重要标志。

GIS 是进行地质异常分析的重要工具,用 GIS 对地质、物化探异常进行分析(池顺都等,1997,1998)后,可提出如下结论:①在北西向断裂和次级断裂 1.13km 的区间内,是铜矿床成矿的有利地带。以 1.13km 半径所作的 Buffer 区是有利于铜矿床找矿的断层影响带。②有利于大红山群铜矿床找矿的地层是红山组和曼岗河组,其次是老厂河组,它们的单位矿产当量为 3.717 个/km² 和 0.542 个/km²。③有利于大红山群铜矿床找矿的化探异常是 B 级 Cu 元素与 B 级 Co 元素组合异常及 B 级 Cu 元素与 B 级 Ni 元素组合异常。④对于大红山群铁铜矿床,磁异常是重要标志。

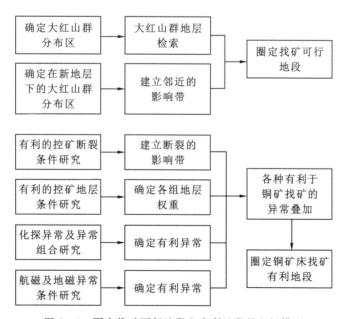

图 7-3 圈定找矿可行地段和有利地段的空间模型

五、应用 GIS 确定找矿可行地段

据成矿预测空间模型,应用 MapGIS 作如下操作,即可在图上得到找矿可行地段:①检索出大红山群各组地层;②沿大红山群分布边界线,以 1km 为半径作 Buffer 区;③如果在上述圈定的地区内有大岩体,则应在其区内减去岩体的分布范围。

六、应用 GIS 确定找矿有利地段

找矿有利地段的划分是找矿有利度分析的逆过程,即根据从找矿有利度分析得出的最重要的证据层的空间数据叠加,产生新的数据层;新数据层中包含着各区成矿有利程度的信息;根据找矿信息的大小,划分出找矿有利地段。

1. 大红山群中铜矿找矿有利地段的圈定

在各类异常找矿有利度研究的基础上,选出有利地层红山组和曼岗河组($Pt_2h + Pt_2mg$)及老厂河组(Pt_2lc)、以 1.13km 为半径的断层影响带(F-1.13)、航磁异常和有利的化探异常(Cu-Ni 和 Cu-Co 的组合异常)。上述 4 种控矿因素的预测权重用主观赋权的方法给定,而同一控矿因素中的不同预测数据层及同一数据层中不同对象的权重则根据单位矿产当量的大小按比例给定,具体的数值见表 7-5。

表 7-5 大红山群铜矿床预测的数据层及其色标

因素	因素权重	数据层	对象	单位矿产当量 /个·km^{-2}	权重(色标)
地层	30	有利地层组	$Pt_2h + Pt_2mg$	3.710	26
			Pt_2lc	70.542	4
断层	20	F-1.13		0.619	20
航磁	20	航磁异常区		0.180	20
化探	30		Cu-Co	4.692	17
			Cu-Ni	2.932	13

对上述 6 个数据层按照表中的权值为色标,在 MapGIS 上进行区对区合并分析后,得到 6 个数据层的叠合图。对叠合图进行归并,其标准:>51 为 Ⅰ 级找矿有利地段;35~51 为 Ⅱ 级找矿有利地段。作为 Ⅱ 级找矿有利地段,必须是在有利于铜矿找矿的地层分布区内,有航磁异常的地段或有 Cu、Ni、Co 异常的地段或有两种组合异常的一种加上在断层影响带中等情况。Ⅰ 级找矿有利地段必须是具有有利的地层因素和航磁异常,再加上具有化探组合异常或断层影响带等 3 种有利的因素,直至包括全部其余 4 种有利因素的组合。

2. 昆阳群中铜矿找矿有利地段圈定

选出的因素、数据层与对象及其相应的权重见表 7-6。对这些数据层进行合并分析后得到叠合图。对叠合图进行归并,其标准:>40 为 Ⅰ 级找矿有利地段;21~40 为 Ⅱ 级找矿有利地段。Ⅱ 级找矿有利地段是存在 A 级 Cu 元素化探异常,在落雪组以外的其他昆阳群下亚群中存在也许不是断层影响带的地段。Ⅰ 级找矿有利地段是落雪组中,在断层影响带内并存在 A 级 Cu 元素化探异常的地段。

表 7-6 昆阳群铜矿床预测的数据层及其色标

因素	因素权重	数据层	对象	单位矿产当量 /个·km^{-2}	权重(色标)
地层	20	有利地层组	Pt$_2$l	3.76	20
			Pt$_2$y	0.211	2
断层	15	F-1.13			15
化探	20	Cu-A			20

七、对 GIS 成矿预测结果作出评价

1. 大红山群铜矿找矿远景分析

大红山群铜矿找矿远景分析见表 7-7。大红山群铜矿找矿可行地段是寻找大红山群铜矿的最有利地区,其中包括了 2 个 Ⅰ 级找矿有利地段(面积 9.034km^2)和 3 个 Ⅱ 级找矿有利地段(面积 20.180km^2),该地段有超大型大红山群铁铜矿床产出。其次是撮科大红山群铜矿找矿可行地段,该地段有 2 个 Ⅰ 级找矿有利地段(面积 7.058km^2)和 3 个 Ⅱ 级找矿有利地段(面积 4.514km^2),并有中型岔河铜矿产出。值得重视的是,该区的阿不都地段找矿条件比较有利,是一个很有找矿前景的地区。腰街、希拉河是铜矿找矿较为有利的地区,在这里有曼蚌、希拉河小型铜矿床产出。嘎洒、漠沙和温水溏这 3 个地区找矿前景相对较差。

表 7-7 云南元江地区大红山群铜矿床找矿有利地段预测结果

找矿可行地段	面积/km^2	Ⅰ 级找矿有利地段	面积/km^2	Ⅱ 级找矿有利地段	面积/km^2
大红山	78.100	Ⅰ-1	3.297	Ⅱ-1	8.341
		Ⅰ-2	5.737	Ⅱ-2	6.691
				Ⅱ-3	5.148
		小计	9.034		20.180
嘎洒	10.997			Ⅱ-4	1.758

续表 7-7

找矿可行地段	面积/km²	Ⅰ级找矿有利地段	面积/km²	Ⅱ级找矿有利地段	面积/km²
腰街	25.330	Ⅰ-3	3.053	Ⅱ-5	1.154
		Ⅰ-4	0.495	Ⅱ-6	0.591
				Ⅱ-7	1.141
				Ⅱ-8	2.004
		小计	3.548		5.679
漠沙	94.143			Ⅱ-9	0.789
希拉河	23.409			Ⅱ-10	2.381
				Ⅱ-11	1.241
		小计			3.622
温水溏	16.492			Ⅱ-12	1.673
撮科	45.736	Ⅰ-12	3.299	Ⅱ-21	3.244
		Ⅰ-13	3.759	Ⅱ-22	1.187
				Ⅱ-23	0.083
		小计	7.058		4.514
合计	294.207		19.640		38.215

2. 昆阳群铜矿找矿远景分析

昆阳群铜矿找矿远景分析见表 7-8。在昆阳群中东带是寻找昆阳群铜矿的最有利地区，其中包括了 4 个 Ⅰ 级找矿有利地段(面积 14.300km²)和 5 个 Ⅱ 级找矿有利地段(面积 11.178km²)，该地段有 3 个中型矿床及小矿床和矿点产出。其次是西带，该地段有 2 个 Ⅰ 级找矿有利地段(面积 2.953km²)和 1 个 Ⅱ 级找矿有利地段(面积 14.191km²)，并有中型铜矿产出。北带和南带的找矿远景较差。

表 7-8 云南元江昆阳群地区铜矿床找矿有利地段预测结果

找矿可行地段	面积/km²	Ⅰ级找矿有利地段	面积/km²	Ⅱ级找矿有利地段	面积/km²
北带				Ⅱ-13	2.325
西带		Ⅰ-5	0.966	Ⅱ-14	14.191
		Ⅰ-6	1.968		
		小计	2.953		
东带		Ⅰ-7	11.409	Ⅱ-15	5.864
		Ⅰ-8	0.487	Ⅱ-16	0.175

续表 7-8

找矿可行地段	面积/km²	Ⅰ级找矿有利地段	面积/km²	Ⅱ级找矿有利地段	面积/km²
东带		Ⅰ-9	0.317	Ⅱ-17	4.488
		Ⅰ-10	2.42	Ⅱ-18	0.066
				Ⅱ-19	0.583
		小计	14.300	小计	11.178
南带		Ⅰ-11		Ⅱ-20	0.152
合计	37.200		18.983		27.846

第四节 鲁西隆起区"5P"找矿地段的定量圈定与评价

赵鹏大等(2000)在实施国土资源部"九五"科技前沿计划项目"矿产定量勘查评价的新理论研究"过程中,对鲁西隆起区"金矿找矿有利地段""金矿产资源体潜在地段"和"金矿体远景地段"进行了定量圈定与评价。下面以上述金矿找矿地段的定量圈定和评价为例阐明矿产系统定量勘查评价过程。

一、"金矿找矿有利地段"的圈定和评价

"金矿找矿有利地段"的圈定及评价是在地质异常致矿理论指导下,首先对该区 1∶20 万地质(矿产)、地球化学、地球物理和遥感信息进行综合解译,然后提取并合成致矿信息,应用综合致矿信息定量圈定致矿地质异常单元,通过对异常单元的定量圈定和评价达到优选找矿有利地段之目的。所需资料包括研究区 1∶20 万勘查尺度的地质矿产资料,1∶2 万勘查尺度 Au、Ag、Cu 等水系沉积物地球化学数据,1∶20 万勘查尺度的重力、磁法数据以及遥感 7 波段 TM 数据等。

1. 致矿地质异常概念模型

致矿地质异常概念模型是在对研究区多学科地学数据综合解译的基础上,通过对致矿信息提取、转换、关联及合成建立的。基于地质异常致矿原理的地质、地球化学、地球物理和遥感地质分析及编图,实际上是一个信息提取、信息转换和信息关联的复杂过程。如果将上述图件的内容转绘到一张图上则形成综合地质异常图。事实上,一张图是难以承受(表达)如此众多信息的,为此我们可以将地质矿产图,地球化学异常图,重、磁构造骨架图和环、线遥感地质异常图两两叠置关联,形成诸如重、磁构造地球化学异常图,重、磁构造地质矿产图等便于清晰表达和分析的中间过渡图件,并通过对这些图件的综合分析建立致矿地质异常

概念模型。按功能,上述信息可能划分两类:一类是揭示控矿地质异常特征的信息。如遥感信息表达的环、线地质异常可能揭示了断裂(线性异常)和岩体(环形异常)的景观特征;而重、磁地质异常构造骨架图,则反映了地质体(地层和岩体)和断裂的深部结构特征。深浅信息的关联则可更深刻、更全面地刻画这些控矿地质异常的组合特征。另一类是反映矿异常特征的信息,这就是已知矿床、矿点(矿化点)和地球化学异常。尤其是地球化学异常的内部结构特征及组合异常特征,对识别隐伏矿异常具有极其重要的作用。地质成矿异常信息和控矿地质异常信息的进一步关联,则是建立致矿地质异常概念模型的关键。

按照上述思路,通过对鲁西成矿和控矿条件的综合分析建立了研究区致矿地质异常概念模型,其内容如下:

(1)北东向和北西向的两大断裂系统,其中包括由它们引起的不同规模、不同类型和不同方向的线性和环形地质异常,控制了控矿地层(前寒武纪结晶基底和古生代沉积碳酸盐岩系)、侵入岩和发育于前寒武纪结晶基底上的断陷火山岩盆地的空间分布;同时亦控制了各种类型金矿床(矿点)的空间分布,尤其是发育于前寒武纪结晶基底上的韧性剪切带严格控制了变质热液金矿床(矿点)的定位,形成了韧性剪切带金矿床定位的线状地质异常模式。

(2)前寒武纪变质岩系作为本区最古老的结晶基底和金成矿的初始矿源,总体上控制了各种类型金矿床(矿点)的空间分布。变质热液金矿床通常位于出露古老结晶基底的韧性变形带中;与岩浆侵入作用有关的热液金矿床,则位于被中生代浅成斑状杂岩体侵入的隐伏结晶基底(被古生代沉积碳酸盐岩覆盖的古老结晶基底)上;火山成因的热液金矿床通常被发现发育于前寒武纪结晶基底上的火山岩盆地中。

(3)中生代构造岩浆作用是形成与侵入体有关热液金矿床和火山热液金矿床的前提条件。这些侵入体通常是中酸性和中偏碱性浅成斑状杂岩体,环绕侵入体发育 Au 异常并形成晕环。金矿体赋存于岩体外接触带受各种方向断层控制的隐爆角砾岩相中,且发育串珠状线性 Au 异常(如归来庄金矿床),形成这类金矿床定位的环、线叠加的地质异常模式(陈永清等,1996)。火山热液金矿化通常形成于火山岩盆地的边部,具体就位可能受火山机构控制,具有更复杂的地质异常定位模式。

(4)具有浓度分带的 Au 异常和 Au-Ag-Cu 组合异常是识别矿异常的重要标志。致矿地质异常概念模型是选择靶区变量的依据,是建立致矿地质异常有利度定量预测模型的基础。

2. 金矿找矿有利地段定量圈定和评价

根据致矿地质异常概念模型选择下列异常信息标志为靶区预测变量:x_1(韧性剪切断裂),x_2(脆性断裂),x_3(磁性断裂或磁性地质异常界面),x_4(重力断裂或重力地质异常界面),x_5(遥感线性地质异常),x_6(遥感环形地质异常),x_7(前寒武纪结晶基底),x_8(古生代沉积碳酸盐岩),x_9(中生代火山岩),x_{10}(中生代侵入岩),x_{11}(Au 浓度分带Ⅰ),x_{12}(Au 浓度分带Ⅱ),x_{13}(Au 浓度分带Ⅲ),x_{14}(Au-Ag 异常组合),x_{15}(Au-Cu 异常组合)。以 10km×10km 作为一个样品单元,研究区共有 396 个样品单元。然后按一定准则变量赋值将样品的不同变化状态赋予某种定量数值,使状态与数值之间具有一定的对应关系,以至变量的变化可通过数值的变化加以表达。本书采用二态赋值法对变量赋值,即变量在该样品单元存在赋值为 1,否则赋值为 0;1 意味着有利于矿化,0 则意味着不利于矿化。这样形成 m(396)×n(15)数据矩阵。根据特征分析数学模型(McCmmon,1983)建立成矿有利度函数:

$$F = 0.094\,3x_1 + 0.027\,1x_2 + 0.106\,2x_3 + 0.103\,7x_4 + 0.100\,9x_5 + 0.023\,0x_6 +$$
$$0.087\,3x_7 + 0.070\,0x_8 + 0.046\,7x_9 + 0.034\,6x_{10} + 0.023\,4x_{11} + 0.086\,9x_{12} +$$
$$0.078\,3x_{13} + 0.054\,8x_{14} + 0.062\,7x_{15} \tag{7-5}$$

分别将每个样品单元的变量值代入式(7-5),则计算出各样品单元的成矿有利度值。

根据累积频率在正态概率格纸上绘制累积频率分布图,根据图上的累积频率分布点,可拟合成两条斜率明显不同的直线,分别代表两个不同的母体,而两条直线的交点所对应的横坐标值(0.8)可视为圈定地质异常单元的临界值。以 0.8 为临界值,共圈定各种规模的致矿地质异常单元 21 处,根据所要寻找的金矿类型及异常单元所处的地质成矿环境,其中 10 处被确定为金找矿有利地段。以 0.8 为临界值圈定的 21 处致矿地质异常单元,包括了本区所有已知的各种类型的金矿床和 32% 的金矿点;若把临界值降低到 0.7,所圈定的致矿地质异常单元包括了本区已知金矿床和 80% 的金矿点,其余 20% 的金矿点亦围绕异常单元的边缘分布,这充分说明该方法的有效性。而成矿有利度值 0.8 可视为矿点分布与矿床分布的界限。

根据式(7-6)对致矿地质异常单元进行定量评价:

$$P_{oi} = \bar{F}_{oi} \times S_i \qquad i = 1, 2, \cdots, n \tag{7-6}$$

式中,P_{oi} 为第 i 找矿靶区的找矿优度(Priority);S_i 为第 i 个致矿地质异常单元面积,km²,$\bar{F}_{oi}$ 为第 i 异常单元内各样品单元成矿有利度的平均值;n 为异常单元数。

显然,找矿靶区优度与异常面积及样品成矿有利度均值的乘积成正比。

为了给出异常单元的直观的估计,我们定义找矿概率:

$$P_i = \frac{P_{oi} - P_{omin}}{P_{omax} - P_{omin}} \qquad i = 1, 2, \cdots, n \tag{7-7}$$

式中,P_i 为第 i 找矿靶区的找矿概率;P_{omax} 和 P_{omin} 分别为最大靶区找矿优度和最小靶区找矿优度。

根据式(7-6)和式(7-7)分别计算各靶区的找矿优度和找矿概率(表 7-9)。

表 7-9 靶区找矿优度及找矿概率

靶区编号	1	2	3	4	5	6	7	8	10	11
S_i/km²	800	600	900	800	300	800	800	1000	300	500
$\bar{F}_{oi}$	0.81	0.85	0.85	0.81	0.86	0.86	0.86	0.85	0.80	0.81
P_{oi}	648	510	765	648	258	688	688	850	240	405
P_i	0.67	0.44	0.86	0.67	0.03	0.73	0.73	1.00	0	0.27

取 0.5 为临界值,根据找矿概率(P_i)把上述 10 处靶区分为两级:A 级($P_i \geqslant 0.5$)和 B

级（$P_i < 0.5$）。这样，属于 A 级靶区的有（按 P_i 值大小排列）Ⅷ、Ⅲ、Ⅵ、Ⅶ、Ⅳ、Ⅰ号靶区，其余为 B 级靶区。其中 A 级 8 号靶区是铜石金矿田级靶区，是进一步找寻金矿产资源体远景地段的首选靶区（图 7-4）。

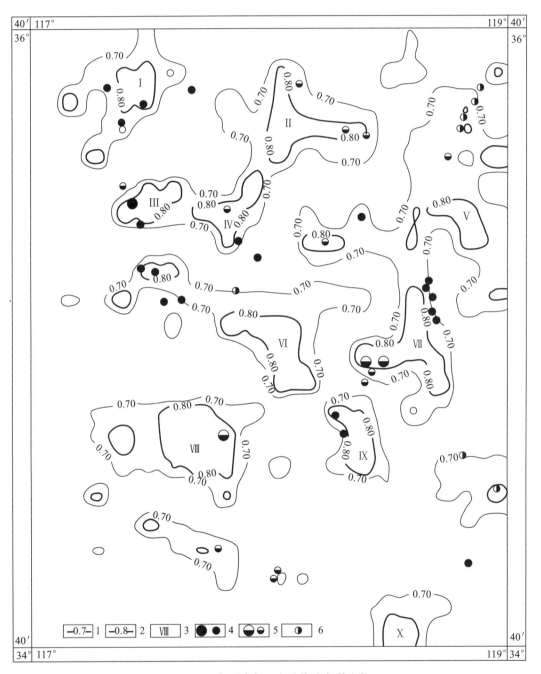

图 7-4 鲁西隆起区金矿找矿有利地段

1. 金矿成矿有利度高背景区；2. 金矿找矿靶区；3. 靶区编号；4. 变质热液型金矿床（矿点）；
5. 与侵入岩有关有金矿床（矿点）；6. 火山热液型金矿点

二、"金矿产资源体潜在地段"定量圈定和评价

以铜石金矿田"金矿产资源体潜在地段"定量圈定和评价来说明。研究资料和数据包括1∶5万矿田地质矿产图和同比例尺重磁数据、同比例尺重砂以及 Au、Ag、Cu 等水系沉积物地球化学数据。

1. 致矿地质异常事件

铜石金矿田位于平邑火山岩盆地南西侧隆起的隐伏基底区。燕山早期(189~188Ma)导致铜石潜火山杂岩体形成的岩浆多期侵入活动是形成铜石金矿田金矿产资源体系列的地质异常事件。铜石潜火山杂岩体构成了金矿田的一级控矿地质异常,同时它又是金矿产资源体系列形成的有利地质背景。该杂岩体主要由两套岩石系列组成,按形成的先后顺序依次为石英角闪二长闪长玢岩系列(189.5Ma)和二长正长斑岩系列[(188.4±1.6)Ma](于学峰,1996)。侵入地层为新太古界泰山岩群和古生界寒武系、奥陶系。该杂岩体以富金、低重力和强磁场等显著的物化探异常特征区别于周围的地质背景。它还以发育角砾岩化,普遍的硅化、钾化和绿泥石化区别于鲁西隆起区的同类岩石(陈永清等,1999)。

2. 金矿产资源体系列地质异常模型

燕山早期,闪长质岩浆沿隐伏基底与古生代碳酸盐岩盆地的接触界面上侵形成闪长玢岩系列,主体分布于上延 3km 磁场垂向二阶导数零值线限定的区域,沿其环形边界形成一系列矽卡岩型 Fe、Cu、Au 矿化,如十字庄东山等。其后,在闪长质岩浆热动力作用下,前寒武纪富金结晶基底发生部分熔融形成正长质岩浆,并沿闪长玢岩与隐伏基底的边界上侵形成以相对闪长玢岩富钾贫钠为特征的正长斑岩系列,侵入中心大致位于龙宝山角砾岩化正长斑岩附近。在正长质岩浆活动的末期形成了与其在空间上、时间上密切伴生,成因上具有内在联系的斑岩型、隐爆角砾岩型和层控型系列金矿化。闪长玢岩系列和正长斑岩系列构成了铜石杂岩体的主体,其分布范围大致相当于上延 3km 重力场垂向二阶导数零值线所圈定的区域,沿其环形边界分布一系列隐爆角砾岩型和层控型金矿床(矿点)。

综上所述,本区金矿产资源体系列产出的地质异常模型概括为:①前寒武纪变质岩;②古生代碳酸盐岩;③铜石杂岩体;④北西向和北东向断裂系;⑤金的低、中、高温重砂组合异常;⑥金的低、中、高温元素组合异常。

3. 金矿产资源体潜在地段圈定

成矿预测成败的最关键因素在于是否能最充分有效地提取与成矿关系最密切的信息。为了提高成矿预测效果和找矿效果,深层次成矿、找矿信息提取成为当今国内外的研究前沿和热点。其中,非线性理论及方法的应用是重点探讨的问题之一。应用分形理论研究地质异常,即通过识别和圈定"多变量分形体"的途径达到圈定成矿有利地段的目的。

根据金矿产资源体系列地质异常模型,x_1(闪长玢岩)、x_2(正长斑岩)、x_3(碳酸盐岩)、

x_4(变质岩)、x_5(南北向断裂)、x_6(北东向断裂)、x_7(北西向断裂)、x_8(Au 浓度分带Ⅰ)、x_9(Au 浓度分带Ⅱ)、x_{10}(Au 浓度分带Ⅲ)构成定量圈定致矿地质异常单元的变量。将研究区划分为 340 个取值单元(0.5km×0.5km),并对变量采用二态赋值(0,1),其中,0 表示变量在该取值单元不存在,1 表示存在。

由混沌动力学理论可设想金矿化有利单元应位于成矿多变量空间自组织高度协同作用地段内,即应位于成矿地质多变量分形体内。成矿地质多变量分形体圈定步骤如下:

(1)首先选择成矿地质多变量 $p=7$:闪长玢岩、正长斑岩、碳酸盐岩、变质岩、南北向断裂、北东向断裂、北西向断裂。

(2)对每个(如第 k 个)地质变量以每个单元为中心的 25 个单元窗口,计算 $m=7$ 个滞后协方差 $C_k(t)$ 及 0 滞后协方差 $C_k(0)$,按分形几何学公式:

$$C_k(0)-C_k(t)\approx d_k t^{4-2s_k} \qquad 滞后 \ t=1,2,\cdots,m$$

由 7 个点对 $\log[C_k(0)]-C_k(t)\approx\log t$ 用直线回归方程求出方程相关系数 r_k(记为分形幂律度)。当 $r_k\geqslant 95\%$,则窗口中心单元为分形体成员单元,直线回归方程截距为 d_k,斜率为 $4-2s_k$ 从而求出分维数 s_k。

(3)对每个(如第 k 个)地质变量的分形体成员单元按下列非线性方程求出各地质变量的分形体协同作用系数向量及其邻近 8 个单元成矿多变量空间自组织系数 a_j。

$$B^{\mathrm{T}}=S(t)=\sum_{j=1}^{B}a_j B^{\mathrm{T}}S(t-j) \qquad t=1,2,\cdots,n \tag{7-8}$$

式中,$B^{\mathrm{T}}=(b_1,b_2,\cdots,b_p)^{\mathrm{T}}$;$S(t)=(s_1,s_2,\cdots,s_p)^{\mathrm{T}}$,为 p 个变量的分形体成员单元的分维数(也可用分形幂律度 r_k 代替分维数 s_k)。

(4)按下式计算每个单元的成矿地质多变量分形体空间自组织协同度:

$$X(t)=B^{\mathrm{T}}\sum_{j=1}^{8}a_j\sum[(t-j)B]B^{\mathrm{T}}S(t) \tag{7-9}$$

式中,$\sum(t-j)$ 为单元与其邻近 8 个单元 p 个变量的分形体分维数 s_k 的空间自互协方差阵。

按上述方法圈定成矿地质多变量分形体单元,其中包括了归来庄金矿床及其他 7 个金矿化点。Au 浓度分带多变量分形体空间自组织协同度 $Y(t)$ 的计算同上,这里采用 3 个变量:Au 浓度分带Ⅰ、Au 浓度分带Ⅱ和 Au 浓度分带Ⅲ。按上述方法圈定 Au 浓度分带多变量分形体单元,其中包括了归来庄金矿床及其他 7 个金矿化点。

按地质异常致矿理论,可以设想成矿地质多变量分形体是致矿的可能地段,但不是所有的成矿地质多变量分形体成员单元都一定成矿,而只有在成矿地质多变量分形体内的 Au 浓度分带多变量分形体成员单元才反映矿异常,是成矿有利地段。

为了进一步缩小找矿靶区,提高找矿效益,按下式进行数学交运算获得单元金成矿有利度:

$$Z(t)=X(t)\bigcap Y(t) \tag{7-10}$$

式中,$X(t)$、$Y(t)$ 分别为成矿地质多变量分形体空间自组织协同度和 Au 浓度分带多变量分形体空间自组织协同度。按上述方法共圈定金成矿有利单元 5 个,归来庄金矿床及其他 7

个金矿点均在其中(图7-5)。应用多变量分形体法圈定矿产资源体潜在地段围绕铜石杂岩体呈环形分布,具明显的岩控特征。

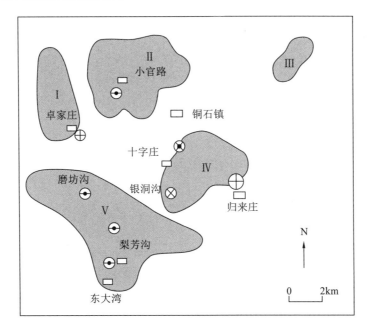

图7-5 铜石金矿田金矿产资源体潜在地段

⊗ 斑岩型金矿点;⊛ 矽卡岩型金矿点;⊕ 隐爆角砾岩型金矿床;
⊙ 卡林型金矿床;Ⅰ—Ⅴ. 金矿靶区及编号

三、"金矿体远景地段"定量圈定和评价

矿体远景地段圈定及评价属于大比例尺成矿预测的范畴。大比例尺成矿预测的一个显著特征是预测目标由成矿远景区(中、小比例尺预测的目标)变为矿体和矿体组合。因此,预测的准确度和精度以及资料水平要求高,预测难度大,而预测的成果可直接产生经济效益和社会效益。根据这一特点,大比例尺矿床统计的预测主要包括以下内容:①在地质异常致矿理论指导下,利用高新信息处理技术从多学科地学资料中提取"诊断性"致矿地质异常信息;②选择合适的数学方法,利用现代计算和图像处理技术对上述信息进行有效合成;③运用合成(综合)信息值绘制地质异常图,然后确定临界值,在地质异常图上圈定致矿地质异常单元;④评价单元的资源潜力。

下面以鲁西铜石金矿田归来庄金矿区"金矿体远景地段"定量圈定和评价为例来说明。

归来庄金矿床,平均品位8.10×10^{-6},探明可采储量大于30t。它是20世纪80年代末,以金区域化探异常为线索发现的与碱性岩浆活动有关的隐伏潜火山岩低温热液矿床。矿床位于鲁西地块平邑-费县中生代构造火山盆地南西边缘的北西向隆起带,空间上与侵位于太古宙变质绿岩带和早古生代碳酸盐岩中的燕山期潜火山碱性侵入杂岩(铜石岩体)具有密切关系(Chen et al.,1998)。

(一)致矿信息提取及信息合成

研究区资料包括1∶1万矿区地质图,1∶1万高精度磁测数据和1∶1万 Au、Ag、Cu、Pb、Zn 等元素土壤地球化学数据。信息提取及合成包括单学科信息提取及合成和多学科信息提取及合成。

1. 单学科信息提取及合成

高精度磁测数据主要用于研究不同地质体的异常边界、隐伏地质体的三维分布以及断裂格局等,其实质是通过对磁场→磁性体→地质体特征的对比分析,揭示三者之间的内在联系,从而达到解决上述地质问题的目的。具体做法是首先对高磁数据化极,然后作不同高度的位场变换并求取各高度4个方向($0°$、$45°$、$90°$、$135°$)的水平一阶导数和垂向二阶导数,提取磁特征线(一阶水平导数极值线和垂向二阶导数零值线),编制高磁构造异常图。将该图与同比例尺地质图相叠置,据出露地质体的磁场特征推断其隐伏边界和各种磁性界面(线形和环形界面),编制地质地球物理构造骨架异常图。

1∶1万土壤地球化学测量数据用于确立矿异常的空间定位。首先对数据分别做标准化数据处理,并编制相应的标准化地球化学图;然后通过相关分析和因子分析确立异常元素(Au)组合。对组合元素的标准化数据应用式(7-11)合成。

$$y_i = \left(\prod_{j=1}^{m} x_j\right)^{\frac{1}{m}} \quad x_j \geqslant 0; i=1,2,\cdots,n; j=1,2,\cdots,m \quad (7-11)$$

式中,y_i 为第 i 个测点的组合元素合成值;x_j 为组合元素中第 j 个元素的标准化值;n 为测点数;m 为组合元素数。据 x_j 值绘制组合元素标准化地球化学图,在该图上取等值线由疏变密的临界值作为组合元素的异常下限,并圈定组合元素异常。组合元素异常比单元素异常能更准确地反映矿异常的可能位置。研究区异常元素组合为 Au-Ag-Cu。将组合元素异常图与同比例尺的高磁异常图进行空间合成,形成地球化学地球物理异常图。

2. 多学科信息提取及合成

多学科信息提取及合成包括定性提取及合成和定量提取及合成。定性提取及合成是将上述单学科提取及合成的地质、地球物理和地球化学信息按空间坐标用不同的符号综合表达到一幅图上,形成综合地质异常图。定量提取及合成是将综合地质异常图上的信息按一定规则取值,并将不同信息的值按一定的数学法则合成,据合成值绘制定量地质异常图。定性提取及合成是定量提取及合成的基础。

(二)矿体远景地段圈定及评价

地质成矿异常单元是在致矿地质异常图上圈定的。致矿地质异常图是根据控矿地质异常信息(变量)和 Au-Ag-Cu 组合异常强度信息(变量)的合成值绘制的。

1. 控矿地质异常信息的提取及合成

具体控制矿体就位的地质异常是断裂构造和不同地质体的接触面构造。单位面积内断裂的规模和不同方向断裂的交点数、岩性数反映了控矿地质异常的复杂程度。因此，以单位面积内断裂交点数、岩性数的和为权系数乘以相应单位面积中各方向断裂的总长度，将其乘积作为度量控矿地质异常复杂度的参数。其计算公式为：

$$C_x = \frac{1}{2}(n_1 + n_2)l_f \tag{7-12}$$

式中，C_x 为复杂度；n_1 为单位面积内断裂交点数；n_2 为单位面积内岩性数；l_f 为单位面积内各方向断裂的总长度。据 C_x 值绘制定量地质异常图。

2. 成矿元素组合异常信息的提取及合成

将单位面积内成矿元素组合异常的最高值与其相应异常面积的乘积作为度量异常强度的参数。其计算公式为：

$$M_i = y_{\max} \times S \tag{7-13}$$

式中，M_i 为异常强度；$y_{\max}$ 为单位面积内异常最大值；S 为单位面积内的异常范围。据 M_i 值绘制组合元素异常强度图。

（三）金矿体远景地段圈定及评价

综合致矿地质异常的计算公式为：

$$O_f = \ln(c_x + 1) + \ln(M_i + 1) \tag{7-14}$$

式中，O_f 为致矿地质异常强度；c_x 和 M_i 分别为控矿地质异常复杂度和成矿元素组合异常强度。根据 O_f 值编制综合致矿地质异常图。在致矿地质异常图上，选择等值线由疏变密的临界值作为异常下限，圈定致矿异常单元。取 7 为异常下限，共圈定 5 处致矿异常单元，即金矿体远景地段，其中 Ⅴ 号地段是归来庄金矿床所在地段（图 7-6）。与 Ⅴ 号地段相比，其他远景地段应具有更大的资源潜力。大比例尺找矿靶区的评价是一个涉及诸多更复杂的地质因素（如剥蚀水平，成矿后断裂活动对矿体保存的影响等）并应与一定的地质工程相结合的更具诱惑力和风险性的工作。

四、结语

基于地质异常的"5P"找矿地段的定量圈定和评价是在"地质异常致矿"新思路的指导下，运用多学科找矿信息，以数学（包括非线性科学）方法和高新信息处理技术为手段，以研究和定量圈定不同类型、不同尺度的致矿地质异常为基本途径，逐渐逼近工业矿体的一种具有创新性的定量成矿预测方法。该方法试图将控矿地质异常信息研究与矿异常信息研究相结合，显式地质异常信息研究与隐式地质异常信息相结合，深部地质异常信息研究与浅部地质异常信息研究相结合，直接找矿信息（地球化学信息）研究与间接找矿信息（地球物理信息和遥感地质信息）研究相结合；通过信息提取、信息关联、信息转换和信息综合等一系列信息处理过程，浓缩合成各类致矿信息；最终应用综合致矿信息定量标度致矿地质异常单元，通过对致矿地质异常单元的圈定和评价，达到圈定"5P"找矿地段的目的。对不同找矿地段的

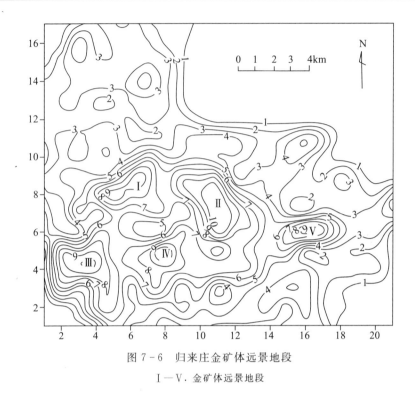

图 7-6 归来庄金矿体远景地段

Ⅰ—Ⅴ. 金矿体远景地段

圈定和评价在尺度上需要与之相适应的多学科勘查数据,以保证成矿预测的精度和可靠性。

对不同找矿地段的圈定和评价,构成成矿有利度的数学模型和预测变量也不尽相同。对于某一找矿地段的圈定和评价,非线性模型显示了独特的优势。

不同尺度找矿地段的套合镶嵌结构特征是大型(或超大型)矿床的标志性特征,如归来庄金矿床,在 3 种尺度的找矿地段中均显示清晰的矿异常套合镶嵌结构。

五、结论

(1)利用目前 GIS 现有的功能,提出圈定"5P"地段的 GIS 成矿预测的空间模型。在收集地质、物探、化探、重砂、岩体资料的基础上,使用该模型进行预测。

(2)为了不漏掉矿体或矿化的有利地段或潜在地段或远景地段,利用 GIS 仔细分析地质、物探、化探、重砂异常之间的空间关系,选择相应的 GIS 空间分析功能,灵活使用该模型预测。

(3)前人及笔者所做的研究工作表明,GIS 能客观、有效、快速地研究具有空间特征的地学数据以及圈定具有空间特征的"5P"找矿地段。

(4)预测图形直观、自然、准确,立体效果好,清晰地反映出找矿可能地段、找矿可行地段的空间位置的变化过程,展示了由于信息量的增加,靶区面积从大变小的过程。

第八章 矿产勘查模型

矿产勘查模型是在成矿规律研究和系统分析的基础上,考虑到勘查对象的主要找矿准则和产出条件而对某一种一定工业类型矿产的勘查工作进程和方法组合的概括与总结(熊鹏飞等,1995)。

第一节 矿产勘查模型的建立

一、勘查对象分析

矿产勘查学随着采矿业而发展。矿产勘查的目的就是为了满足采矿业的需要。采矿生产单位是矿山。与之相应,矿产勘查的基本单位是矿床。可以将矿床定义为在一个矿山中被开采的一些矿体的组合。矿体群(工业矿带)、矿体是组成矿床的基本单元。一般矿床及更小的成矿单元,在矿产勘查时,需要用直接的矿产勘查技术手段,利用自然露头或人工露头取样化验予以评价。

矿床是矿田的组成部分。矿田及更大的成矿单元——成矿小区、成矿亚区(带)及成矿区(带)等,在矿产勘查的过程中并不需要,也不可能系统地用取样工程分析化验予以评价,而是研究矿藏潜在含矿性准则,就是说分析矿藏存在的地质前提,获取含矿性标志,预测潜在的成矿单元。

从矿体、矿带、矿床到矿田、成矿小区、成矿亚区(带)、成矿区(带),矿产勘查工作由评价勘查对象本身逐渐过渡到查明勘查对象存在的标志。用直接的矿产勘查技术手段,利用自然露头或人工露头取样化验,变为基本、间接的手段。因此,所查明对象的查明程度越来越低,不确定性将越来越大。例如,对矿体的评价,其不确定性主要来自随机抽样的代表性误差;而对于矿田、成矿区(带)的确定,类比(预测)误差和各种勘查技术方法获得成果的多解性、不确定性将占主要位置。诚然,根据系统分析原理,提出"只有在大矿田内才有大矿床,而作为大成矿区的基本单元的大矿结中才有大矿田"(А. Б. Каждан,1984,1987),这是完全正确的。要根据此原理来预测矿产和开展勘查工作,关键在于提高预测可靠性。

А. И. 克里夫佐夫(1983)将在同一矿藏结构层次内的预测找矿组合归结于"对象-标志"和"标志-方法"两个环节,即一旦确定了一套标志,就能保证查明找矿对象;而采取一套方法,就可以确定相应阶段找矿对象的标志。事实上,勘查技术手段与勘查目标的关系远比该模式复杂得多。

一般来说,勘查目标有如下几种:①勘查对象自身;②勘查对象的遥感、地球物理、地球化学特性;③勘查对象赋存的地质环境;④地质环境(成矿地质建造)的遥感、地球物理、地球化学特性。

勘查的目标,按照对于查明勘查对象的直接程度和可靠程度的大小,依次为:勘查对象自身→勘查对象的遥感、地球物理、地球化学特性和勘查对象赋存的地质环境→地质环境(成矿地质建造)的遥感、地球物理、地球化学特性。

勘查技术手段常用的有:Ⅰ.探矿工程;Ⅱ.地球物理、地球化学勘查;Ⅲ.地质调查;Ⅳ.遥感。

勘查结果有两种情况:A.评价勘查对象;B.预测潜在勘查对象。

某阶段的矿产勘查工作,可能是图8-1中的6种"方法-目标-成果"构式之一(池顺都,1991)。

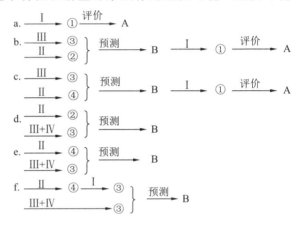

图8-1 "方法-目标-成果"构式

二、矿产勘查模型基本类型

矿产勘查模型是多层次的等级模型。每个层次都有一定的"方法-目标-成果"构式及其方法手段组合。根据评价矿产勘查基本单元——矿床及更小的矿藏单元的"方法-目标-成果"构式的不同,可划分出3个类型矿产勘查评价模型:

(1)具有 a 构式的,即用探矿工程法直接探明、评价矿体,为露头矿型矿产勘查评价模型。

(2)具有 b 构式的,即用地质调查法确定地质异常,用物探、化探法确定物探、化探异常。在这些资料的基础上,预测矿体赋存的部位;然后用探矿工程法评价矿体,并对矿体作出评价,为浅部矿型矿产勘查评价模型。

(3)具有 c 构式的,即用地质调查法确定地质环境,用物探、化探法确定地质环境的地球物理、地球化学特性。根据这些资料预测矿体赋存部位,然后用探矿工程法评价矿体,并对矿体作出评价,为隐伏矿型矿产勘查评价模型。

根据矿田及更大的矿藏单元的"方法-目标-成果"构式的不同,可划分出3个类型矿产勘查预测模型:

(1)具有 d 构式的,即根据用物探、化探方法获取的矿异常,与地质调查和遥感资料获取的有利地质环境信息预测潜在勘查对象,为浅部矿型矿产勘查预测模型。

(2)具有 e 构式的,即根据地质调查和遥感资料获取的有利地质环境信息与用物探、化探方法获得的异常所解释的深部有利地质环境预测潜在勘查对象,为隐伏矿型矿产勘查预测模型。

(3)具有 f 构式的,即根据地质调查和遥感资料获取的有利地质环境信息与用物探、化探方法获得的异常所解释的深部有利地质环境,经探矿工程验证后预测潜在勘查对象,为较可靠的隐伏矿型矿产勘查预测模型。

三、矿产勘查模型评价模型实例

上述矿产勘查模型评价模型标志着矿产勘查由浅到深、由易到难的发展过程。

对于露头矿型,地表看到的地质现象与矿体产出的关系直接明显,矿产勘查工作比较容易。例如,20 世纪 50 年代对个旧锡多金属成矿亚区系统地进行野外地质调查,短期内集中勘探了全区规模很大的残、坡积砂锡矿床。

对于浅部矿型,明显的地球物理异常和地球化学异常大多是由矿体直接引起的,验证异常是发现新矿体的重要途径。Sn、Fe、Cu、Pb、Zn 等金属元素主要以含硫络离子的形式在热液中迁移,故在矿体及其周围有大量这些元素的硫化物存在。因为硫化矿石往往具有良导电性,故可以使用各种电法。又因锡石的结晶温度相当或略低于磁黄铁矿而高于黄铁矿,所以锡矿床中常伴生有磁黄铁矿;锡矿化常位于磁黄铁矿化蚀变带的顶部或外侧。Sn 元素还可以类质同象进入磁铁矿、钙铝榴石中,这种矽卡岩带具有磁性。因此,用磁法寻找有磁性的矽卡岩磁黄铁矿和磁铁矿,进而间接寻找锡矿,可以取得明显的找矿效果。

个旧锡多金属成矿亚区中大量矿体隐伏于地下 200~1000m 深处。对于隐伏矿型,虽然矿体与围岩有不同程度的电性、磁性和密度等物性的差异,但由于矿体埋藏深、地形切割等不利因素,直接找到锡矿体十分困难。而改用物探方法寻找控矿的隐伏花岗岩突起部位和断裂构造的位置进行间接找矿取得了较好的找矿效果。

浅部矿型和隐伏矿型没有明确的划分界线,两者最重要的差别在于前者物探异常大多是由矿体直接引起,因此可以用验证异常的方法直接找矿。

最后应当强调,在一个成矿亚区内,上述矿产勘查模型的基本类型是相互联系的。因为矿产是在相同的成矿作用总过程中形成的,成矿物质总来源相似,只是矿体赋存的具体条件不同,或成矿作用演化的过程、矿产形成的时间略有差别。上部矿体的存在与其下部矿体的存在往往有一致性。上部矿体的存在可以作为下部有矿的重要标志。个旧锡多金属成矿亚区东区四大矿田(马拉格、松树脚、老厂、卡房)内,上有砂矿,中有层间矿,下有接触带矿,空间分布有一定规律。上下对应明显,有的甚至首尾相连,这些特点对矿产勘查模型的建立十分重要。

四、建立矿产勘查模型时的方案对比

建立矿产勘查模型时的方案对比要从 3 个方面考虑:

(1)考虑不同的"方法-目标-成果"构式。例如预测矿田可以用电测深法确定低阻突起异常,以及根据遥感和地质调查资料预测,即相当于采用 e 构式;也可以用电测深法确定低阻突起异常后,继续用钻探工程证实是否由花岗岩穿越所致,再结合遥感和地质调查资料预测,即相当于采用 f 构式。

(2)在相同构式的情况下,有不同的技术手段,要考虑采用不同技术手段的方案差异。例如用物探的方法探测花岗岩体,可以利用岩体与围岩的密度差,采用重力测量,也可以利用岩体与围岩的电阻率差异采用电测深方法。对这两种不同方法的方案应当予以对比。

(3)对于同一种方法还应考虑在不同阶段采用不同观测网密度和观测精度,以及不同工作面积等因素所组成的不同工作方案的效果。

方案对比主要从经济效果和地质效果两个方面考虑。确定勘查技术手段地质效果的方法有:

(1)统计法。对于物探、化探异常可以采用计算异常反差的方法。异常反差可以理解为在正常场(背景场)的水平上,异常的最大值的提高值与测量指标在正常场中的标准差的比值。除了对比反差,还可以对比异常面积或反差与异常面积的乘积。

(2)计算有效性系数法。所谓有效性系数就是在肯定的自然状态下得到肯定结论的概率与在否定的自然状态下得到否定结论的概率的比值。

(3)信息法。这种方法归结于计算在解决实际问题时使用某种方法所获得的信息量。由于信息量的数值取决于对象系统的先验熵,因此在对比方法的信息量时,应用相对信息值,即信息量与对象系统先验熵的比值比较合理。

勘查手段的经济效果以矿产勘查工作的最终成果,即某种矿产的勘探储量来衡量。选择合理勘查方法组合,重要的并不是绝对的经济效果,而是不同方法之间的相对经济效果以及同一种手段不同安排方式的效果差异。

第二节 矿产勘查模型案例——德兴斑岩铜矿勘查模型

在这里仅探讨勘查对象为矿田和矿床的斑岩铜矿勘查模型。

一、斑岩铜矿普查准则

矿产的普查准则是在矿田和矿床结构层次上的潜在含矿性准则。如前所述,含矿性准则可以分为如下 4 类:①矿化直接标志,如矿体的原生露头和氧化露头;②矿化间接标志,如矿体所致的物探、化探异常;③矿化有利地质前提,如有利于形成斑岩铜矿的晚期中酸性岩株;④存在有利地质前提的间接标志,如反映岩株在地下展布的低强度磁异常。

例如,斑岩铜矿田的主要含矿性准则(表 8-1)如下。

直接标志：原生露头、氧化露头、黄铁矿外壳。

间接标志：颜色异常，围岩蚀变分带，地球化学标志，铜矿物重砂异常，稳定同位素标志，地形、地貌标志。

地质前提：含矿侵入体时代，侵入体的成分及类型，岩浆多期次活动，岩体浅、中、深完整结构，岩体地表出露面积，岩体在高温下缓慢冷凝，在断裂构造中的位置，背斜与断裂的复合，有利的地层层位。

前提间接标志：岩体弱-中强磁异常、岩体重力低异常、磁场突变及线性展布、重力梯度带、遥感图像的环形构造、遥感图像的线性构造。

表 8-1 斑岩铜矿田的勘查准则及勘查技术手段

勘查准则	勘查手段	地质调查	遥感		化学取样	化探			物探			地表探矿工程	准则相对信息量
			航天	航空		水系沉积物	水化学	土壤	航磁	地磁	重力		
		(1)	(2)	(3)	(4)	(5)	(6)	(7)	(8)	(9)	(10)	(11)	
直接标志	1. 原生露头	2			3								3
	2. 氧化露头	2			3								3
	3. 黄铁矿外壳	2											1
间接标志	4. 颜色异常	3											1
	5. 围岩蚀变分带	3											2
	6. 地球化学标志					3	2	3					3
	7. 铜矿物重砂异常	2											2
	8. 稳定同位素标志	2											1
	9. 地形、地貌标志	3											1
地质前提	10. 含矿侵入体时代	2											2
	11. 侵入体的成分及类型	2			3								3
	12. 岩浆多期次活动	2											2
	13. 岩体浅、中、深完整结构	2											2
	14. 岩体地表出露面积	2											2
	15. 岩体在高温下缓慢冷凝	1											1
	16. 在断裂构造中的位置	2											2
	17. 背斜与断裂的复合	2	3	2									3
	18. 有利的地层层位	2	2	3									1

续表 8-1

勘查手段 勘查准则	地质调查	遥感		化学取样	化探			物探			地表探矿工程	准则相对信息量
		航天	航空		水系沉积物	水化学	土壤	航磁	地磁	重力		
	(1)	(2)	(3)	(4)	(5)	(6)	(7)	(8)	(9)	(10)	(11)	
前提间接标志 19. 岩体弱-中强磁异常								2	3			1
20. 岩体重力低异常										3		1
21. 磁场突变及线性展布								3	2			1
22. 重力梯度带										3		1
23. 遥感图像的环形构造		2	1									2
24. 遥感图像的线性构造		2	2									2

注1：方法对标志的可识别性中，3表示高可识别性，2表示中可识别性，1表示低可识别性，无标注表示不可识别。

注2：准则相对信息量中，3表示主要准则，2表示重要准则，1表示辅助准则。

注3：工作比例尺一般为1：5万～1：2.5万。水系沉积物、水化学地球化学测量及航空磁法、航天遥感可用1：10万比例尺。

斑岩铜矿床的主要含矿性准则(表8-2)，在这里不再一一列出。

表8-2 斑岩铜矿床的勘查准则及勘查技术手段

勘查手段 勘查准则	地质调查	化学取样	化探				物探			矿物岩石学研究	包裹体同位素研究	探矿工程		准则相对信息量
			土壤	岩石	气体	井中化探	地磁	地电	井中物探			槽井探	钻探及坑探	
	(1)	(2)	(3)	(4)	(5)	(6)	(7)	(8)	(9)	(10)	(11)	(12)	(13)	
直接标志 1. 原生露头	2	3												3
2. 氧化露头	2	3												3
3. 黄铁矿外壳	2													1
间接标志 4. 颜色异常	3													1
5. 围岩蚀变标志	2													2
6. 地球化学标志			3	3		2								3
7. 铜矿物重砂异常	2													1

续表 8-2

勘查准则	勘查手段	地质调查	化学取样	化探				物探			矿物岩石学研究	包裹体同位素研究	探矿工程		准则相对信息量
				土壤	岩石	气体	井中化探	地磁	地电	井中物探			槽井探	钻探及坑探	
		(1)	(2)	(3)	(4)	(5)	(6)	(7)	(8)	(9)	(10)	(11)	(12)	(13)	
间接标志	8. 找矿矿物学标志	2													1
	9. 流体包裹体标志											1			1
	10. 稳定同位素标志											1			1
	11. 地形、地貌标志	3													1
	12. 自电异常标志							3	3						3
	13. 激电异常标志							3	3						3
地质前提	14. 含矿侵入体时代	2													2
	15. 有利岩体化学成分		3												3
	16. 岩体演化明显	2													2
	17. 侵入体顶面形态	2						2							2
	18. 有利岩体矿物成分	2													2
	19. 多孔隙、裂隙的岩层	2													1
	20. 岩体在高温下缓慢冷凝	1													1
	21. 斑岩与围岩接触构造	2					1								3
	22. 成矿裂隙发育	2													2
前提间接标志	23. 低阻体突起异常								3						2
	24. 电场突变及线性展布								3						2
	25. 汞等气体异常					3									2

注1:方法对标志的可识别性中,3 表示高可识别性,2 表示中可识别性,1 表示低可识别性,无标注表示不可识别。

注2:准则相对信息量中,3 表示主要准则,2 表示重要准则,1 表示辅助准则。

注3:工作比例尺一般为 1:5000~1:2000。地磁、地电可用 1:1 万比例尺。

上述含矿性准则的分类对于普查对象的预测及其勘查模式的建立有着实际意义。任何矿产的普查都要回答 2 个基本问题:①在普查区内这种矿产是否存在?②该矿产在区内是否具有一定规模?

上述 4 类含矿性准则对这两个问题的回答在程度上是不同的。第 1 类含矿性准则,即矿化的直接标志,能准确地回答第1个问题,但是对于第2个问题,仅根据第1类含矿性准则往往不能得到较为确定的回答。第2类和第3类含矿性准则不能完全确定地回答第1个问题,但是可以作出在一定的概率水平上的推断,同时,对第2个问题也能作出推断。至于第4类含矿性准则,则是在更低概率水平上回答这两个问题。

就单一准则的可靠性而言,可以将含矿性准则分为3级:第1类含矿性准则为一级,第2类、第3类含矿性准则为二级,第4类含矿性准则为三级。实际的预测中应用的是含矿性准则组合。准则的合理组合会提高预测结果的可靠性。例如,对于斑岩铜矿,如果既存在铜矿露头又存在一定规模的化探异常,即存在第1类+第2类含矿性准则组合,这时就可以确切地回答:本区可能存在具有一定规模的斑岩铜矿化。

然而上述不同类型准则的显示是有条件的,主要受地区的裸露程度、研究程度及矿体相对于侵蚀面的位置等因素控制。在一个地区进行勘查工作,只能有条件地选择含矿性准则。一个地区的研究程度将随着地质工作的开展而加深,是易于改变的因素。地区的裸露程度,也可因勘探工程的施工而部分改变。只是矿体相对于侵蚀面的位置,在矿产开采以前,是个固定不变的因素。

根据矿体相对于侵蚀面的位置不同,可以将矿体划分为3种基本类型:露头矿型、浅部矿型和隐伏矿型。

露头矿型矿体具备所有4类含矿性准则,是一种较易预测、较易勘查的类型,可用矿点检查的方法对其进行普查、评价。

浅部矿型矿体是不具备第1类含矿性准则,而具备后3类含矿性准则的矿床。由于该类矿床由矿体所引起的物探、化探异常在地表有较为明显的显示,因此常用异常检查的方法对其进行普查评价。

隐伏矿型矿体则是只具备后两种含矿性准则的矿床。这一类矿床找矿难度最大,一般是在区域内发现了前两类矿体后,根据第3类、第4类含矿性准则进行成矿预测,然后在有利地段开展矿产勘查工作。

在这些矿产含矿性准则中,每个准则对于找到矿床所提供的信息量各不相同。在建立矿床勘查模式时,重要的是对各个矿产勘查准则的信息量作出相对评价,区分出主要准则、重要准则及辅助准则。在表8-1、表8-2中,上述3类标志分别赋值为3、2、1。

二、勘查技术手段

(一)勘查技术手段类型

矿产勘查技术手段按其功能可以分为3类,即专门测试型、综合调查型及探矿工程型。

专门测试型矿产勘查技术手段有地球化学探矿,地球物理探矿,矿物学、岩石学的专门鉴定、测试,包裹体及同位素的测试等。这一类技术手段的特点是有很强的针对性,一种技术手段往往只能查明一个矿产勘查准则,而对其他准则无效。

综合调查型勘查技术手段包括地质调查法、遥感地质法等。该类型技术手段以其综合性为特点。一种方法所查明的不仅是一个矿产勘查准则,而是若干个矿产勘查准则。上述两类勘查技术手段可总称为调查测试型勘查技术手段。

探矿工程型勘查技术手段不同于调查测试型勘查技术手段。从本质上来讲,这类技术手段只能改善观测条件,延伸观测距离,创造观测的硬环境,给调查测试型勘查技术手段的实施提供必要的条件。

(二)斑岩铜矿的主要勘查技术手段

观测方法、观测密度及观测精度是组成调查测试型勘查技术手段的3个要素。当谈及勘查技术手段时,除了指明观测方法外,还应指明观测比例尺(即观测密度),有时还应指明观测精度。

斑岩铜矿田的主要勘查技术手段有:①地质调查法,填图比例尺1:5万~1:2.5万;②化学取样法;③地球化学探矿法,包括1:10万~1:5万水系沉积物测量、1:10万~1:5万水化学测量和1:5万~1:2.5万土壤测量;④地球物理探矿法,包括1:5万~1:2.5万航磁测量、1:5万~1:2.5万地磁测量和1:5万~1:2.5万重力测量;⑤遥感探矿法,包括1:10万~1:5万航天遥感和1:5万~1:2.5万航空遥感;⑥地表探矿工程。

斑岩铜矿床的主要勘查技术手段有:①地质调查法,填图比例尺一般为1:5000~1:2000;②化学取样法;③地球化学探矿法,包括1:5000~1:2000土壤地球化学测量、1:5000~1:2000岩石地球化学测量、气体地球化学测量及井中化探;④地球物理探矿法,包括1:1万~1:2000地磁测量、1:5000~1:2000地电测量和井中物探;⑤探矿工程法,包括槽探、井探、钻探及坑探;⑥专门性地质研究,包括矿物岩石学研究、包裹体同位素研究等。

(三)勘查技术手段的选择原则

矿产勘查技术手段的选择不仅涉及到各种技术手段所能提供的信息量大小及每种技术手段在实施过程中所花费的金钱和时间的多少,更重要的是应在具体条件下,为实现勘查任务,从全部的矿产勘查准则中选出充要准则组合,然后从实际出发,确定最优的勘查技术组合。选出充要准则组合,是确定勘查技术手段最优组合的基础。在此基础上再考虑勘查技术信息量才是正确的。

此外,在矿产勘查技术手段优化时,还应考虑到不同勘查技术手段的不同特点。专门测试型勘查技术手段,由于方法的针对性强,方法与所查明的勘查准则之间存在一一对应关系。也就是说,一旦应查明的矿产勘查准则确定,则要采用的方法类型也随之确定。这时候具体方法的选择和观测密度、观测精度的确定是其勘查技术手段选择的基本内容。而对于综合调查型勘查技术手段,由于同一勘查技术手段可以对不同勘查准则的查明有效,因此,除了考虑观测比例尺和观测精度外,应特别注意观测重点。探矿工程型技术手段的选择视矿体具体的产出条件以及调查测试型技术手段的需要而定。

三、斑岩铜矿床的勘查流程

根据上述,斑岩铜矿床的工作比例尺一般为1:5000~1:2000。在矿床范围内进行的斑岩铜矿床普查工作时,勘查技术手段的选择可按如下步骤进行。在以下的叙述中代号的含义:K意为准则,字母后的数字是表8-2中行的编号;M意为方法,字母后的数字是表8-2中列的编号。

1. 出现所有4类矿产含矿性准则的情况(即出现露头矿)

(1)从所有矿产含矿性准则中挑选出相对信息量最大的准则。

从表8-2可以看出,这样的准则如下。

直接标志中有:K1——斑岩铜矿体的原生露头、K2——斑岩铜矿体的氧化露头。

间接标志中有:K6——地球化学标志、K12——自电异常标志、K13——激电异常标志。

地质前提中有:K15——侵入体的化学成分及类型、K21——斑岩与围岩的接触构造。

这几个含矿性准则的查明,已足以对本区可能存在具有一定规模的斑岩铜矿化做出确定的回答。因此,这是充分的含矿性准则组合。若无K6和K15、K21,对矿产是否具有一定规模的问题不可能做出确定的回答。因此这些准则组合是必要的,就是说,这是充要准则组合。

(2)根据所选出的相对信息量最大的矿产含矿性准则,确定应采用的勘查技术手段。

M1——1:5000~1:2000的地质调查,对K1、K2和K21有中等识别性;M2——化学取样,对K1、K2、K15有高识别性;M3——1:5000的土壤地球化学测量和M4——1:5000~1:2000的基岩地球化学测量对K6有高识别性。

据此得出:在进行露头矿型斑岩铜矿床的普查工作时,调查测试型技术手段组合为1:5000~1:2000的地质调查(M1)+化学取样(M2)+1:5000的土壤地球化学测量(M3)+(/)1:5000~1:2000的基岩地球化学测量(M4)。地球化学测量的手段可以两者都采用,即是"+",也可以选其中之一,即是"/",要视基岩具体裸露情况、样品采集条件及地球化学景观条件而定。

(3)探矿工程型勘查技术手段的选择。

探矿工程的类型选择及工程布置,与勘查目的、勘查工作阶段、勘查实施条件和勘查对象的特点有关,并由已知到未知、由浅及深、由稀到密分阶段地进行。对于露头矿型矿体,在普查工作一开始即可沿矿化露头布置地表槽探、井探工程(M12),在工程施工后进行地质观测(M1)和化学取样(M2),在完成了化探工作之后,还有矿产预测环节,然后布置钻探和坑探(M13),进行深部的探矿工作。

综上所述,我们用简洁的符号表达在矿床尺度水平上,露头矿型斑岩铜矿床的普查流程为:

$$(K1/K2)+K6+K15+K21 \Rightarrow \begin{cases} 阶段1:M1+M2+[M3+(/)M4]+M12 \\ \qquad\qquad \Downarrow 预测 \\ 阶段2:M2+M13+[M6+(/)M9] \end{cases}$$

2. 只出现后 3 类矿产勘查准则的情况（浅部矿型）

在这种情况下，由于没有矿产天然露头，所以矿产普查第一阶段的工作主要是进行地球化学测量和有利地质前提的查证。德兴铜矿区的普查实践工作证明，对于这种类型的斑岩铜矿床，系统的地表槽探、井探揭露并无必要，反而增加矿产勘查费用，延长勘查时间。为了提高地下存在潜在矿床的确信度，往往要安排一些物探工作。因此，该类型矿产的普查工作流程为：

$$(K12/K13)+K6+K15+K21 \Rightarrow \begin{cases} 阶段1:M1+M3+(/)M4+M8 \\ \qquad\qquad \Downarrow 预测 \\ 阶段2:M2+M13+M6+(/)M9 \end{cases}$$

3. 只出现后两类矿产勘查准则的情况（隐伏矿型）

在这种情况下不出现矿化的直接标志和间接标志。对于斑岩铜矿床，因矿体的隐伏而大多不存在有利地质前提这一准则。相对信息量较大的矿产普查准则有 K23+K24+K25。该类型矿产的普查工作流程为：

$$K23+K24+K25 \Rightarrow \begin{cases} 阶段1:M5+M8+M1 \\ \qquad\qquad \Downarrow 预测 \\ 阶段2:M2+M13+M6+(/)M9 \end{cases}$$

四、斑岩铜矿田的勘查流程

以矿田为对象的矿产勘查流程的建立主要有如下特点。

(1) 被选为潜矿田的地区，通常有两种情况：在成矿亚区（带）内被圈定出的或者是在矿床普查、矿点检查和异常检查时发现的矿点和异常的集中区，因此不可能出现只有后两类含矿性准则的情况。就是说，即使在矿田内未发现矿化的直接标志，至少也应发现矿化的间接标志。

(2) 由于矿田是矿产勘查的中间对象，并非是最终对象，因此，对矿田的查明程度与矿床是不同的，不需要确切地查明矿产的质量和数量，只需预测出矿产的大致数量与质量，在其中圈出进一步工作的靶区（潜在矿床）。因此，探矿工程一般只用地表工程，钻探、坑探较少选用。

(3) 斑岩铜矿的露头和氧化露头的发现，对不同结构层次矿藏的矿产勘查工作有着不同的意义。对于矿床层次的矿产勘查工作，矿产露头的意义在于为矿床的进一步勘查提供了起点，为地球化学、地球物理测量和探矿工程的布置提供了依据。一般应布置比例尺大于1:1万的物探、化探工作，其目的就是为了发现和探明矿床。而对于矿田层次的矿产勘查工作，矿产露头的主要意义在于对整个矿田地质工业评价的影响。假如在矿田内发现了斑岩铜矿的矿产露头,那么就为矿田内的异常是由矿体引起提供了有力的证据。这时矿产勘查工作的主要着眼点并非是马上探明矿产露头所在地的矿产,而是从面上着眼,即在整个矿田范围内找出最有利的靶区(潜在矿床)。由于着眼点不同,矿产勘查工作的布置也就不同。这时应布置地表探矿工程以及比例尺 1:2.5 万左右的物探、化探工作。这一点至关重要,只见一点不及全面往往是普查工作不能取得良好成果的主要原因。

矿田层次的矿产勘查流程可以根据两种不同情况分别建立。

a. 矿田内出现矿化露头时,建立如下流程。

(K1/K2)+K6+K11+K17→阶段 1:M1+M4+(M5/M6/M7)+M11+(M2+M3)
　　　　　　　　　　　　　　└─→阶段 2:预测潜在矿床

b. 矿田内未出现矿化露头时,建立如下流程。

K6+K11+K17→阶段 1:M1+M4+(M5/M6/M7)+(M2/M3)
　　　　　　　　　　└─→阶段 2:预测潜在矿床

五、斑岩铜矿勘查模式

在建立了斑岩矿床和矿田的矿产勘查流程以后,就可以着手建立斑岩铜矿的矿产勘查模式。在矿产勘查模式内,将上述矿床和矿田的矿产勘查流程作为模块置于其中,它们相应命名为矿床 A 流程、矿床 B 流程和矿床 C 流程以及矿田 A 流程和矿田 B 流程。用如下的流程图(图 8-2)来表述斑岩铜矿的矿产勘查模式。

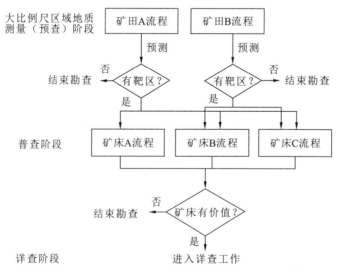

图 8-2 斑岩铜矿的矿产勘查模式

第九章 预测找矿组合

本章参考地质矿产部情报研究所编写的 1988 年 5 月地质科技资料选编（一一九）。

预测找矿组合（Прогнозно - Поисковые Комплексы）是苏联中央有色金属和贵金属矿产勘查科学研究所 А. И. 克里夫佐夫为首的一批地质学家经过多年的研究和探索于 1982 年提出的。地质矿产部情报研究所译成预测普查组合（ППК）。Поиски 可译成普查或找矿，在这里泛指包括预查、普查、详查在内的找矿，并非狭义的普查。

最佳"预测找矿组合"的地质-成因基础是研究矿床构造和分布规律，以及各种成矿规律和成矿理论所取得的最新成就。建立"预测找矿组合"的原则是在系统分析的基础上把不同层次的矿藏结构同矿产勘查工作的阶段和不同阶段的任务、工作方法配合起来（А. И. Кривцов и др，1982）。

第一节 建立最佳"预测找矿组合"的原则和方法

矿产勘查工作的目的是发现有工业价值的矿床。勘探工作是从预测研究开始的。在已经完成的地质测量的基础上，预测研究可以论证布置何种详细程度的找矿工作，然后转入初步勘探和详细勘探。矿产勘查工作的阶段性，体现了循序渐进原则，即逐阶段（亚阶段）地缩小面积，提高工作的详细程度。

每一阶段，必须遵循工作阶段（亚阶段）和找矿对象一致的原则。这种对象相当于不同级别的成矿预测单元：成矿域、成矿带、成矿区、潜在矿田和远景地段，接着就是矿点、矿体和工业矿体。上述一系列对象，按照一致性原则相对应的矿产勘查阶段是：小比例尺预测、中比例尺预测、大比例尺预测、普查、详查、普查-评价工作、初步勘探、详细勘探。

每一个找矿对象都有一套根据研究矿床分布规律以及找矿实践的经验得出的标志。为了保证发现某一个或一组标志，必须在相应的矿产勘查工作阶段采用一定的工作方法。

根据循序渐进原则和一致原则，矿产勘查工作作为一个复杂的系统，可分为若干个亚系统（阶段或亚阶段），每个亚系统（阶段）就是一个由相互联系的要素组成的"方框"。这些要素是：工作目的，即在该阶段（亚阶段）应当发现的找矿对象；对象的一套标志，一旦确定了这套标志，就能保证查明找矿对象；一套方法，采用这套方法可以确定该阶段（亚阶段）找矿对象的标志。

从预测到找到具有工业价值的矿体,是一个完整的工作程序。包括一系列填上内容的"方框",如图9-1所示。从图上可以看出,每一阶段(亚阶段)所采用的方法都应查明一些可以据之识别相应找矿对象的标志。

在矿产勘查工作中,一般是利用肯定能识别标志的方法。因此在图中的方法标志环节中只采用能识别标志的方案,而未讨论不能识别和不明确的方案。

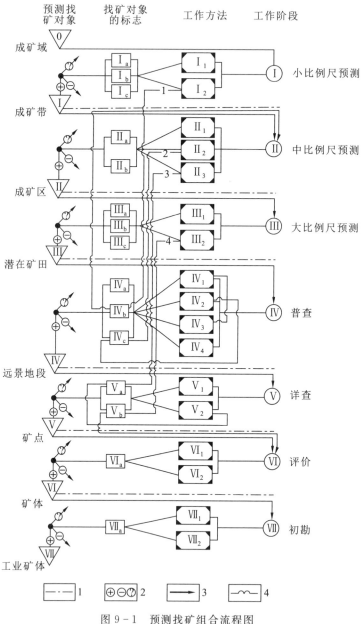

图9-1 预测找矿组合流程图

1. 阶段(亚阶段)界线;2. 解决问题方案:⊕ 发现对象,⊖ 未发现对象,
⍰ 不清楚;3. 基本方案;4. 简缩方案

与此不同,在流流程图上的标志对象这个环节中标出了得到3种回答的可能。肯定的结果就是对象是根据标志识别的,可以转入下一个阶段(亚阶段);"不清楚"结果可能是对找矿对象及其标志了解不够造成的,这时需要回到该阶段的开始或上一阶段,检查所利用的方法和标志,对其进行修正,以得到明确的结果。出现未发现找矿对象的结果,其客观原因可能是在工作区内根本不存在找矿对象,此时必须终止在该区的找矿工作。值得指出的是,否定的结果可能是因为搞错了标志与找矿对象之间的关系,这就需要进一步查明预测和找矿的地质-成因基础。

一个完整的工作程序包括一系列"阶段-方法-标志-找矿对象"多次重复的亚系统,这是"预测找矿组合"最为复杂、实施时间最长的方案。但是,提高方法的分辨能力,或在"有利"的条件下进行找矿,这种方案可以大大简化工作内容,大大压缩工作时间。

为了选择和论证简缩方案,必须估计所采用的方法对决定找矿对象的标志的分辨能力,同时还要确定这些对象根据某些标志的可识别性。

根据各种方法可以识别各种标志,根据各种标志可以识别各种对象的不同工作方案,根据这些方案可以选择和论证相应的最佳"预测找矿组合"。根据"一致原则",只有在某一阶段完全查明了标志并根据这些些标志"识别"出找矿对象后,才能从阶段转入亚阶段。每一个标志可以用一种方法确定,也可以用一套方法确定。将方法与标志加以对比,就可以从一套方法中排除对"识别"标志没有独立意义的方法。另一方面,通过各种标志对找矿对象的可识别性研究,可以减少应当查明的标志的数量以及相应的方法数量。

因此,在上述方法的基础上,就能从矿藏不同层次选出解决每个阶段问题所需的最低限度的标志数目和确定相应的几套方法,合起来就构成了最佳"预测找矿组合"。

此外,某些方法具有很高的分辨能力,不仅能达到相应阶段的目的,而且还能查明以后各个阶段的对象的标志,包括一些很远以后能用上的标志。这种情况在所谓"有利"的条件下进行预测找矿工作时也能遇到。例如在早期工作阶段用稀疏观测网碰到了局部对象的偶然情况。在小比例尺预测阶段查明了远景地段的一套标志可以作为这方面的例子。

如果在工作地区不仅查明了保证转入下一阶段的对象,而且还查明了以后各阶段(亚阶段)的工作对象,则可按简缩的方案进行工作。应强调的是,这些方案必须以具有高分辨能力的找矿方法作保证,并非是碰巧才可实行。例如,只见于特殊条件下的硫化物矿床的铁帽可以作为高信息量标志,在此"特殊"条件下,也可以按简缩方案进行工作。

图9-1有条件地表示了4种简缩工作方案,并标出了必要的阶段(亚阶段)和方法中省略的一些阶段(亚阶段)和方法。

显然,如果能略去小比例尺预测和普查—评价工作之间的各个中间阶段,则预测找矿工作是最有效的。但对于隐伏矿床找矿,这几乎是不可能的,因为目前还没有什么方法能在小比例尺预测研究时发现可供布置普查-评价工作的隐伏矿。随着矿产勘查工作程度的提高,发现露头矿的可能性越来越低。因此,最佳"预测找矿组合"是针对隐伏矿床建立的。

建立"预测-找矿-评价"系统中的最佳工作组合的上述原则,根据找矿对象及其标志规定了对各个阶段(亚阶段)和工作方法的要求。对所应用的一套方法的分析,对所查明标志信息量的评价,对根据标志识别找矿对象可能性的确定,都有助于排除重复的或次要的方法。另一方面,这种分析有助于确立那些信息量极高,以致在早期阶段就能识别属于最后阶段找矿对象的方法。当然,这种评价和分析还能提供有关早期阶段找矿对象及其标志相当完整的概念,并经得起列在如图9-1所示流程中的找矿对象及其标志所采用或所要求的工作方法的验证。

对上述的各种方法和标志评价所得到的信息进行综合,能保证选择最佳配套流程。这些配套流程能反映出现代知识水平,但同时又对预测的地质-成因基础和找矿方法提出新要求。建立最佳"预测找矿组合"的上述原则,是以下列基本原理为基础的:工作阶段(亚阶段)与相应的成矿预测单元(即具有一套经过论证标志的预测和找矿对象)的一致性;在具体阶段对采用工作方法查明该阶段对象的标志的可能性的评价,以及对应用据之可以制定"预测找矿组合"简缩方案的标志识别各种对象的可能性的评价。

根据上述,可以确立以下几个进一步发展这种研究的主要方向:①在上述原则基础上建立任何地质-工业类型矿床的预测和找矿的最佳工作组合;②对工作的经济合理性进行评价,对几种方案进行比较,从中选出最有效的方案;③使工作流程公式化,以便用机器处理信息以及用计算机管理找矿过程和在本部门及发展矿物原料基地管理系统范围内选择最有效的找矿工作方案进行监督;④利用"预测找矿组合"的流程培训干部。

从类似图9-1的基本配套流程向具体对象的转变,对预测和找矿的地质基础、找矿准则与标志、工作种类与方法提出了更严格的要求。

第二节 隐伏含铜黄铁矿矿床最佳"预测找矿组合"

建立隐伏含铜黄铁矿矿床最佳"预测找矿组合",要将前面所述的原则方法具体化(图9-2)。

А. И. 克里夫佐夫等(1982)曾提出斑岩铜矿床的预测—普查技术手段的流程图。他按不同结构水平的成矿单元,如成矿带、成矿省、成矿区、矿结、矿田、矿床等,列出了各种工作手段的组合。该流程图可以作为具体矿产类型的最优找矿手段组合的例子(图9-2)。

勘查工作阶段划分为:Ⅰ.一般的深部普查工作亚阶段;Ⅱ.详查亚阶段;Ⅲ.普查评价亚阶段;Ⅳ.初勘阶段。一般的深部普查工作亚阶段:I_1.处理比例尺为1:5万的磁法和重力测量资料,并编制局部异常图,异常平均半径为3~5km;I_2.作反射波法地震勘探,剖面间距为5~10km;I_3.在地震剖面内相隔1~1.5km,打孔深为1000~1200m的构造钻孔;I_4.古生代沉积物的地球化学取样;I_5.物探测井。

详查亚阶段:II_1.比例尺为1:1万的磁法勘探和重力勘探,并编制局部异常图,异常平均半径为0.5~1km;II_2.进行反射波法地震勘探,剖面间距为2~3km;II_3.按(500m×1000m)~(1000m×1500m)的网度,打孔深1000~1500m的构造-普查钻孔;II_4.古生代沉积

第九章 预测找矿组合

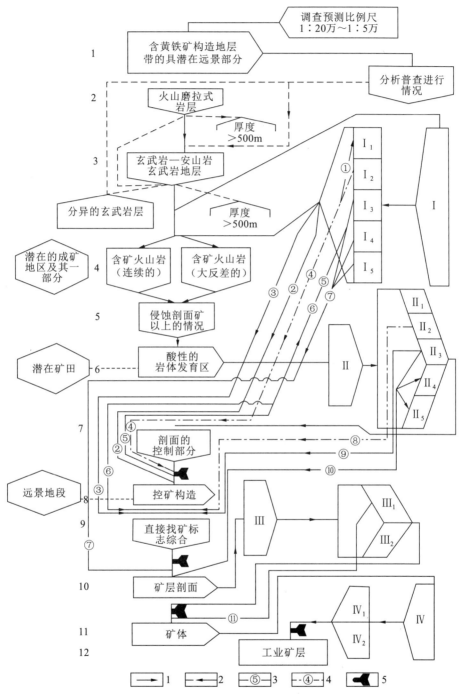

图 9-2 隐伏黄铁矿铜矿找矿工作合理流程图

(据 А.И. Кривцов и др, 1982)

1. 找矿工作基本方案；2. 简化方案及其编号；3. 确定的解答；4. 不定或否定的解答；
5. 工作区内无找矿对象

物的地球化学取样;II_5.用充电法等进行物探测井。

普查评价亚阶段:III_1.按圈定矿体和计算 C_2 级储量所需的网度打普查-评价钻孔;III_2.用充电法、偶极电磁剖面、无线电波透视等方法进行物探测井。

初勘阶段:IV_1.按照保证求得 C_2 级和 C_1 级储量的网度进行钻探;IV_2.用充电法、偶极电磁剖面、无线电波透视等方法进行物探测井。

第三编 若干金属矿藏的含矿性准则

金属矿产种类繁多，本编只对具有重大工业意义的若干金属矿产具体矿藏的含矿性准则作一剖析。其中包括：豫西铝土矿、白银厂块状硫化物铜多金属矿、德兴斑岩铜矿、个旧锡多金属矿、铜陵矽卡岩型铁铜矿、胶东金矿、福建紫金山金、铜矿及鞍山—本溪地区鞍山式铁矿等。

第十章 豫西铝土矿

豫西铝土矿属于华北陆块成矿省（Ⅱ-4）中的小秦岭-豫西太古宙、元古宙、古生代、中生代金钼铝土矿铅锌成矿带（Ⅲ-17）（陈毓川等，2006）。该Ⅲ级成矿带可分为东、西两个Ⅳ级成矿单元。东段Ⅳ级成矿单元即是豫西铝土矿成矿亚区。

我国铝土矿分布相对集中，可划分出15个以铝为主或以铝为特色的成矿亚区（带），其中在华北陆块内的就有4个（表10-1）。

表10-1 成铝亚区（带）划分表

成铝亚区（带）编号	成铝亚区（带）名称	典型矿床	查明资源储量占比
Al3（A）	山西断隆	克俄（大型）	30.54%
Al4（C）	渭北隆起	曹村（中型）	0.08%
Al5（A）	华北陆块南缘	张窑院（大型）	20.96%
Al6（C）	鲁西断隆	王村（小型）	2.40%

豫西铝土矿就是其中的华北陆块南缘成铝亚区（带），查明的资源储量占全国的20.96%，是铝土矿资源成矿潜力最大成矿亚区（带）之一（高兰等，2014）。

第一节 铝土矿成矿亚区潜在含矿性地质前提

豫西铝土矿成矿亚区，简称为豫西铝土矿，处于中朝古板块南部，受秦岭构造带和中国东部构造带影响明显。区域北西为王屋山-太行山隆起，南西为秦岭隆起，中间为嵩箕隆起。与隆起相间出现陕县-新安盆地、济源-开封凹陷盆地、汝州-宝丰盆地。区域主要构造线方向呈北西向、近东西向，焦作以东为北北东向。秦岭、汝州-宝丰盆地整体呈北西向，陕县-新安盆地呈近东西向，嵩箕地区总体上受近东西向、北西向构造控制，北西向构造错断了近东西向构造。北东向、北北东向构造对区域有明显的影响，中朝古板块南部洛宁、嵩县等盆地呈北东向，陕县盆地、嵩箕隆起东部发育大量的北北东向断裂。隆起区抬升、剥蚀强烈的部分出露古老的太华群、登封群等古老变质岩系，元古宇、古生界围绕古老地层分布，隆起区山地周围的盆地中分布中生界、新生界。

一、晚奥陶世—早石炭世长期沉积间断——铝土矿形成的前提

华北陆块寒武纪—中奥陶世形成了巨厚的碳酸盐岩。经过晚奥陶世—早石炭世的风化剥蚀,沉积间断的时间约 1.4 亿年。长期隆起的基底碳酸盐岩及邻近古陆的硅酸盐岩,在适宜气候条件的配合下,遭到了强烈的风化剥蚀,在长期的物理风化和化学风化的作用下,为铝土矿的形成提供了丰富的成矿物质。此外,长期的沉积间断所形成的准平原化地貌,为铝土矿的积聚创造了有利的场所。

在与华北沉积区相邻的秦岭小区,如河南的内乡、淅川一带,在相同的这段地史期中,由于地层连续,无沉积间断,所以虽有中石炭世的沉积,却无铝土矿形成。这是对长期沉积间断是铝土矿形成的前提的有力佐证。

二、晚石炭世—新生代的构造运动——铝土矿出露的前提

石炭纪,于地势平坦的碳酸盐岩古夷平面上形成的铝土矿广泛分布于华北各地,产状近于水平。其后,石炭系太原组、二叠系、下中三叠统连续沉积,铝土矿被深埋地下。后经多期构造运动,抬升到现在的位置。铝土矿形成后受到如下构造运动的影响。

1. 晚石炭世—中三叠世的连续沉积阶段

本溪组与上覆的太原组到中三叠统整合接触,基本上呈连续沉积,说明该阶段构造运动较弱,以水平升降运动为主,铝土矿受到掩埋,免受剥蚀。由于较长的地质历史、上覆岩石的压力及较高的温度等因素,豫西铝土矿的主要矿物由三水铝石转变为一水硬铝石。

本溪期末,豫西铝土矿含矿岩系之上铝土矿角砾及太原组石英角砾岩的出现,说明太原组沉积前,中朝古板块发生过较大规模的构造变动,铝土矿受到了早期的剥蚀,古高地上的碳酸盐岩已经被剥蚀,古老碎屑岩、变质岩、侵入岩开始出露地表。

2. 晚三叠世的褶皱运动

晚三叠世,扬子板块和中朝古板块碰撞,秦岭-大别山系隆起,在强烈的挤压下,豫西发生水平构造运动,中三叠统以下地层形成近东西向的褶皱构造,如渑池向斜、新安向斜、颖阳-密县向斜等。相对向斜盆地出现隆起,如岱嵋寨隆起、嵩山隆起。本溪组卷入褶皱,分布于背斜相对较高位置。

中生代,河南东部隆起强烈,出现了高大的山系,如武陟、长葛、兰考等地的古隆起。古生界被剥蚀殆尽,部分地区甚至剥蚀到太古宇。铝(黏)土矿被剥蚀,出露于古地表,有资料表明豫东驻马店、商丘等市有铝土矿赋存(楚新春等,1992)。宝丰大营矿床巨厚的白垩系火山岩之下为二叠系底部、石炭系、寒武系,说明在白垩系火山岩沉积前,古生代地层受到了明显的剥蚀。

3. 新生代的断陷作用

新生代构造运动以断陷运动为特征,在断层作用下,部分地区下降,其他地区相对隆起。晚白垩世末,沿太行山前断裂伸展滑脱开始发育,山西高原与华北平原的地貌差异开始形成(张家声等,2002)。太行山以东地区下降,接受了厚度最大达 5000m 的新生界沉积物,华北平原形成。

4. 新生代的隆起作用

铝土矿在隆起区被剥蚀,在沉降区又被深埋地下。在隆起周围出露,形成现今铝土矿床(点)围绕隆起分布的特征。

三、成矿期后风化淋滤——铝土矿表生富集的前提

铝土矿在地表或浅部经受风化作用和地表水、地下水的淋滤作用,使原生矿石中的 CaO、SiO_2、Fe_2O_3、S 不同程度地被带走,从而使 Al_2O_3 富集,矿石品级得到提高,这种作用被称为表生富集作用。其作用过程表述如下:铝土矿床中,大部分富矿体均位于潜水面以上的氧化淋滤带中。含铝岩系为灰岩或白云质灰岩。含水层的水化学类型为重碳酸钙、碳酸镁型,pH 值为 7.7,水温 14~18℃。具有各种侵蚀剂,如 CO_2、H_2SO_4、O_2、腐植酸等化合物。在侵蚀剂的作用下,含铝岩系中首先是 CaO 大部分被淋失,其次是 SiO_2、Fe_2O_3 较易被淋失,黄铁矿被氧化为褐铁矿,铝则因不易活动而被保留下来,并得到富集。

次生富集的另一证据是,同一个矿体,越往深部,铝硅比越低,矿石质量越差,最后变为铝土岩和黏土岩。

第二节 铝土矿成矿小区划分及潜在含矿性前提

一、铝土矿成矿小区及矿带划分

如前所述,豫西铝土矿属于华北陆块成矿省(Ⅱ-4)中的小秦岭-豫西太古宙、元古宙、古生代、中生代金钼铝土矿铅锌成矿带(Ⅲ-17)东段,为Ⅳ级成矿单元,是成矿亚区。进一步成矿亚区可划分出成矿小区,这是Ⅴ级成矿区。成矿小区内又可划分出矿带(田)。矿带(田)又可划分出矿床。不同的研究者对成矿单元的划分存在差异,在本章的叙述中统一按此方案划分。此方案见第二章第二节。

吴国炎等(1996)综合考虑铝土矿成矿规律及所处的地质构造位置和分布,将成矿区的铝(黏)土矿划分为 4 个成矿小区和 12 个矿带(表 10-2)。

表 10-2　豫西铝土矿成矿小区及矿带划分表

成矿小区	矿带
济源-焦作黏(铝)土矿成矿小区	马道-上刘庄黏土矿带
	思礼-簸箕掌铝(黏)土矿带
陕县-新安铝土矿成矿小区	七里沟-焦地铝土矿带
	杜家沟-郁山铝土矿带
	张窑院-下冶铝土矿带
嵩箕铝土矿成矿小区	龙门-冯庄铝土矿带
	庄头-白寨铝土矿带
	鳌头-西白坪铝土矿带
	王村-扒村铝土矿带
	郑庄-黄道铝土矿带
汝州-宝丰铝(黏)土矿成矿小区	边庄-梁洼铝(黏)土矿带
	寄料-唐沟铝土矿带

河南省地质调查院(2010)对吴国炎等(1996)的方案作了调整，将豫西铝(黏)土矿划分为 4 个成矿小区,19 个矿带(表 10-3)。

表 10-3　豫西铝土矿成矿区划表

成矿小区	矿带
焦作黏(铝)土矿成矿小区	茶棚-上刘庄黏土矿带
	克井-常平黏(铝)土矿带
三门峡-渑池-新安铝土矿成矿小区	七里沟-焦地铝土矿带
	杜家沟-郁山铝土矿带
	张窑院-下冶铝土矿带
嵩箕铝土矿成矿小区	龙门-涉村铝土矿带
	水头-冯庄铝土矿带
	王庄-岳村矿带
	城南岗-岳岗矿带
	庄头-超化矿带
	鳌头-西白坪铝土矿带
	王村-扒村矿带
	方山矿带

续表 10-3

成矿小区	矿带
嵩箕铝土矿成矿小区	凤穴寺-黄道铝土矿带
	神后-洪畅矿带
宜阳-汝阳-鲁山铝(黏)土矿成矿小区	李沟-高山铝(黏)土矿带
	小辛店-温泉街铝土矿带
	马兰-唐沟铝土矿带
	边庄-段店铝(黏)土矿带

二、成矿小区潜在含矿性前提

1. 中石炭世岩相古地理前提

中石炭世初期,海水漫浸形成全区大面积的海相沉积区(图 10-1)。由于西北中条古陆和西南秦岭古陆的阻挡,整个沉积区呈一西端收敛、东端敞开的三角地带,范围达 30 000 余平方千米。沉积区内存在次级隆起区(带),多呈东西走向,由北向南有太行隆起、武陟隆起、长葛隆起、嵩箕隆起、岱嵋寨隆起等。这些隆起区在海水入侵后,成为岛或岛群,并将沉积区划分为数个次级的沉积区。由于沉积区内浅水陆棚区非常宽广,加上次级隆起区对海水的障壁作用,极易造成局部封闭的沉积区。随着海水进一步退却和水下高地露出水面,湖盆的局限性更加明显。根据豫北鹤壁及豫东永城一带的地层剖面资料,本溪组不仅厚度大,且上部有海相灰岩存在,从西南向东北方向厚度增加,层数增多。中石炭世岩相古地理(图 10-1)的控矿作用主要体现在:

(1)古地理位置的控矿作用。这些古陆和古岛是剥蚀区,为周围湖盆提供了丰富的成矿物质。围绕在高地周围的陕渑湖盆、新安湖盆、登封湖盆、禹州湖盆、宝汝湖盆和郑洛海峡的巩义—偃师一带是铝土矿的重要产区。重要的铝土矿床离上述剥蚀区 5~10km 范围之内,其原因是铝土矿呈碎屑方式搬运,搬运距离不会太远。而呈悬浮状搬运的黏土物质则可搬运得较远。

(2)封闭或半封闭环境有利于铝土矿成矿物质的聚集。陕县、渑池、新安、登封、新密及禹州等地区在潟湖沉积区,辅之以有利的古岩溶地貌等有利因素,是铝土矿最有前景的地区。而焦作、济源、巩义一带海湾区,其封闭条件相对较差,形成的铝土矿也相对较差(吴国炎等,1996)。

(3)岩相的控矿作用。成矿区内,除焦作、济源等部分地区在中石炭世有碎屑岩沉积外,大部分为潮坪相和潟湖相的黏土岩。成矿区内铝土矿分布区在铝铁质岩石组合类型为主体的背景上,与铁铝质岩及铝质岩区相一致,这些岩区一般都在距古陆或古岛不远的滨-浅湖相区。

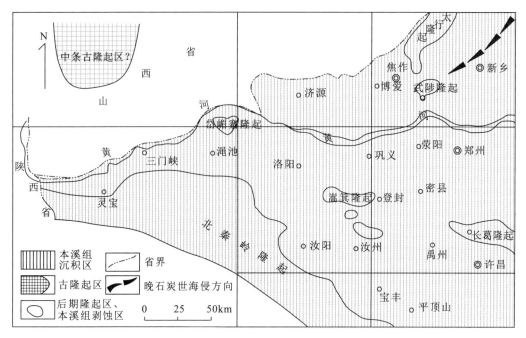

图 10-1　华北陆块南缘成矿区中石炭世岩相古地理图(据陈旺,2009)

2. 地层前提

铝土矿床赋存于寒武系—奥陶系古风化侵蚀面之上的中石炭统本溪组中。

本溪组:主要岩性有褐黄色、灰色黏土岩、铝土矿、黏土岩、碳质黏土岩。下部为"山西式铁矿",局部为硫铁矿,中部为铝(黏)土含矿岩系,上部为砂质黏土页岩、碳质黏土页岩,局部夹薄煤层。厚度 5~60m,为古风化壳、海侵系列底部的湖泊相、沼泽相沉积。与下伏地层呈平行不整合接触。本溪组为铝土矿、黏土矿、铁矿赋存层位。太原组:主要岩性有青灰色燧石灰岩、生物灰岩与砂岩、页岩及黏土岩互层夹薄煤层,厚度 30~80m,与下伏地层呈整合接触。层局部可采,称一煤组。属海相、海陆交互相的灰岩-碎屑岩系。太原组为本溪组上覆地层,区域上和本溪组出露地区一致。

豫西本溪组的分布受区域构造控制明显。豫西区域褶皱构造主要有陕县—新安地区的渑池-新安向斜、岱嵋寨背斜,嵩箕地区的嵩山背斜、箕山背斜、颍阳-密县向斜、禹州向斜和焦作济源地区的克井向斜、常平向斜、焦作-汲县向斜等。褶皱运动使得背斜的核部受到构造抬升,加上后期断陷运动,隆起区剥蚀强烈,出露太古宇、元古宇;向斜核部下陷,接受中新生界沉积。

受构造作用的控制,石炭系本溪组主要分布于隆起四周,如岱嵋寨隆起南侧、东侧的陕县—新安地区、嵩山-箕山隆起周围的嵩箕地区、北秦岭隆起东北侧的汝州—宝丰地区和中条山-太行山隆起东南侧的焦作—济源地区。本溪组一般呈背离隆起的单斜产出,产状平缓,倾角5°~15°,如陕县—新安地区中段、东段,嵩山-箕山隆起嵩山、箕山北侧和北秦岭隆起东北侧的汝州—宝丰地区;部分地区受构造影响明显,本溪组主要产出于断陷盆地中,如焦作—济源地区和陕县—新安地区西段。隆起周围受构造影响较大的局部地区，本溪组出露较差，如嵩山南侧、箕山南侧。

本溪组底界为寒武系—奥陶系的古风化面，顶界为太原组底部的灰岩或砂岩。底界的碳酸盐岩古风化面，岩溶地貌发育，起伏不平；顶界除岩溶洼斗引起的局部洼陷外，相对平滑。本溪组厚度0～40m，受古岩溶地形的控制，在岩溶洼地洼斗处厚度较大，在古突起处厚度较小，乃至缺失。

豫西地区本溪组层位稳定，分布较为连续，在豫西寒武系—奥陶系碳酸盐岩风化剥蚀面上，均有本溪组存在。部分地区出现本溪组沉积缺失或极薄地段，如登封石道月湾、登封西白坪张家门、渑池县南谢村、汝州朝川于庄（吴国炎等，1996）。在济源下冶矿床南崖头、沁阳虎村矿床西万矿段、沟头矿床ZK15948钻孔观察到本溪组缺失现象，在偃师下徐马ZK35396钻孔观察到本溪组厚度极薄的现象。没有观察到大面积沉积缺失的现象（陈旺，2009）。

3. 构造前提

据有关资料分析，华北陆块南缘成矿区自新太古代以来，在近南北向的挤压应力作用下，由太古宇和元古宇古老岩系组成的地块均呈近东西走向断续相连构成隆断褶带。这一构造带经历了长期和多次强烈的构造演变过程。新太古代呈雏形，古元古代基本定型。直至中石炭世这一构造线方向仍占主导地位，形成了隆起剥蚀区与其间的坳陷呈近东西向分布的特征。

主要的古隆起区（带）从北往南有：济源西-武陟古隆起区、岱嵋寨古隆起区、嵩山古隆起区、箕山-长葛古隆起带。古隆起区（带）之间的坳陷区有济源坳陷、渑池坳陷、龙门-巩义坳陷、登封-新密坳陷等。陕县-新安、嵩箕、汝州-宝丰、焦作-济源4个成矿亚区就在这些坳陷中（吴国炎等，1996）。

三、成矿小区及矿带简要描述

1. 陕县-新安成矿小区

陕县-新安成矿小区位于陕县-新安盆地与北秦岭隆起及岱嵋寨隆起交接部位。南侧和北秦岭隆起呈断层接触，石炭系埋藏较深，除西段有少量铝土矿外，其他地区未见铝土矿出露；北侧的岱嵋寨隆起构造作用相对较弱，地层产状平缓，围绕隆起有大量铝土矿床。该带是河南省最为重要的优质铝土矿成矿区。根据构造控制因素，可划分出西、中、东3个矿带，分别为七里沟-焦地铝土矿带、杜家沟-郁山铝矿带和张窑院-下冶铝土矿带。

七里沟-焦地铝土矿带位于扣门山断层以西的陕县断陷盆地，夹持于秦岭隆起和岱嵋寨隆起之间，西起七里沟，东至焦地，长约30km。大地构造位于秦岭构造系和太行山构造系的交接部位，北东向、北西向断裂发育，矿带被断裂带分割成大小不一的菱形断块，本溪组在断陷盆地中保存较好，形成铝土矿床，在相对隆起地区被剥蚀殆尽。该矿带已经发现大中型矿床15个，矿床规模为小型至特大型。主要矿床有七里沟、杨庄、焦地、王古洞、支建、崖底、南麻院、水泉洼等。大部分矿床的铝土矿体呈倾向南东的单斜产出,少数倾向南西或北西,倾角10°～30°,矿体厚度一般2～9m,矿石以中等品位为主。中国铝业集团有限公司（简称中国铝业）在支建煤矿深部发现中型铝土矿。

杜家沟-郁山铝土矿带位于扣门山断裂和龙潭沟断裂之间,西起杜家沟,东至郁山,矿带断续分布,总长达60km。西段沿北东向的扣门山断层东侧展布,东段沿岱嵋寨隆起南侧呈北西向展布。区域地层整体上呈倾向南的单斜产出,产状平缓,矿体倾向南东或南西,倾角10°～30°。矿体厚度一般4～6m,最厚达49.82m（贾家洼矿床）,矿石以富矿为主,有部分优质高铝黏土矿。有大中型矿床8个,矿床规模为中型至特大型,主要矿床有杜家沟、曹窑、贾家洼、雷沟、沟头等。2004年中国铝业在雷沟矿床探获大型铝土矿,2007年三门峡义翔铝业有限公司在曹窑煤矿深部发现目前河南省最大的特大型铝土矿,为近年来河南省铝土矿地质勘探的重大进展。

张窑院-下冶铝土矿带东矿带位于龙潭沟断裂以北,在岱嵋寨隆起东侧呈近南北向展布,南起新安张窑院,北至济源下冶,矿带断续长达25km,成矿地质条件良好。地层呈倾向东的单斜产出,构造简单。带内分布有大中型矿床7个,自南到北依次为张窑院、贾沟、石寺、马行沟、竹园-狂口、石井、下冶等矿床,矿体出露较好,一般倾向东,倾角5°～15°。矿体厚度一般1.0～7.50m,下冶矿床矿体最厚70.5m。该矿带矿石品位较高,张窑院为河南省平均品位最高的铝土矿床。

2. 嵩箕成矿小区

嵩箕隆起可以分为嵩山背斜、箕山背斜及其间的颖阳-密县向斜盆地、禹县盆地等几个明显的褶皱构造。铝土矿床围绕隆起分布,受隆起控制明显。嵩山北侧、箕山北侧及嵩箕地区东部的新密—登封—禹州一带铝土矿出露较好,陈旺(2009)将其划分为嵩山北侧的偃师-巩义-荥阳矿带、箕山北侧的鳌头-西白坪矿带和嵩山—箕山东侧的登封-密县-禹县矿带。嵩山南侧的吕店—登封—卢店一带和嵩箕隆起南侧的汝州—郏县一带,断层规模较大,断层上升盘石炭系被剥蚀,下降盘被厚度巨大的第四系覆盖,局部石炭系出露面积有限,只形成小规模的铝土矿点,规模小、数量少,不再划分为矿带。

1) 偃师-巩义-荥阳矿带

该矿带位于嵩山北坡,西起洛阳龙门,东到郑州三李,全长101km。除断层附近外,地层总体上呈走向近东西、倾向北、倾角较小的单斜产出,矿体和区域地层产状一致,比较稳定。嵩山山脉被五指岭断层和嵩山断层错断成三段,相应铝土矿带可以分为断续的3个矿段:①西段参店-龙门矿段,即嵩山断层以西的地段。东自巩县李家窑,西至洛阳龙门,长45km。原河南省地质三队在巩县李家窑—偃师西寨长27km的地段做过普查工作,将该地段划为夹沟、菅茅、焦村、西寨4个矿床,提交铝土矿远景储量3287.0万t。西寨—龙门长18km的地段内,工作程度很低,仅局部见铝土矿露头。洛阳香江万基铝业公司在下徐马-朱村矿床进行地质勘探工作,发现小型隐伏铝土矿床。②中段涉村矿带,即五指岭断层与嵩山断层之间的地段。东自大王河,西至关帝庙,长15km,有涉村、张沟两个矿床,20世纪50年代做过初步勘探工作,提交铝土矿工业储量401.4万t,耐火黏土远景储量5 051.5万t。③东段小关矿带,即五指岭断层以东地段。东自郑州三李,西至巩县石榴园,长41km。西段有钟岭、大峪沟、竹林沟、茶店、水头、冯庄6个矿床在20世纪50年代和60年代做过勘探,探明铝土矿工业储量6 371.3万t,耐火黏土工业储量1 656.7万t。在东段杨树岗矿床做过勘探,提交铝土矿工业储量334.2万t。中国铝业近年来在荥阳冯庄—新密白寨一带进行铝土矿地质找矿工作。

2)鳌头-西白坪矿带

该矿带位于箕山北坡,颍阳-密县向斜南翼。西起临汝鳌头,东至登封西白粟坪,长42km,近东西向展布。区域地层呈走向东西、倾向北的单斜产出,倾角19°~43°。本溪组厚8~45m。矿体产状和区域地层一致。本成矿带有矿体70多个,呈透镜状、似层状、囊状,最大长度600m,一般50~300m,最大厚度29.46m,矿体平均厚度3.94m。将该矿带分为10个自然矿段:①鳌头矿段,②老君堂矿段,③小郭沟矿段,④杜家湾矿段,⑤郭沟矿段,⑥刘楼矿段,⑦梁庄矿段,⑧邓槽矿段,⑨三园矿段,⑩西白粟坪矿段。估算资源储量2021万t,平均Al_2O_3 63.81%,SiO_2 10.97%,A/S为5.8。近年来,中国铝业在该矿段西段的鳌头一带、洛阳香江万基有限公司在郭沟一带开展铝土矿勘查工作,发现小型铝土矿。

3)登封-密县-禹县矿带

该矿带位于嵩箕地区东侧,受嵩山、箕山背斜及新密、禹州两个大型向斜盆地的控制,可进一步分为新密矿段和禹州矿段。

新密矿段:受新密向斜控制。新密向斜是一个复式向斜,向斜轴在裴沟一带,北翼有云蒙山背斜和卢沟向斜,南翼有超化背斜和阳台向斜。东西向展布35km。由于存在多组褶皱构造,断裂构造复杂,近东西向、北东向构造发育,含铝岩系多次重复出现,并被切割成许多碎块。矿点星罗棋布,且产状多变。矿点有密县牌房沟、岳村、岳岗、袁庄、东沟、慧沟、五里店、七里岗后沟、小李寨、城南岗、楚庄、开阳庙坡、王庄、阎沟、寨坡、平陌、阳台、超化、楚岭、崔庄、灰徐沟和登封庄头、施村、南烟坡沟、戈湾等43处,但是规模较小,其中庄头矿床进行过勘探,为小型铝土矿,戈湾和烟坡沟做过深部普查,其余矿点工作程度很低。

禹州矿段:禹州向斜也是一个复式向斜,由白沙向斜、段沟向斜和角子山背斜构成。东西展布24km,南北展布35km。因断裂构造复杂,矿体破碎、矿点多而规模小。主要矿点有禹县扒村、浅井、马沟、长庄、方山、鸠山、陈庄、鸿畅和登封蒋庄、费庄、王村等10余处。其中禹县方山做过勘探,提交工业储量5 733.2万t;鸿畅、长庄、费庄等处做过深部普查。

3. 汝州-宝丰铝土矿成矿小区

该成矿小区位于秦岭隆起和汝州-宝丰盆地交接地区,构造作用强烈,矿带连续性较差,断续分布于汝阳、汝州、鲁山、宝丰等地,规模小,品位低。主要矿床(点)有汝阳石门沟、蟒庄,汝州张沟、唐沟,宝丰边庄、张八桥、大营,鲁山梁洼、段店等。在张八桥、边庄、梁洼等矿床进行过铝土矿地质勘探工作,提交资源储量1 553.1万t。2007年,河南省有色金属地质勘查总院在宝丰大营开展勘查工作,在煤矿采空区下发现铝土矿(陈旺,2009)。

4. 焦作-济源成矿小区

该成矿小区位于太行山隆起东侧的焦作—济源一带,铝土矿主要分布于焦作以西地区,主要矿床(点)有济源思礼、克井,沁阳常平、簸箕掌等。焦作以东,相应层位变化为黏土矿,有西张庄、上白庄、磨石坡、上刘庄等大型黏土矿。

铝土矿矿床主要赋存于太行山隆起靠近平原一侧的地堑中,或残留于地堑附近较高部位,规模小。中国铝业在沁阳虎村矿床开展勘查工作,提交小型铝土矿。

第三节 矿带潜在含矿性地质前提

古侵蚀区边缘是矿带潜在含矿性的地质前提。

矿带的展布方向与当时古侵蚀区的展布方向一致,大部分呈东西走向,部分为北东走向。各矿带的展布随古侵蚀区凹凸不平的边缘变化而变化,呈蛇曲、弧形带状,分布于古侵蚀区向海一侧,部分沿盆地的边缘呈弯月形分布(禹州矿带)。沿成矿区内古侵蚀区边缘的矿带规模最大,矿床也较稳定,如杜家沟-郁山矿带、龙门-冯庄矿带。而沿外围的古侵蚀区边缘分布的矿带或区内古侵蚀区交错部位的矿带规模小,矿床不连续,如庄头-白寨、寄料-唐沟铝土矿带(吴国炎等,1996)。

第四节 矿床潜在含矿性地质前提

古岩溶地貌是矿床潜在含矿性的地质前提。

河南省已勘探的铝土矿床均受控于沉积基底碳酸盐岩系构成的古岩溶地貌,矿体就位于岩溶负地形中。吴国炎等(1996)根据其形状和大小,划分为溶斗、溶洼、溶盆、溶洞和平坦洼地5种类型。

铝土矿的矿体形态、厚度、矿物组合、化学成分、矿石类型、结构构造和品位等方面都与古岩溶地貌有密切关系。麻杰磊(2015)作了较为深入的研究,总结了溶斗、溶洼、溶盆和溶原与铝土矿的产状和品位规模的关系(表10-4)。

岩溶地貌虽形成起伏不定的凹凸地貌,但总体受水流运动影响,自陆地向海洋地势逐渐降低。

自古岩溶剥蚀作用逐渐减弱或停止,便开始接受古风化壳沉积及含铝物质沉积,随着含铝物质不断沉积,填平补齐作用明显,虽发生多期海退海进过程,但靠近古陆周边仍处于最高高潮线以上,由淡水搬运形成古陆边缘溶斗控矿带。

表 10-4 豫西铝土矿岩溶类型(据麻杰磊,2015,有修改)

类型		溶斗	溶洼	溶盆	溶原
岩溶特征	形态	平面上不规则等轴状,剖面上漏斗状,闭合型	几个溶斗相连而成,边缓、底平,半封闭型	盆状,封闭型或者半封闭型	平坦洼地,单缓倾斜
	规模	直径几米至几十米,深几米至几十米	直径几十米至几百米,深几十米至几百米	面积数平方千米或者更大	长十几千米,面积几十平方千米至上百平方千米
	成因	断裂交会处或者节理密集带,淋蚀溶解而成	几个溶斗进一步相连而成	溶洼在地下水的水平作用加强,垂直渗入带厚度逐步减小而成	地表径流为主,下渗较弱,面状溶蚀而成
	分布	靠近古隆起	接近古隆起	远离古隆起	盆地中心
铝土矿特征	形态	透镜状	透镜状、扁豆状	似层状、层状	层状
	质量	厚度大,品位高	厚度较大,中高品位	中等厚度,品位中等	厚度较薄,品位较低
	规模	小型	中型	中—大型	大—特大型
	空间变化	矿石品位、厚度、结构构造横向上变化十分大	矿石品位、厚度、结构构造横向变化较大	矿石品位、厚度、结构构造横向变化较小	矿石品位、厚度、结构构造横向变化微弱
	实例	大安、边庄、长庄、王家后、南坻屋	张窑院、石寺、杜家沟、观音堂、料坡村、府店	新安贾沟、贾家洼、郁山、焦村、石寺	巩县小关、新密市吴院村、茶店、焦村、竹林沟
	重要分布区	古侵蚀区相互交错部位	秦岭剥蚀区北侧和嵩山、箕山剥蚀区的相互交错部位	岱嵋寨古侵蚀区边缘、嵩山剥蚀区北坡和中条剥蚀区南侧	岱嵋寨古侵蚀区边缘、嵩山剥蚀区北坡
物源供给相对能力		接近物源区,供给能力强,后期剥蚀强	接近物源区,供给能力强,后期剥蚀较强	远离物源区,供给能力中等,后期剥蚀中等	远离物源区,供给能力弱,后期剥蚀弱
水动力相对强度		地表径流明显,水动力强,长期处于水线以上	地表径流明显,水动力较强,暴露期与淹没期相当	地表径流减弱,水动力较弱,暴露期与淹没期相当	地表径流弱,水动力较弱,长期处于水线以下
再剥蚀及再沉积相对关系		再剥蚀及再沉积均强烈	再剥蚀及再沉积均较强	再剥蚀较弱,再沉积较强	再剥蚀弱,再沉积强
底板起伏相对程度		接近溶蚀最低点,起伏强烈	底部溶斗被填平,底板起伏明显	大部分溶斗被填平,起伏程度小	近准平原,底板起伏小

最高高潮线以下至浪基面以上,由于含铝物质大量沉积,形成准平原区地貌,逐渐高出海平面,形成辫状河三角洲。同时由于潮汐作用,使辫状河三角洲水位周期变化,形成豆鲕。由于辫状河三角洲水流频繁改道及不规律的海进海退共同形成了豆鲕、碎屑及隐晶质(胶体溶液)混杂沉积的特征。

在早期含铝黏土沉积过程中,高地位置为岩体,不再发生压实沉降。但岩溶洼斗中黏土沉积物质堆积压实沉降而形成低洼地带,最有利于铝土矿的形成,当物源供给充足时便形成连续产出的矿体,即以大型潟湖盆地为中心或由陆向海为主要沉积方向,同时存在多次级沉积中心(图10-2)。不同岩溶控矿区由于岩溶类型的差异,可导致矿体的产出位置、形状、厚度、规模等也产生差异性,具体分述如下(麻杰磊,2015)。

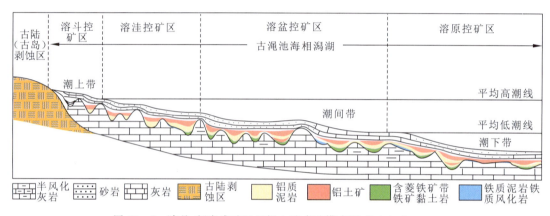

图10-2 陕县-新安成矿亚区铝土矿成矿模式图(据麻杰磊,2015)

1. 溶斗控矿区

矿体呈透镜状或漏斗状产出,厚度大而规模小。此类岩溶类型代表成矿物源供给能力、水动力、再沉积及再剥蚀能力均强,为长期位于平均高潮线之上的靠近物源区域,地表流水作用对其影响较大,溶斗中心底部不断被掏空而后再沉积,使得矿体底板靠近溶斗中心溶蚀最底部,矿体整体产出于溶斗内部,四周向溶斗开口边缘尖灭,未见矿体溢出溶斗外部。

2. 溶洼控矿区

几个溶斗由溶沟相连形成溶洼,矿体产出于溶斗内部或溢出溶斗充填于溶沟中。此类岩溶类型一般位于靠近物源区,物源供给能力较强,水动力也较强。铝土矿沉积之前,溶洼内部溶斗部分被其他沉积物所填埋,然后富铝物质沉积于其他沉积物之上,致使矿体底板位置距溶蚀中心最底部较远,底板起伏明显。

3. 溶盆控矿区

溶盆即为封闭或半封闭的大型溶蚀洼地,其内部可发育溶洼、溶斗。此类岩溶类型一般距离物源区较远,水动力条件也较弱,为大部分沉积物的沉积接收区。铝土矿沉积之前,溶盆内部洼斗基本已被其他沉积物所填平,此时部分洼斗被富铝物质所填充可形成铝土矿,后期大量富铝物质搬运至溶盆形成似层状或层状矿体,连续性好。

4. 溶原控矿区

溶原为大型的溶蚀平原,其内部发育斗洼或溶盆。此类岩溶类型一般距离物源区远,长期处于平均低潮线之下,是大量陆源沉积物的沉积接收区。在富铝物质沉积之前,大量其他沉积物在此区发生填平补齐作用,使得大面积的溶蚀洼地被填平而形成准平原,后期大量富铝物质搬运至此,形成薄层状连续产出的矿体。

在这里要特别强调,一个矿床是由许多大小不一的矿体所组成的,如图10-3所示。控制矿床的碳酸盐岩系构成的古岩溶洼地并不平坦,矿体就位于尺度更小的岩溶负地形中。也就是说,沉积基底碳酸盐岩系构成的古岩溶地貌按其空间上的尺度大小可以划分出不同的层次。

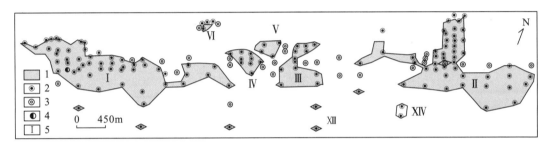

图10-3 曹窑矿区铝土矿体平面图(据陈旺,2009)
1. 矿体;2. 见矿钻孔;3. 未见矿钻孔;4. 见黏土矿钻孔;5. 矿体编号

第五节 矿体潜在含矿性准则

一、矿体潜在含矿性前提

1. 地层前提

铝土矿赋存于本溪组,受其严格控制,主要出现于本溪组中部的高铝岩性段,本溪组下部的铁质黏土岩局部形成高铁铝土矿,本溪组上部黏土岩段局部出现低品位铝土矿。直接底板为铁质黏土岩,间接底板为寒武系—奥陶系碳酸盐岩。直接顶板为黏土岩、碳质黏土岩,间接顶板为太原组生物灰岩、砂岩。豫西铝土矿矿体结构简单,一般为单层,分支复合现象少见,厚度大的矿体局部出现1~2层夹层,极少数探矿工程出现3层以上的夹层,夹层岩性主要为黏土矿、黏土岩、铁质黏土岩,雷沟及曹窑矿床出现碳质页岩、煤夹层。

本溪组底板为寒武系—奥陶系古风化剥蚀面,岩溶发育,起伏不平;顶板为太原组灰岩或砂岩。除岩溶低洼地段局部下陷外，近似平滑，本溪组厚度受古风化剥蚀面控制，岩溶洼地厚度较大，岩溶洼地外厚度变薄。铝土矿赋存于岩溶洼地中。矿体厚度与本溪组厚度呈正相关关系：在古岩溶洼地，本溪组厚度大，矿体厚度大，矿石质量最佳；在古地形的凸起处，本溪组变薄，矿层随之变薄，甚至尖灭，矿石质量也较差。

豫西铝土矿在本溪组广泛分布，但是其分布具有不均匀性，只在岩溶洼地、洼斗中出现铝土矿体。一般矿床，铝土矿面含矿系数为5%～10%；规模较大矿床，面含矿系数在50%左右。下冶矿床本溪组面积约5.0km²，铝土矿体面积约0.3km²，面含矿系数6%；虎村矿床本溪组面积约3.0km²，铝土矿体面积约0.3km²，面含矿系数10%；管茅矿床本溪组面积约5.0km²，铝土矿面积约0.4km²，面含矿系数8%；曹窑矿床本溪组面积为14.6km²，矿体面积约7.0km²，面含矿系数48%。虽然由于覆盖，有限的勘查工程未发现所有铝土矿体，但显然铝土矿只占本溪组分布面积的很小部分(陈旺，2009)。

2. 岩溶地貌前提

在平面上和剖面上，矿体形态均受岩溶地貌控制明显。平面上，岩溶洼斗中出现小规模的矿体，呈不同形状的圆状、椭圆状；岩溶洼地中，矿体规模较大，呈面状。剖面上，受岩溶地貌的控制，豫西铝土矿矿体主要有3种形态：层状、透镜状、洼斗状。在平坦、开阔的古岩溶洼地，形成层状矿体；在岩溶落水洞、漏斗，则形成洼斗状矿体；透镜状矿体介于二者之间。

1) 层状矿体

该类型矿体剖面上呈层状，平均厚度较小，一般3～5m，但水平方向延伸较大，大者可达3～5km，如曹窑矿床1号矿体(图10-4)长3900m，宽100～860m，雷沟矿床雷沟矿段矿体长7200m，宽300～700m；矿体规模较大，单个矿体铝土矿资源储量可达数千万吨，曹窑矿床1号矿体铝土矿资源储量2410.4万t，雷沟矿床雷沟矿段铝土矿资源储量6526.6万t；矿床平均品位一般较低，A/S一般为4～5(陈旺，2009)。

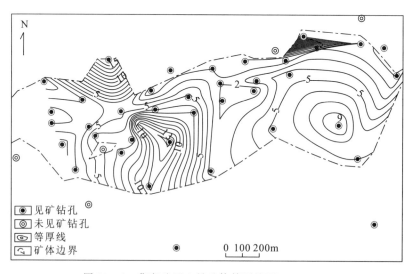

图10-4 曹窑矿区1号矿体等厚线图(单位为m)

2)洼斗状矿体

洼斗状为豫西铝土矿体的典型矿体形态。其主要特征是:矿体垂直方向上厚度较大,一般矿体厚10~30m;水平方向上延伸有限,一般30~50m;剖面上呈明显的洼斗状、"萝卜状"。新安张窑院矿床,矿体厚度大的达42.17m,济源下冶矿床ZK4844单孔厚度70.50m(图10-5)。在洼斗外,含矿岩系厚度迅速变小,铝土矿变薄,甚至很快消失,相变为黏土页岩。

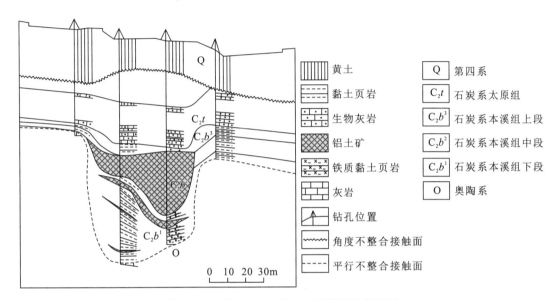

图10-5 下冶矿区含铝土矿岩溶漏斗剖面图

洼斗状矿体矿石品位高,豫西几乎全部优质铝土矿都产于岩溶洼斗中,在溶斗之外几乎没有发现过矿石品位特富的砂状铝土矿。张窑院矿床为豫西铝土矿品位最高的矿床(陈旺,2009)。

3)透镜状矿体

透镜状矿体介于层状矿体和洼斗状矿体之间,代表性矿床有新安贾沟、偃师管茅、登封大冶等。洼斗状是豫西铝土矿的基本形态,在铝土矿床广泛出现。矿体受控于岩溶漏斗、落水洞,常单个产出,有时两三个或多个相连一起产出。层状、似层状及透镜状矿体常常出现多个厚大部位,如曹窑矿床1号矿体(图10-4)有4个明显的厚大部位,显示由多个洼斗状矿体相互连接而成(陈旺,2009)。

豫西铝土矿具品位和厚度呈正相关的变化关系,这一规律被豫西及华北铝土矿的大多数研究者注意到(吴国炎,1997;温同想,1996;水兰素等,1999;杨振军等,2005)。

二、矿体潜在含矿性标志——地球物理标志

据吴国炎等(1996)资料。1984—1985年,河南有色地质勘查局第五地质队在豫西的贾

家沟和石寺两个已经勘探的铝土矿床进行了以直流对称测深为主,磁法、激电、放射性测量及人工地震为辅的方法找矿试验。重点是探索第四系黄土的厚度和奥陶系埋深变化规律,从而间接地寻找赋存有铝矿的岩深洼斗。试验获得了初步成果,认为电测深一般能够提供黄土的厚度和奥陶系埋深资料,相对误差不大于25%。其他几种方法效果不好,有待深入研究。虽然由于种种原因,用物探手段寻找铝土矿的方法尚未推向大范围试验和实际应用,但毕竟迈出了可喜的一步。

第十一章　白银厂块状硫化物铜多金属矿

第一节　北祁连成矿带地质概况

一、北祁连成矿带地质格局

白银厂块状硫化物铜多金属成矿亚区属于秦祁-昆成矿域（Ⅰ-2），祁连成矿省（Ⅱ-9），北祁连元古宙、早古生代金铜铁铬钨铅锌成矿带（Ⅲ-42）（陈毓川等，2006）。

北祁连早古生代火山岩带是我国重要的块状硫化物成矿带。该成矿带为Ⅲ级成矿带。沿成矿带东西向可分出4个Ⅳ级成矿亚区，由西向东分别为肃南、祁连、门源及白银成矿亚区。

该造山带位于我国中部秦祁腰带的中段，东部与北秦岭相连，西端被阿尔金走滑构造带所截，南依柴达木地块，北接阿拉善地块的龙宵山隆起（图11-1）。总体呈北西向展布，长约1200km，宽100～300km（夏林圻等，1995；左国朝等，1987）。该区内部构造复杂多样，具典型的沟弧盆体系，自北向南发育弧后盆地、岛弧、俯冲杂岩和消减洋壳残片等不同的构造单元。经历了裂陷拉张而后又挤压成弧的构造演化过程（彭秀红，2007；王金荣，2006；夏林圻等，1998，2003），具有典型的板块缝合带特征（杜远生等，2006）。在火山岛弧阶段大量的海底火山爆发，为海底热液对流成矿提供了有利的构造和物质条件，形成我国重要的块状硫化物铜多金属成矿带。

二、北祁连早古生代火山岩带

北祁连早古生代火山岩带之北为河西走廊过渡带（Ⅱ）。火山岩带之南为中祁连山隆起（Ⅳ）。

北祁连早古生代火山岩带分为北、中、南三带，依次为：Ⅲ$_1$北构造火山带（走廊南山北坡-毛毛山-南平山复向斜）、Ⅲ$_2$中构造火山岩带（走廊南山南坡-马雅山复背斜）和Ⅲ$_3$南构造火山带（托莱山-门源-静宁复向斜）（图11-2）。

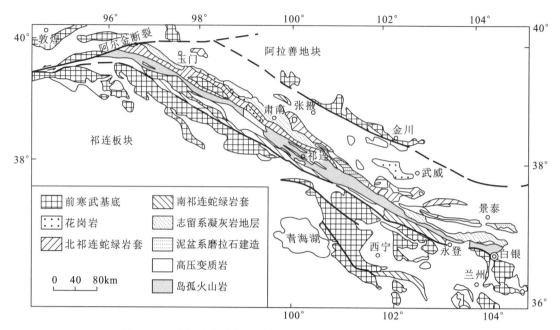

图 11-1　北祁连成矿带地质构造略图(据宋述光等,2012,有修改)

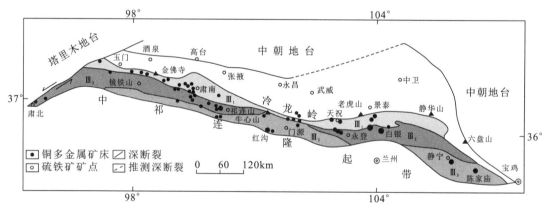

图 11-2　北祁连构造火山岩带分布略图(据夏林圻等,1998)

三、成矿大地构造背景

几十年来,前人对白银地区的火山岩系进行了大量的研究,获得了大量的岩石地球化学数据,并对其成矿大地构造背景提出了多种不同的观点。

1. 成矿大地构造背景的观点

(1)大陆裂谷环境(边千韬,1989;夏祖春等,1995;彭礼贵等,1995)。

(2)岛弧环境(蒋心明等,1988,1989;张发荣,1995)。

(3) 早期为大陆裂谷环境,而后向岛弧环境过渡转变,具有岛弧夭折裂谷性质(邬介人等,1994)。

2. 含矿建造的观点

边千韬(1989)认为白银矿田的含矿建造主要为次火山岩系。

火山岩为以玄武岩和流纹岩为主的双峰式火山岩组合。彭礼贵等(1995)认为白银矿田火山岩可能源自地幔与地壳部分熔融。

火山岩是陆缘弧岩浆作的产物(郭原生等,2000,2001;王金荣等,2003;李莹等,2009)。火山岩与板块俯冲作用、地幔部分熔融有关。其中赋矿围岩石英角斑凝灰岩是镁铁质下地壳部分熔融与地幔物质混合作用的产物。

蒋心明等(1988,1989)和张发荣(1995)认为白银地区细碧角斑岩的特征与岛弧大陆拉斑玄武岩一致。

3. 白银地区火山岩及 VMS 矿床的成岩成矿年代

前人对白银地区火山岩及 VMS 矿床的成岩成矿年代学研究也做了大量的工作(表 11-1)。

彭秀红(2007)在锆石标型特征研究和定年的基础上建立了白银厂矿田构造岩浆成矿动

表 11-1 白银地区火山岩成岩年代统计表(据廖时理,2014)

序号	测试对象	测试方法	年龄/Ma	资料来源
1	变酸性火山岩	锆石 LA-ICP-MS 测年 U-Pb	467.3±2.9	何世平等,2006
2	糜棱岩化石英角斑岩	锆石 LA-ICP-MS 测年 U-Pb	435.9±3.6	何世平等,2006
3	基性火山岩	锆石 LA-ICP-MS 测年 U-Pb	465.0±3.7	李向民等,2009
4	含矿脉状石英及与黄铁矿共生的石英集合体	石英裂变迹径法	551~519	陈怀录等,1985
5	石英角斑凝灰岩	锆石红外光谱	460	闫秋实等,2004
6	石英角斑凝灰岩	全岩 Rb-Sr 等时线年龄	451.19±8.59	邬介人等,1994
7	白银地区火山岩	全岩 Rb-Sr 等时线年龄	438.3±48.1	边千韬,1989
8	方铅矿	U-Pb 模式年龄	497、498	边千韬,1989
9	石英钠长斑岩	全岩 ^{40}Ar-^{39}Ar 年龄	398.7±5.1	边千韬,1989
10	石英钠长斑岩	钾氩法	395.8	边千韬,1989
11	石英钠长斑岩	全岩 Rb-Sr 等时线年龄	502.9±59.8	边千韬,1989

态演化模式,认为 446~440Ma 为该区火山活动全盛时期,在区内形成大范围有价值的多金属硫化物矿床。

第二节 白银成矿亚区潜在含矿性准则

一、白银成矿亚区潜在含矿性地质前提

1. 地层前提

白银成矿亚区的地层为寒武系至第四系,除缺失上寒武统、中上志留统及上白垩统外,其他地层均有出露。中寒武统白银厂群为中部火山岩带白银厂式铜多金属矿床的赋矿层位。中上奥陶统中堡群为北部火山岩带猪嘴哑巴式铜锌矿床的赋矿层位。

2. 火山岩前提

白银成矿亚区即位于北祁连早古生代火山岩带的中部裂谷带。中部裂谷带明显分为南、北两带,从而将Ⅳ级白银成矿亚区分为两个Ⅴ级矿带。

北Ⅴ级矿带分布在银硐沟—老虎山一带,为蛇绿岩套型铜-锌矿床,矿床主要产在中—晚奥陶世蛇绿岩套上部枕状细碧岩层内,典型矿床包括银硐沟、猪嘴哑吧及围昌沟,其中银硐沟矿床正在开采。

南Ⅴ级矿带从白银厂矿区至石青硐,主要为白银厂型铜-铅-锌矿床。矿床规模大,其中折腰山、火焰山、小铁山为大型铜多金属矿床,四个圈、铜厂沟和石青硐亦具一定规模,这些矿床均已经开采。矿床形成与酸性火山碎屑岩有关,矿体产在石英角斑凝灰岩内。

与南Ⅴ级矿带相应的火山岩带是白银厂-石青硐火山岩带,该带位于北祁连早古生代火山岩带东段南缘,是其中主要的成矿地段。该带火山岩为一套寒武纪富钠质的海相火山岩组合,岩石建造为细碧(玢)岩-(石英)角斑岩及成分相对应的火山碎屑岩。该带的酸性火山岩分布在白银厂、黑石山、二道湾和石青硐4个地区,构成走向呈北西-南东向、长约60km的火山岩带,东部出露最宽,约14km(图11-3)。

在白银厂,寒武纪火山作用形成以酸性火山岩为核的古火山穹隆构造,面积约 $25km^2$,细碧角斑岩系发育最完整,其中酸性火山活动剧烈,火山口规模大、数量多,粗火山碎屑岩分布广泛。

黑石山古火山穹隆及沉积洼地面积约 $35km^2$,细碧角斑岩发育,酸性火山活动较强,但粗火山碎屑岩占的比重相对较少,以溢流熔岩为主。

在二道湾,寒武纪火山岩出露面积约 $20km^2$,呈长约13km、宽1.5~1.8km的长条状,细碧角斑岩发育不完整,火山爆发强度较弱,由酸性火山熔岩层(夹少量凝灰岩层)和中基性

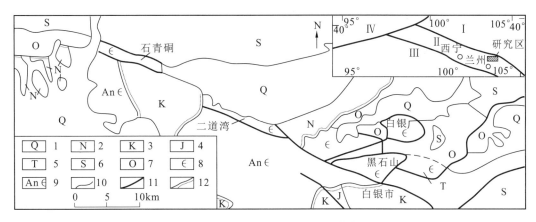

图 11-3 白银厂-石青硐火山岩带略图

1.第四系;2.新近系;3.白垩系砂砾岩;4.侏罗系砂页岩;5.三叠系砂岩;6.志留系砂质板岩;7.奥陶纪火山岩;
8.寒武纪细碧角斑岩系;9.前寒武纪皋兰群变质岩;10.地质界线;11.断层;12.不整合界线;Ⅰ.华北陆块;
Ⅱ.祁连造山带;Ⅲ.柴达木板块;Ⅳ.塔里木板块

熔岩层组成。

在石青硐,寒武纪火山岩出露面积为 $18km^2$,有黄沟山和洞沟山两个古火山穹隆(奚小双等,2002),也见细碧角斑岩,但与前述的古火山穹隆相比,沉积岩比例较大,大理岩、硅质岩等沉积岩分布较广,含矿酸性火山岩呈厚层状的夹层产于大理岩中。大量碳酸盐岩的存在表明,其形成环境属浅海相,沉积水体相对较深。

目前,在白银厂矿田已发现折腰山、火焰山、小铁山、铜厂沟和四个圈等 5 个大、中、小型铜多金属块状硫化物矿床,在石青硐发现一小型多金属硫化物矿床。它们都与北祁连寒武纪海相火山作用有关,成矿发生在酸性火山活动的晚期,矿体产于细碧角斑岩系的酸性端员——石英角斑质岩石内。

3. 断块构造前提

受加里东运动影响,区内产生北西西—北西向、北东向、北东东向 3 组断裂,其中北西西—北西向断裂具有长期活动的特点,是控制区域地质体分布的主要构造因素。断裂性质主要为压扭性、逆冲推覆。早期断裂主要属压扭性,使火山岩地层形成片理化区域透入性构造及北西西—北西向右行平移韧性剪切带和脆性断裂;晚期发展为逆冲推覆构造,产生北西西—北西向、北东向、北东东向 3 组断裂。由于受到上述断裂的切割及中生代以来的差异升降运动的影响,最终造成区域断块构造格局。

二、白银成矿亚区潜在含矿性标志

1. 航磁异常标志

1:20 万航磁 ΔT 异常(图 11-4)表明,白银成矿亚区的航磁异常总体上具有沿北西西向带状展布的特征。自北向南由两条北西西向高磁异常带，即老虎山-银硐沟正磁异常带和石青硐-白银正磁异常带组成。老虎山-银硐沟高磁异常带总体可能与基性岩体有关，银硐沟矿化点位于正负异常过渡带上。石青硐-白银正磁异常带又可分为两条磁性带。石青硐以东区域磁场呈大面积的等轴状，而局部磁异常呈环状，与火山中央相火山活动以及多个火山活动中心组成的特征相一致。小铁山至白银市一线以东为负磁异常区，而其两侧为正异常，与区域重力场比较，很可能是隐伏深大断裂所致（黄建清等，1996）。

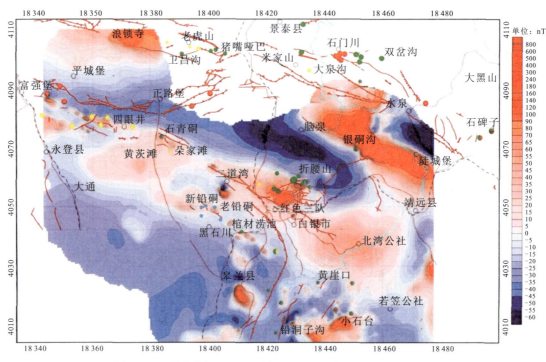

图 11-4　甘肃白银厂矿区及外围 1∶20 万航磁 ΔT 化极异常图

白银所在的中部磁异常带具有 3 个巨大的高磁异常区，由西向东分别为石青硐隆起、白银隆起和北湾隆起。

白银厂火山穹隆由多期次多旋回喷发、侵入的中基性岩、中酸性岩及火山杂岩等构成。中基性岩相对于其他岩系及新地层的各种岩石密度较高。白银成矿亚区表现出重磁异常的部分重合，暗示在矿田深部或地壳的上部有巨大铁镁质基性岩体（或岩浆房）的分布，也说明该区的形成是幔源底部上升和大规模基性岩浆活动上侵的结果（黄建清等，1996）。

航磁资料只有间接的找矿意义。

2. 地球化学标志

白银成矿亚区地貌景观为干旱荒漠，植被稀少，基岩裸露，未被黄土覆盖，气候较干旱，干涸沟系发育，岩石物理风化强烈，次生晕不发育。白银矿田处于高 Fe_2O_3、MnO、Na_2O、CaO 与低 SiO_2 的环境中，在该环境中发育的成矿元素有 Cu、Pb、Zn，伴生元素有 Cd、Ag、As、Sb、Hg、Au、Bi、Mo、Ba 等。研究区 3 种成矿元素 Cu、Pb、Zn 的平均值均明显高于全国平均值和干旱地区的平均值,中位数值也都明显高于全国中位数值;伴生元素的平均值则只是稍微高于全国平均值,中位数值则远低于全国中位数值(姚涛等,2011)(表11-2)。

表11-2 白银成矿亚区 Cu、Pb、Zn、Ag 元素特征值表

元素 项目	$Cu/\times 10^{-6}$	$Pb/\times 10^{-6}$	$Zn/\times 10^{-6}$	$Ag/\times 10^{-9}$
研究区平均值①	37.00	80.33	135.13	94.80
研究区中位数①	27.00	42.00	81.00	36.00
全国平均值②	21.56	24.94	69.61	80.88
全国中位数②	21.83	23.53	70.04	77.00
干旱地区平均值②	20.67	14.38	51.78	58.31

注:①据姚涛等,2011;②据任天祥等,1998。

白银成矿亚区赋矿地层中主要岩性的微量元素平均含量列于表11-3,其中中部岩组第三岩层成矿元素 Cu、Pb、Zn 偏高。

表11-3 白银成矿亚区各地层中主要岩性微量元素的平均含量(据陈兰桂,1983) 单位:$\times 10^{-6}$

岩组	岩层	主要岩性	Cu	Pb	Zn	Ni	Co	Hg	Mn	Ba
上部	第六岩层	硅化片岩、板岩	20	10	<50	47	6	0.18	1090	260
	第五岩层	细碧岩夹大理岩	30	13	<50	35	10	0.08	4620	170
中部	第四岩层	细碧玢岩、角斑岩	40	10	<50	39	9	0.23	2620	1000
	第三岩层	石英角斑岩及石英角斑凝灰岩	50	28	120	13	7	0.16	2140	300
	第二岩层	细碧岩、大理岩、细碧玢岩	60	16	60	50	13	0.43	1330	580
下部	第一岩层	方解石片岩	20	8	<50	40	7	0.46	2000	700

各类岩石中微量元素平均含量见表11-4。石英角斑凝灰岩中 Cu、Pb、Zn 成矿元素较其他岩性具较高的背景含量;Ni、Co、Mn 随火山岩从酸性→基性含量递增,片岩和千枚岩中的含量稍有增高;石英钠长斑岩中 Cu、Zn 含量较高,次为细碧玢岩凝灰岩,显示 Cu、Zn 富集与后期石英钠长斑岩的侵入密切相关。

表 11-4　白银厂成矿亚区各种岩石微量元素平均含量

元素 岩石	Cu	Pb	Zn	Ni	Co	Mo	Ag	Ba	Mn	Hg
石英角斑岩	22.6	13.7	65.6	7.0	8.3	0.8				
石英角斑凝灰熔岩	35.6	8.6	65.1	6.5	7.0	0.9	0.2			
石英角斑凝灰岩	32.3	10.2	66.7	7.7	11.6	1.0	0.2	383	885	10.6
角斑凝灰岩	33.8	16.3	76.2	10.9	12.2	0.7	0.2	325	911	
细碧玢岩凝灰岩	44.3	23.1	87.0	11.4	10.6	0.7	0.1	312	1272	11.1
绢云母片岩	37.2	13.9	72.0	10.2	10.1	0.7	0.2			
千枚岩	25.7	16.2	68.7	10.2	11.1	1.0	0.1	311	1388	5.9
石英钠长斑岩	47.2	13.7	95.5	6.0	7.4	0.8	0.2			
花岗斑岩	36.0	22.1	65.8	7.9	9.5	1.1	0.1			

注：数据单位 Hg 为 $\times 10^{-9}$，其余为 $\times 10^{-6}$；数据来源为赵海如等，1990。

廖时理(2014)采用 1∶20 万水系沉积物 2558 个样品地球化学数据。每个样品均测定了 W、Sn、Mo、Cu、Pb、Zn、Ag、Hg、Au、As 等 15 个元素。对数据进行聚类分析，表明白银厂地区的成矿和与中酸性岩有关的中低温热液元素组合 Ag-Zn-Cd-Pb-Hg-As-Mo-Sb 的关系较为密切。总体而言，这些元素组合反映了成岩、成矿作用的多源性与多期次性特征。

在 MapGIS 平台作白银成矿亚区 1∶20 万水系沉积物主要成矿元素 Cu、Pb、Zn、Au 的等值线图，其中 Cu、Zn 异常(图 11-5、图 11-6)总体上呈现以老虎山—猪嘴哑巴—米家山、富强堡—石青硐—白银厂为中心的两条北西西向带状分布的异常带，与区域的总体构造线方向一致。异常点与已发现矿床具有较好的对应关系，并在白银矿田的折腰山—小铁山一带具有明显的高值，异常范围大且强度高。Pb 异常(图 11-7)主要集中在白银矿田折腰山—小铁山地区，并在银硐沟附近具有一个明显的高值中心。在南部的青城、铅洞子沟等地区具有多个弱小的异常，与该区发育的与中酸性花岗岩有关的铅矿化的特征一致。老虎山地区无异常出现，可能与该类矿床的主要成矿元素为 Cu 和 Zn 有关。

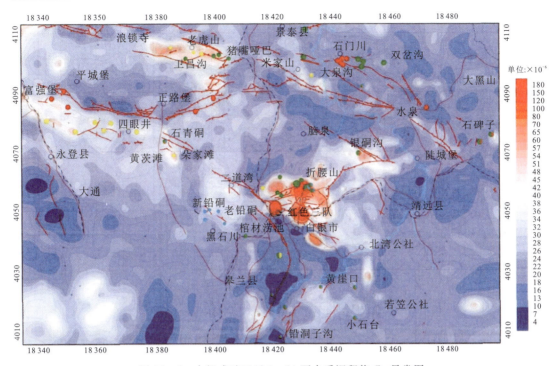

图 11-5　白银成矿亚区 1∶20 万水系沉积物 Cu 异常图

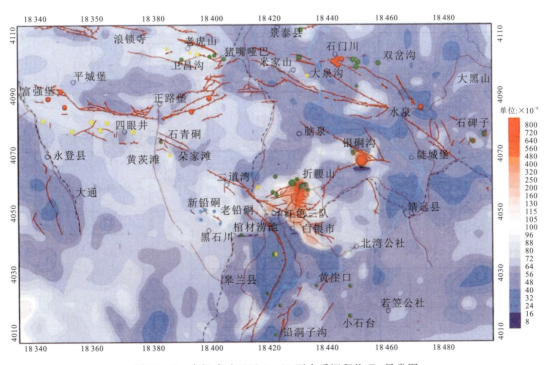

图 11-6　白银成矿亚区 1∶20 万水系沉积物 Zn 异常图

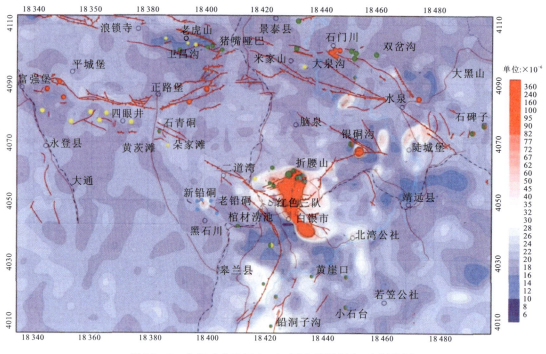

图 11-7 白银成矿亚区 1∶20 万水系沉积物 Pb 异常图

第三节 白银矿田潜在含矿性准则

白银矿田位于白银成矿亚区的南 V 级矿带——石青硐-白银厂矿带东段。目前白银矿田探明的工业矿床有折腰山大型铜-锌矿床、小铁山大型铅-锌-铜矿床、火焰山中型铜-锌矿床、铜厂沟小型铜-锌矿床、四个圈小型铅-锌-铜矿床和拉牌沟小型铅-锌-铜矿床。

一、矿田潜在含矿性地质前提

1. 古火山穹隆机构前提

古火山穹隆机构是对成矿起决定性控制作用的因素。资料表明,矿田是由位于矿田东部折腰山—火焰山、四个圈—小铁山地区的两个火山喷发中心和两个中心喷发口、若干个由北西西向、北东向断裂控制的古火山口组成的火山穹隆构造以及若干次级火山口组成一个火山穹隆构造(图 11-8)。

白银厂矿田卫星遥感图像显示的环形构造是一个环中套环的复合环状构造(图 11-9),在大环中所套的两个椭圆形亚环代表了古火山穹隆中的东西两个火山喷发中心构造。

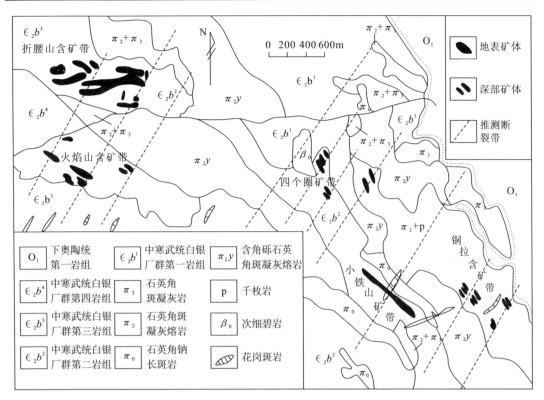

图 11-8　白银厂矿田地质矿产示意图（据邬介人等，1994）

它们的火山岩组合不同，东部喷发中心为酸性火山岩和中性火山岩组合，中性火山岩呈大半圈围绕酸性火山岩分布，其外侧的一套凝灰质砂岩、粉砂岩类夹灰岩呈大半圈围合产出。西部喷发中心为酸性火山岩和基性火山岩组合，其基性火山岩和喷发沉积岩围绕折腰山、火焰山地段的酸性火山岩呈外倾围合状分布，即北侧向北倾，南侧向南倾。它们的酸性火山岩——石英角斑岩类在岩石学、岩石地球化学上有着明显的差异，矿田的重力异常和火山岩 Cu、Pb、Zn、Au、Ag 等原生晕异常明显分为东西两个区。中心喷发口构造是介于火山口和喷发中心构造之间的火山构造。白银厂矿田已辨认出的中心喷发口有两个：一个位于东部喷发中心的铜拉、四个圈地段；另一个位于西部喷发中心的折腰山、火焰山地段。卫星照片上的两个微环状构造代表了中心喷发口的范围，且有两个以上的火山喷口，主要工业矿床均产于其中，是一重要的火山机构。

尽管东西两个喷发中心具有差异，但它们同处白银厂古火山穹隆内，具有共性。它们均为酸性火山岩占据中心部位，共同组成古火山穹隆的酸性火山岩核。它们具有相同或相近的火山作用顺序，即火山喷发爆发作用—喷发溢流作用—溢流作用—喷发沉积作用以及火山作用晚期次火山岩的侵入和碎斑熔岩的喷出作用，受同一成岩断裂系统控制等。

总之，白银厂矿田古火山机构（图 11-9）是一个具有东西两个火山喷发中心和东西两个火山中心喷发口，由若干受北西西向和北东向断裂控制的排列有序的火山喷口构成的古火山穹隆。

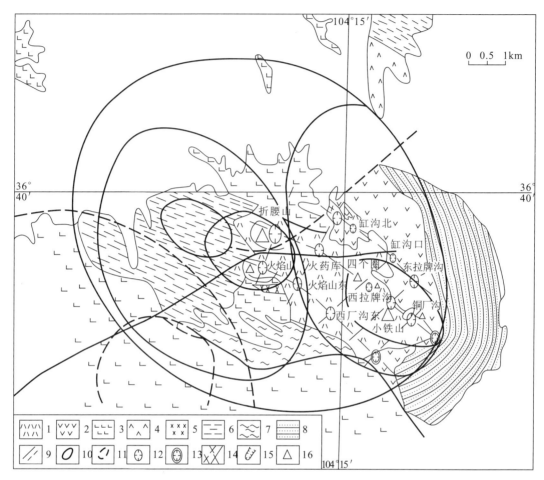

图 11-9 白银厂矿田古火山机构格架略图(据彭礼贵等,1995)

1. 酸性火山岩;2. 中性火山岩;3. 基性火山岩;4. 粗面岩类;5. 辉绿岩;6. 千枚岩类;7. 钙质绿泥石片岩;8. 碎屑沉积岩类;9. 推测及实测断层;10. 环形构造(白银厂);11. 环形构造(黑石山);12. 古火山喷口;13. 前人厘定古火山喷口;14. 推测成岩断裂系统;15. 采坑边界;16. 已知工业矿床

火山机构及其通道附近是热液活动中心,为成矿提供了必要的热源和物源。成矿物质喷出海底后,随着热液与海水的混合而卸载沉淀成矿,远离火山机构则热液活动明显减弱。同时,随着迁移距离的增大,矿质分散的概率也越大。因此,火山岩型矿床,如日本黑矿、我国的阿舍勒铜矿等均产于火山机构附近(高兆奎等,2009)。

在火山口的附近分布有大量被熔岩或凝灰岩所胶结的火山集块岩和火山碎屑角砾岩等。集块和角砾的粒径在空间上具有由内向外逐渐变小的特征(图 11-10),是火山机构存在的标志。石英钠长斑岩、辉绿岩和火山颈相次火山侵入体亦反映了火山机构通道的存在。火焰山东部、铜厂沟东部、缸沟北、东拉牌沟,特别是铜厂沟—拉牌沟与折腰山两处,以上特征更为明显。

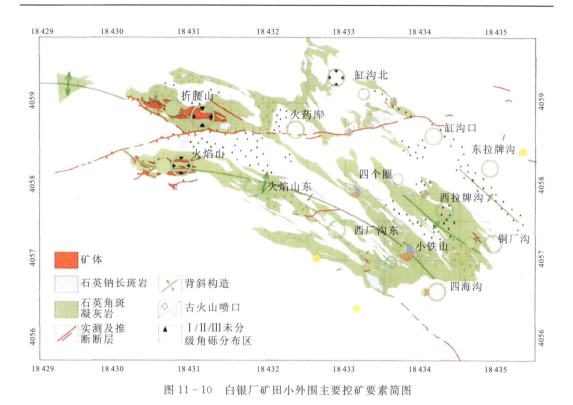

图 11-10 白银厂矿田小外围主要控矿要素简图

2. 地层岩性前提

白银厂矿田内从古生代到新生代地层大部分有出露，主要为寒武系和奥陶系。其中中寒武统在白银地区分布最广，为一套海底细碧-石英角斑岩建造，由基性—酸性熔岩-凝灰岩以及正常沉积岩构成的一套完整的喷发沉积系列，同时还伴随有与火山喷发岩同质的超浅成侵入体（次火山岩）。矿床即赋存在富钠质双峰式海底火山喷发细碧角斑岩中。根据喷发旋回和岩性组合的不同，该套地层又可细分为房沟组、白银厂组、大井子沟组、双洞峡组。矿田内仅出露白银厂组、大井子沟组。

区内主要矿种为与火山作用有关的铜矿和铜铅锌矿，其次为与岩浆热液作用有关的小型铅矿和金矿，并发育少量与沉积作用有关的铁矿和铁锰矿。将矿点与地层做叠加分析，统计不同时代地层的含矿性并计算地层的成矿强度（表 11-5）。计算中将大型矿床、中型矿床、小型矿点的矿产当量分别赋值为 125、75 和 25。矿产主要产于中寒武统白银厂组中，矿产当量达 975，成矿强度为 20.67，是其他地层的数倍以上。白银厂组上部为千枚岩夹厚层细碧岩、细碧凝灰岩，下部为石英角斑灰岩、凝灰熔岩、千枚岩。中寒武统大井子沟组，矿产当量为 125，成矿强度为 26.77，岩性主要为细碧岩、凝灰岩夹细碧岩、大理岩、千枚岩层及碎质岩层。

下中寒武统下岩组矿产当量达 150，主要产出小型铅矿。出露面积大，达 152.48km²，因此成矿强度较低，仅为 0.98。寒武系其他地层中矿床产出较少，仅零星分布。

表 11-5　甘肃白银矿田主要赋矿地层及其成矿强度统计(据廖时理,2014)

地层	面积 /km²	矿床数/个			矿产当量* /个	成矿强度** /个·km⁻²
		铜矿	铜铅锌矿	铅矿		
下中寒武统下岩组	152.48	1		3	150	0.98
下中寒武统上岩组	33.34	0			0	0
中寒武统白银厂组	47.17	18	3		975	20.67
中寒武统大井子沟组	4.67	5			125	26.77

注:* 矿产当量是按一定公式将不同规模的大、中、小矿及矿点折算成矿点时的总量;** 成矿强度为单位面积的矿产当量。

结果表明,白银厂矿田矿产还具有明显的岩性控矿特征。含矿地层中主要的控矿岩性为钠长斑岩、石英角斑岩和石英角斑凝灰岩(表 11-6)。其中石英角斑凝灰岩的矿产当量达550,数倍或数十倍于其他岩性,成矿强度达 61.35。钠长斑岩、石英角斑岩的矿产当量达100,成矿强度达 26.39。其次为玄武岩和玄武质凝灰岩,该类岩性矿产当量总和达到 150,成矿强度达 22.14。

表 11-6　甘肃白银矿田主要含矿岩性及其成矿强度统计(据廖时理,2014)

岩性	面积 /km²	矿床数/个		矿产当量 /个	成矿强度 /个·km⁻²
		铜矿	铜铅锌矿		
钠长斑岩、石英角斑岩	3.79	2	0	100	26.39
石英角斑凝灰岩	8.15	3	3	550	61.35
玄武岩、玄武质凝灰岩	4.52	4		100	22.14

3. 构造前提

褶皱构造主要有老虎山-米家山-水泉尖山-屈蜈山和富强堡-了高山-上花盆两个大的复式背斜和平城堡、赵家水靖远、秦王川较大的复式向斜。褶皱方向多为北西西向,其次为北西向,另外还有弧形褶皱。

该复式背斜总长约 9km,自西向东呈北西西—北西向弧形展布,被后期近东西向的断裂错断,形成一个两端倾伏、南缓北陡、轴向向北凸出的同斜褶皱。其核部主要为中寒武统第二、三岩组酸性火山岩,翼部则由中酸性、中基性火山岩组成。白银矿田内的矿床、矿化带均集中分布在复背斜轴部隆起的中心部位。

二、白银矿田潜在含矿性标志

1. 地球物理标志

1)航磁异常标志

据廖时理(2014)的资料,白银矿田1:5万航磁数据仅获得了北半部图幅信息。区内航磁化极异常总体特征与1:20万异常图相似,表现为在矿区中部有一条两侧被高值区夹持的北西西向低缓负值异常带,并在李家大沟北部具有一个北西向的高值异常突起,最低值可以达到-71.5nT。白银厂的主要已知矿床(折腰山等)位于该负值异常带的过渡带中突出的几个高值鼻状构造上(图11-11),矿床赋矿围岩因退磁效应而具有负磁特征。相对应矿田中部的西湾—黑石山地区为大片的航磁高异常区,最高异常达区179.59nT,有小型铜、金矿床。二道湾南部具有明显的正负异常伴生航磁异常,其中高值磁异常达546.32nT,低磁异常值为-125.74nT,可能与浅部磁性异常体的分布有关。

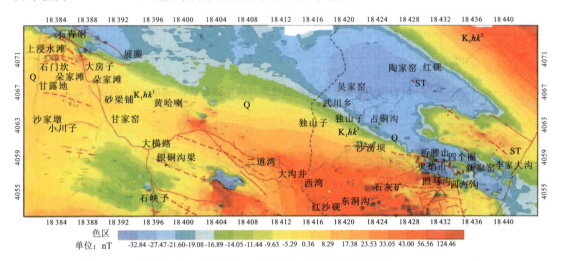

图11-11 白银矿田及小外围1:5万航磁 ΔT 化极等值线图(据甘肃有色地调院)

2)重力异常标志

1:2.5万布格重力数据来自白银有色地质二队晒蓝图,廖时理(2014)提取其数据并进行二次处理,绘制上延等值线图。

该区总体表现为以放马沟-牌楼沟重力高为中心的椭圆状重力高,并以两个大的重力梯级带为界限在小外围内白石台—石照子地区形成一个大的突出隆起(图11-12)。该重力高值西起沙捞坝,东至四海沟。极大值出现在放马沟—锁阳沟地区,由该区主要出露大片的低密度碎屑沉积岩层推测其深部发育大的高密度体。李家大沟以东具有一个北北东向分布的重力低异常中心,郝泉沟—西湾以南为大片的重力低值区,极值出现在郝泉沟南部,与该区大片出露的沉积砂岩、砾岩等相对应。正负异常梯度带的展布方向与区内主要断裂的方向一致。局部重力高呈北东向和北西西向椭圆形的串珠状环绕放马沟重力高呈放射状分布,暗示高密度体的分布受区内北东向和北西西向隐伏断裂控制,北东向和北西西向串珠状重力高在放马沟—牌楼沟交会,形成区内椭圆状重力高的极值点。区内矿床主要分布在区域椭圆状重力高的东侧,与北东向和北西西向串珠状重力高交会形成的环状重力低的过渡带上,在其西侧过渡带上亦分布有数个小型铜矿点。

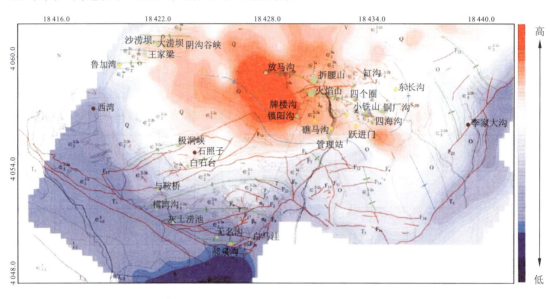

图 11-12 白银厂矿区及小外围 1∶2.5 万布格重力上延 300m 异常示意图

对该布格重力数据进行场源分离提取浅源异常,重力浅源异常整体表现为数条北东向和北西西向串珠状正负异常相间的棋盘状结构(图 11-13)。矿区重力高主要呈串珠状分布

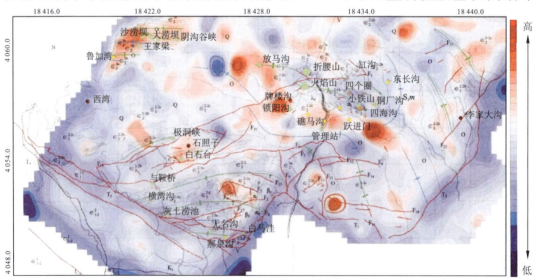

图 11-13 白银厂矿区及小外围 1∶2.5 万布格重力浅源异常等值线示意图

于放马沟—牌楼沟—礁马沟—四海沟南一线。其北侧两个椭圆状重力低地区分别分布有折腰山、火焰山矿床和小铁山、四个圈、铜厂沟矿床,对应白银矿区的东西两个成矿区。由于火山喷发过程中,喷出大量的岩浆造成质量亏损,从而往往在火山颈部位形成椭圆状的重力低。因此,这些重力高背景下的局部重力低部位可能代表了火山喷发中心。同时类似的重力浅源异常低值区如四个圈—东长沟一带、放马沟北、红沟北黄土覆盖区、铜厂沟东南延伸部位等也是寻找火山成因块状硫化物矿床的有利部位(廖时理,2014)。

2. 地球化学异常标志

1)1∶5万水系沉积物地球化学异常

据廖时理(2014)的资料,白银地区1∶5万水系沉积物地球化学数据的主要成矿元素Cu、Pb、Zn、Ag单元素及其组合元素的等值线异常图(图11-14—图11-17)显示,单元素及组合元素异常中心与1∶20万区域地球化学异常吻合,内部结构更加清晰化。1∶20万区域地球化学异常只能反映整个矿田,而1∶5万区域地球化学异常能反映各个矿床。异常区主要发育在白银厂矿田及其小外围,异常出露范围广且强度高,具有明显的浓集中心。元素Cu、Pb、Zn的地球化学异常与区内主要矿床所在地对应良好,集中显示了折腰山-火焰山、放马沟、四海沟、新家窑-四个圈有高异常分布,指示了这些地段的找矿潜力。

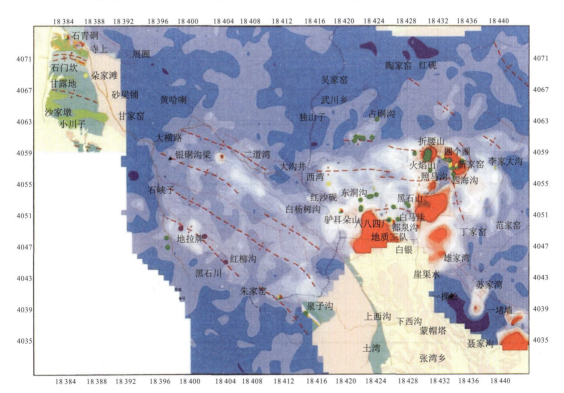

图11-14 甘肃白银矿区及外围1∶5万水系测量Cu元素异常示意图

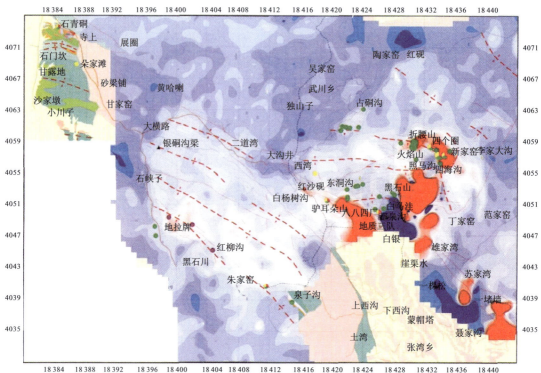

图 11-15　甘肃白银矿区及外围 1∶5 万水系测量 Zn 元素异常示意图

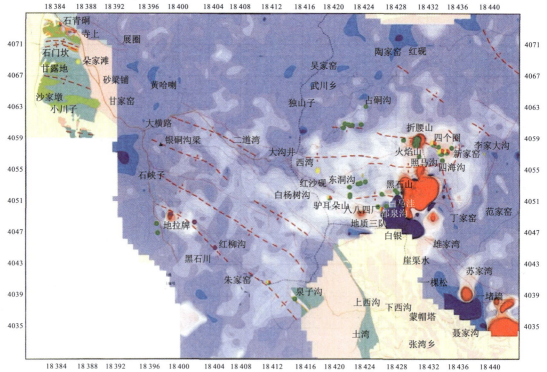

图 11-16　甘肃白银矿区及外围 1∶5 万水系测量 Pb 元素异常示意图

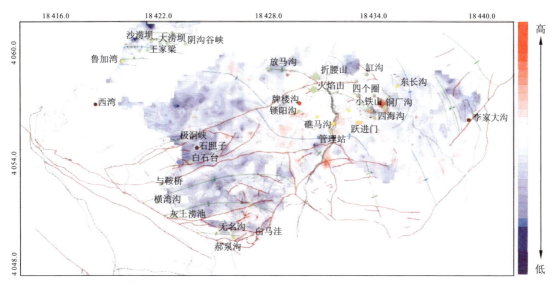

图 11-17 白银厂矿区及小外围1∶2.5万原生晕 Cu-Pb-Zn 叠加异常示意图

折腰山-火焰山与小铁山-铜厂沟高值异常带中部被低值区隔断,形成两个不同的浓集中心,暗示白银厂矿田东区和西区可能具有不同的成矿过程,与不同的火山成矿旋回有关。白银厂东南的二道湾、地拉牌等地发育有多个总体呈北西向分布的串珠状弱异常,暗示成矿与断裂构造具有一定的联系。Pb 元素异常的分布与 Cu、Zn 异常略有不同,前者在研究区西南的地拉牌等地具有明显的浓集中心,与该处发育的小型铅矿化点有关。

2) 1∶2.5万土壤地球化学异常

在白银矿区及小外围采1∶2.5万土壤地球化学样品。数据来自白银有色地质二队。作主要成矿元素 Cu、Pb、Zn、Ag 单元素及其伴生元素组合等值线异常图。

结果表明,Cu、Pb、Zn、Ag、Au 的单元素异常与 Cu-Pb-Zn 叠加异常区域的化探异常吻合程度比较高,其高值区主要在矿区南部环绕矿区分布,并在矿区东部的铜厂沟—四海沟等地以及矿采坑两缘具有明显的高强度异常,浓集中心明显,异常和已有矿点比较吻合,部分地区可以直接指示矿化。不同的元素分布也有一定的差别,表明其成矿作用存在一定差别。Cu、Zn 的分布范围相似,浓集中心主要分布在铜厂沟、四海沟以及研究区西北的沙捞坝—大捞坝等地。南部的与鞍桥、郝泉沟等处存在弱的异常,可能与基性岩中这些元素的背景值较高有关。在东区的铜厂沟等地以及小外围的白石台、极洞峡等地发育明显的异常浓集中心,在基性岩出露区异常相对较弱。Pb 异常主要发育在东区的铜厂沟、放马沟东以及小外围的沙捞坝、阴沟谷峡等地。

第四节 矿床潜在含矿性准则

铜-铅-锌型(白银厂型)矿床是迄今北祁连山成矿带已知的块状硫化物矿床中规模最大的矿床,分布在东部白银成矿亚区和中西部祁连成矿亚区。矿床类型包括:铜-锌型,典型矿床有折腰山、火焰山矿床;铜-铅-锌型,典型矿床有小铁山、石青硐、郭米寺、下沟、下柳沟等矿床;以及含少量铜的黄铁矿型(香子沟)矿床。然而,当把一个矿田内的矿床作为一个整体考虑时,它们可总体归入铜-铅-锌型矿床。

一、矿床潜在含矿性地质前提——古火山口构造前提

已知矿床点均赋存于喷发中心的酸性火山岩内,矿田西部折腰山矿床的矿体直接赋存于火山喷发口中,矿田东部喷发中心的周围分别于东南、南、西北及北侧分布有铜厂沟、小铁山、四个圈和西拉牌沟、东拉牌沟-缸沟等规模不一的矿床或矿化点,略微呈火山喷口周边成矿。

白银厂-石青硐火山岩带的块状硫化物矿床的差异性与所处的火山(机构)构造部位有明显的联系。折腰山、小铁山和石青硐3个典型矿床与火山穹隆有密切的关系,但它们可能产于古火山穹隆的不同构造、古地理位置上(图11-18)。

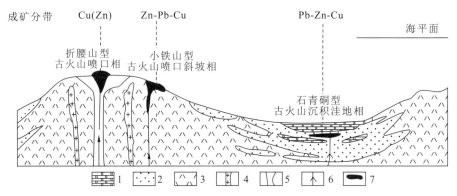

图11-18 白银厂-石青硐成矿分带性与构造古地理位置概念模型图

(据张洪培等,2003)

1.大理岩;2.酸性细火山碎屑岩;3.酸性火山熔岩和粗火山碎屑岩;4.次火山岩;5.火山管道-火山喷口相岩石;6.热液流动通道;7.矿体

折腰山矿床位于白银厂古火山穹隆西段,火山喷口相的石英角斑质集块岩、角砾岩及次火山相的石英钠长斑岩在此处大量产出,表明矿床位于火山喷口部位。火焰山矿床产于另一火山喷口。小铁山及四个圈矿床位于白银厂古火山穹隆东段,产于火山喷口的斜坡位置

(彭礼贵等,1995)。石青硐矿床位于黄沟山与洞沟山火山穹隆之间(奚小双等,2002),细火山碎屑岩、碳酸盐岩(大理岩)、硅质岩等沉积岩广泛分布,表明容矿构造位置是古火山沉积洼地(邬介人等,1994)。

随着距离古火山机构中心部位的位置不同,主成矿元素的分布呈现不同的分带性。如折腰山和火焰山矿床以 Cu 为主,含少量 Zn;小铁山和四个圈矿床以 Zn-Pb 为主,Zn 多于 Pb;石青硐矿床以 Pb-Zn 为主,Pb 多于 Zn。总体上来看,随着与火山喷口距离的加大,成矿元素呈 Cu→Zn→Pb 的分带现象。据此,将白银厂-石青硐火山岩带的块状硫化物矿床划分为 3 个(亚)类型:火山喷口铜(锌)矿床(称之为折腰山型);火山喷口斜坡锌-铅-铜矿床(称之为小铁山型);火山沉积洼地铅-锌-铜矿床(称之为石青硐型)。

二、矿床潜在含矿性标志

1. 地球化学标志

1)折腰山型矿床地球化学模型

矿石的主成矿元素组合为 Cu、Zn,伴生 Pb、Au、Ag、As、Hg、Bi、Mo、Co、Se、Sb 等多种微量元素,它们可作为矿床的指示元素。因子分析确定 Cu、Co 为矿床的特征指示元素。

矿床地表发育 Cu、Zn、Mo、Co、Pb、Au、Ag、Hg 原生异常(刘崇民,1999),其中 Cu、Zn、Mo、Co 异常相对较强。剖面上 Cu 的原生异常与矿体形态大体相似,且同样有浓度分带。由矿体向外侧,Cu 的原生异常呈高浓度带、中浓度带和低浓度带。Cu 高浓度带与矿体(带)范围基本吻合;中、低浓度带一般宽 10~40m,包围矿体。

Zn、Pb、Au、Ag、Bi、As、Sb、Hg 原生异常外带与 Cu 外带大致重合,但其高浓度带集中在上部的块状铅锌黄铁矿矿体中。Mo、Co 高浓度带在 Zn 高浓度带的下部,其中心与 Cu 大体一致,反映它们之间的密切关系。

围岩蚀变体的绿泥石化带内(相当于矿化带)出现 MgO、Fe_2O_3 异常,同时有 Na_2O 低值(负)异常,而两侧的绢云母化带出现 K_2O 异常。

综合分析上述结果,折腰山型矿床的地球化学异常模型是:指示元素为 Cu、Zn、Pb、Au、Ag、As、Hg、Bi、Mo、Co、Se、Sb 等,特征指示元素为 Cu、Co;有 Cu、Pb、Zn、Au、Ag、Mo、Hg、Co 原生异常,由矿体向外,呈 Cu、Zn 和 Mo、Co 的高浓度带→中浓度带→低浓度带的梯度变化,中浓度带可指示矿床范围,高浓度带指示矿带位置;由上而下呈 Zn、Pb、Au、Ag、Bi、As、Sb、Hg、Mo、Co 的垂向组分分带,可指示矿床的剥蚀程度;常量元素氧化物 K_2O 异常带指示矿床位置,MgO 异常、Fe_2O_3 异常及 Na_2O 负异常带指示矿带位置。

2)石青硐型矿床地球化学模型

石青硐矿床主成矿元素组合为 Pb、Zn、Cu,并伴随 Au、Ag、As、Hg、Se、Sb、Ba 等多种微量元素,Au、Ag 含量较高。矿化引起范围较大的 Cu、Pb、Zn、Au、Ag、As、Hg、Se、Sb、Ba 等元素异常,但异常的浓度及元素分带并不明显,这是由于矿体数量多、单个矿体小而分散所致。在有大理岩覆盖时,Cu、Pb、Zn、Au、Ag、As、Ba、Hg、Se、Sb、Ba 等多元素原生异常并不发育。多元素高浓度带即是找矿的重要线索。

2. 地球物理标志

1)折腰山型矿床地球物理模型

以酸性火山岩为主要围岩的白银矿区及小外围矿床,其矿体与围岩存在明显的密度、电性差异,能引起相应的地球物理异常。

折腰山型矿床以产出大规模的块状金属硫化物矿体为特征。物探资料显示,当矿体埋藏较浅时,在矿化部位激发极化法测量有 $\eta_s > 3\%$ 的视极化率异常;电测深视电阻率断面出现 $300\Omega \cdot m$ 的低阻异常带。在块状矿体上方,产生的重力异常经荣克量板正演计算,其值最大可达 $\Delta g_{max} = 4.5 \times 10^{-5} m/s^2$;激发极化法测量出现 $8\% \sim 15\%$ 的视极化率异常;联合剖面视电阻率曲线有低阻正交点和明显的歧离带;电测深视电阻率断面出现 $\rho_s < 100\Omega \cdot m$ 的低阻带。当矿体埋藏较深(200m)时,块状矿体上方仅产生 $\Delta g_{max} = 1.83 \times 10^{-5} m/s^2$ 的重力异常和 $3\% \sim 5\%$ 低缓极化率异常;联合剖面视电阻率曲线有低阻正交点和歧离带。

矿床及附近的碳质千枚岩、铁锰质硅质岩也可产生高极化异常;含水破碎带、含碳地层可产生低电阻异常。因此电法找矿有较多的干扰因素,需要多种方法配合。

折腰山型矿床的地球物理异常模型可以概括为高密度+高视极化率+低视电阻率异常体,将获得的异常体的不同物性异常强度大小、结构与上述物探资料对比即可为矿床(体)定位预测提供地球物理依据。电测深 $300\Omega \cdot m$ 的低阻带和 3% 视极化率异常带可指示矿化带位置;出现 15% 视极化率异常、小于 $100\Omega \cdot m$ 极低的低阻带指示块状矿体位置;重力测量异常是区分矿致异常和非矿异常的有效工具之一,同时也可根据异常强度的判断进行矿体定位预测,如 Δg 越接近 $4.5 \times 10^{-5} m/s^2$,说明地下的矿体可能越接近地表。

2)石青硐型矿床地球物理模型

石青硐矿床主要由浸染状矿体组成,矿体上方可产生 $\Delta g_{max} = 1.76 \times 10^{-5} m/s^2$ 低缓的重力异常、$5\% \sim 15\%$ 的高极化率异常、$200 \sim 300\Omega \cdot m$ 的强度相对较低缓的低阻异常。该类型矿床地球物理异常模型就是低缓重力异常+高极化率异常+强度较低的低阻异常。

3. 围岩蚀变标志

1)折腰山型矿床围岩蚀变组合及分带

白银矿田内各矿床的围岩蚀变主要呈筒状产出,原岩均为石英角斑凝灰岩夹石英角斑岩等。折腰山、火焰山与小铁山矿床的蚀变岩筒在形态、分带和蚀变矿物组合上存在明显的差异。

据李向民等(1998)的资料,折腰山蚀变岩筒平面上为呈南北方向延展的长约 1350m、宽约 500m 的不规则闭合椭圆体,垂向上呈筒状体延伸,是银矿田最大的蚀变岩筒。根据主要蚀变矿物类型绿泥石、绢云母、石英可将其分为绿泥石化带和绢云母化带两个大的蚀变带。其中绿泥石化带分布于蚀变岩筒的中心部位,块状、网脉状和浸染状矿体均产于该带中;绢云母带则主要分布在绿泥石化带的外侧,并逐渐向外转变为弱蚀变带和未蚀变带,显示出明显的水平分带特征。

2)小铁山型矿床围岩蚀变组合及分带

小铁山蚀变岩筒的地表规模相对较小,主要在地下产出。矿区东段蚀变较强,西段较弱,平面上呈长板状,呈北西向延伸(李向民等,1998)。除绿泥石化带和绢云母-硅化带外,还有一个重晶石化带。其中重晶石化带在最上部出现,绢云母化-硅化带在整个蚀变岩筒中呈板筒状体分布,绿泥石化带随着含铜黄铁矿矿体向深部数量、规模的增大而增多变大,显示出蚀变岩筒的垂直分带。

第五节　矿体潜在含矿性准则

一、矿体潜在含矿性地质前提

1. 岩石前提

1)石英角斑凝灰岩

白银矿田火山岩为钙碱系列富钠的细碧岩、石英角斑岩组成的双峰式火山岩。几乎所有的矿体均赋存于石英角斑凝灰岩中。石英角斑凝灰岩中石英和钠长石斑晶发育,显示其侵位深度较浅,有利于成矿物质和挥发分等在其中富集,可以为后期成矿提供物源条件。

2)石英钠长斑岩

石英钠长斑岩是矿床成矿的重要条件。一方面,石英钠长斑岩本身可以携带成矿物质而直接形成矿体,如火焰山矿床194号矿体就赋存于石英钠长斑岩中。铜铅锌矿化呈网脉状产于岩体边缘相,矿体的产状随着岩体变化。岩脉两侧绢云母化发育,石英斑晶内常可见包含的细小黄铁矿晶体,暗示岩体是成矿的物质来源之一。另一方面,该类岩石是矿床改造富集的重要热源。

2. 构造前提

1)背斜构造

主要矿体均产于次级背斜核部及伴随褶皱同时形成的核部断裂带内,如折腰山、小铁山矿体均位于倒转背斜轴部的开阔处,矿体的长轴方向与背斜轴向一致,当构造紧闭或背斜轴倾伏时,矿体亦随之尖灭(图11-19)。背斜构造是矿床改造富集的重要条件。

2)断裂

热液对流循环成矿作用受折腰山大型火山喷口和其内部以北西向为主及北东向两组继承性断裂系统控制。这两组断裂系统控制着折腰山大型火山机构的岩相分布,同时也作为折腰山矿床的容矿空间控制着矿体(群)的分布。

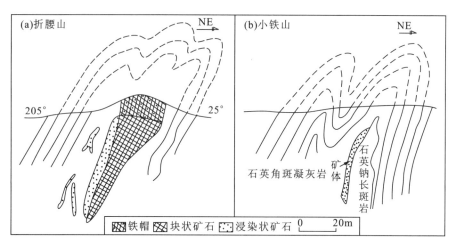

图 11-19 矿体褶皱构造形态示意图(据 1:5 万区域地质调查报告)

3) 韧-脆性剪切带

白银矿田内由强烈片理化的破碎带构成的韧性断裂带十分发育,大多具有不同程度的矿化蚀变。矿田内矿床主要沿北西—南西向分布,与韧性剪切带的空间展布方向一致,而且各矿床的矿体均分布在相应的韧性剪切带内,其空间展布形态也严格受韧性剪切构造的控制,即矿体品位离韧性剪切带越近则越高,远离则减低甚至无矿化。矿体多以透镜体、扁豆体及串珠状产出,与韧性剪切的剪理带产状一致,表明成矿元素的聚集空间与韧性剪切产生的裂隙密切有关,成矿流体的运移通道及聚集空间受剪切变形构造的控制。资料表明,韧性剪切带形成于加里东中晚期北祁连裂谷闭合阶段,矿石、矿体的宏观和显微构造特征表明成矿与韧性剪切带的形成时间相近甚至是同时进行的。

二、矿体潜在含矿性标志

1. 围岩蚀变标志

矿体周围围岩蚀变带发育,其分布与矿体形态相似,主要有硅化、绢云母化、绿泥石化、黄铁矿化、重晶石化、绿帘石化等。蚀变部位在石英角斑岩、石英角斑凝灰岩为核心的短轴背斜构造内。绿泥石化、绢云母化、硅化、黄铁矿化 4 种蚀变与成矿的关系最为密切。蚀变具有明显的水平分带,几乎所有矿体均分布在绿泥石化绢云母化石英角斑凝灰岩中,其中绿泥石发生明显的富镁化,是铜矿化的重要标志。绢云母化硅化带分布在绿泥石化绢云母化带的外围,其中分布有少量浸染状矿体。其余蚀变仅局部有一般的特征意义。

绿泥石化与成矿作用的关系最为密切,大部分块状矿体和网脉状矿体均产于其中。蚀变强烈,原岩的结构已不复存在,长石斑晶蚀变殆尽,石英斑晶少量残留并细粒化,一般在块状矿体的顶部及其上下盘围岩中发育,远离矿体绿泥石化逐渐减弱,蚀变范围 2~50m。伴随白云石化、碳酸盐化、硅化时则含矿性更好,铜铅锌较富集。因此,强绿泥石化的核心部位指示了铜矿体赋存的重要位置。

离矿体越近绢云母化愈强,远离矿体则逐渐减弱,当伴随硅化、黄铁矿化时常可见浸染状铜铅锌矿化。硅化常出现在矿体的绢云母化围岩附近,与块状、浸染状铜铅锌矿关系密切,但单一的硅化对成矿意义不大。黄铁矿化主要发育在硅化、绢云母化带中,矿体上延及两侧的残斑片岩内亦少量出现;其富集并不能直接说明下部矿体的大小贫富,但能间接地说明其附近有黄铁矿体或含铜黄铁矿体,为间接找矿标志。

2. 铁帽

区内的许多铁矿点就是铁帽,是寻找硫化物铜矿床、铅锌矿床的直接标志。

3. 地球物理标志

白银矿田矿体与围岩相比具有高密度、高磁性、高极化率、高时间常数和低电阻率的特征,具备直接找矿的物性前提和预测标志。

前人资料表明,磁法和重力勘探的找矿效果相对较好,而由于区内的干扰信息较多,电法(包括自然电场法、激发极化法、电阻率法等)在研究区的找矿效果较差。20世纪80年代,澳大利亚在白银矿田及外围进行了磁激发极化法找矿探索,结果表明该方法在石青硐浸染状矿床的结果相对较好,在矿体上获得了30%的磁电阻率(MMR)异常,磁激电率(RPS)也有 0.9°~1.0°的相位移出现异常,块状矿体上的异常更明显(吕国安,1995)。

白银矿田火山成因块状硫化物矿床的矿体均产于石英角斑凝灰岩中,上部主要为块状硫化物矿石,下部以浸染状矿石为主。矿石围岩之间密度差大,可以在矿体上形成明显的重力异常。酸性火山岩类的密度略低于基性火山岩系,常在区域上形成重力低,当矿体的埋深大于 500m 时,重力找矿的效果变差。产于低密度千枚岩中的细碧玢岩、辉绿岩等可以引起明显的重力异常,是重力勘探的主要干扰因素。

4. 地球化学标志

1)土壤样活动态金属离子偏提取技术应用

白银矿田小外围大部分地区为厚层黄土覆盖,掩盖了成矿信息在地表的显示,使得传统的地球化学找矿方法无法有效指示覆盖层以下的矿化现象。采用土壤样活动态金属离子偏提取技术,在白银矿田北部宋家趟地区和小铁山东南地区采集了 5 条测试剖面,以探索该方法在白银地区找矿的有效性,并为白银矿田小外围黄土覆盖区找矿提供参考。

2)构造地球化学应用

构造地球化学主要是通过分析发育在与控矿有关的构造中的地球化学原生晕来分析预测潜在的隐伏矿体。它能够更有效地捕捉到深部矿化在地表空间范围内形成的微弱地球化学异常。在白银厂矿区小外围特别是折腰山-火焰山采区与小铁山-四个圈采区的结合部位采集了多条构造地球化学剖面图,以此探明成矿构造中的元素共生组合和迁移、富集规律,并优选构造蚀变地球化学找矿部位。

分析结果表明,构造岩样品元素中 Cu、Pb、Zn、Ag、As 的均值均大于矿田岩石背景值,说明构造岩中矿化元素得到富集,也就是说,在研究区采用构造原生晕地球化学找矿可行。

第十二章　德兴斑岩铜矿

第一节　成矿带地质背景

德兴斑岩铜矿田是乐华-德兴(简称乐-德)成矿亚带中的一个矿田(王成发,1992)。该成矿亚带属滨太平洋成矿域(Ⅰ-4),下扬子成矿省(Ⅱ-11),江南地块中生代铜钼金银铅锌成矿带(Ⅲ-53)(陈毓川等,2006)。

一、大地构造背景

德兴大型铜金矿田位于扬子板块与华夏板块之间的结合带(钦杭结合带)东段。江南造山带和华南褶皱系在安徽庐江—浙江江山之间的皖赣浙地区都呈明显的变窄收敛形态并相互接界,因此该地区成为认识我国东南部大地构造及岩石圈演化的关键部位。

华仁民等(2000)对德兴大型铜金矿集区构造环境研究进展作了系统的研究。江南造山带是扬子板块东南缘重要的构造单元,曾经被称作"江南地轴""江南古陆""江南台背斜""江南台隆""江南地背斜"等(某些名称至今仍在使用)。

郭令智等1973年首次提出江南古岛弧的概念及有关的沟-弧-盆体系;至20世纪80年代初,郭令智等(1980、1986)运用板块构造理论阐述了华南洋壳向扬子板块东南缘俯冲导致华南陆壳向东南沿海不断增生的机制。80年代中期,郭令智等(1984)又率先运用地层-构造地体的分析方法,把华南地区划分为10多个地体,并提出了这些地体拼贴的构造模式。之后,舒良树等(1987)进一步具体研究了赣东北的地体构造,确立了该地区的新元古代地体构造与碰撞造山模式(徐备等,1992)。

水涛等(1986)根据陈蔡群的一批同位素年龄数据等事实,提出华南大地构造由扬子和华夏两个古陆夹一个赣湘粤残洋盆地组成的格架,而两个古陆于晋宁期在其东端沿江山—绍兴一线开始对接碰撞,至加里东期整个残洋盆地封闭而完成两个古陆的拼接。

对本区大地构造背景及其演化的大量研究成果表明,赣东北地区有着复杂的构造背景和演化史。

二、赣东北深大断裂带

赣东北深大断裂带是德兴地区地质构造的重要单元及控制因素之一。据芮宗瑶等（1984）对我国 21 个斑岩型铜矿成矿带的研究，斑岩型铜矿带的展布方向和延伸直接受深大断裂控制。

20 世纪 50 年代赣东北深大断裂带由朱训等发现。该断裂带从江西东乡经德兴、婺源沿北东向延伸至皖南歙县一带，长达 200 多千米，在地层、构造、岩浆活动、矿化、地球物理、遥感影像及地震活动等各个方面都有良好的显示，是一条长期活动的超壳深断裂。它对赣东北地区的构造演化、岩浆活动和成矿作用都具有特别重要的控制意义，乐-德铜金成矿亚带的几个大型矿床都产在赣东北深大断裂带附近。

赣东北深大断裂带是九岭地体与怀玉地体的碰撞拼贴缝合带，也是一条蛇绿混杂构造岩带，沿该断裂带分布一系列超镁铁质岩体。周国庆较早开始研究赣东北地区的超镁铁质岩（蛇绿岩），并根据其产出地质特征、岩石学和矿物学、岩石化学和地球化学等将它确定为产于大陆边缘弧后海盆之中的蛇绿岩，否定了前人关于超镁铁质岩体是燕山期侵入的观点（周国庆，1989；华仁民等，2000）。

地球物理和地质研究资料证实，赣东北深大断裂、乐安江深断裂切入下地壳进入上地幔，并长期活动，是深源物质上涌、岩浆侵入的通道，构成乐-德成矿亚带导岩、导矿构造（王成发，1992；朱训等，1983）。混杂岩带岩浆活动频繁而强烈，晋宁期、海西期海底火山活动形成双桥山群、登山群及黄龙组中的海底火山岩与火山碎屑沉积岩，从深成侵入—浅成、超浅成—陆相喷发均有表现，并带来乐-德成矿亚带最为重要的铜金多金属矿化。

关于赣东北深大断裂带的形成时代和机制，较早有朱钧等（1964）对更大范围上的浙皖赣深断裂带进行了研究。华仁民（1988）根据板块边缘沟弧盆体系的理论，提出它是由古俯冲带转变而来的。汪新等（1989）认为该断裂带是强烈的构造变形带，是地质上的明显界线，无疑代表了一条古碰撞缝合线；沿此带发生的是新元古代古岛弧（怀玉地体）向扬子板块被动大陆边缘（九岭地体）的碰撞推覆。徐备等（1989）测得赣东北蛇绿岩的 Sm-Nd 同位素年龄为 930Ma。总之，目前的资料基本上认同赣东北蛇绿岩是新元古代的产物，赣东北深大断裂带的形成也应在新元古代。

第二节 乐-德成矿亚带潜在含矿性准则

乐-德成矿亚带，是Ⅲ级江南地块中生代铜钼金银铅锌成矿带内的Ⅳ级成矿单元。

据王成发（1992）的资料，乐-德成矿亚带指江西境内乐华至德兴呈 NE 60°方向展布的有色金属贵金属成矿带，长 100km，北东端宽 12km，南西端宽 15km，平均 13km，面积

1300km²。带内分布着铜厂、银山和金山3个大矿田(图12-1)。铜厂铜矿田包括3个大型—特大型斑岩型铜(钼、金)矿床,矿化垂深达1200m,主要矿体规模巨大、分布集中、形态规整、产状稳定,含矿率达0.83~0.92。银山多金属矿田是一个火山岩-次火山岩-斑岩成矿体系。全矿田包括5个成矿区段(大型矿床)12个矿带,矿化垂深已控制1300m,圈定矿体近百个。其中主要矿体规模大、形态较规整、品位较稳定,并伴生多种有益组分可供综合利用。金山矿田包括金山、石碑、西蒋、西矿和蛤蟆石等5个构造蚀变岩型金矿床。

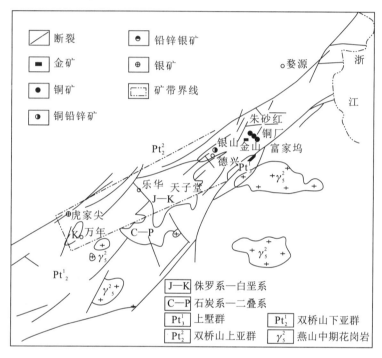

图12-1 乐-德成矿亚带地质略图(据王成发,1992)

已探明铜储量占中国铜储量的17.5%,金约占中国已探明伴(共)生金储量的37%,岩金储量约占4%,铅锌数百万吨。

乐-德成矿亚带的圈定,在考虑矿化分布范围的同时,还利用了下面两种成矿控制条件:①利用控制成矿作用的两条深断裂确定矿带的南、北界线,北面以婺源深断裂为界,南面的东端以德兴深断裂为界,西端以万年县南部为界,把德兴深断裂北侧与万年县间分布的燕山期花岗岩地段划出矿带之外。②利用与成矿作用有内在联系的深层构造变异带的分布范围来确定矿带,赣东北成矿带沿赣东北深大断裂带呈北东向延伸,长约200km。大地构造单元处于江南台隆与浙西-皖南台褶带的钱塘坳陷的衔接部位的江南台隆一侧。赣东北深大断裂带作为导岩、导矿构造,控制着区域有色金属成矿带。

乐-德成矿亚带与其两侧地块最主要的差异有3点:①乐-德成矿亚带上的元古宇最老,两侧地块比之较新;②在燕山中晚期,矿带以上升为主,并伴有强烈的火山活动,而两侧地块则以下降为主,缺乏大量的火山活动;③矿带上有较多的燕山中期中酸性小岩体,而两侧地块则无此特征。

一、成矿亚带潜在含矿性地质前提

1. 地质构造前提

乐-德成矿亚带位于赣东北深大断裂带与乐安江深断裂之间的破裂陆块上(图12-2)。赣东北深大断裂带在中—新元古代就是一条重要的大地构造界线。赣东北蛇绿混杂岩带及向北东延伸的安徽歙县伏川蛇绿混杂岩带中存在元古宙蛇绿岩组合(叶德隆等,1991)。这表明在中元古代扬子陆块与华夏陆块之间存在着一个洋盆,这个洋盆于新元古代(750Ma左右)闭合,成陆造山。作为当时两个古陆块的碰撞缝合带的赣东北深大断裂带已形成为超壳的岩石圈断裂带。晚古生代—早中生代(印支期)是赣东北深大断裂带第二次重要的张裂-碰撞-闭合期,可能属于我国古特提斯演化的一部分,沿赣东北深大断裂带分布的蛇绿混杂岩带,既包括元古宙蛇绿岩岩石组合,又叠加有石炭纪—二叠纪的蛇绿岩岩石组合(赵崇贺等,1995,1996)。

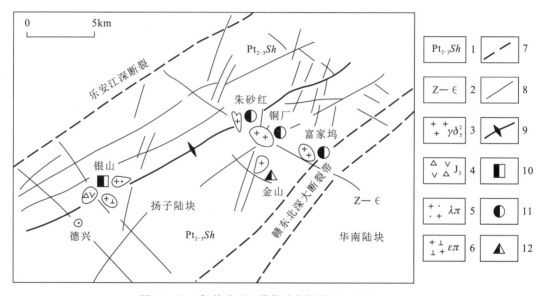

图12-2 乐-德成矿亚带构造格架图(据叶松等,1999)

1. 双桥山群;2. 震旦系—寒武系;3. 花岗闪长斑岩;4. 上侏罗统鹅湖岭组火山岩;5. 流纹英安斑岩;6. 英安斑岩;7. 深断裂;8. 断裂;9. 复背斜轴;10. 大型铜、金、铅、锌、银多金属矿田;11. 大型铜(钼、金)矿田;12. 大型金矿田

印支期碰撞造山之后,燕山期赣东北深大断裂带及其所在地区转为陆内会聚运动,这是该地区最重要的岩浆活动期和内生金属成矿期。

2. 岩浆岩前提

沿赣东北深大断裂带北西侧主要是I型(同熔型)花岗岩类,南东侧主要是S型(改造型)花岗岩类。这样,横穿赣东北深大断裂带自北西向南东的空间配置为I型花岗岩带—蛇绿混杂岩带—S型花岗岩带,大体与一个陆-陆碰撞造山带的3个基本构造单元(俯冲壳楔—碰撞混杂岩带—超叠壳楔)的空间配置相当(北京大学地质系,1978)。燕山期大规模区域岩浆活动和内生金属成矿作用在宏观上即受这一大地构造格局的控制。

据统计资料,乐-德成矿亚带及其外围赣东北地区内生矿产地(矿床、矿点、矿化点)共168处(沿赣东北深大断裂带及其两侧近旁分布的就有120余处),其中94%位于岩浆岩体中或其内外接触带,且99%的矿产地、94%的重砂异常、87%的成矿元素地球化学高异常都与燕山期岩浆活动有关。这表明燕山期的含矿岩浆活动是乐-德成矿亚带内生金属成矿最基本的地质条件。

印支期陆-陆碰撞造山之后,燕山早期乐-德成矿亚带所处的赣东北深大断裂带北西侧俯冲壳楔上产生区域性的I型花岗岩浆活动。已有的12个Rb-Sr、U-Pb、K-Ar同位素测年结果表明,铜厂矿田斑岩体成岩年龄为193～156Ma,银山矿田的火山岩-次火山岩成岩年龄为164～138Ma。

岩浆起源于深部地壳(深度大于27km)基性的"角闪岩—辉长岩层",从下地壳熔出大约40%的花岗闪长质成分的岩浆,在上升演化过程中同化部分上部地壳的硅铝层物质,使岩浆成分更富H_2O(邓晋福等,1980;叶松等,1998)。

深部地壳岩浆源区岩石富含Cu、Mo、Pb、Zn、Au、Ag等成矿元素和闪石类、云母类等富H_2O矿物。本区上部地壳硅铝层是双桥山群浅变质岩系,其物质成分特征也是富含Cu、Pb、Zn、Au、Ag等成矿元素和绿泥石、绢云母等富H_2O矿物。深源岩浆同化这种硅铝层物质,在吸收低熔组分的同时也萃取部分成矿金属元素和流体,导致3个有利于成矿的结果:①使岩浆化学成分相对更富Al、K而贫Ti、Na,这有助于Cu、Mo、Au、Pb、Zn等成矿金属元素在岩浆结晶过程中不被晶体化学分散,而趋于在岩浆期后残余流体相中浓集成矿。②硅铝层中某些成矿金属元素转入岩浆,提高了岩浆中成矿金属元素的丰度。③硅铝层中富含的H_2O和某些挥发组分转入岩浆,提高了岩浆的H_2O饱和度,有利于在岩浆期后产生更多的成矿热流体。

3. 沉积建造前提

赣东北地区出露的地层主要是前寒武系的浅变质岩。关于本区前寒武纪地层的时代、层序和名称,迄今仍未能统一,不同的研究者使用着各自的方案。被大多数人长期采用的地层名称是双桥山群,它代表着广泛分布于赣东北深大断裂带北西侧的中元古界,为一套浅变质富含火山物质的类复理石建造,厚逾6km,习惯上分为上、下亚群。另一个较广泛使用的名称是九岭群,表示其在九岭地体中大面积出露,它与双桥山群的内涵似乎基本相同(华仁民等,2000)。

乐-德成矿亚带范围分布的双桥山群浅变质岩系属于海相火山-沉积建造,最大厚度达15 000m。据33件岩石化学分析资料,双桥山群某些层段的岩石化学成分特征为SiO_2含量45%～55%、$Na_2O>K_2O$、Fe和Mg含量较高,系海底火山喷发-沉积碎屑岩夹中基性火山熔岩类。其中成矿元素已预富集达高背景含量(表12-1),构成大型成矿的矿源层。某些地段,如昭林和洪家等地的变玄武岩含 Cu 达 $(150\sim255)\times10^{-6}$,已构成局部的矿化地段。乐-德成矿亚带内大型矿床的围岩正是双桥山群,如铜厂矿田赋存于双桥山群下亚群第一岩组,银山矿田赋存于双桥山群下亚群第二岩组。分布于金山—新营一带的双桥山群上亚群地层,Au 含量明显偏高,是典型的含 Au 建造(刘英俊等,1989),金山矿田的金矿床(点)都与这套地层密切相关。

表 12-1 乐-德成矿亚带地层中成矿元素平均含量 单位:$\times10^{-6}$

地层	样品数/个	Cu	Pb	Zn	Au	Ag	与大型成矿关系
双桥山群下亚群第一岩组	99	81	36	128	0.012	0.167	铜厂矿田成矿围岩
双桥山群下亚群第二岩组	431	51	50	135	0.032	0.222	银山矿田成矿围岩
双桥山群上亚群	60			134	0.061		金山矿田成矿围岩
地壳克拉克值(据泰勒,1964)		55	12.5	70	0.004	0.07	

注:据张明维(1991),朱恺军等(1991),杨子江等(1996)资料编制。

第三节 德兴矿田潜在含矿性准则

在矿田、矿床和矿体部分,较多应用朱训等(1983)的资料。

一、矿田潜在含矿性地质前提

1. 岩浆岩前提

关于岩浆活动与铜、金等成矿作用在空间及成因上的具体联系,已有大量的研究成果。从 20 世纪 70 年代后期起就积累了大量的文献资料,充分证明铜厂、富家坞、朱砂红等铜矿床与同名花岗闪长斑岩小岩株之间的成因关系。

德兴铜矿田中控制铜钼矿化的岩浆岩是由燕山早期第二阶段的花岗闪长斑岩、石英二长闪长玢岩、石英闪长玢岩、钾长岩、细晶岩等的岩株、岩脉所组成的杂岩体。与铜厂、富家坞、朱砂红等铜矿床有关的是规模不等的花岗闪长斑岩岩株。相对于岩体侵位深度,在空间上岩体有完整的结构。在浅部,成矿岩体表现为面积不到 $1km^2$ 的岩脉、岩墙、岩瘤、隐爆角砾岩筒(脉);中部是筒状岩株,偶有隐爆现象;深部为大岩株(即富水岩浆房),根据大于 1500m 的深钻及磁异常的资料,铜厂、富家坞、朱砂红 3 个岩体在深部相连(图 12-3),大岩株的面积大于 $20km^2$。这种浅、中、深完整的岩体结构及深部存在的富水岩浆房是成矿岩体的共同特征,也是形成巨大铜矿的保证。

成矿岩体系同源岩浆多次侵位的产物,是具多种岩性、形态产状各异、在一定空间产出

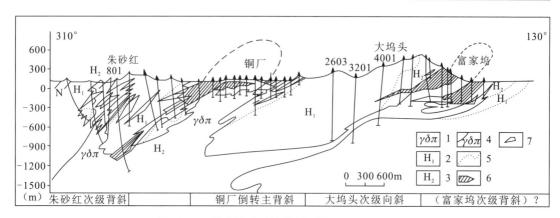

图 12-3 德兴铜矿田地质剖面图(据朱训等,1983)

1. 花岗闪长斑岩;2. 围岩弱蚀变带;3. 围岩强蚀变带;4. 斑岩体界线;5. 蚀变带界线;6. 表内铜矿体;7. 表外铜矿体

的小型杂岩体。其演化过程从早至晚主要为:中性的闪长玢岩、石英闪长玢岩岩脉→中酸性花岗闪长斑岩岩株→酸性石英斑岩、长石石英斑岩岩脉(筒)→中性石英闪长玢岩、安山玢岩、闪斜煌斑岩岩脉(墙)。中期主岩体规模较大,早、晚期侵入体规模较小。岩性演化明显。脉动侵位次数多,预示深部岩浆分异好,矿化叠加机会多,矿质富集可能性大。

含矿岩浆的分异作用是使矿质集中和沉淀的重要过程。岩浆分异作用越彻底,岩体中矿质的集中程度就越高。如前所述,德兴矿田中的富家坞、铜厂、朱砂红等斑岩体在深部是相连的,存在富水岩浆房。深部的岩浆分异,同源岩浆多期次侵位,因而使成矿物质高度集中,生成多个特大型矿体。

2. 地层前提

对德兴地区地层的含矿性研究主要从 20 世纪 80 年代兴起,并且是从铜厂斑岩铜矿开始的。周耀华等(1981)认为德兴斑岩铜矿的大部分铜来自于深源岩浆,围岩中没有明显的矿源层,但含铜背景较高,因此成矿热液也从围岩中吸取了部分铜,经估算,深源岩浆贡献了 7/8 的铜,而地层贡献了 1/8 的铜。朱训等(1984)、芮宗瑶等(1984)认为德兴斑岩铜矿床的围岩(九岭群九都组)中平均含铜量为 65×10^{-6},某些岩性为 76×10^{-6},部分地区地层含铜量达 203×10^{-6},且地层的全铁含量也较高,因此成矿过程中应有少量铜来自围岩。这些观点基本上代表了 20 世纪 80 年代前期关于地层对德兴斑岩铜矿意义的认识,即:地层的含铜背景较高;矿床中的铜主要来自岩浆,只有少量来自围岩。

季克俭等(1989)对德兴铜矿田铜的地球化学场进行了研究,识别出在岩体(矿床)周围存在的、距岩体自近至远分布的增高场、降低场和正常场,增高场中又分出矿化场与正晕场,据此他们认为围岩为热液成矿提供了矿质。梁祥济(1995)进行了德兴斑岩铜矿成矿物质来源的实验研究,证实围岩中金属元素在一定条件下可以活化,并以多种氯络合物等形式迁移,根据实验数据粗略计算,围岩可提供的铜达 4986 万 t,从而证明了围岩(九岭群)是德兴斑岩铜矿的矿源层。

金章东等(1998)提出了德兴铜厂斑岩铜矿体系金属物质的正岩浆来源,认为铜与侵入岩浆为单一体系,铜主要来自岩浆本身,围岩矿质仅少量掺入于斑岩体上盘下部的低品位区。

从目前已有资料和研究成果来看,德兴地区的中元古界由于其成矿元素含量较高,因而不同程度上为本区铜厂等矿床提供了成矿物质。这一点,在各个矿床的成矿机制和成矿流体过程研究中也得到了证实。

3. 构造前提

1)断裂

区域性北西—北西西向横断裂带控制矿田的展布。矿田内朱砂红、铜厂、富家坞3个铜(钼)矿床排列在 NW 300°方向的一条直线上(图12-4),与赣东北深大断裂带约成65°交角,其位置在深断裂带上盘。北西—北西西向断裂成群发育,一般延伸不长,是张性断裂,具有较长的活动史,在燕山期引张活动表现特别强烈,成为有利的配岩、配矿构造。

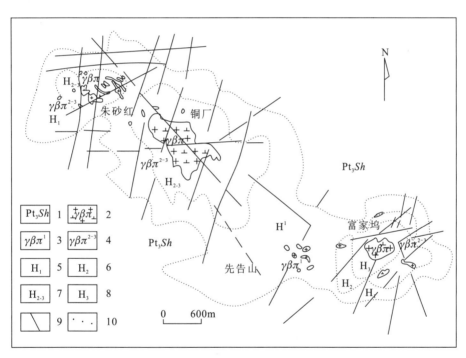

图 12-4 德兴铜矿田地质简图(据李毅,2012)

1. 新元古界双桥山群;2. 燕山早期花岗闪长斑岩;3. 花岗闪长斑岩弱蚀变带;4. 花岗闪长斑岩中-强蚀变带;5. 千枚岩弱蚀变带;6. 千枚岩中蚀变带;7. 千枚岩中-强蚀变带;8. 千枚岩强蚀变带;9. 断裂;10. 蚀变带界线

2)褶皱

矿田内的主要矿床铜厂、富家坞和朱砂红都产于背斜。

铜厂背斜:核部为椰树底组下段,翼部为椰树底组上段。轴线呈 NE 50°～60°,延长约8km,背斜脊线向北东倾伏,外倾伏转折端在西岭源附近,地层扭曲为弧形。北西翼产状稳定,倾向北西,倾角35°～55°;南东翼则发育几个次级的小褶皱,总体倾向南东,倾角40°～

65°。背斜轴面向北西陡倾,脊部顶倾角 80°左右。

先告山向斜:它是铜厂背斜东南翼地层的次级褶皱,核部地层为栎树底组上段,两翼为栎树底组下段。向斜轴线呈 NE 30°~50°走向,延伸超过 7km。向斜北东端倾伏,南西端扬起。内倾伏转折端在大坞头村以北,向斜北西翼为铜厂背斜的南东翼。南东翼倾向北西,倾角 45°以上。向斜的轴面近于直立。

富家坞背斜:它是先告山向斜的南东翼局部向上拱起形成的短轴状背斜构造,类似穹隆构造。总体规模较小,轴向延伸小于 3km,褶皱呈宽缓波状。

朱砂红背斜:它是发育在铜厂背斜北西翼的一个不甚明显的宽缓短轴状背斜,其顶向北北西凸起。

二、矿田潜在含矿性标志

1. 地球物理标志

由于斑岩体比围岩有较强磁性,运用磁异常圈定斑岩体也具有良好的效果。通常花岗闪长斑岩和闪长玢岩磁性较强,二长花岗斑岩和花岗斑岩磁性较弱(图 12-5)。

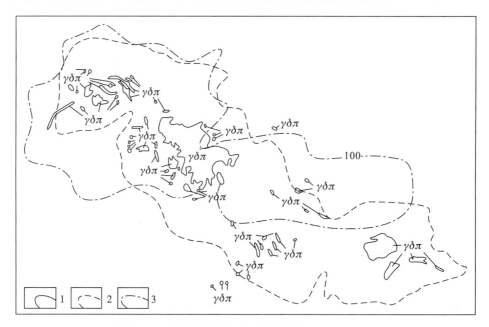

图 12-5 德兴铜矿田地磁 ΔZ 异常图(据朱训等,1983)
1. 岩体界线;2. 蚀变带界线;3. $\Delta Z=100nT$ 的地磁等值线

2. 地球化学标志

一个大型斑岩铜矿田,其地球化学异常面积可由几十平方千米到几百平方千米。

1)水系沉积物地球化学标志

根据水系沉积物地球化学异常(表 12-2),能够迅速圈定铜(钼)的成矿远景区及成矿有利地段。不仅在我国南方山区可取得良好的地质效果,而且在北方地形起伏不大的低山、丘陵区仍有效。

表12-2 斑岩铜(钼)矿田水系沉积物 Cu、Mo 异常规模统计表(据地质部物探研究所化探组,1978)

矿田(区)名称	Cu 异常延伸距离 /km	Cu 异常控制面积 /km²	异常强度/×10⁻⁶	
			Cu	Mo
德兴矿田	>6	100	50~3000	2~150
多区	12(Cu),7(Mo)	30	70~2200	
秘鲁卡尼亚里阿科	17		<70	
墨西哥拉卡里达德	18		20~320	1.5~27
布干维尔岛潘古纳	30	>3	>720	

Cu 异常的延伸距离一般不小于 6km,最大可达 30km。由于异常范围大,因此同一水系取样点不必过密,但不同水系,特别是细小支流一定要予以控制。以平均每平方千米 1~2 点的密度采样,可以圈出找矿远景区以及查明矿田异常的基本形态特征,甚至可以追索到矿化地段。

2)水化学标志

当斑岩铜矿床与地下水和地表水有直接联系时,往往出现水化学异常。水化学测量发现了朱砂红盲矿。

水化学异常的主要指标有:①Cu^{2+}。德兴矿田、矿床内水中的 Cu^{2+} 含量是背景值的 1.5~77 倍,在玉龙则高于背景值 10~20 倍。②SO_4^{2-}。在德兴,大约增高 1.5~5 倍及以上。③pH 值。在德兴为 5~7,强黄铁矿化地带可达 2.4。极高的 SO_4^{2-} 和很低的 pH 值往往是黄铁矿氧化带的标志,而 Cu^{2+} 高值异常则是铜矿化的标志。德兴矿田朱砂红铜矿床的发现,水化学异常是重要标志。

在不同 $Eh-pH$ 条件下,Cu、Mo 元素有不同的性状。在酸性水溶液中,当 $Eh>0.34V$ 时,铜以 Cu^{2+} 形式存在;而钼则在 $Eh>0.35V$ 的碱性水溶液中构成 MoO_4^{2-} 离子,当 pH<6 时,则出现黄色水铝铁矿沉淀。这就是说,在酸性水中,Cu^{2+} 异常显示好,运移远;在碱性水中,MoO_4^{2-} 异常显示好,运移远。

3)岩石地球化学标志

梅占魁(1988)研究了德兴铜矿田的原生地球化学特征。区内花岗闪长斑岩含铜最高,与异常及矿体在空间上密切相联。主要成矿元素 Cu、Pt、Au、Ag 具稳定的正消长关系。异常形态呈特殊的同心环带状,对指示矿化部位有重要意义。

矿田原生异常呈北西向面型环带状分布(图12-6),与控岩导矿断裂构造密切相关。异常面积约 30 余平方千米,稍大于蚀变范围。异常元素组分复杂,有 Cu、Mo、Au、Ag、S、W、Sn、Pb、Zn、Bi、Rb、Sr、Sb、As、Hg、Ba、Ni、Cr、Co、V、Mn、B、F、Cl 等 30 余种,以 Cu、Mo、Au、Ag、S 等成矿元素强度大,浓集好。

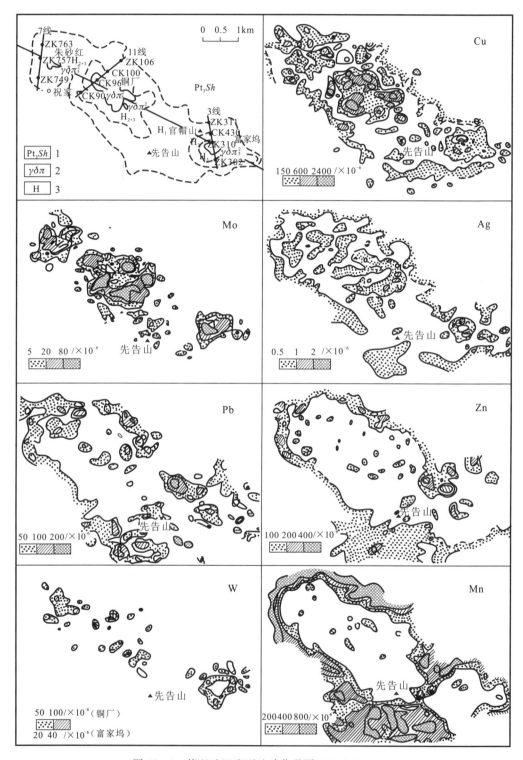

图 12-6 德兴矿田岩石地球化学图(据梅占魁,1988)

1. 浅变质岩;2. 花岗闪长斑岩;3. 蚀变带(H 的下标 1、2、3 为弱、中、强)

朱训等(1983)通过对德兴斑岩铜矿的研究得出以下规律性认识:面积达数十平方千米的 Cu、Mo、Au、Ag、Pb、Zn、Mn、Ba 等多元素组合而成的区域面状异常,是寻找矿田和矿床的良好标志。

3. 色异常标志

流经斑岩铜(钼)矿区的河流,由于有大量黄铁矿氧化形成的硫酸根汇入,增强了水的溶蚀能力,使河水中含有大量的 Fe^{2+}、Fe^{3+}、Ca^{2+}、Mg^{2+}、Al^{3+} 及 Si^{4+} 等的胶体物质。Fe^{2+}、Fe^{3+} 等物质最先沉淀出来,在斑岩铜(钼)矿床的前缘河床中形成了褐黄色被膜,继而 Ca^{2+}、Mg^{2+}、Al^{3+} 及 Si^4 等物质沉淀出来,在河床中形成白色被膜。整个河床好似一条黄首白身的长蛇,有时长达 5km。

第四节 矿床潜在含矿性准则

一、矿床潜在含矿性地质前提

1. 地质构造前提

北西—北西西向横张断裂带与北东向次级背斜或鼻状构造复合部位控制着矿床空间定位。例如铜厂含矿斑岩体,产于西源岭背斜向北东倾伏部位,岩体横切背斜外倾转折端向北西方向下插。屏蔽主岩体边界的构造面是北东向、北西向及东西向 3 组断裂。富家坞含矿斑岩体,则产在官帽山向斜东翼鼻状构造的外倾弧顶,呈岩株状向北西下插,控制主岩体边界的也是北东向、北西向及东西向 3 组断裂。

2. 岩浆岩前提

与矿床有关的则是规模不等的花岗闪长斑岩岩株,各岩株出露面积:铜厂 $0.69km^2$,富家坞 $0.19km^2$,朱砂红 $0.064km^2$(图 12-7)。

本区斑岩铜矿 90% 以上的工业铜矿床都产在出露面积小于 $1km^2$ 的浅成—超浅成小岩株接触带内外。这是岩体不同剥蚀程度与矿体保留程度关系的体现。大面积出露者是一些深剥蚀岩体,此时若有矿体也已剥蚀殆尽;在地表未出露的未剥蚀岩体,矿体有可能隐伏地下,但在地表难以发现;唯有岩体出露,或矿体顶部出露的中、浅剥蚀岩体,矿体才易于被发现又得以保存,这就是小岩体利于成矿的实质。

3. 容矿岩石的岩性前提

容矿岩石的物理、化学性质和结构构造对矿化的控制作用是明显的。花岗闪长斑岩 K、Na、Ca 含量比变质岩高,化学性质较活泼,构造裂隙不太发育,以交代成矿为主,易于发生浸

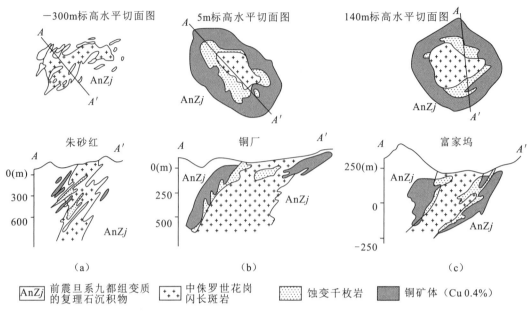

图 12-7 德兴矿田各矿床在横剖面和水平断面上的矿体分布图(据朱训等,1983)

染状矿化;变质岩则含 Si、Fe 较高,化学性质相对稳定,片理和裂隙比较发育,以充填交代作用为主,易生成脉状或细脉浸染状矿化。在变质岩中,千枚岩片理发育,Al、Na 含量偏高,变质沉凝灰岩片理不太发育,Si、Fe 含量偏高,对成矿来说,前者不如后者有利。

二、矿床潜在含矿性标志

1. 地球物理标志

斑岩铜矿一般具有较高的视极化率异常和自电负异常。斑岩铜矿床中引起激电异常的矿物主要是黄铁矿。黄铜矿和斑铜矿只能引起微弱的激电异常。根据黄铁矿与铜矿物(主要是黄铜矿,其次为斑铜矿)空间分布的不同关系,激电异常有不同的特点,基本上有如下两种情况:

(1)铜矿体内黄铁矿的含量低于周围黄铁矿的含量,在铜矿体周围有较明显的黄铁矿发育带。在这种情况下,激电异常的特征是异常较宽阔,矿体头部在地面上的投影与激电异常极大值不吻合,激电高值异常围绕矿体周围分布。

(2)铜矿体中有较强的黄铁矿化,矿体周围黄铁矿化强度低于矿体。在此情况下,激电异常的特征是异常范围较窄,矿体头部在地面下的投影与激电异常的极大值吻合。

激电异常的强度,主要取决于黄铁矿等硫化物的总含量。黄铁矿等的含量越多,激电异常就越强。此外,矿床剥蚀程度、控矿构造类型及接触围岩的性质等都对激电异常有影响。碳质板岩和石墨化岩层能引起激电强异常,应注意与矿致异常相区分。

2. 土壤地球化学标志

具有一定规模的斑岩型铜矿床，Cu异常面积一般大于$1km^2$（指土壤或岩石地球化学异常）（朱炳球等，1985）。

斑岩铜（钼）矿田上覆残、坡积层中，通常会发现Cu、Mo、W、Sn、Sb、Au、Ag、As、Pb、Zn、Mn、Ba和Co等元素异常，它们对于找寻斑岩铜（钼）矿具有直接指示意义。即使覆盖层厚达20~40m，仍有明显的Cu、Mo异常。

江西省地质局物探大队在德兴斑岩铜（钼）矿田进行了1:2.5万土壤测量，以200m×80m测网，穿过A层采样，经半定量光谱分析，不仅圈出了与矿床有关的Cu、Mo异常，而且清晰地反映了矿田内W-Bi-Mo-Cu-Ag-Pb-Zn-Mn等找矿元素异常分带特征。

此外，经研究查明了矿田内具有不同剥蚀程度的矿床在土壤地球化学异常方面的不同特点：已裸露在地表的矿床，如铜厂铜（钼）矿床，具有规模较大的完整的Cu、Mo、Ag异常，并有Sb、Bi异常和W异常伴生；而露头近地表的朱砂红矿床，只有规模不大的Cu、Mo、Ag异常。

大多数斑岩铜（钼）矿床上方土壤的Cu异常强度为$(100\sim1000)\times10^{-6}$，少数超过$1000\times10^{-6}$。Mo异常强度为$(5\sim250)\times10^{-6}$。Cu、Mo异常面积一般在$0.5km^2$以上。

土壤测量对富家坞铜矿的发现和评价起了重要作用。朱训等（1983）通过对德兴斑岩铜矿的研究得出：当矿床中Cu、Mo、Ag异常浓度较高，但Cu、Ag异常规模较小，Mo异常浓度更高，并伴有W、Sn、Rb、Sr异常时，显示矿床已被剥蚀到根部。

3. 围岩蚀变标志

含矿斑岩体的一个重要特征，是在矿体外围发生规律性蚀变，蚀变范围可达几百米到几千米，并具有明显的分带性。

德兴矿田内铜厂、富家坞、朱砂红3个矿床具有相同的蚀变类型和分带型式。在蚀变类型上，除了缺乏泥化外，几乎具有典型斑岩铜矿所有蚀变类型。

德兴铜矿热液蚀变发生在花岗闪长斑岩、浅变质千枚岩及中酸性凝灰岩中，其特点为：①钾硅酸盐蚀变极不发育，无论是黑云母化还是钾长石化都不构成一个独立的蚀变带；②氢交代广泛发育，以接触带为热液活动中心，形成近于对称的氢交代蚀变分带；③斑岩体下盘保存有早期的蚀变——黑云母角岩化，远离接触带有广泛的斑点角岩化。

这种以接触带为中心的近于对称的氢交代蚀变分带，在蚀变类型上具体表现为：①在岩体正接触带附近硅化最强，向接触带的内外两侧逐渐减弱；②绢云母-水白云母-伊利石化，由接触带向内外两侧，3种矿物的蚀变强度作有规律的依次递变，互为消长；③绿泥石化和绿帘石化主要发育在斑岩体的内部和矿床外缘；④碳酸盐化出现在矿床的浅部；⑤硫酸盐化出现在矿床的深部。图12-8反映出了上述特点。

通过硫同位素变化特点探索斑岩型铜矿蚀变分带的内在规律，研究富家坞铜矿内、中、外蚀变带。均匀采集黄铁矿样品26件，分别测定它们的$\delta^{34}S$（表12-3）。

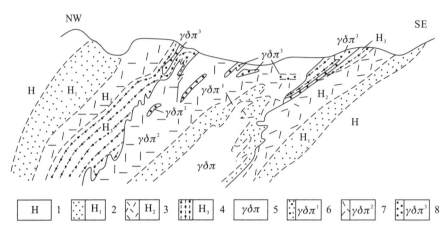

图 12-8 德兴矿田铜厂矿床蚀变分带剖面图（据朱训等，1983）

1. 浅变质岩；2. 浅变质岩的绿泥石-伊利石化带；3. 浅变质岩的绿泥岩-水白云母化带；4. 浅变质岩的石英-绢云母带；5. 花岗闪长斑岩；6. 花岗闪长斑岩的绿泥石-伊利石-钾长石化带；7. 花岗闪长斑岩的绿泥石-水白云母化带；8. 花岗闪长斑岩的石英-绢云母化带

表 12-3　富家坞斑岩型铜矿不同蚀变带 $\delta^{34}S$ 的分布特征（据胡树起等，2011）

蚀变带	样品数/个	$\delta^{34}S$ 变化范围/‰	$\delta^{34}S$ 均值/‰
岩体及钾长石化带	4	0.3~1	0.75
石英-绢云母-水白云母化带	11	−0.2~2.8	1.42
绿泥石-绿帘石化带	11	0.7~4	2.18

从表中可以看出，$\delta^{34}S$ 变化于 −0.2‰~4.0‰ 之间，变化范围窄，极差最大为 4.2‰。$\delta^{34}S$ 均值由高温蚀变区到低温蚀变区呈现出增高的趋势（增差大于 0.5‰）。上述变化特点可用于鉴别矿化蚀变分带（胡树起等，2011）。

在蚀变强度上，也表现出由岩体接触带向岩体内外两侧逐渐减弱，体现在蚀变矿物数量自接触带向两侧逐渐减少，绢云母结晶鳞片由大变小及原岩的结构构造从模糊不清至基本上清晰保存。

综上所述，矿床的围岩蚀变可以划分为图 12-9 所示的 6 个带。

各矿床的铜矿体都赋存于浅成含矿斑岩小岩株的浅侧部，沿着正接触带内外分布。岩体顶部矿体大部分已被剥蚀，保存较好的是岩株周围接触带矿体，其空间形态呈倾向北西的空心筒状体。

朱训等（1983）指出德兴斑岩铜矿是由岩浆晚期—期后热流体多次成矿作用叠加而形成的浅成热液铜矿床，与国外典型斑岩铜矿不同的是具有"岩体中心式"叠加"接触带中心式"的特殊面型蚀变分带模式，而其相应的成矿流体活动也具有"正岩浆模式"与"（地下水）对流

花岗闪长斑岩 $(\gamma\delta\pi^1)$	绿泥石（绿帘石）-伊利石-钾长石化带	$(\gamma\delta\pi^1)$	弱
	绿泥石（绿帘石）-水云母化带	$(\gamma\delta\pi^2)$	↑
	石英-绢云母化带	$(\gamma\delta\pi^3)$	
——————— 接 触 带 ———————			强
千枚岩夹变质凝灰岩（H）	石英-绢云母化带	(H_3)	↓
	绿泥石（绿帘石）-水云母化带	(H_2)	
	绿泥厂（绿帘石）-伊利石-钾长石化带	(H_1)	弱

图 12-9 矿床围岩蚀变带的划分（据朱训等，1983）

模式"复合的特征，有早期岩浆水和晚期地下水的双重来源。芮宗瑶等（1984）也有类似的结论。看来，这种早期岩浆水加晚期地下水的成矿流体双重来源代表了20世纪80年代对德兴斑岩铜矿成矿流体的基本认识，而且至今仍然是关于德兴斑岩铜矿成矿流体来源的占主导地位的认识。

4. 色异常标志

1）褪色异常

斑岩铜（钼）矿成矿过程中有强烈的喷硫，从而使斑岩体和周围岩层中主要色元素铁与硫结合生成黄铁矿，造成褪色作用。褪色的范围是矿化范围的 2～4 倍，个别矿床甚至可达 10 倍，是一种良好的找矿标志。

2）"火烧皮"

形成"火烧皮"是细脉浸染状黄铁矿、黄铜矿等硫化物在地表氧化的结果。与铁帽的不同之处是在地表没有造成大量铁的氧化物和氢氧化物的堆积。

5. 地形、地貌标志

(1) 含硫化物的斑岩体易被风化侵蚀形成负地形。等轴状的斑岩体往往形成锅底状地形，例如玉龙和富家坞斑岩体都产于"锅底"部位。

(2) 含硫化物的钾硅化蚀变岩，经次生风化淋滤往往形成次生石英岩，在地貌上构成局部残崖。

第五节　矿体潜在含矿性准则

一、矿体潜在含矿性地质前提

1. 地质构造前提

斑岩体与围岩的接触带控制着矿体分布。由于区域构造活动和岩浆活动的联合作用，沿接触带应力多次集中,产生断裂、裂隙密集带,在外接触带尤为发育,构成极为有利的容矿构造。在上盘接触带,断裂、裂隙处于引张状态,更容易形成厚大矿体。由于裂隙是含矿气液流体流通扩散的渠道和矿脉充填的空间,因此其发育程度理所当然地控制着矿化强度。

图 12-10 是铜厂铜矿床的矿体等厚线图和裂隙密度等值线图。裂隙密度最大的是在外接触带,一般 25~65 条/m;内接触带一般 5~35 条/m;岩体中心部位一般小于 5 条/m。与之相仿,铜钼矿体呈筒状套生在斑岩岩株的顶侧部位。厚大矿体产于邻近岩体的外接触带。

2. 岩浆岩前提

德兴铜矿铜钼矿体在岩株、岩瘤状小斑岩体的顶侧部位沿接触带分布。一般矿床内主要矿体都产在浑圆状斑岩体的凹进、凸出部分或倾角陡缓变化部位的参差不齐处。形状规则,接触界线平直者都对矿化不利。

二、矿体潜在含矿性标志

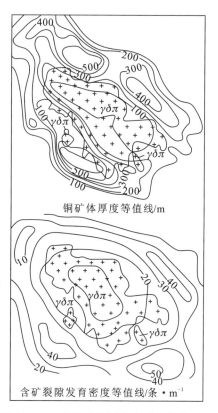

图 12-10 铜厂矿体厚度与裂隙的关系
(据朱训等,1983)

1. 地球化学标志

1)岩石地球化学标志

根据冶金地质会战指挥部(现为中国冶金地质总局一局)在德兴斑岩铜(钼)矿田富家坞矿床所进行的岩石地球化学测量结果表明:①围绕花岗闪长斑岩体,元素有明显的分带性,Mo—Cu—Ag—Pb—Zn—Co—Ni—Mn;②铜工业矿化围绕斑岩体内、外接触带分布;③Cu 异常大于 1000×10^{-6} 的范围与石英-水白云母化带范围一致;④围绕斑岩体 Cu 异常与 10×10^{-6} 等值线的 Mo 异常范围基本一致,表明铜、钼矿化有密切关系。在 1:2000 岩石地球化学测量时,平均样品密度为 250 点/km^2。Cu 异常强度通常为 $(700 \sim 30\ 000) \times 10^{-6}$,Mo 异常强度通常为 $(10 \sim 4000) \times 10^{-6}$。

例如,朱砂红隐伏矿床矿体产状较陡(图 12-11),隐伏矿体内及近旁有 Cu、Mo、Ag 等成矿元素异常,其中 Mo 的浓集部位偏下部;矿体上方有帽状 Pb、Zn、Mn、Hg 等伴生元素异常,显示出很好的垂直分带(梅占魁,1988)。

2)气体地球化学标志

SO_2、H_2S 及汞气的异常都是寻找斑岩铜矿的良好标志。迄今为止,国内外对汞气研究得最多,已取得了一定的地质效果。例如在江西德兴朱砂红矿床上试验表明,汞蒸气异常确切地反映出矿体的位置。

朱训等(1983)通过对德兴斑岩铜矿的研究得出以下规律性认识:①蚀变矿化区内,当地

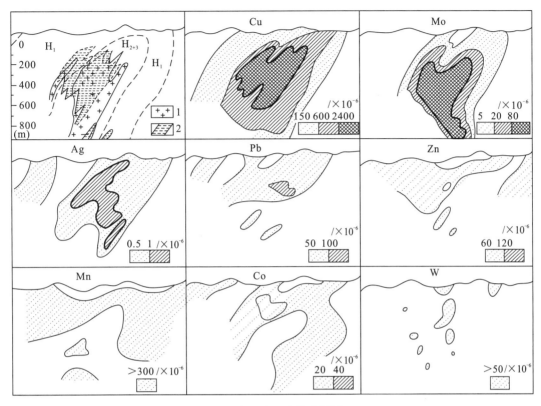

图 12-11 朱砂红矿床 7 线地球化学剖面图(据梅占魁,1988)
1. 花岗闪长斑岩;2. 矿体

表有 Pb、Zn、Hg、Mn、Ba 等异常和 Cu、Mo、Ag 弱异常,面积达 0.5~1km²,且组分分带不甚清楚时,深部有隐伏铜矿体的远景;②矿体范围内,地表出现 Rb、W、Bi、Ti、Ni、Co 异常,Cu、Mo、Au、Ag 异常浓度高,面积大于 0.5km²,且 Mn 为负异常,元素组分分带和浓度分带明显,是矿体已剥露地表的标志。

2. 围岩蚀变标志

德兴铜矿斑岩矿床的野外蚀变根据发生的先后顺序可分为:钾长石化、石英-黑云母蚀变和磁铁矿矿化、青磐岩化(绿泥石蚀变)、黄铁矿-绢云母-石英蚀变、水云母-伊利石蚀变、方解石-硬石膏化等主要类型。

(1)钾长石化:主要包括脉体晕、弥散状和细脉状 3 种类型,蚀变过程中钾长石和石英逐渐增多,颜色呈肉红色、白色夹肉红色。蚀变通常发生在接触带附近的斑岩中,蚀变宽度可达数米至数十米。朱砂红矿区中蚀变发生在岩体岩枝顶部或接触带附近;铜厂矿区蚀变发生在斑岩与围岩接触带附近,规模较大,宽度可达几十米;富家坞矿区蚀变主要发生在斑岩体两侧围岩接触带,呈红色、红白相间色。

(2)石英-黑云母蚀变和磁铁矿矿化:铜厂矿区石英-黑云母蚀变较发育,呈弥散状、大脉状,铜厂、朱砂红和富家坞矿区偶见细脉状磁铁矿矿化,通常发生在接触带。

(3) 绿泥石蚀变:可进一步分为青磐岩化蚀变和绿泥石-伊利石-方解石蚀变。青磐岩化蚀变主要表现为随着蚀变的进行,墨绿色、绿黄色绿泥石逐渐增多,在 3 个矿区均较发育,分布范围可达到斑岩体外数百米。绿泥石-伊利石-方解石蚀变发生在断裂带附近,受其控制。

(4) 黄铁矿-绢云母-石英蚀变:黄铁矿蚀变呈脉状和浸染状,石英、绢云母蚀变呈弥散状、脉体晕,岩石常呈灰白色、灰黄色,在 3 个矿区的分布均较广。

(5) 水云母-伊利石蚀变:通常发生在蚀变后期的低温环境下,为泥质蚀变,遍布于 3 个矿区,对早期的几种蚀变有较强的破坏作用。

(6) 方解石-硬石膏化:为矿床最晚一期的蚀变作用,本期蚀变作用强度较弱,但范围较广,超出前期蚀变作用范围,在铜厂和富家坞矿区接触带内外均有大面积出露。

王翠云等(2012)研究了朱砂红斑岩铜矿热液蚀变作用。热液蚀变具有多阶段性,蚀变类型主要有钾长石化、黑云母化、绿泥石化、硅化、绢云母化、白云母化、碳酸盐化。其中,钾硅酸盐化在朱砂红矿床中表现较弱,钾化主要分布在紧靠斑岩体接触带处的花岗闪长斑岩中,而黑云母化则主要分布在石英闪长玢岩中,绿泥石化和石英-绢云母化、碳酸盐化作用强烈,分布范围广,叠加在新鲜斑岩及早期蚀变组合上。

与蚀变强度相对应的蚀变岩依次为钾质硅酸盐化花岗闪长斑岩、绿泥石化花岗闪长斑岩和石英-绢(白)云母化花岗闪长斑岩。这 3 类蚀变岩的标志性蚀变矿物依次为:钾长石(黑云母)→绿泥石→石英+绢(白)云母,蚀变程度显现出由弱至强的变化趋势。

与不同类型蚀变岩石相对应,朱砂红斑岩铜矿可划分为 4 个热液蚀变阶段。

(1) 钾质硅酸盐化阶段:该阶段蚀变发生在成矿作用早期,主要蚀变矿物为钾长石+黑云母+磁铁矿。钾化交代作用主要沿斜长石的边缘、解理和裂隙进行,蚀变形成的钾长石为肉红色及褐红色,有时可形成钾长石脉,有时可见磁铁矿脉。

(2) 绿泥石化阶段:该阶段是蚀变矿化的过渡阶段,主要表现为早期的暗色矿物和长石类矿物部分或完全发生水解,斜长石逐渐转变为绢云母,角闪石或黑云母被绿泥石交代。

(3) 石英-绢(白)云母化阶段:该阶段蚀变矿物组合为白云母+石英+绢云母+黄铁矿+黄铜矿。

(4) 碳酸盐化阶段:此阶段蚀变发生在成矿作用晚期。主要蚀变矿物为石英+碳酸盐矿物。主要交代黑云母和长石类矿物,以及早期形成蚀变矿物,常呈细粒集合体散布于蚀变岩石内,或沿裂隙充填交代呈脉状产出,伴有浸染状或脉状黄铁矿化、赤铁矿化。

3. 斑岩体顶部爆破与破裂标志

大多数斑岩铜(钼)矿床形成过程中都发生过不同程度的爆破。爆破的证据是爆破角砾岩和一系列密集网脉状裂隙。爆破角砾岩的砾石成分十分复杂,包括斑岩本身和各种围岩。当剥蚀较浅时,矿床顶部的爆破角砾岩是很好的找矿标志;当剥蚀较深时,爆破角砾岩便难以找到。应该注意区分爆破引起的破裂与区域构造裂隙及岩浆凝结时形成的同生裂隙,前者对矿化的控制往往比后两者重要得多。

4. 矿产原生露头标志

斑岩铜矿床原生矿石组分中黄铁矿占优势,呈细脉浸染状。标志性的金属矿物组合是黄铁矿-黄铜矿建造、黄铁矿-黄铜矿-辉钼矿建造、斑铜矿-黄铜矿-黄铁矿建造和黄铁矿-黄铜矿-磁铁矿建造。在工业矿体周围普遍发育硫铁矿脉卫星矿或黄铁矿外壳。

5. 氧化帽标志

一般斑岩铜矿床的次生富集带不甚发育,但在剥蚀面上仍广泛形成与原生矿石构造类型相同的次生氧化帽。褐铁矿是氧化帽的主要组分,在干旱地区才有一定数量的铜和少量的钼、铅锌的表生矿物。在氧化帽发育处往往伴有色异常。

第十三章 个旧锡多金属矿

第一节 滇东南锡多金属成矿带地质特征

个旧锡多金属成矿亚区处于环太平洋锡矿带中的滇东南锡多金属成矿带。该带中有个旧、白牛场、都龙等3个超大型锡多金属成矿亚区,是世界上最重要的锡产区之一。

滇东南锡多金属成矿带在大地构造上位于华南褶皱系的西南边缘,其东、南、西三方为古陆环绕。西北为康滇地轴,西南为哀牢山变质带,北东为越北古陆。成矿带位于古陆中间长期沉降的凹陷区(图13-1)。

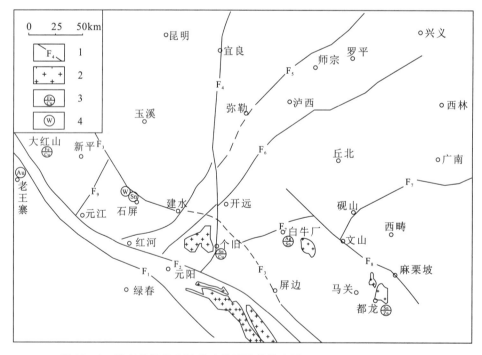

图13-1 滇东南锡多金属成矿带区域背景略图(据陈国达等,2004,有修改)

1. 断裂及编号;2. 燕山期花岗岩;3. 大型多金属矿床;4. 中、小型矿床。F_1. 哀牢山深断裂;F_2. 红河断裂;F_3. 屏建石断裂;F_4. 小江断裂;F_5. 师宗-弥勒断裂;F_6. 南盘江断裂;F_7. 蒙自-砚山断裂;F_8. 文山-麻栗坡断裂;F_9. 绿汁江断裂

一、成矿带构造

滇东南地区区域性构造十分发育,不同方向深大断裂相互交会,形成了复杂的构造格局,控制着区域内沉积体系、岩浆活动及成矿作用。深大断裂包括通过个旧成矿亚区的南北向小江断裂,北西向的红河断裂、哀牢山断裂,北东向的师宗-弥勒断裂、南盘江断裂等。这些深大断裂分别控制着不同时期深源岩浆岩的活动与分布。

哀牢山断裂是金沙江-哀牢山深断裂的南段部分。该断裂既具有逆冲-推覆性质,又具有强烈平移剪切特点。断裂北东侧出露哀牢山群深变质岩系,南西侧(下盘)出露古生界—中生界浅变质岩系。两变质带之间为宽1～3km的糜棱岩及片理、劈理带。沿断裂两侧岩浆活动强烈而频繁,吕梁期—喜马拉雅期各类岩浆岩呈串珠状分布。该断裂带可能是一条海西晚期俯冲断裂,晚三叠世前的印支运动产生逆冲推覆,燕山期再次逆冲推覆,最后发生平移剪切,显示出从一条深层次的超壳断裂逐步向浅部层次演化特征(张建东,2007)。该断裂带对滇东南地区的构造演化及岩浆活动有重要的影响。

红河断裂是滇东南成矿带的南部边界的深大断裂带,也是南盘江-右江盆地与哀牢山地块(推覆体)的南西分界线。断裂南西侧出露哀牢山群,北东侧(上盘)出露中生界—新生界,并经受错动和挤压而发生了动力变质作用。根据两侧中生代及早三叠世地层的错移,断裂可能在元古宙就已活动。该断裂带在印支期前主要表现为挤压缝合特征,印支期后向走滑拉分转变,它在新生代发生过左行走滑,而近期又发生了右行走滑,是一条自印支期至喜马拉雅期一直活动的多期性深大断裂,对滇东南地区的产生、发展演化及岩浆活动有重要的影响。

小江断裂是一条区域性超壳深大断裂,南延为个旧断裂带。该断裂最早在晋宁期以前(新元古代末)即发生;在二叠纪时表现为强烈的张裂,成为大规模基性岩浆喷发的通道;中生代时经过强烈挤压;喜马拉雅期则表现为张性和左行性质;现今仍有强烈的构造和热流活动(沈军等,1998)。个旧断裂把个旧成矿亚区分为成矿强度悬殊的东、西两部分,对个旧地区与中生代沉积建造和岩浆活动有关的矿化有着重要的控制作用。

师宗-弥勒断裂被南北向小江断裂交切而分成两支。西支为官厅弧形断裂带,终止于小江断裂与红河断裂带上;东支总体呈北东向延伸,在罗平阿岗转为北北东向延伸,为南盘江盆地的北西边界断裂。断裂带由一系列近平行延伸、呈不同规模的压剪性逆断层组成,断裂强烈挤压破碎,褶皱异常发育。在断裂带中分布的中三叠统个旧组被强烈挤压破碎,并分别逆冲在不同时代的地层之上(以古生界为主)。沿断裂发育众多以基性火山岩为主的火山岩构造岩体,并以枕状熔岩的出露最为特征。根据对断裂带及其两侧地层的分布和沉积相分析可以得出,该断裂是一条延伸至地壳下部硅镁层的超壳深断裂,具有始于加里东期(南西段可能在古元古代已发生)至喜马拉雅期的多期活动,三叠纪表现为正断层性质,现今主要表现为逆断层。该断裂是扬子陆块与华南陆块在滇东南盆区的边界和结合带,是一条具有重大意义的岩相古地理界线和构造分界线。该断裂向南西延伸为个旧成矿亚区的北西边界,也是个旧燕山期花岗岩群的西部边界(莫国培,2006)。

南盘江断裂呈北东走向,倾向北西,性质为逆断裂。南盘江深大断裂是扬子准地台与华南褶皱系两大地质构造单元和两大成矿亚区的自然分界。该断裂为南盘江盆地内部一条重要的控制沉积体系和岩相分布的控相断裂。断裂带上盘为中三叠统个旧组台地相碳酸盐岩,下盘为中三叠统浊积岩系,两套岩性变化截然。该断裂可能在新元古代就已存在,活跃期是晚古生代—中生代,早三叠世该深大断裂及其平行的次级断裂活动加强,沿此断裂带形成一条狭窄而深陷的沉积槽状活动带——断拉谷(黎应书等,2008)。

二、成矿带地层

区域内地层发育较为齐全,除侏罗系—白垩系缺失外,其余各时代地层均有出露。

最古老的地层为分布于区域南部的哀牢山群,为一套深变质岩,具有不同程度的混合岩化。其岩性层位与屏边一带的瑶山群以及滇中大红山一带的大红山群底巴都组相似,形成时代为太古宙至古元古代。

中元古代昆阳群广泛出露于区域北西部石屏—建水—牛首山一带,变质较浅,一般为以板岩、千枚岩为主的低绿片岩相。

新元古代震旦系出露于个旧以西石屏—建水及屏边—文山一带。石屏—建水一带底部为澄江组,以山间盆地或坳陷内的陆相灰紫色—紫红色长石砂岩组成的一套磨拉石建造为主,并普遍存在底砾岩。澄江组之上大部分为稳定的滨-浅海相砂页岩和碳酸盐岩建造。而出露于东部屏边—文山一带的屏边群为一套细碎屑岩类,复理石韵律发育,该群上部与下寒武统为平行不整合接触。震旦系—志留系为巨厚富碳硅质岩系,为陆源裂谷型深水沉积岩。

下二叠统为玄武质、灰质角砾岩。三叠系为浅海相-陆相碳酸盐岩类和砂岩、页岩、火山岩及含硅质碳酸盐岩类。中三叠统下部为个旧组碳酸盐岩(含变玄武岩),中三叠统上部为法郎组粉砂岩、页岩、泥质灰岩及凝灰岩、基性熔岩。

第四系及第三系(古近系+新近系)沉积物主要分布于山间盆地、山坡、沟谷及岩溶坳地中,以角度不整合上覆于老地层之上。区内显生宙地层,剖面完整,层序清楚,化石丰富,沉积特征对比明显。

三、成矿带岩浆岩

滇东南地区的岩浆活动具有较明显的分异规律:海西期以前,主要以基性—超基性岩浆活动为主;至印支期,基性—超基性和酸性岩浆活动均较强烈;燕山期则演化为以酸性岩浆为主的侵入活动,并开始出现碱性岩;到喜马拉雅期则以碱性岩浆活动为主(秦德先等,2004)。

海西期岩浆岩:主要是基性喷出岩。玄武岩类广泛分布于建水、开远、金平、绿春、蒙自、文山等地,从早二叠世到晚二叠世早期均有多次喷发。海西期的岩浆侵入活动,主要在金平棉花地—马安底一带,见基性侵入体成群侵入于哀牢山群中。

印支期岩浆岩:本期岩浆活动频繁,酸性侵入岩及基性喷出岩、侵入岩均有出露。酸性侵入岩主要为黑云母花岗岩、黑云母二长花岗岩及黑云母斜长花岗岩等,岩石具片麻状构造,属铝过饱和系列。喷出岩主要有三期,中三叠世安尼期、拉丁尼克早期和拉丁尼克晚期—诺利克期。安尼期的火山岩主要产于个旧组下段(T_2g^1)的碳酸盐层中。该期玄武岩的分布南北长约 25km,宽约 5km,分布面积在 125km^2 以上,呈层状产出,主要有 3 层,单层最厚 30m,一般厚 5~10m,单剖面累积厚度 50~70m,在较厚的基性岩内常夹 0.2~4m 厚的若干层碳酸盐岩。拉丁尼克早期的玄武岩主要分布于水塘寨—保和—木花果以及木卜玲一带的法郎组下部(T_2f^1)泥灰质岩层中,厚度约 70m,与碳质泥灰岩、硅质岩互层整合产出,展布面积达 40km^2。拉丁尼克晚期—诺利克期火山岩主要分布于贾沙以南的他白、林和村—尼得、德胜冲、牛屎寨一带,产于中三叠统法朗组(T_2f)上部的碳酸盐岩中,与围岩呈整合接触关系,大致呈北东东向带状分布,长约 13km,在他白宽约 3km,向两侧逐渐变窄,展布面积达 40km^2。在他白和檬棕厚度最大,可以达 1700m,向两侧变薄直至尖灭(秦德先等,2004)。

燕山期岩浆岩:岩浆活动主要为酸性岩浆侵入,次为中性—基性—超基性侵入岩,碱性岩零星分布。贾沙岩体为辉长岩-二长岩,K-Ar 法同位素年龄为 132~119Ma,可能是受燕山晚期与碱性岩相关的碱质交代作用,推断辉长岩的形成时代更早,应属印支晚期—燕山早期的产物,是个旧成矿亚区燕山期发育最早的侵入体。综合考虑岩体的 K-Ar 法和 Rb-Sr 法同位素年龄,结合岩体地质特征,其他岩体的侵位序列先后依次为:龙岔河、马拉格、松树脚斑状花岗岩体,长岭岗、白云山碱性正长岩-霞石正长岩岩体,神仙水、白沙冲、老厂、卡房粒状花岗岩体。总体表现为由基性岩、偏基性花岗岩→碱性岩、酸性—超酸性花岗岩系列演化。区内其他地方中性岩分布零星。区内碱性岩出露不多,主要发育于个旧白云山区,岩性为霞石正长岩(西南冶金地质勘探公司 308 队,1984;庄永秋等,1996)。

喜马拉雅期岩浆岩:本期岩浆活动较弱,岩体多呈分散状态,分布范围也较窄,岩石以基性喷出岩和碱性岩为主(西南冶金地质勘探公司 308 队,1984)。

四、岩浆岩微量元素含量特征及变化规律

滇东南成矿带上与成矿作用关系密切的各时期酸性岩浆活动,主要分布在个旧、薄竹山、都龙老君山以及哀牢山、金平一带,这些酸性岩均沿北西向红河断裂带两侧分布,从表 13-1 统计结果可以看出,红河断裂以北个旧、薄竹山、都龙老君山 3 个花岗岩体 Cu、Pb、Zn、Ag、Sn、W 的含量普遍高于红河断裂以南哀牢山、金平花岗岩体的含量,个旧、都龙老君山岩体的 Sn、W 含量又高于薄竹山岩体的含量,显示了个旧、都龙比薄竹山更具有较大的找矿前景。个旧、薄竹山花岗岩体 Sn、W 含量明显高于地壳同类岩石的丰度,而与世界含锡花岗岩的 Sn、W 含量相近。

表 13-1 滇东南区域酸性岩微量元素含量统计表(据王力,2004)

采样地点	岩性	微量元素含量						
		Au	Ag	Zn	Cu	Pb	Sn	W
个旧	黑云母花岗岩		0.118	141.7	12.1	60.17	25.6	7.04
老君山	二云母花岗岩		0.11	36.4	21.7	24	53.0	16.8
薄竹山	黑云母二长花岗岩	0.88	0.074	35.4	14.7	40.2	5.1	1.78
金平	花岗岩	0.78	0.073	58	7.0	43	6.1	1.8
哀牢山	角闪片麻花岗岩	0.54	0.44	60.7	9.4	35.3	3.3	0.66
金平	花岗斑岩	0.65	0.39	40	7.0	44	1.8	0.8
地壳花岗岩类平均值(维诺格拉多夫,1962)		0.45	0.05	60	20	20	3	1.5

注:Au 含量单位为 $\times 10^{-9}$,其他元素含量单位为 $\times 10^{-6}$。

五、地球物理场特征

区域剩余重力异常场反映出滇东南地区一些深部构造特征(图 13-2)。个旧、薄竹山(白牛场)、老君山 3 个超大型锡多金属成矿亚区及石屏钨锡矿化区,均产于几个等轴状或椭圆状剩余重力负异常的边部,且沿红河断裂北侧呈北西向大致等间距分布。其中,成矿规模最大的个旧成矿亚区处在负异常强度最大区,达 $-15\text{mGal}(1\text{Gal}=1\text{cm/s}^2)$,具小型矿化的石屏钨锡矿化区处在异常强度为 -5mGal。

这种等轴状或椭圆状的局部场负异常,基本上与滇东南几个花岗岩侵入体相对应,因此应是低密度的花岗岩体的反映。而与重力正异常相间的是大致呈椭圆状的局部正异常,这些正异常边部则对应分布有几处与基性火山岩有关的铁铜矿床,如紧靠中越边境越南一侧的生权大型铁铜金矿床、我国大红山大型铁铜矿床以及两者之间元阳一红河一带正异常也对应有铁铜矿化。上述这种重力异常与矿床分布的对应关系,可能表明红河深大断裂带长期演化活动控制了地壳上部层低密度体花岗岩和高密度体基性岩的相间分布,前者沿红河断裂带北侧平行于红河断裂分布,控制了锡多金属的成矿,而后者则基本位于红河断裂带上,与铁铜矿化关系密切。

此外,从异常等值线的走向上来看,个旧成矿亚区也处于东西向、北东向、南北向及北西向布格重力异常的交会部位。区域重力异常反演计算获得的莫霍面等深线图反映出滇东南区域莫霍面自南东向北西呈明显逐步下降的阶梯结构,即马关文山斜坡(深 44~47m)→个旧-丘北平台(深 47m)→弥勒-昆明斜坡(深 48m 渐降)。因而从深部莫霍面形态变化上来

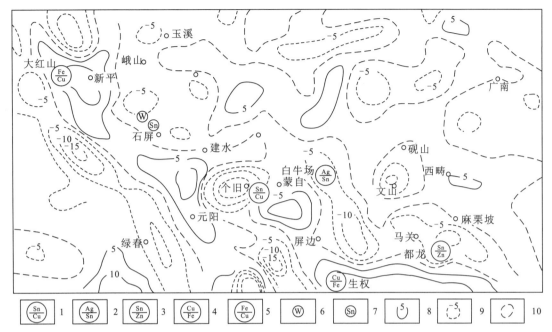

图 13-2 滇东南及邻区剩余重力异常与主要矿床分布图（据西南有色物探队，1992）

1. 超大型锡铜矿床；2. 超大型银锡矿床；3. 超大型锡锌矿床；4. 超大型铜铁矿床；5. 超大型铁矿床；6. 小型钨矿床；7. 小型锡矿床；8. 重力高等值线；9. 重力低等值线；10. 重力零等值线（单位：mGal）

看，个旧成矿亚区也恰好位于幔坡和地幔平台的过渡带之隆起部位，这与我国许多大型、超大型矿床处于地壳结构不均匀性的深层构造的过渡地带一致。

第二节 成矿亚区潜在含矿性准则

一、成矿亚区地质前提

1. 成矿亚区地层前提

在个旧成矿亚区内，出露的地层以三叠系为主，其中中三叠统个旧组是区内主要赋矿层位。中生界以下的地层仅在区域的西北部及西南部有少量二叠系火山岩系分布（图 13-3）。

中三叠统个旧组（T_2g）：广泛分布于个旧东区，为较纯的碳酸盐岩，其下部有火山岩及泥质灰岩，将其细分为 3 段 11 层，总厚 1400m 至 4000 余米（表 13-2）。

卡房段（T_2g^1）：共分为 6 层（T_2g^{1-1}—T_2g^{1-6}），其单数层（T_2g^{1-1}、T_2g^{1-3}、T_2g^{1-5}）主要为灰色中厚层状灰岩；双数层（T_2g^{1-2}、T_2g^{1-4}、T_2g^{1-6}）主要为灰色—深灰色中厚层状灰岩与灰

质白云岩互层。

马拉格段(T_2g^2),分为3层(T_2g^{2-1}—T_2g^{2-3}),其中T_2g^{2-1}、T_2g^{2-3}主要为深灰色厚层块状白云岩;T_2g^{2-2}主要为灰色—深灰色中厚层状灰质白云岩与透镜状灰岩互层。

白泥洞段(T_2g^3):分为2层(T_2g^{3-1}、T_2g^{3-2}),T_2g^{3-1}为浅灰色、深灰色中厚层状微晶灰岩;T_2g^{3-2}为灰白色、浅灰色中—厚层状灰岩夹灰质白云岩。

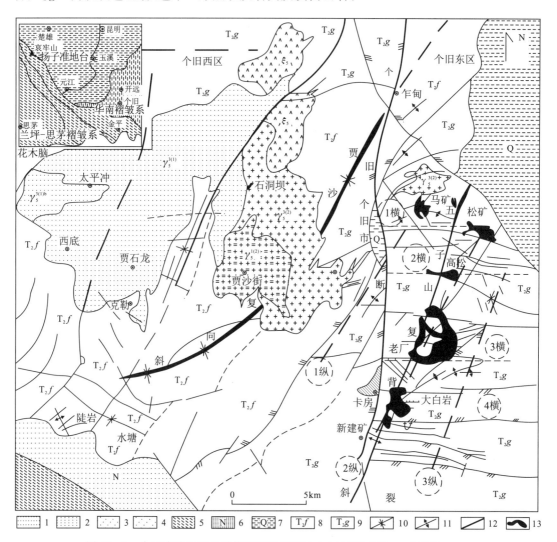

图13-3 个旧成矿亚区地质构造略图(据西南有色地质勘查局308队增补,2007)

1.辉长二长岩;2.斑状黑云母花岗岩;3.等粒状花岗岩;4.碱性正长岩;5.变质带;6.新近系;7.第四系;
8.法郎组灰岩、白云岩;9.个旧组白云质灰岩、大理岩;10.背斜;11.向斜;12.断层;13.矿体分布示意

据西南有色地质勘查局308队资料,全区已探明的锡、铜、铅储量中,个旧组下段层位中分别占90%、96%和44%,个旧组中段层位则占5%、1%和49%。其中锡储量特别集中在个旧组下段的T_2g^{1-5}及T_2g^{1-6}两层,铜主要集中在个旧组下段的T_2g^{1-3}及T_2g^{1-1}层中。因此,个旧组下部卡房段是个旧成矿亚区的最主要控矿层。个旧组各段地层中的主要成矿金

属元素丰度普遍高于世界碳酸盐岩丰度。其中，T_2g^1 和 T_2g^2 层位中丰度大于世界碳酸盐岩丰度，大于地壳中丰度的 4 倍，而 T_2g^3 层位 Sn 丰度则略低于地壳丰度。个旧组各段地层中的 Pb 和 Mo 含量均在世界碳酸盐岩丰度 2 倍以上，多数层位 Zn 含量略高于世界碳酸盐岩丰度。个旧组 Cu 和 W 的丰度与世界碳酸盐岩丰度相差不大。

表 13-2 中三叠统个旧组分层岩性及其主要矿化统计

地层时代			厚度/m	柱状图	地层岩性及岩相特征	主要矿床类型
组	段	代号				
中三叠统个旧组	白泥洞段	T_2g^{3-2}	42~46		灰色—浅灰白色，中—厚层状微晶灰岩，含层纹石，大理岩化明显，夹数层灰质白云岩。与上覆岩层假整合	矿体稀少
		T_2g^{3-1}	29~155		浅灰色中厚层状微晶灰岩，重结晶现象普遍，局部见有鸟眼构造	
	马拉格段	T_2g^{2-3}	130~500		深灰色—灰色厚层状白云岩，下部夹中厚层状灰质白云岩，上部夹块状白云质灰岩，由微晶-粉晶屑组成。可见层纹石、核形石及膏模孔、鸟眼构造等	锡石-硫化物型、硫化物矽卡岩型
		T_2g^{2-2}	90~300		灰色中厚层夹薄层灰质白云岩，白云质灰岩与白云岩互层，见有叠层石、核形石、亮晶白云石、溶解角砾、膏模孔、鸟眼、干裂等构造	矿体稀少
		T_2g^{2-1}	20~340		深灰色—灰色块状、厚层状微晶、粉晶白云岩，底部见塌积角砾岩，白云岩中见有纹层石、砾屑、砂屑白云岩	锡石-硫化物型、硫化物矽卡岩型
	卡房段	T_2g^{1-6}	15~200		浅灰色中厚层状微晶-砂屑灰云岩与微晶灰岩互层，含有凝块藻团、球粒及纹层石。膏膜孔及鸟眼构造发育	锡石-硫化物型、硫化物矽卡岩型、电气石细脉带型
		T_2g^{1-5}	330~700		中上部为深灰色瘤状灰岩、中厚层状—薄层状微晶灰岩、砂屑灰岩，岩石中含有藻类团块、团粒及介形虫、棘屑、腹足类等生物碎片；下部为深灰色厚层状微晶灰岩夹少量灰质白云岩	锡石-硫化物型
		T_2g^{1-4}	60~260		中上部为灰色中厚层夹薄层状微晶白云岩与石灰岩互层；下部为浅灰色中厚层状微晶白云岩，具溶解角砾、变形层理、方解石晶簇脉、膏膜孔等，纹层石在白云岩中普遍发育	锡石-硫化物型
		T_2g^{1-3}	70~140		上部为灰色中厚层状灰岩，普遍含有细粒分散状的黄铁矿沿层分布，多次出现含藻类等生物灰岩夹层；下部为灰黑色中—薄层状碳泥质泥晶-微晶灰岩	锡石-硫化物型、硫化物矽卡岩型、锡石碳酸盐岩型
		T_2g^{1-2}	37~130		灰色—浅灰色中厚层状含碳质微晶白云岩与微晶灰岩互层，夹凝灰岩，岩石中含藻类等生物碎屑	锡石-硫化物型、硫化物矽卡岩型
		T_2g^{1-1}	90~575		上部为灰色厚层状灰岩，顶部夹有变辉绿岩；下部主要为灰色—浅灰色中厚层状石灰岩夹薄层灰岩，部分含泥灰岩	锡石-硫化物型、硫化物矽卡岩型

2. 成矿亚区岩浆岩前提

个旧成矿亚区岩浆活动强烈而复杂,从印支期发展到燕山期,可能与右江地槽有关的上侵岩浆以基性喷发开始,后转向酸性—碱性侵入活动,最后以与哀牢山深大断裂有亲缘关系的各种斑岩和脉岩的侵入告终,形成一个遍及全区、规模庞大的同源岩浆(深部地壳部分重熔)多期多阶段连续演化系列的杂岩体,其中以酸性侵入体的规模最大。

以个旧断裂为界,岩浆岩大片出露于西区,东区主要为隐伏岩体,地表只有零星出露。岩浆岩类型繁多,既有火山岩,也有侵入岩。火山岩中既有熔岩,亦有凝灰岩、火山角砾岩和集块岩。侵入岩中既有中—深成相的,又有浅—超浅成相的;岩性上既有基性、中性和碱性岩石,还有中酸性岩石。西区沿贾沙复式向斜轴部出露面积愈 $320km^2$ 的岩浆杂岩体,外形略似肺状,由基性、酸性、碱性岩构成,主要为燕山期各类花岗岩。其南为产在法郎组中的印支期火山岩系和基性侵入体,北为一环状碱性岩体。花岗岩类具多期多阶段的活动特点,按其侵入顺序分为龙岔河岩体、白云山岩体、克勒岩体、神仙水岩体。

东区出露花岗岩体沿五子山复式背斜核部侵入,除在白沙冲、北炮台、卡房等地有小面积出露外,主要隐伏于地下 200～1500m 处,总分布面积约 $200km^2$,成分较单一,以黑云母花岗岩为主。经物探探测,东区深部花岗岩相连,其上有多峰式突起。东、西区花岗岩体在较深部位连结成轴向为北西向的椭圆状大岩基。

在卡房、麒麟山、老厂等地,分布有规模较大的印支期基性火山岩系,呈层状产于个旧组下部,并伴生锡铜多金属矿(化)体。此外,还局部分布辉绿岩和煌斑岩等脉岩。

在成矿亚区内,岩体控制了原生金属带状分布规律(彭程电,1985),包括矿床分带、矿化分带和原生晕分带,其规律和特点彼此一致。如矿床分带,铜(钨)矿床多分布于距岩体 300m 以内,锡矿床多在 200～600m 之间,铅(锌)矿床多在 500～1300m 之间;有时,同一岩体下段为铜,中段为锡,上段为铅。矿化分带多出现以 Sn、Cu、Pb 为代表的元素组合呈环状的水平或垂直分带,同样,化探原生晕分带也基本与此吻合,只是各带的元素组合有所不同,如外带出现 Mn、Pb、Ag 等元素(图 13-4)。

3. 成矿亚区构造前提

印支期、燕山期,地层强烈褶皱断裂。成矿亚区位于复背斜核部。五子山复背斜轴向 NE 20°左右,长约 40km,核部宽缓,两翼倾角 20°左右,北东端仰起至蒙自断陷盆地边缘,向南西倾伏。轴部西南端出露二叠系龙潭组及下三叠统,北东端出露中三叠统法郎组,中部出露中三叠统个旧组。其下部为大面积的燕山期隐伏花岗岩岩体。五子山复式背斜占据了个旧东区的大部分面积,东区的五大矿田均分布在其范围内,是区内最重要的控岩、控矿构造。

二、成矿亚区含矿性标志

1. 地球物理异常标志

由于个旧锡矿区与隐伏的、大的超酸性花岗岩体有关,而花岗岩的密度比其围岩的密度

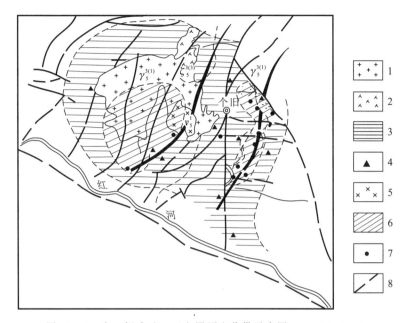

图 13-4　个旧锡成矿亚区金属原生分带示意图(据彭程电,1985)

1. 燕山中晚期花岗岩;2. 燕山晚期正长岩;3. 铅、锌(锡)带;4. 铅、锌(锡)矿床;
5. 印支期辉长岩;6. 锡、铜带;7. 锡、铜矿床;8. 断层

低。花岗岩本身无磁性,但由于岩浆侵入时的热烘烤及热液作用,致使岩体与围岩接触带附近产生磁铁矿化及磁黄铁矿化,形成一个高磁性带。因此,在这种岩体上局部重力低与低值磁异常重合,在低值磁异常外围有完整或不完整的局部正磁异常呈带状分布(熊光楚等,1994)。

图 13-5 是个旧成矿亚区重力局部异常图。图 13-6 是个旧地区化极以后的航磁异常图。个旧东矿区地表出露的花岗岩面积不大,但从重力及磁异常的结果分析,深部隐伏有大的花岗岩侵入体。从重、磁异常的特点,可以推定个旧西区无隐伏花岗岩体。

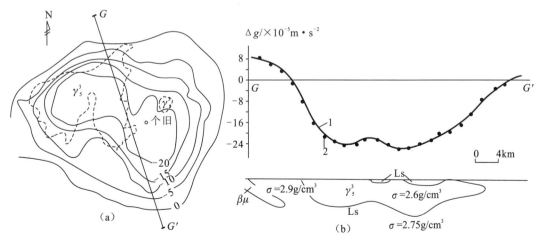

图 13-5　个旧锡成矿亚区重力局部异常图(据熊光楚等,1994)

(a)平面图;(b)剖面图;γ_5^3. 花岗岩;Ls. 灰岩;$\beta\mu$. 变辉绿岩;1. 实测重力异常;2. 推断的岩体重力异常

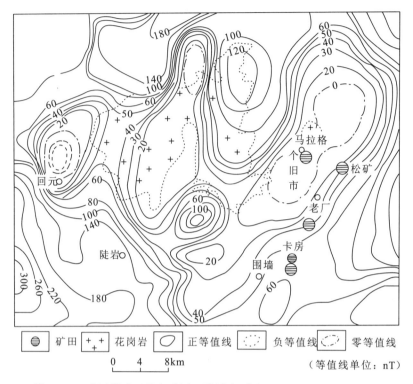

图 13-6 个旧锡矿区航空磁测区域异常（化极）图（据熊光楚等，1994）

2. 地球化学标志

根据 1∶20 万水系沉积物化探数据，对矿区的主要成矿元素 Sn、Cu、Pb、Zn、Ag、Au 等进行了常规性的统计分析（表 13-3）。

表 13-3 个旧东区 1∶20 万水系沉积物化探数据统计特性表（据陈勇，2009）

元素	Sn	Cu	Pb	Zn	Ag	Au
有效值个数	175	175	175	175	175	175
最小值/$\times 10^{-6}$	2.6	11.7	17.4	31.4	30.0	0.9
最大值/$\times 10^{-6}$	7 760.0	6 046.3	19 777.4	12 455.0	33 900.0	67.4
均值/$\times 10^{-6}$	502.2	376.1	1 675.2	1 080.2	1 917.0	6.8
标准偏差/$\times 10^{-6}$	1 096.6	507.3	3 260.7	1 959.3	4 517.0	8.6
变异系数/%	220	220	190	180	240	127
地壳丰度/$\times 10^{-6}$	2.0	55.0	12.5	70.0	70.0	4.0
区域背景值/$\times 10^{-6}$	19.8	56.8	99.2	143.5	162.0	3.1
相对富集系数	9.9	3.1	7.7	3.8	5.1	1.9

从表中可知,矿区内 Sn、Cu、Pb、Zn、Ag 等成矿元素含量非常高,其均值分别为 502.2×10^{-6}、376.1×10^{-6}、1675.2×10^{-6}、1080.2×10^{-6}、1917.0×10^{-6},远高于地壳丰度和区域背景值,而 Au 元素含量相对较低,仅为 6.8×10^{-6}。Sn 和 Pb 的相对富集系数为矿区内最大,达 9.9 和 7.7;其次为 Ag、Zn、Cu,分别为 5.1、3.8、3.1,Au 仅为 1.9。总体来看,矿区内 Sn、Pb 等主要成矿元素相对富集,表明区内存在丰富的成矿物质基础。

把 6 种主成矿元素运用克里格法进行 500m×500m 网格化,绘制等值线图(图 13-7),由图中可以看出,元素的浓集中心基本位于松树脚和黄泥洞一带(Au 异常例外),极值区成穹隆状,与已知矿体的分布较为一致,但高松矿田各元素异常相对较弱,特别是 Au 和 Ag 两元素,基本在松矿周边没有显示出任何异常,这可能与该矿田处于两个穹隆(马松穹隆和老厂背斜)之间的凹陷带、岩体隐伏较深等有关。

化探综合异常就是对单元素进行异常特征的叠加,用以反映研究区内的所有异常特征分布情况。根据异常叠加参数 D 值,绘制化探组合异常图(图 13-8)。由图中可以看出,各大矿体基本都位于组合高异常范围之内,但松矿与异常的吻合依旧不如其他矿田,可能与岩体埋深有关。

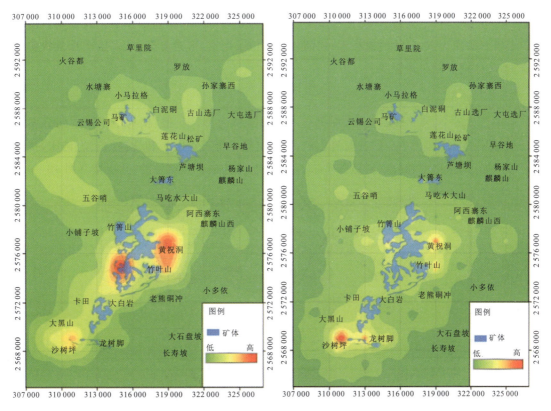

图 13-7　Sn 元素异常图　　　　图 13-8　元素组合异常图

第三节　矿田潜在含矿性准则

一、个旧成矿亚区内的矿田

区内的大型矿田有马拉格矿田、松树脚矿田、老厂矿田、卡房矿田、牛屎坡矿田、高松矿田和双竹矿田等。

1. 马拉格矿田

该矿田包括几处锡铜、铅锡矿床。锡具大型规模,铜、铅为中小型。矿床以锡石-硫化物型层间氧化矿为主,矿体小而富,形态复杂,尤以管状矿体为典型,矿体横断面呈等轴状,斜深较长。

2. 松树脚矿田

矿床类型较单一,为锡石-硫化物多金属矿。锡具大型,铜、铅为中小型。其中又以接触带矽卡岩型矿床为主,矿体规模较大;层间氧化矿体小而富,形态复杂,以多层次长条状矿体为典型,矿体横断面呈透镜状。

3. 老厂矿田

矿床类型齐全,锡矿化最集中,规模巨大。锡达特大型,铜、铅、钨为中型。空间分布呈现:地表砂锡矿,浅部—中深部层间氧化矿,中间贯穿电气石细脉带和含锡白云岩矿床,接触带有矽卡岩-硫化物型和云英岩型锡矿床。上下配套,构成多层重叠的"几层楼"(图13-9)。

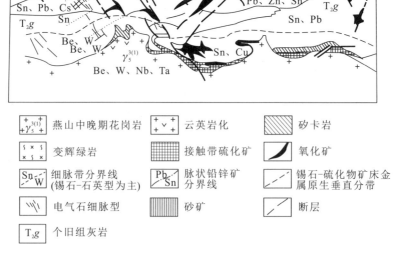

图13-9　老厂各类矿床垂直分带综合剖面图

4. 卡房矿田

该矿田包括多处锡钨铜、锡铜、锡铅矿床。锡钨达大型,铜铅达大中型,铜、钨矿化相对较强。矿床以花岗岩蘑菇状突起的舌下凹陷带矽卡岩中的铜锡矿、变辉绿岩中的铜金矿以及东西向陡倾斜断裂中的富厚铅锡矿为特征(图 13-10)。

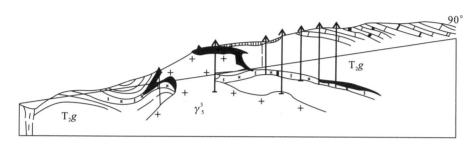

图 13-10 卡房某矿床剖面图

(图例同图 13-9)

5. 牛屎坡矿田

该矿田包括巨大的残积、坡积砂锡矿床。附近原生矿不发育,推测矿源可能来自近侧的含锡花岗斑岩,部分来自锡石-硫化物矿床等。

6. 高松矿田

20 世纪 80 年代初,在武汉地质学院赵鹏大教授指导下,对东区北部 200km² 范围尝试进行大比例尺矿产统计预测。将芦塘坝地段判为成矿有利的远景区,增强了对这一浅部曾被否定的预测区进一步找矿的信心,并利用新开的基干坑道的方便条件,用坑内钻验证该预测区,终于找到了埋深 600~700m 的有一定规模的层脉式热液富锡铅矿床,该矿床现发展为高松矿田。

高松矿田位于马松穹隆南东部与老卡背斜北端之间的北西西向开阔向斜挠曲内(图 13-11)。矿床受一条北东向和两条与其交切的近东西向断裂控制,主要是北东向的芦塘坝断裂控矿。矿体多沿上述断裂旁侧的平行小断裂及羽状裂隙分布,同时又受个旧组下段 T_2g^{2-6} 灰岩、白云岩互层内的层间裂隙控制(图 13-11),现已发现的 17 个矿体中有 12 个分布于此层。该矿床与花岗岩关系不甚明显,属受控于断裂加向斜或岩体凹部的"断凹式"矿床。矿体成群分布。这些矿体就其形态产状可分为两类:一类为陡倾斜脉状、脉型透镜状;另一类为缓倾斜多层次似层状、条状。这类矿体数量多但储量不大,多沿层延展。这类矿床虽小而复杂,但成群成带出现,分布有一定规律性,且矿石有用组分含量高,又邻近生产区,开发利用经济意义很大。

现已经证实,高松矿田范围地表无岩浆岩出露,但在深部有隐伏花岗岩岩体分布,花岗岩隐伏标高 900~1200m,矿体大多沿岩株突起表面形成的凹盆、凹槽、突起分布。

7. 双竹矿田

双竹矿床位于老厂矿田南部,老卡背斜中段。根据卡房新山花岗岩出现蘑菇状突起,其

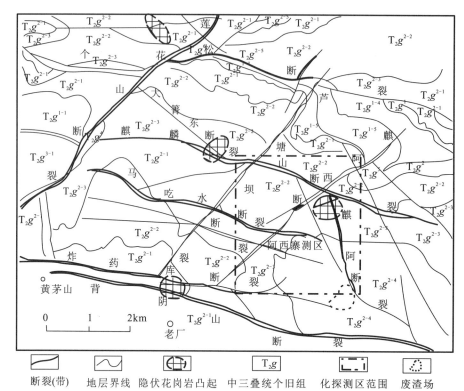

图 13-11　高松矿田地质简图(据陶琰等,2004)

四周岩舌下凹兜内有利于锡铜矿床富集的规律性认识,建立了岩舌下凹兜成矿模式(图 13-12)。任治机等提出在卡房北部老厂南部的双竹地区可能也存在一马蹄形半环状凹兜带。后经钻孔、坑道验证,在 400~600m 深处果然发现了花岗岩岩舌下凹兜带及其中蕴藏的富厚铜锡矿体。此凹兜带已控制长 10 000 余米,矿床规模已达大型,现在称作双竹矿田。

双竹矿田产于个旧组中下部的灰岩、泥质灰岩及白云岩中。北东向的竹叶山背斜及东西向、北东向、北西向断裂都有一定的控岩、控矿作用。岩浆岩有细中粒黑云母花岗岩及变辉绿岩两类。前者属北东向老卡大岩体的一部分,侵位于 T_2g^{1-4} 底部,对接触带矿床有明显的控制作用。岩体边部有云英岩化、绢云母化、绿泥石化等蚀变形成的浅色花岗岩和长石岩圈带。变辉绿岩则呈岩床环绕于花岗岩体南部及东部等处,与灰岩、白云岩"互层带"共同制约岩舌下凹兜矿床的形成和分布。岩体边部岩舌常呈宝塔式出现(图 13-13),与上述岩床、"互层带"等配置,往往可形成多层凹兜矿,找矿前景很大。

二、矿田潜在含矿性地质前提

1. 构造前提

成矿亚区一、二级构造控制了大矿田的分布。成矿亚区一级构造有西部的洗马埔断裂、

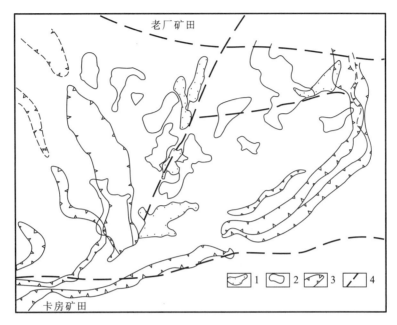

图 13-12 双竹锡铜矿田花岗岩凹兜分布示意平面图

1. 层间氧化矿体;2. 花岗岩接触带矿体;3. 花岗岩岩舌下凹兜带及凹兜矿体;4. 主要断裂

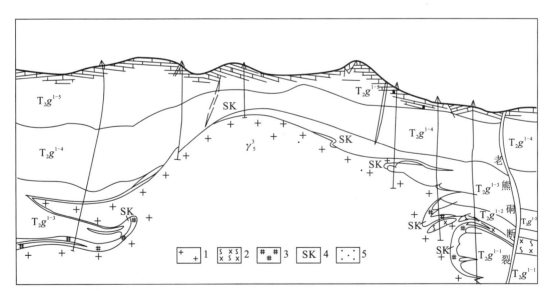

图 13-13 双竹锡铜矿田及岩舌下部凹兜控矿示意剖面图

1. 黑云母花岗岩;2. 变辉绿岩;3. 硫化矿;4. 矽卡岩;5. 氧化矿;T_2g^{1-1}—T_2g^{1-5}. 个旧组下段

轿顶山断裂,中部的个旧大断裂,东部的甲界山断裂,以及其间的两大复式向斜(西区)和背斜(东区)。这些构造延长都在几万米以上,下切也很深,对全区作了骨架性控制,使东西两区在岩浆活动、构造及矿化类型和强度等方面都有许多差异。次级构造主要有老卡背斜、马松穹隆和一系列近东西向的断裂,如个松断裂、背阴山断层、老熊洞断层、龙树脚断裂等,延长都在10km左右,下切可达花岗岩体。这类构造控制了下伏岩体的形态产状和矿田的分布,部分也可形成较大的矿床,如龙树脚断裂、马松断裂等。

2. 岩浆岩前提

东区岩体多隐伏于地下200～1000m处。矿产勘查的实践证明,岩浆岩前提是最为重要的前提。"上有背斜穹隆,下有岩株突起",这是区内最常见的构造岩体控矿模式。预测隐伏的岩株突起是在矿田层次上预测找矿的关键。除采用常规地质构造分析法,物探电测深和重力负异常,化探原生晕分带规律等可起指示作用外,围岩蚀变和遥感也可起到一定指示作用。

三、矿田潜在含矿性标志

1. 地球物理异常标志

个旧成矿亚区矿田分布的规律是上有穹隆(次级背斜构造),下有小岩株(熊光楚等,1994)。因此,圈定矿田分布范围的有效方法是用物探的电测深方法测定隐伏花岗岩上顶面的埋深,从而圈出其局部突起部位。

图13-14是20世纪60年代用电测深法圈出的一个花岗岩凸起地段。工作前仅在北部见有花岗岩局部出露地表。工作后推断花岗岩的突起形态,经钻探工程验证,平均相对误差12%,为寻找硫化矿体提供了新的方向。

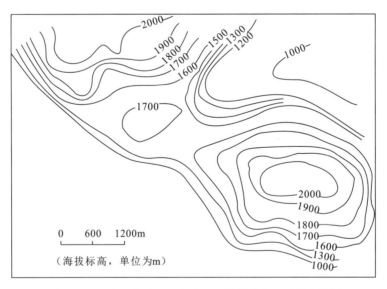

图13-14 个旧东矿区一个矿田上的花岗岩上顶等高线图

曹显光(1997)指出,由于花岗岩、辉绿岩的电阻率常见值为1280Ω·m,其上覆碳酸盐岩的电阻率为 15 500Ω·m，有 12 倍的电阻率差异，具有良好的电性条件，且花岗岩、辉绿岩规模较大，于是选择探测垂向电阻率变化的电测深法圈定它们的起伏形态。

在 400km² 内作了供电极距为 4～10km 的电测深工作，精心布点，准确掌握多地层电阻率值。通过建立电阻率-地质模型和经过低（高）阻岩层界面侧向影响等改正后，圈出了区内隐伏花岗岩、辉绿岩的起伏形态。经大量钻探验证，找到了竹林、高峰山等大型锡矿田，被称为个旧锡矿的"生命工程"。

第四节 矿床潜在含矿性准则

按矿床产出位置及矿体产状与围岩产状的关系，划分出 3 类原生矿床模式：接触带式、层间整合式和层间不整合式（彭程电，1985）。对于不同的模式，有着不同的找矿准则。

(1)接触带式。依附花岗岩，多呈面型展布。又分为夺顶式和舌下凹陷式两类。以含铜锡矽卡岩硫化物矿为主。

(2)层间整合式。多围绕花岗岩突起展布，受层间整合构造，如层间滑动、构造破碎带控制。又分为缓倾斜式和陡倾斜式两类，以前者为主。形态多呈线形延伸。以富锡氧化矿为主。

(3)层间不整合式。多受层间不整合构造，如陡倾断裂带控制，呈各种脉状产出，又细分为大脉式、小脉式和网脉式。以铅锌多金属为特征。

一、矿床潜在含矿性地质前提

1. 地层前提

区内中三叠统个旧组以厚度巨大的碳酸盐岩为主。已知的区内各大锡石多金属矿床，绝大部分分布在个旧组中，并主要是分布在个旧组中、下段层位，且以下段为主。例如，细脉带型矿床，主要产在 T_2g^{1-5} 和 T_2g^{1-6} 中，且主要产在白色大理岩和块状大理岩中。据野外实地观察，白色大理岩中裂隙脉的成分比灰色大理岩中裂隙脉的成分复杂，脉幅宽厚，交代蚀变边宽。

2. 岩浆岩前提

燕山期花岗岩是个旧锡多金属矿的成矿母岩，大岩基上突起的小岩株造成上有背斜（穹隆）、下有花岗岩株突起，是区内最有利成矿的构造-岩浆组合。上部的层间矿床和下部的接触带矿床总是以岩株为中心，成群、成带围绕岩体的顶部和四周产出，尤以岩体的南东侧最为富集。

一般接触带矿床均产在花岗岩的突起部位,岩株突起及外侧(或上部)往往发育有接触带硫化物矿床、层间氧化矿床、浸染状网脉带矿床等,且类型较齐。沿花岗岩岩株突起形成的各类矿床常以岩株突起为中心形成半环状或环状的金属水平分带和垂直分带。一般表现为上部铅(锡)锌、中部锡铜、下部铜钨的分带规律,水平分带范围较广(图 13-15)。

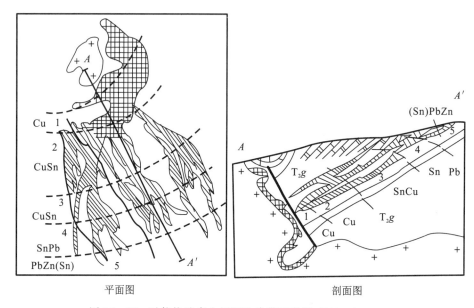

图 13-15　马拉格矿床金属原生分带示意图(据彭程电,1985)

岩体规模、形态产状、侵入深度等对成矿也有影响(图 13-16)。一般来说,大岩体成矿较差,小岩体较好,岩体呈"锥状"(马松式)、"截锥状"(老厂式)、"蘑菇状"(新山式)、"脉状"(西区牛坝荒式)等复杂形态突起,对成矿有利(彭程电,1985)。

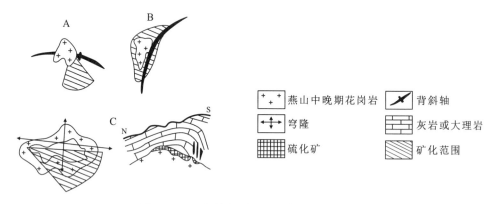

图 13-16　有利成矿构造-岩浆组合示意图

3. 构造前提

控制矿床(矿段)及矿群分布的构造多为一些近东西向、北西向及北东向断裂和褶皱挠曲,规模稍小,延长一般几百米至几千米不等,部分下切可达岩体,主要控制了层间氧化矿床和矿体群的分布。各矿田构造系统和特点又不尽相同,如:马拉格矿田以东西向及北西向两组构造较发育,制约了本区及老阴山、尹家洞和白泥洞等矿床和矿群的分布;松树脚矿田以近东西向和北东向构造较发育,193矿群、6号矿群及芦塘坝10号矿群的展布都与这两组构造有关。老厂矿田中上述3组构造都特别发育,致使许多小矿床和矿群能互相联结构成特大型矿床,卡房矿田以东西向构造较发育,并以此割裂成新山、鸡心脑、龙树脚等矿床。

二、矿床潜在含矿性标志

1. 地球化学异常标志

西南地质勘探公司物探一分队在1985年、1988年在芦塘坝进行过1:1万的原生晕地球化学测量,共采样258个,用定量光谱进行了分析,得出1:1万比例尺的岩石地球化学异常是矿床的重要标志。

熊光楚(1994)认为,在矿区进行岩石地球化学探矿时,采集裂隙原生晕有重要意义,这些断裂带为含矿溶液提供了运移的通道,为金属元素特别是挥发性元素提供了扩散和运移的通道。从这个意义上来讲,裂隙岩石地球化学是原生晕找盲矿体的一个发展方向。

陶琰等(2002)对个旧锡矿高松矿田不同类型地质体元素地球化学特征研究表明,成矿热液活动对区内地表基岩、构造岩产生了系统性的热液活动影响,地表岩石的土壤化并未造成矿化指示元素显著的选择性变化,土壤样品具有与地表基岩及构造岩一样对矿化的指示作用,但由于主元素大量流失,微量元素得到明显富集,在土壤中矿化活动指示元素含量高于地表基岩12个数量级,也显著高于地表构造岩,而且土壤样品随机取样在一定程度上有相对稳定性,代表一定范围内均化的效果。

陶琰等(2004)在高松矿田西部、芦塘坝矿段西侧的阿西寨矿段长宽各为3km的正方形区域开展化探工作,总面积9km^2。测点布置基本上按照200m×200m等间距的正方形网格分布,测线平行于测区边界。实际有效取样分析样品236个。

得到的地球化学异常是矿床找矿的重要标志(图13-19)。成矿元素Sn、Cu、Zn、Pb、Ag的地球化学异常呈环状分带,并以阿西寨隐伏花岗岩凸起为中心,凸起中心部位为Sn(Sb)异常,向外依次出现Cu、Zn的环状异常和Pb、Ag的环状异常,异常所表现出来的元素分带序列与成矿元素本身的地球化学性质即侧向迁移活动能力相符合,并且同个旧锡矿已知的矿体分带性一致(西南有色地质勘查局三〇八地质勘探队地质研究室,1974)。

2. 地球物理异常标志

熊光楚等(1994)认为,在矿田中寻找浅部锡多金属矿床的有效方法是:首先用联合剖面法追索及圈定断裂带;然后进行裂隙采样,分析化探原生晕;最后是打钻验证。

由于个旧地区地形起伏较大,对电法观测结果要作地形改正,改正后的曲线在断裂带上出现了表征低电阻的正交点。据统计,全区获得断裂异常500多条,已有100多条经工程验证,验证结果表明,90%是正确的。这对地质填图间接找矿起到了很好的作用。

3. 锡石砂矿床标志

锡石砂矿床是寻找原生矿床的重要标志。

在个旧成矿亚区,上部矿床的存在与其下部矿床的存在往往有一致性,上部的存在可以作为下部有矿的重要标志。个旧锡多金属成矿亚区东区四大矿田(马拉格、松树脚、老厂、卡房)内,上有砂矿、中有层间矿、下有接触带矿,空间分布有一定规律,上下对应明显,有的甚至首尾相连。

4. 围岩蚀变标志

蚀变花岗岩型锡铜多金属矿床的主要蚀变类型有绿帘石化、绿泥石化、钾化、绢英岩化、电气石化、萤石化、黄铁矿化、碳酸盐化等,与成矿富集关系最为密切的是钾化、萤石化、电气石化以及黄铁矿化(表13-4)。

表 13-4 花岗岩蚀变分带模式及找矿意义(据陈守余等,2011)

蚀变分带	厚度	找矿意义
大理岩化带	几十米至几百米	大理岩重结晶程度高、裂隙带矿化显示或形成层间氧化矿指示下覆岩体
矽卡岩化带	1~5m	接触带矽卡岩型锡铜多金属硫化物矿床
绿泥石、绿帘石化带	几米至几十米	星点状矿化或矿化不明显
萤石化带	几米至50m	主要含矿层位,多元素共同富集,有利找矿标志层
钾化-绿帘石化带	几米至20m	含矿或矿化层
硅化带(含绿帘石化)	未见底	部分元素富集

各种蚀变分带界线不明显,多为渐变过渡并且几种蚀变常组合在一起,蚀变花岗岩型锡、铜多金属富矿体主要产于钾化、电气石化、萤石化带中,其次是产于钾化、绿帘石化带中。根据矿物之间的接触关系,可将成矿作用大致划分为3个阶段。

第一阶段:钾化阶段,主要形成以正条纹长石为主的钾长石,交代原生的斜长石、黑云母、石英以及早期的钾长石等矿物。成矿流体在钾化区上部进行交代,形成绢云母和石英。

第二阶段:硫化物、氟化物阶段,形成萤石、电气石等氟化物和黄铁矿、黄铜矿等硫化物;其次有热液成因的白云母和次生石英。

第三阶段:绿帘石化、碳酸盐化阶段,形成不同程度的绿帘石、绢云母和碳酸盐矿物等,有些仍见原矿物光性,黑云母常蚀变为绿泥石和白云母(陈守余等,2011)。

第五节 矿体潜在含矿性准则

一、矿体潜在含矿性地质前提

1. 构造前提

层间构造及其他小构造直接控制矿体的形态产状。由于不同岩性的交互层较发育,在褶皱挠曲及其他构造力作用下,常易形成沿层滑动和层间剥离构造,加上不同方向(组)陡倾断裂及裂隙的配置,往往形成层间条状矿体(松树脚),管状矿体(马拉格),层状、透镜状及层脉交叉状矿体(老厂)等,尤以前两种更为独特。

2. 地层层位前提

在每个矿田内,层状矿体赋存在有限的几个地层层位中。例如,王杨成等(2016)统计了高松矿田112个矿体,代表性矿体见表13-5。矿体的空间产出位置主要位于T_2g^{1-6}层位,该层位矿体占所有矿体总数的57.14%;其次是位于花岗岩接触带的硫化矿体,占总数的19.64%;两者占76.78%。

表13-5 矿体产出空间位置统计表(据王杨成等,2016)

矿体赋存层位	矿体数/个	主要矿化类型	代表性矿体
T_2g^{1-6}	64	氧化矿	10-9、10-51、10-64
T_2g^{1-5}	8	氧化矿	10-54、10-66、10-91
T_2g^{1-5}、T_2g^{1-6}接触界面	4	氧化矿	102、10-23
花岗岩接触带	22	硫化矿	30-8、30-16
构造破碎带	14	氧化矿	131、103、107

3. 岩性前提

个旧组可以划分为上、中、下三段。按岩性组合特征,下部卡房段以灰岩为主,灰岩与白云岩或含泥质灰岩互层,并有玄武岩、辉绿岩分布;中部马拉格段以白云岩为主夹灰岩层;上部白泥洞段以灰岩为主夹灰质白云岩。围岩的物性差异对矿体和岩体的形态产状也有一定控制作用。如:白云岩及含灰质白云岩等脆性岩石中,岩石易破裂,裂隙发育,多产出脉状、管状、细脉浸染状矿体;泥质灰岩等可塑性岩石,易形成挠曲而发育串珠状、透镜状矿体;灰岩、白云质灰岩等负荷性或承压性强的岩石,易产生层间剥离或滑动,而形成条状、似层状矿体。

赋矿地层岩石化学成分的差异对锡多金属矿床的富集沉淀也有着重要影响。如区内含硅铝质较高的碳酸盐类岩石最利于 Cu 的富集;钙镁质的碳酸盐岩利于 Sn、Cu 元素富集;而镁质高的白云岩则往往是铅的最佳富集层位。

个旧组碳酸盐岩围岩的孔隙率、渗透率及抗压强度等物理性质,自远矿围岩至近矿围岩,有所不同。总体趋势呈近矿围岩岩石孔隙率、渗透率增大,远矿围岩则相应减小。这种物理机械性质的差异对成矿流体的运移、储存均有一定的影响。

不同岩性的交互层对成矿有利。灰岩、灰质白云岩交互层是区内含矿最多的岩性层位,交互层次越多,矿化强度就有增加的趋势。

不同岩性的突变界面往往是矿化集中的场所,这种岩性差异常常导致层间构造破碎带发育,利于矿液的充填交代。

二、矿体潜在含矿性标志

1. 围岩蚀变标志

细脉带型矿床主要的围岩蚀变有矽卡岩化、云英岩化、电气石化、绿泥石化、萤石化、锂云母化、铁锰矿化和黏土化。

细脉带矿床具有多期次多阶段成矿的特点。高温热液硫化物期是锡的主要成矿期,气成热液的氧化物期有锡的局部富集,多期次矿化叠加可以形成局部富矿。

以包裹体爆裂法温度(王雅丽等,1999)及脉体的相互切割关系为依据,各类矿脉生成顺序由早至晚大致为:矽卡岩脉(钙铝榴石 430~450℃)→长石-绿柱石脉(绿柱石 370℃)→白云母-萤石脉(萤石 330~350℃)→电气石-石英脉(电气石 350~380℃,石英 280℃)→硫化物脉(辉钼矿 290~300℃,磁黄铁矿 220~270℃)(谈树成等,2003)。

主成矿元素 Sn 的矿化特征是矽卡岩脉、硫化物脉、氧化物脉和电气石脉(铁电气石脉品位高于蓝电气石脉)品位较高;而长石-石英脉、白云母-萤石脉和长石-绿柱石脉品位较低;垂向上高锡品位主要集中在中部,位于标高 2050~2450m 之间,而上部和下部均较贫。

2. 地球物理标志

曹显光(1997)指出,鉴于赋矿断裂电阻率常见值为 $1400\Omega \cdot m$,与其围岩碳酸盐类地层有 11 倍的电阻率差异,故选择对陡产状低阻体敏感的联合剖面法圈定其部位及下延产状。经地形、地表、地下局部不均匀体及平行导体影响改正(用电阻率比值法)后,在老厂弯子街 $3.2km^2$ 内,覆盖面积达 70%,经过科学的处理和计算,圈定了区内 6 群 89 条低阻异常,通过 70 个探槽、浅井、钻探验证,见矿准确率达 91%。

当层间氧化矿及矽卡岩硫化矿规模较大时,电阻率为几欧姆·米至几十欧姆·米,与上覆岩层相差 3 个级次以上,其纵向电导比围岩大上百倍,故研究利用电测深曲线末枝斜率陡、电阻率比花岗岩小等特点,直接找到了一批矿体。据 1981 年不完全统计,经 15 个钻孔验证,电法推断与实际误差为 8%。

3. 地球化学标志

在矿体层次上,地球化学标志主要有在有条件的地段开展的坑道或钻孔化探采样所获得的原生晕地球化学标志。此外,还有铁帽标志、锡石重砂及砂矿标志。

第十四章 铜陵矽卡岩型铁铜矿

铜陵矽卡岩型铁铜矿成矿亚区属滨太平洋成矿域（Ⅰ-4），下扬子成矿省（Ⅱ-11），长江中下游中生代铜金铁铅锌硫成矿带（Ⅲ-52）（陈毓川等，2006）。

第一节 长江中下游成矿带

一、概况

长江中下游成矿带所处的下扬子地区，大地构造位置属于扬子地块北缘，为华北地块和扬子地块的结合部位（图14-1）。其周边被3条深大断裂带所围限，分别为南缘的阳新-常州断裂带，西北缘的襄阳-广济断裂带及东北缘的郯城-庐江断裂带。关于区内大地构造的属性和构造单元的划分尚有不同的学术观点：淮阳"山"字形的南翼（李四光，1962）；下扬子台褶带（黄汲清等，1978，1992）；下扬子断褶带（张文佑等，1979）；大别造山带前陆带（唐永成等，1998）；古岩石圈不连续燕山期再活化带（邓晋福等，2001；杜建国等，2003）。

成矿带西起湖北鄂城，东至江苏镇江，自西向东依次分布有鄂东南、九瑞、安庆-贵池、庐枞、铜陵、宁芜、宁镇等7个成矿亚区，发育有数百个铁、铜、金、银、铅、锌矿床。

二、深部结构特征

1. 区域壳幔结构

地质和地球物理资料对比分析和研究表明，长江中下游成矿带所处的下扬子地区的区域壳幔岩石圈具有明显的层圈结构。唐永成等（1998）依据地震测深获得的地学断面图（陈沪生，1988，1993）及大地电磁测深资料，将下扬子地区的岩石圈划分为六大构造层（表14-1）。

自下而上依次为岩石圈上地幔、下地壳硅镁层、上地壳深变质岩系、上地壳浅变质岩系、海相古生界—下三叠统和陆相中—新生界，其间有6个重要的滑移（拆离）面和3个均衡调节层。这些滑移（拆离）面和均衡调节层为发生构造变动与变形的界面，是区内构造活动的重

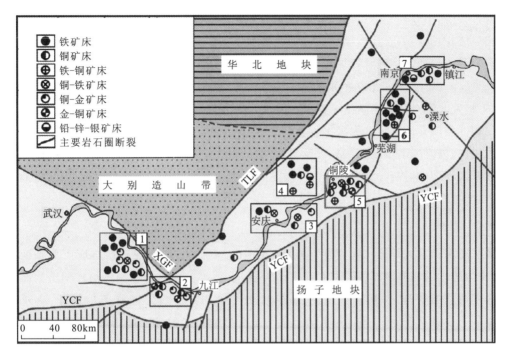

图 14-1 长江中下游成矿带构造位置及矿床分布简图(据 Pan et al.,1999 修改)

TLF. 郯城-庐江断裂;XGF. 襄阳-广济断裂;YCF. 阳新-常州断裂。成矿亚区编号:1. 鄂东;2. 九瑞;3. 安庆-贵池;4. 庐枞;5. 铜陵;6. 宁芜;7. 宁镇

表 14-1 下扬子地区岩石圈层状结构特征表(据唐永成等,1998)

层圈			岩层	界面名称	深度/km	主要物性特征	滑移(拆离)面	均衡调节层
岩石圈	地壳	上地壳	I 中—新生界陆相沉积岩系	T₂—N陆相碎屑岩及火山岩	0~4	低中速、低阻、低磁、低密度		
				印支—燕山早期侵蚀面			S	
			II 中—古生界海相沉积岩	∈(Z)—T海相碳酸盐岩-碎屑岩	8	中高速、中高阻、中高密度层、低磁	G	
				晋宁期侵蚀面				
			III 中—新元古界浅变质岩系	Pt₂—Pt₃绿片岩相为主的变质岩	12	低速、低阻、低磁、低密度	J	
				武陵期侵蚀面				
			IV 太古宇—古元古界深变质岩系	Ar—Pt₁角闪岩相、麻粒岩相深变质岩	18	高速、高阻、高磁、高密度	C	C层
				地壳中部界面				
		下地壳	V 硅镁层		32	低速高导(壳内高导层) 高速、高阻、高密度柔性变形结构	M	M层
				莫霍面				
	上地幔		VI 岩石圈上地幔	尖晶石二辉橄榄岩、石榴石二辉橄榄岩		岩石圈与软流圈之间的过渡层 电性不均匀团块结构	L	L层
软流圈				软流圈上地幔		高导层		

要因素。其中,第Ⅱ构造圈层内存在的重要滑移面(S)与成矿区沉积盖层中发育的层间滑脱构造相对应;第Ⅱ与第Ⅲ构造圈层之间的滑移面(G)为盖层与基底间的滑脱构造带,对区域沉积盖层和印支期的褶皱作用具有重要的影响;第Ⅳ层为高磁、高密度、高速度、高阻物质层,对应区内太古宇—古元古界深变质磁性基底构造层,与上覆岩层之间存在一滑移面(J);在上、下地壳界面(C)附近存在一个厚3~4km的高导低速层,可能是下地壳部分熔融集中发育的塑性层或含矿化水的大型韧性剪切带(翟裕生等,1999),对上地壳的变形具有一定的控制作用;壳幔之间的莫霍面(M)以及岩石圈底部界面(L)是最重要的构造部位,壳幔相互作用以及两界面的拆离导致地幔上隆,从而引发大规模的构造、岩浆作用以及相关的成矿作用。

2. 莫霍面特征

区域航磁和重力等地球物理资料显示,大别山、幕阜山、皖南等地区对应于莫霍面沉降区,表现为地壳的明显增厚(最厚达36.5km);铜陵、贵池、九瑞、鄂东南等沿江构造岩浆成矿带对应于莫霍面隆升区,最小深度为30~31km(图14-2)。常印佛等(1991)、唐永成等(1998)认为安徽沿江地区地壳下存在一条平面上呈喇叭形的地幔隆起带,其展布范围和延伸方向与沿江构造岩浆岩带基本一致。吴言昌等(1999)认为,虽然这一地幔隆起带主要是现代地球物理场的反映,但其与沿江构造岩浆岩带的两两对应关系不能完全视为偶然的巧合,而是该区地质发展和演变的产物。吕庆田等(2004)通过深地震反射探测、高分辨率地震反射探测和首波层析成像研究,认为在较大范围内的莫霍层反射不连续出现在下地壳底部,在扬子克拉通、宣(城)南(陵)坳陷和繁昌火山岩盆地之下较为清晰,在铜陵成矿区之下的莫霍面反射减弱;莫霍面起伏从南到北稍有抬升,深度在莫霍面隆升区总体呈以淮阳弧顶为中心向南弯曲的"牛扼"状。总之,下扬子地区中生代侵入岩及火山岩均十分发育,铜铁硫金多金属矿床广泛分布,而这一区域性的构造-岩浆-成矿带与该地幔隆起带的基本吻合,反映这一地幔隆起带是区域构造-岩浆-成矿带形成的主导控制因素(常印佛等,1991;唐永成等,1998;吴言昌等,1999;吕庆田等,2004;陆三明,2007)。

三、地质构造演化

根据地球物理资料及区域地层接触关系、沉积建造、变质作用、构造变形特征、岩浆活动规律等地质特征,前人将长江中下游地区的构造演化划分为前震旦纪基底形成阶段、震旦纪—早三叠世沉积盖层发育阶段和中三叠世以来的碰撞造山与陆内变形阶段等3个演化阶段(常印佛等,1991;翟裕生等,1992;唐永成等,1998)。

铜陵成矿亚区未见变质岩出露,在安徽怀宁董岭出露的董岭群是目前区域地层表中最古老的岩石,具有双层式结构:上部为一套浅变质的片岩系,下部为一套深变质的结晶片麻岩。邢凤鸣和董树文依据同位素证据认为铜陵成矿亚区在内的下扬子地区的基底形成于古元古代—中元古代。

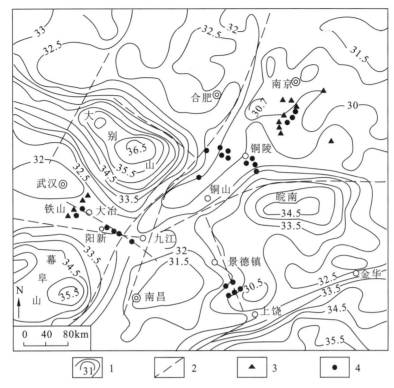

图 14-2 下扬子及邻区莫霍面等深线图

(据黄思邦等,1986;转引自陆三明,2007,略改)

1. 莫霍面等深线;2. 推断的深断裂;3. 铁矿床;4. 铜矿床

前震旦纪,下扬子地区属于地壳活动强烈时期(翟裕生等,1999)。中元古代—新元古代青白口纪,扬子板块北缘具被动大陆边缘性质,形成了张八岭群细碧角斑岩建造。扬子板块和华北板块于青白口纪末的晋宁期沿桐柏-大别地块南缘的碰撞造山作用(翟裕生等,1992)使前震旦系发生了强烈的变形变质并基本固结。

进入震旦纪,扬子板块与华北板块裂离,并各自进入板块漂移阶段。有研究表明,这一板块裂离很可能是联合古板块解体的组成部分。此后,扬子板块北缘逐渐演化为被动陆缘。

震旦纪—早三叠世为下扬子地区的稳定发展时期,构造活动总体上以垂直振荡运动为主,形成了以海相碳酸盐岩和碎屑岩为主,间夹海陆交互相和少量陆相沉积岩的巨厚沉积盖层。志留纪拉张沉降堆积了厚度超过 1000m 的碎屑物。晚加里东运动使全区在志留纪末期上升成陆,遭受了长期的风化剥蚀。直到晚泥盆世又开始接受沉积,形成一套滨岸相-陆相碎屑沉积岩,区域性平行不整合于早古生代地层之上。下扬子地区于石炭纪在总体接受盖层沉积的过程中,曾出现多次隆升、暴露的振荡式构造运动,致使下二叠统与上石炭统呈平行不整合接触。二叠纪的垂直运动频繁,造成了上、下二叠统之间和上、下二叠统内的各组间以及下三叠统与上二叠统之间的一系列平行不整合。下二叠统为陆相-滨、浅海相沉积,上二叠统以浅海-半浅海相沉积为主。下三叠统表现为比较快速的沉降,形成了一套以碳酸盐岩为主的沉积组合。

中三叠世早期沉积了一套巨厚白云岩和石膏盐，显示出扬子板块北缘陆表海已逐渐萎缩为残余海环境。中三叠世晚期的铜头尖组为一套海陆交互相三角州沉积，说明扬子板块北缘已基本转为陆内环境。从地质沉积记录来看，扬子板块与华北板块的再次碰撞发生于中三叠世。区域上，中侏罗统罗岭组的上部为泥岩、泥灰岩，表明碰撞造山作用已趋于尾声。区域构造体制可能在晚侏罗世—早白垩世发生转换，岩浆活动广泛发育，同时伴随有大规模的铜、金、铁成矿作用。

四、区域地球物理场特征

1. 区域重力场特征

区域重力场的基本特征为高重力背景与两侧的大别造山带、江南地块的负重力背景形成"两坳夹一隆"的形态。在高重力背景上，叠加有与区域构造线一致的次级异常。怀宁巢湖—含山—香泉和芜湖—当涂及宣州狸头桥一带为次级重力高异常带。马鞍山—枞阳一带为次级重力低异常带。古生界褶皱区表现为正异常特征。中生代盆地为负异常区。大别造山带与山根区域为负异常区。江南地块有大量花岗岩体，形成负异常。

从地表地质可以推测，这些高、低异常分别对应上地壳的局部隆起和中新生代的断陷盆地。地震反射发现这些盆地呈现箕状、对称或不对称地堑状，指示是在伸展构造环境下形成的。

向上延拓 10km 布格重力异常大致也可分为大别、沿江和江南 3 个一级异常区。大别和江南表现为梯度较大的强、负异常，沿江地区为梯度较小的局部高重力异常，反映了地壳浅部结构特征，为构造单元的划分提供了部分依据。

2. 区域航磁异常特征

沿江地区的航磁异常总貌与大别造山带和江南地块有显著差异。后两者以小规模，正、负异常杂乱分布为特征。前者延伸很好，而且呈北东-南西向线形展布，以正异常分布明显为特征。怀宁—罗岭—黄屯一线异常梯度变化极大，为火山岩和侵入岩叠加的反映。异常与断裂的相关性很好，说明本区岩浆活动与断裂密切相关。

波长大于 70km 的航磁化极异常图（图 14-3）有 3 个近圆形的正异常，分别位于庐江、马鞍山、石台地区。据切线法计算，磁源体埋深为 16~18km，大致相当于本区上、下地壳界面的埋深。3 个异常中部夹持的地区为成矿最好的铜陵地区。在这个深度上，3 个异常的展布方向已呈现出东西向、近北东向或北西西向的趋势，表明这两组构造可能影响深度为 16~18km。

波长 40~70km 的航磁化极异常图（图 14-4）上异常呈带状。怀宁—枞阳—黄屯及繁昌—芜湖—马鞍山为两条突出的正异常，异常的分布大致与波长大于 70km 的磁异常相重合。此类磁异常反映的磁源体的深度上限约为 10km，大致相当区内变质基底顶界面位置。

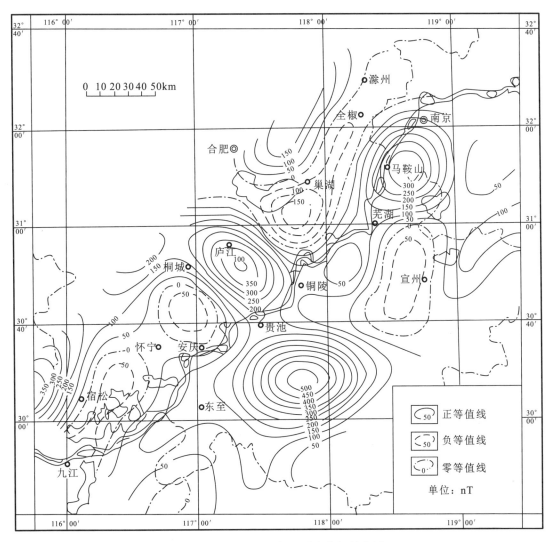

图 14-3 沿江地区长波(波长大于 70km)航磁异常化极异常图(据唐永成等,1998 修改)

线状展布的异常指示变质基底与盖层的界面附近,岩浆活动主要受控于断裂构造。怀宁—枞阳—黄屯及繁昌—芜湖—马鞍山一带岩浆活动最强烈,为燕山期应力场作用下沿北东—北西西—北北东向追踪性断裂强烈发育地段,未被追踪利用的巢湖-含山断裂及青阳-石台断裂发育地段岩浆活动减弱。

波长小于 40km 的航磁化极异常图(图 14-5)上,在怀宁—黄屯、芜湖—马鞍山和石台—青阳存在总体呈带状展布的 3 个高磁异常,特征与中波长异常相似,显示在其反映的深度上岩浆活动主要受断裂控制,同时也表现出一定的差异。这类异常带主要由许多串珠状小异常组成,在庐江、马鞍山及石台表现为负异常环带和滴珠状正异常组成相间的环带状异常区。每个小异常反映了一个小磁性体,推测为隐伏的小岩体,一系列小异常组成的环反映了盖层中发育的环状断裂。

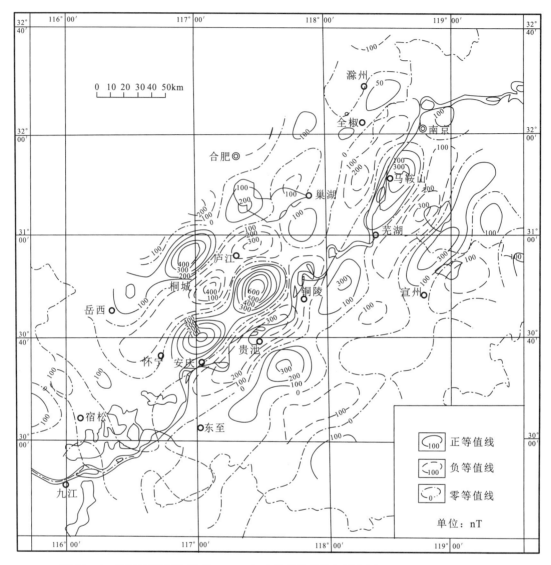

图 14-4　沿江地区中波(波长 40～70km)航磁异常化极异常图(据唐永成等,1998,略改)

不同波长滤波的异常具有不同的特征,反映了不同深度磁源体的形态及其与构造特征的关系,揭示了本区地下不同深度磁源体形成和分布特点与各自所在部位的构造变形特征和线型构造的发育情况有密切联系,从而形成了由深至浅的 3 个不同的构造-岩浆房体层次——"三层构造"。

五、区域地球化学背景

据下扬子地区水系沉积物元素地球化学的有关资料(安徽省地质矿产勘查局 321 地质队,1995),对于 Cu、Au、Ag、Pb、Zn,若分别以 33×10^{-6}、3.6×10^{-9}、150×10^{-9}、37×10^{-6} 和

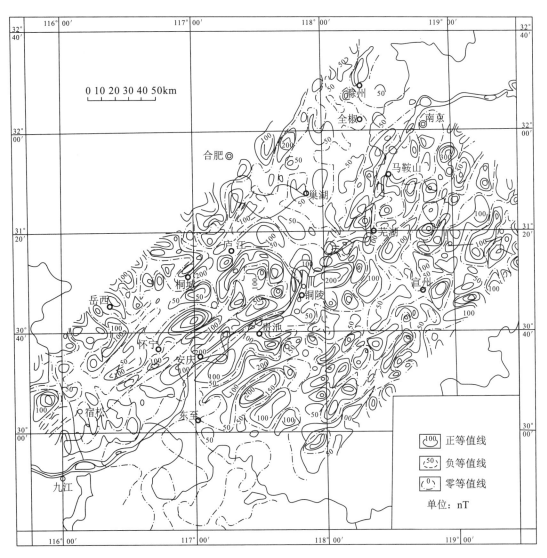

图 14-5 沿江地区短波(波长小于 40km)航磁异常化极异常图
(据唐永成等,1998,略改)

$127×10^{-6}$ 为下限,则可以相应圈出:①黄石-瑞昌、贵池、铜陵 3 个铜地球化学省和马鞍山铜区域异常;②武穴、石台、贵池-铜陵和马鞍山等 4 个金地球化学省;③瑞昌、石台-铜陵 2 个银地球化学省和黄石银区域异常;④强度较大的黄石-瑞昌铅地球化学省和分布面积较大的铜陵-石台铅地球化学省;⑤贵池-石台锌地球化学省和铜陵锌区域异常。

由此可见,Cu、Au、Ag、Pb、Zn 等金属元素均在铜陵成矿区形成了地球化学异常,同时兼有低温元素组合 As、Sb、Bi 和高温元素 Mo 的地球化学异常,各元素异常具有套合分布的特征。

第二节 铜陵铁铜金成矿亚区潜在含矿性准则

铜陵成矿亚区位于安徽省南部,濒临长江南岸,是我国著名的长江中下游铁铜成矿带的重要组成部分。成矿亚区行政上包括铜陵市的大部分及青阳、南陵、繁昌县的一部分,面积约 $1000km^2$。该区成矿地质条件优越,找矿潜力巨大,现已发现金属矿产地 308 处(含伴生矿产地 65 处),集中分布于铜官山、狮子山、新桥、凤凰山、沙滩脚 5 个矿田,共有 108 处矿床和矿点,其中大型矿床 2 个,中型矿床 19 个,小型矿床 33 个(侯增谦等,2011)。探明铜金属资源量大于 400 万 t,金大于 100t,还有大量的银、铅、锌、银、铁等金属资源(吴才来等,2010)。

"铜陵"即因其久远的铜矿开采历史而得名,并以"铜都"著称于世。铜陵的铜矿采冶历史可以上溯到西周时期,唐、宋、明、清各朝代铜矿的开采和冶炼长盛不衰,古采坑、老矿窿、古炼窑等遍布铜官山、狮子山、新桥、凤凰山等地。

一、成矿亚区潜在含矿性地质前提

1. 岩浆岩前提

铜陵成矿亚区中生代侵入岩主要沿铜陵-戴家汇隐伏基底断裂带呈近东西向展布,形成了宽约 25km、长约 40km 的构造-岩浆活动带(图 14-6)。岩体产状主要为岩株、岩墙,次为岩床、岩枝及岩脉等。区内共有 70 多个岩体,均为浅成侵入体。岩体出露面积一般为 2~$5km^2$,小者不足 $0.5km^2$(如青山脚岩体),大者可达 $10km^2$ 以上。

岩体在垂向上从地表的岩枝、岩墙→高(浅)位岩浆房→深部(位)岩浆房呈三层结构发育。矿化最强烈、最集中的部位是这一结构的顶带,即岩浆体最上部的枝体带或小岩体形成带,向下则有减弱和分散的趋势。

成岩时代均为燕山期,且中酸性岩类主要集中在 150~135Ma,偏基性岩石(辉长辉绿岩)相对稍晚,在 133Ma 左右,137Ma 是本区岩浆活动的高峰期。

铜陵成矿亚区的 5 个矿田与燕山期侵入岩处于同一构造-岩浆带,而矿床则更是与侵入岩体"形影相随",一般围绕岩体分布。不同矿化类型的矿床与岩体在空间上的相对位置有所不同,并且构成明显的分带特征。总体来看,一般由岩体向外依次为 Cu(Mo)→Cu(Au)→Au(Cu)→Au、Ag、Pb、Zn 矿床(体)分布,即高温元素组合近岩体分布,低温元素组合远离岩体分布,既反映出岩浆热液作用对金属成矿作用的控制,又指示了成矿物质的来源与岩体有关。在一些矿田床中,随着远离岩体,矿床(体)的铜含量呈逐渐下降的趋势。如铜官山矿田,岩体边部的老庙基山矿床的铜含量较高,而离开岩体一定距离的松树山矿床的铜含量则

第十四章 铜陵矽卡岩型铁铜矿

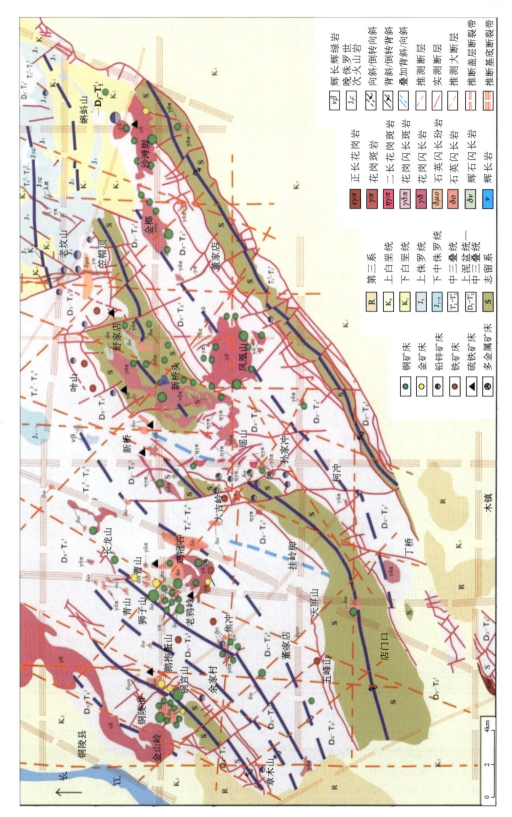

图 14-6 铜陵铁铜金成矿亚区地质矿产示意图（据安徽省地质矿产勘查局 321 队，1989 修改）

较低。不同成因类型的矿床在空间上也分布于侵入岩体的不同部位。一般来讲,接触交代型矿床产于岩体附近,层控矽卡岩型和层间矽卡岩型矿床的分布可远离岩体,热液脉型矿床则既可产于岩体内,也可产于接触带、外接触带的构造裂隙带内。

铜陵成矿亚区矿床与侵入岩有密切的时空关系,岩浆侵入活动均发生在燕山晚期。根据矿化与侵入岩在空间上的关系,可以看出矿化均是在与之有关的岩浆岩侵入同时或稍后形成的,在形成时间上具体表现为同时生成以岩浆成因的矽卡岩中产出的矿浆型矿床为代表、准同时生成于成岩晚期并延续至后热液期的成矿作用形成的主要以斑岩型铜、钼、金矿床为代表和晚于岩浆岩生成的三类。

2. 地质构造前提

铜陵成矿亚区位于下扬子印支期北东向构造带的东南部隆皱带(图14-7),为下扬子坳陷的相对隆起区(黄许陈等,1993)。受东界北东向贵池-芜湖断裂、西界北东向和县-怀宁隐伏断裂、近东西向的繁昌盆地南界断裂和宣城盆地断裂构造的围限,成矿区为一菱形断块。

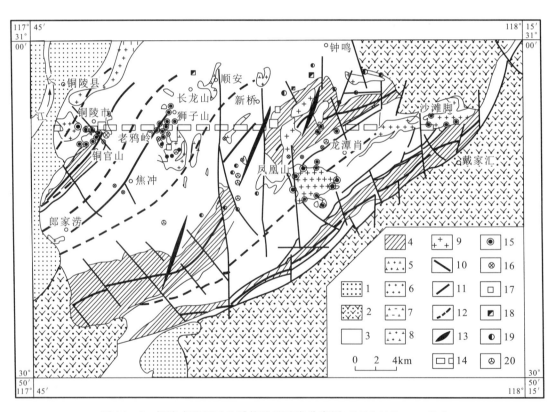

图14-7 铜陵成矿亚区地质构造及矿产分布图(据吴淦国等,2003修改)

1.第三系(古近系+新近系)泥岩、砾岩夹玄武岩;2.侏罗系—白垩系凝灰质砂砾岩、英安质火山岩;3.泥盆系—三叠系碳酸盐岩、硅质岩、陆源碎屑岩;4.志留系砂岩、粉砂岩、页岩;5.石英二长闪长岩;6.花岗闪长岩;7.辉石二长闪长岩;8.石英二长闪长玢岩;9.花岗闪长斑岩;10.断裂;11.印支期复式背斜;12.印支期复式向斜;13.燕山晚期复式褶皱;14.基底断裂;15.铜矿床;16.金矿床;17.硫矿床;18.铁矿床;19.铅锌矿床;20.多金属矿床

深部基底断裂和浅部盖层构造构成了成矿区的基本构造格局,而成矿区内的复杂变形为印支期以来的构造运动所形成,不同时期的构造变形特征、展布方式均有所不同。基底断裂主要指近东西向的铜陵-沙滩脚断裂带和南北向的新桥-木镇隐伏断裂带,完全被中—新生代地层覆盖。沿基底断裂的地球物理场特征表现为重、磁异常梯度带,断裂带两侧重、磁异常特征有显著差异,沉积和构造特征也有所不同。成矿岩体主要集中分布在一条东西向的构造带上。铜陵—沙滩角一带,也是本区的强烈矿化中心带,其两侧的矿化和岩浆活动均有所减弱,反映了东西向基底断裂对区内成矿岩体和矿化的控制。

印支运动形成的"S"状北东向褶皱群为下扬子印支期褶皱构造带的组成部分,构成了成矿区沉积盖层中的主体构造(图14-7),总体呈不规则的隔档式组合,伴生有横向断层、斜向断层等构造,而且伴随着褶皱的形成还沿岩层的岩性突变界面(多为平行不整合面)发生顺层剪切滑动,形成多层层间滑脱构造。印支期褶皱变形之后的东西向叠加变形,主要形成了横跨叠加于北东向"S"状褶皱之上的中型宽缓褶皱,使北东向"S"状褶皱的枢纽发生起伏变化。燕山期形成了广泛发育的北北东向压剪性断裂,变形一般较强烈,影响范围较窄。

从矿田分布来看,由西向东依次为铜官山、狮子山、新桥、凤凰山和沙滩角五大矿田,它们均分布在近东西向的构造-岩浆岩带上,为受多种构造要素复合控制的"行、列、汇"构造。

3. 沉积地层前提

铜陵成矿亚区在地层区划上属于扬子地层区、扬子分区、贵池小区。区内除了缺失下中泥盆统、下石炭统和上三叠统外,其余各时代地层基本发育完整(图14-8)。根据沉积岩岩石组合、不整合界线、岩浆活动和地壳构造运动的差异,可将研究区盖层划分为震旦系—下三叠统、中三叠统—中侏罗统、上侏罗统—下白垩统和上白垩统—第四系4个构造层(常印佛等,1991;唐永成等,1998)。其中,震旦系—下三叠统主要由一套相对稳定的海相-滨海相碳酸盐建造组成;中三叠统—中侏罗统主要由一套蒸发台地相白云岩、膏盐沉积建造,海陆过渡相碎屑岩建造和陆相碎屑岩建造组成;上侏罗统—下白垩统主要为一套粗安岩、粗面岩和火山碎屑岩组合;上白垩统—第四系主要为一套巨厚的陆相红盆碎屑岩建造。

铜陵成矿亚区铜金、硫、铁矿床与地层的关系极为密切。统计表明(表14-2),上石炭统黄龙组、船山组,下二叠统栖霞组,上二叠统大隆组,下三叠统殷坑组、和龙山组和南陵湖组6个层位是本区较为重要的赋矿层位。上石炭统和下三叠统又是其中最为重要的赋矿层位,与长江中下游成矿带的赋矿特征相似。其中,上石炭统更为突出,赋存于其中的矿床不仅产状稳定,而且规模一般巨大。从岩性分析来看,中上石炭统和下三叠统均以灰岩为主,而其下的上泥盆统五通组和上二叠统均为砂页岩。赋矿层位实际上处于岩性突变的层间断裂滑脱构造层附近。从岩相分析来看,赋矿地层的岩石为滨海-浅海相,而其下的岩石为陆相或海陆交互相,反映了赋矿层位形成与陆相向海相的转变末期。

安徽铜陵地区广泛分布有志留系—三叠系沉积地层,其内产有大量层控矽卡岩铜(金)矿床。这些矿体多呈层状、似层状分布于泥盆系至三叠系沉积地层中,与地层呈整合接触,并与上下岩层同步折曲。矿区地质调研发现,铜陵地区泥盆系至三叠系各地层岩性界面内均发育不同程度的矿化,形成规模不等的矿床。

界	系	统	组	段	代号	柱状图	厚度/m	成矿层位	岩性描述	古地理环境	地层元素丰厚 Cu Fe Au
新生界	第四系	全新统			Q		0~10		碎石、砂砾石、含砾轻泥质黏土、黏土质粉砂、粉土质轻黏土，含砂金	陆相	
		更新统			Q_{2-3}		28~38		泥质黏土、蠕虫状黏土、含漂砾泥砾层，上部含铁锰结核		
					Q_1		34		砂、砾石夹砂质黏土，底部含砂金		
	第三系		大通群		R		>45		砂砾岩、砾岩，砾石成分复杂		
中生界	白垩系	上统	宣南组	上段	K_2x^2		88.23		砾质中—粗粒杂砂岩、细砾岩、含钙质结核钙泥质粉砂岩		
				下段	K_2x^1		362.58		中砾岩、砂质杂砾岩、含结核细砂岩、砾质杂砂岩		
		下统	广德组		K_1g^2		234.90		杂砾岩、砾质杂砂岩、含砾砂岩、细砂岩、细砂质粉砂岩、粉砂岩、粉砂质页岩		
			蝌蚪山组	上段	K_1k^3		139.42		安山质凝灰角砾岩、流纹质凝灰角砾岩、流纹质角砾熔岩、流纹岩		
				中段	K_1k^2		438.56		安山岩、安山质凝灰岩、玄武岩夹粉砂岩和泥质、碳质、凝灰质页岩		
				下段	K_1k^1		70.04		岩屑砂岩，含砾粉砂岩、粉砂岩、凝灰岩、页岩		
	侏罗系	上统	赤砂组		J_3c		90.24		粗面质凝灰角砾岩、凝灰熔岩、凝灰灰岩		
			中分村组	上段	J_2z^2		23.79		流纹质角砾熔岩、流纹质角砾岩、流纹质凝灰角砾岩、流纹岩		
				下段	J_2z^1		23.58		粗面质凝灰角砾岩、流纹质角砾岩、含砾沉凝灰岩、粉砂岩		
		下中统	象山组		$J_{1-2}x$		>34.18		杂砂岩、含砾细砂岩、含砾粉砂岩		
	三叠系	中统	铜头尖组		T_2t^1		>182.27		含虫管砂岩、含钙质结核泥质粉砂岩夹细砾岩透镜体、粉砂质页岩	潮间潮上	
			月山组	上段	T_2y^2		18.12		长石石英细砂岩夹灰岩透镜体、泥质粉砂岩		
				下段	T_2y^1		151.18~354.88		石英砾岩、白云质砾岩		
			东马鞍山组		T_2d		192~215.58	▨	灰岩、白云质灰岩、白云岩		
		下统	南陵湖组	上段	T_1n^2		338.19~449	▨	石灰砾岩、灰岩、鲕状及豆状灰岩、含生物碎屑灰岩、似砾状灰岩、白云质灰岩	潮下浅海	
				下段	T_1n^1		115.11~257	▨	灰岩、似瘤状灰岩、瘤状灰岩		
			和龙山组		T_1h		150.83	▨	灰岩、条带状灰岩		
			殷坑组		T_1y		131.94	▨	石灰砾岩、灰岩、砾状灰岩、石灰质碎屑灰岩、泥质灰岩、页岩		
古生界	二叠系	上统	大隆组		P_2d		36.51~52		硅质岩、钙质硅质岩、泥质页岩、硅质泥质灰岩透镜体	半深海海陆交互相	
			龙潭组		P_2l		50		细砂岩、粉砂质细砂岩、粉砂质页岩、页岩，含煤1~3层	浅海	
		下统	孤峰组	上段	P_1g^2		115.11~257		含燧石生物碎屑灰岩、灰质白云岩、白云质灰岩、硅质岩	半深海	
				下段	P_1g^1		49~135		硅质岩、硅质页岩、泥质页岩、含锰岩、局部含锰、碳		
			栖霞组	上段	P_1q^2		176~196.7	▨	生物碎屑灰岩、含燧石团块灰岩、含燧石结核、燧石条带状灰岩、燧石层	浅海	
				下段	P_1q^1		48~60.10		生物碎屑灰岩、粉砂质泥质岩、含碳质页岩		
	石炭系	上统	船山组		C_2c		49~135	▨	球状灰岩、含生物碎屑灰岩、似瘤状碎屑灰岩	潮下潮上	
			黄龙组		C_2h		45.93~80		生物碎屑灰岩、灰岩、白云质灰岩		
	泥盆系	上统	五通组	上段	D_3w^2		46.40		石英砂岩、细砂岩、粉砂岩、粉砂质泥岩、粉砂质页岩	内陆盆地相	
				下段	D_3w^1		>11.08		含砾石英砂岩、石英砂岩、粉砂岩、粉砂质页岩、页岩		
	志留系	上统	茅山组		S_3m		121.31~503		石英细砂岩、含砾石英砂岩、岩屑石英粉砂质细砂岩	浅海	
		中统	坟头组		S_2f		303~321		细砂岩、粉砂岩、粉砂质泥岩、砂质页岩、含胶碳矿细砂岩		
		下统	高家边组		S_1g		401.15		细砂岩、粉砂岩、粉砂质泥岩、泥质岩、泥质页岩	深海相	

图 14-8 铜陵地区地层综合柱状图（据安徽省地质矿产勘查局 321 地质队，1995）

表 14-2 铜陵成矿亚区不同层位中矿床及储量统计表(据安徽省地质矿产勘查局 321 地质队,1995)

赋矿层位	矿床(点) 个数/个	百分比/%	占总储量百分比/% Cu	Au	Fe	S	Mo
T_2d	12	9.02	1.40	2.29	4.15	1.07	
T_1n	23	17.29	13.17	7.71	15.12	3.44	12.12
T_1h	11	8.27	9.23	9.14	3.09	5.54	6.48
T_1y	2	1.50	6.71	4.37	5.37	10.58	0.21
P_2d	1	0.75	3.17	1.30	2.18	3.67	79.28
P_2l			0.01		0.06	0.02	
P_1g	6	4.51	0.91	0.24	0.23	0.59	
P_1q	14	10.53	4.43	1.52	2.19	0.93	
C_2	46	34.58	54.47	70.17	64.75	43.21	
其他	18	13.53	6.44	3.26	2.93	0.53	

从储量上来看,赋存在五通组至石炭系黄龙组中的矿床(以冬瓜山、新桥和铜官山等矿床为代表)规模最大,其金属储量占区内层控矽卡岩矿床总储量的 70% 以上;赋存在二叠系大隆组顶部和底部地层中的矿床(以大团山、老鸦岭等矿床为代表)规模中等,其金属储量约占区内层控矽卡岩矿床总储量的 20%;赋存在其他地层中的矿床规模很小,其金属储量约占区内层控矽卡岩矿床总储量的 10%(储国正,2003;安徽省地质矿产勘查局 321 地质队,1995)。

区内主要的产铜层位石炭系的黄龙组、船山组和下三叠统的南陵湖组、和龙山组,铜的丰度均较低,依次为 18.9×10^{-6}、22.2×10^{-6} 和 47.9×10^{-6}。由此可见,地层层位的铜的丰度与铜矿床(体)之间没有成矿物质直接来源上的联系。地层对成矿的控制作用主要表现为其有利的岩性碳酸盐岩是接触交代矿床形成最有利的岩性和岩性突变面(层间滑脱面),有利于矿液的运移和矿质的沉淀。

二、成矿亚区潜在含矿性标志

1. 地球化学标志

1)主要侵入岩微量元素地球化学特征

由铜陵成矿亚区侵入岩微量元素的平均含量(表 14-3)可见,与 Cu、Au、S、Fe 成矿关系密切的各类岩石明显富集 Cu 元素,其平均含量达 $(123.91\sim208.33)\times10^{-6}$,分别是中性岩维诺格拉多夫值(1962)的 3.54~5.95 倍和地壳平均丰度(维诺格拉多夫,1962)的 2.64~

4.43倍,而且石英二长闪长岩和花岗闪长岩的Cu含量要高于辉石二长闪长岩。与成矿无关的侵入岩的含量则低于或远低于中性岩维氏值和地壳平均丰度。与此类似,与成矿有关的侵入岩的Au含量是地壳平均丰度的11.28~37.44倍(维诺格拉多夫,1962),而且辉石二长闪长岩的Au含量高于石英二长闪长岩和花岗闪长岩,非成矿岩体的含量则一般较低。本区侵入岩较高的成矿元素背景值无疑是成矿物质主要来自燕山期侵入岩的有利证据,而且其较高的成矿元素丰度显然有利于矿床的形成。

表14-3 铜陵成矿亚区侵入岩微量元素平均含量

岩石		Cu	Pb	Zn	Au	Ag	As
石英二长闪长玢岩		27.97	23.97	86.24	0.74	0.068	2.80
石英二长闪长岩		208.23	22.94	69.31	6.33	0.292	6.80
花岗闪长岩		123.91	37.60	59.85	4.85	0.196	4.99
花岗闪长斑岩		26.74	49.25	96.77	13.48	0.252	15.69
辉石二长闪长岩		185.08	31.57	112.77	16.10	0.290	3.70
维氏值	中性岩	35.00	15.00	72.00		0.070	24.00
	地壳	47.00	16.00	83.00	0.43	7.000	170.00

注:数据来自孟贵祥,2006和安徽省地质矿产勘查局321地质队,1995。数值单位Au为$\times 10^{-9}$,其余为$\times 10^{-6}$。

2)水系沉积物地球化学异常特征

Cu、Au、Ag、Pb、Zn等金属元素均在铜陵成矿亚区形成了地球化学异常,同时兼有低温元素组合As、Sb、Bi和高温元素Mo的地球化学异常,各元素异常具有套合分布的特征。

Cu元素,以33×10^{-6}作为异常圈定的下限,铜陵铜地球化学省可分解为面积达$745km^2$呈东西向分布的铜陵-戴家汇和近圆形的北门镇-永村桥(面积$57km^2$)铜区域异常(图14-9),以前者异常强度较高,成矿区内所有的矿田和矿床点均分布于其范围内。若以66×10^{-6}作为异常圈定的下限,铜陵-戴家汇异常则相应分解为铜官山、狮子山、沙滩脚和新桥-凤凰山4个铜区域异常,分别与铜官山、狮子山、沙滩脚戴家汇、新桥和凤凰山新屋里5个矿田相对应,其中以狮子山Cu异常的强度最大,与该矿田具有在成矿区内最大的铜矿量相适应。

Au以3.6×10^{-9}为下限,铜陵成矿区主要为东西向分布的铜官山-戴家汇区域异常。Au以5.7×10^{-9}为下限时,该异常可进一步分解为东西向分布的铜官山-龙潭肖、近圆形分布的北门镇-永村桥和戴家汇北3个区域异常(图14-10)。铜官山、狮子山、新桥、凤凰山和沙滩脚5个矿田即分布于铜官山-龙潭肖和戴家汇北2个异常区,异常的浓集中心往往与矿田相对应。

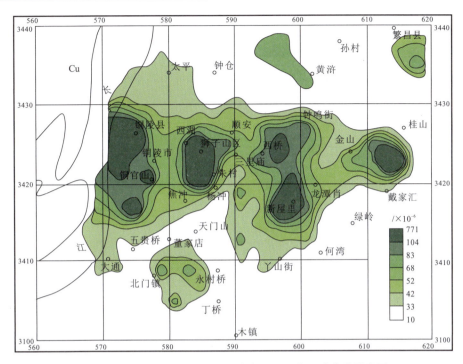

图 14-9 铜陵成矿亚区 Cu 元素水系沉积物地球化学异常图

(据中国地质科学院矿产资源研究所,2003)

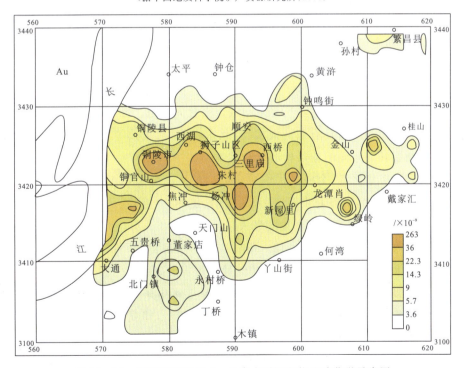

图 14-10 铜陵成矿亚区 Au 元素水系沉积物地球化学异常图

(据中国地质科学院矿产资源研究所,2003)

2. 遥感标志

在1:50万遥感图像上,存在椭圆形的环状影像,环的长轴10~40km,经图像处理后呈深暗色调的环缘。有大小环附于其中。这样的环往往是隐伏岩基的反映。

第三节 矿田潜在含矿性准则

一、矿汇的概念

在中国地质科学院矿产资源研究所、安徽省地质调查院、中国地质大学合作研究的《大型矿集区深部精细结构与含矿标志研究报告》(2003)中,提出了矿汇(ore cluster)的概念。矿汇是成矿区中矿床(点)最密集、矿量最大的部位,其分布范围与矿田大致相当但不完全等同。矿汇的空间展布态势体现了成矿区的内部结构。

根据对区内108个中生代内生矿床的统计分析,共圈出铜官山(TGS)、狮子山(SZS)、新桥(XQ)、凤凰山(FHS)、舒家店(SJD)、沙滩脚(STJ)、焦冲(JC)、大吉岭(DJL)、叶山(YS)、老坟山(LFS)等10个矿汇,前七者以铜、金矿化为主,后三者以铅锌矿化为主。

总体上,由北向南可以划分为铁→铜→硫等3个矿带:沿北缘东西向隐伏基底断裂带以北为铁(硫)矿带;南缘木镇-烟墩铺东西向隐伏基底断裂带以南为硫(金)矿带;中部为铜(金硫)矿带。以铜陵-沙滩脚构造-岩浆带为中心,向两侧成矿强度减弱。各矿汇呈似椭圆状及不规则哑铃状,长轴方向有近东西向、北东向或近南北向三组。面积一般为几平方千米至几十平方千米。它们在空间上具有东西向成行、北东向成列、大致等距分布的特点,明显受近东西向的基底断裂和北东向的盖层构造复合控制。

进一步对铜陵矿集区75个中生代铜矿床(点)的平面分布做了统计。在矿床(点)分布等密度图上(图14-11),可以圈出铜官山、冬瓜山、焦冲、大吉岭、药园山-舒家店、沙滩角等6个密集区,并以冬瓜山密集区的密集度最大。

在铜矿储量等值线图上(图14-12),明显地显示出铜官山-冬瓜山、新桥-舒家店-药园山和沙滩角等三大密集区,冬瓜山一带铜矿储量亦表现出高度集中性。

如果说,根据矿点等密度图圈出的矿汇,即成矿亚区中矿床(点)最密集的部位,其分布范围与矿田大致相当,则根据储量等值线图圈定出的矿汇,即成矿亚区中矿量最大的部位,其分布范围大于矿田,大致相当成矿小区。

铜官山-冬瓜山成矿小区包括铜官山(TGS)、狮子山(SZS)、焦冲(JC)等矿田。新桥-舒家店-药园山成矿小区包括新桥(XQ)、凤凰山(FHS)、舒家店(SJD)等矿田。沙滩角成矿小区包括沙滩角等矿田。

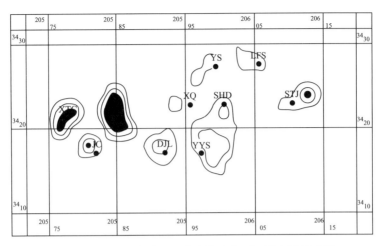

图 14-11 铜陵成矿亚区中生代矿床(点)等密度示意图

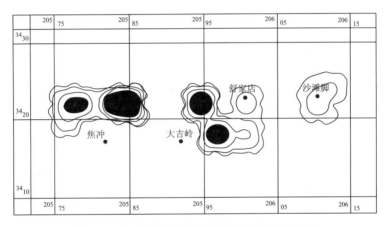

图 14-12 铜陵成矿亚区铜储量等值线示意图

二、矿田潜在含矿性地质前提

铜陵成矿亚区铜金多金属矿床(点)集中分布于近乎等距的铜官山、狮子山、新桥、凤凰山、沙滩脚等 5 个矿田,总体上沿近东西(北西西)向、宽不到 10km 的铜陵-沙滩脚构造岩浆带展布,受基底断裂的交结点及其与盖层构造的交会构造控制。

铜多金属矿床在空间分布上有一定的规律:平面上矿床主要沿近东西—北西西向展布的铜陵-沙滩脚构造岩浆带中部分布,向北或向南铜、金矿化减弱,铁、铅锌矿化相对增强。在剖面上,矿体产于古生代中上志留统坟头组和茅山组至中三叠统东马鞍山组及其附近岩体中,其中最主要赋矿层位是石炭系黄龙组和船山组白云岩、灰岩;矿化在垂向上往往表现为上金(银)下铜(钼)以及上部热液脉状矿化、中部矽卡岩型矿化和深部斑岩型矿化的分带现象。

铜陵铜多金属成矿区的矿床成因类型多样,但以矽卡岩型矿化为特征,而且矽卡岩型矿化形式具有明显的多样性,发育裂隙式、接触带式、层间式、层控式等矿化形式的矽卡岩型矿床;而且,以东狮子山为代表的隐爆角砾岩型矿床中也发育有矽卡岩化,姚家岭锌金多金属矿床产于岩体中以及岩体与围岩捕虏体的接触带中,亦发育矽卡岩矿物组合,应为一斑岩矽卡岩过渡型矿床。

1. 岩浆岩前提

铜陵成矿亚区的5个主要矿田均处于燕山期侵入岩-构造带内,矿床与侵入岩体关系密切。矿化类型通常表现出明显的分带特征:一般由岩体向外依次为Cu(Mo)、Cu(Au)、Au(Cu)、Ag-Au-Pb-Zn矿床(体),表现为高温元素靠近岩体分布,低温元素远离岩体分布的基本规律。此外,在某些矿田(床)中,随着距岩体距离的增加,矿床(体)中的铜含量逐渐下降,如在铜官山矿田中,岩体边部的老庙基山矿床中的铜含量明显高于离岩体一定距离的松树山矿床中的铜含量。这些分带特征不仅指示出岩浆热液作用对金属成矿作用具有明显的控制作用,而且表明成矿物质的来源与岩浆作用有关。

铜多金属矿床与燕山期岩浆侵入作用密切相关,岩浆岩锆石同位素地质年龄与矿床矿石同位素地质年龄具有明显的一致性,证明燕山期岩浆作用及其相关的热液作用在区域成矿作用中占主导地位(楼金伟,2012)。

以狮子山矿田为例。狮子山矿田侵入岩发育,地表出露的侵入体多达20个,但出露面积均不大,一般0.1~0.25km²,总面积约3.0km²。主要侵入于上泥盆统至下三叠统之中,剥蚀程度浅,封闭条件好。岩体边部有时顺层贯入围岩(图14-13)。

作为矿田岩浆岩前提的侵入岩是杂岩体,主要岩石类型为石英(二长)闪长(玢)岩、花岗闪长(斑)岩和辉石闪长(玢)岩。岩浆岩锆石U-Pb同

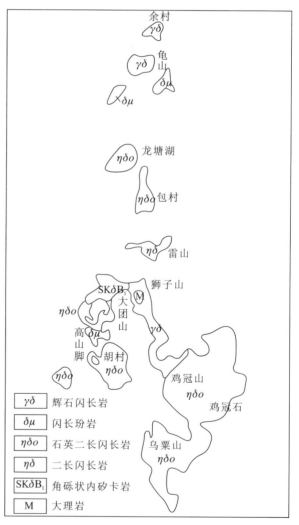

图14-13 狮子山矿田岩体分布图
(据安徽省地质矿产勘查局321地质队,1990)

位素地质年龄为142.82～132.7Ma(王彦斌等,2004;吴才来等,2010;吴淦国等,2008;谢建成等,2008;徐晓春等,2008;杨小男等,2008)。

杂岩体具有完整的空间结构:在浅部(以上)构成一个浅成—超浅成相树枝状或络状岩墙岩枝系;在中深部位(-2000～-1000m)汇聚成岩株状并呈东西向、南北向和北东向展布;深部(-2000m以下)据磁异常推测可能连成一体,成为大岩基。伴随岩浆的侵入作用,围岩角岩化、大理岩化和矽卡岩化普遍发育,且向深部其热变质和蚀变范围也随之增大,这是矿田成矿的关键因素。

2. 地层前提

如图14-14所示,铜官山、新桥、凤凰山诸矿田赋矿的层位有所不同,这只是具体地质背景的差异所致。本区地层的岩石组合具有相似性,如D_3w-C_{2+3}的砂页岩-白云岩-灰岩,P_1q-P_1g的砂页岩-沥青质灰岩-硅质岩-灰岩-硅质岩,P_2l-P_2d的砂页岩-硅质灰岩(白云质灰岩)-硅质页岩,T_1y-T_1h的钙质页岩-灰岩-条带状灰岩-钙质页岩等特征组合。这些岩石组合的共同特点是,组合中既有易交代的化学性质活泼的碳酸盐岩层,又有不易交代的化学性质稳定的砂页岩、页岩等作为屏蔽层分布于碳酸盐岩层之上下。矿体往往赋存于碎屑岩与碳酸盐岩的过渡部位。此外,在矿田深部,侵位于五通组砂页岩中或孤峰组硅质岩下部的岩体中往往发育斑岩型矿化,同样是由于侵入岩盖层围岩化学性质稳定,将成矿热液屏蔽于岩体中之故。

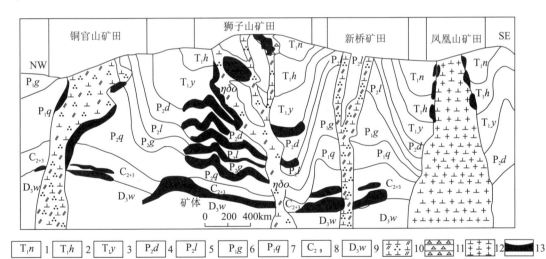

图14-14 铜陵成矿亚区重要矿田构造分层成矿特征示意图(据吴淦国等,2003)

1. 南陵湖组灰岩;2. 和龙山组条带状灰岩;3. 殷坑组钙质泥页岩;4. 大隆组硅质岩;5. 龙潭组长石石英砂岩;6. 孤峰组灰岩、硅质岩;7. 栖霞组硅质岩灰岩;8. 中上石炭统白云质灰岩、生屑微晶灰岩;9. 五通组页岩、泥岩石英砂岩;10. 石英二长闪长岩;11. 角砾岩;12. 花岗闪长岩;13. 矿层

矿田赋矿的层位以狮子山矿田最多。出露地层主要为三叠系,包括下三叠统殷坑组(T_1y)、和龙山组(T_1h)、南陵湖组(T_1n)和中三叠统东马鞍山组(T_2d)、月山组(T_2y)。受燕山期岩浆侵入体的热力和热液作用广泛发育角岩化、大理岩化和矽卡岩化。东南部地表

出露有上三叠统黄马青组(T_3h)及第三系(R)(图14-14)。钻孔揭露的地层有上志留统茅山组(S_3m),上泥盆统五通组(D_3w),中上石炭统黄龙组和船山组($C_{2+3}h+c$),下二叠统栖霞组(P_1q)、孤峰组(P_1g)和上二叠统龙潭组(P_2l)、大隆组(P_2d)。

3. 构造前提

铜官山、狮子山、新桥、凤凰山等矿田的构造前提,主要有区域性的基底断裂和褶皱构造,按矿田分别叙述如下。

1) 铜官山矿田

矿田出露志留系—三叠系,印支期北东向构造为矿田内的主要构造形迹,并发育有东西向、北北东向、南北向和北西向构造等(图14-15)。其中,印支期北东向构造以铜官山S型短轴背斜为主,其次为金口岭向斜。

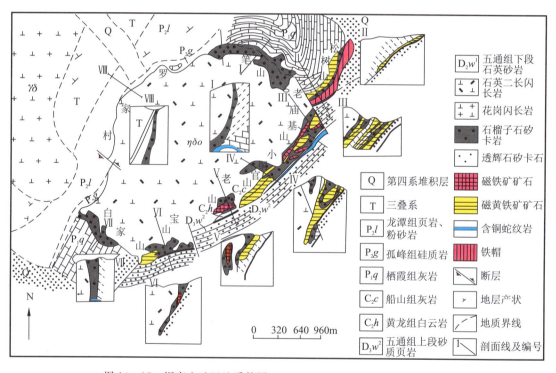

图14-15 铜官山矿田地质简图(据安徽省地质矿产勘查局321队,1990)

2) 狮子山矿田

青山背斜是狮子山矿田的主体构造,同时也是铜陵成矿亚区印支期北东向S型褶皱的组成部分(图14-16)。卷入青山背斜的地层为上泥盆统五通组至下—中三叠统,总体走向NE 40°,长22.5km,宽3km。该背斜的特点是:平面轴线呈"S"状,剖面枢纽呈波状起伏,立体轴面呈"麻花状"。在矿田范围内,该背斜的核部呈不对称的"双峰",北西翼陡,南东翼缓,两端分别向北东、南西倾伏(储国正,2003)。

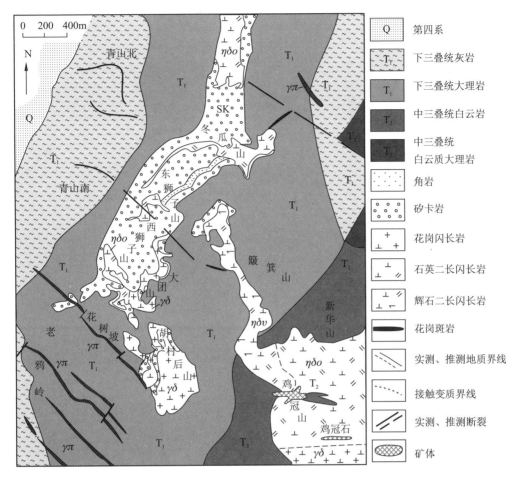

图 14-16 狮子山矿田地质略图

(据安徽省地质矿产勘查局 321 队,1990,略改)

3) 凤凰山矿田

凤凰山铜矿田位于凤凰山复式向斜的轴部,偏北西翼。该复式向斜宽 6km,总体走向 NE 50°,自北西向南东由 5 个次级褶皱(三向二背)组成(图 14-17)。其核部由三叠系南陵湖组构成,两翼则由上泥盆统—三叠系组成。

矿区内的断裂构造主要有北东向、北西向和近南北向 3 组。北东向断裂与区域构造线方向一致,主要见于复向斜两翼,伴随褶皱而形成,多属逆冲断层(图 14-17)。北西向断裂与区域构造线直交,为一系列近乎平行的断裂,在复向斜的两翼最为发育,轴部地层中产出较少。该断裂使地层发生高角度阶梯状错落,以新桥-相思树断裂带为代表。近南北向断裂与凤凰山复式向斜斜交,主要为凤凰山岩体东西两侧的横山岭-泉水冲断裂和万迎山断裂。北西向及近南北向两组断裂活动频繁,延续时间长,早期被正长斑岩充填,晚期被辉绿岩充填。伴随断裂活动,亦形成了较多的低序次构造破碎带,早期的构造破碎带为含矿溶液提供了良好的富集空间。

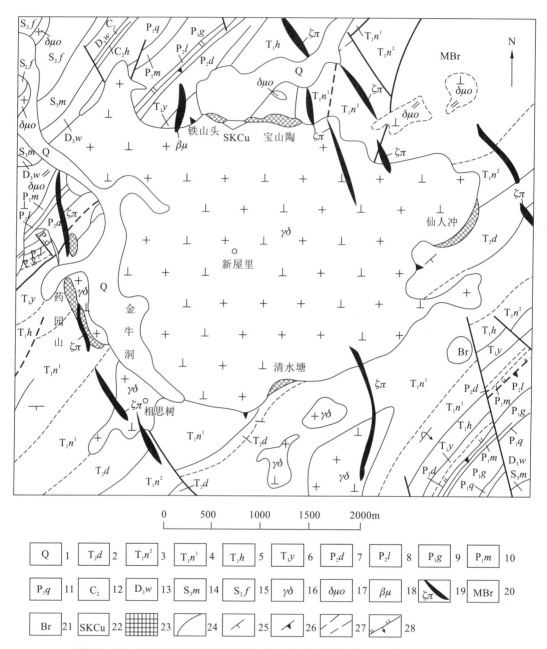

图 14-17 凤凰山矿田地质略图(据安徽省地质矿产勘查局 321 地质队,1995,略改)

1. 第四系;2. 东马鞍山组;3. 南陵湖组上段;4. 南陵湖组下段;5. 和龙山组;6. 殷坑组;7. 大隆组;8. 龙潭组;9. 孤峰组;10. 茅口组;11. 栖霞组;12. 上石炭统;13. 五通组;14. 茅山组;15. 坟头组;16. 花岗闪长岩;17. 石英闪长玢岩;18. 辉绿玢岩;19. 正长斑岩;20. 角砾状大理岩;21. 角砾岩;22. 含铜矽卡岩;23. 铜矿体;24. 实测、推测地质界线;25. 地层产状;26. 接触界面产状;27. 性质不明断层;28. 逆断层

4) 新桥矿田

新桥矿田位于铜陵-沙滩脚构造-岩浆带的中部,舒家店-永村桥背斜与大成山背斜、盛冲向斜的交会处(图14-18),其西部为区域性的南北向湖城涧-丫山隐伏基底断裂。

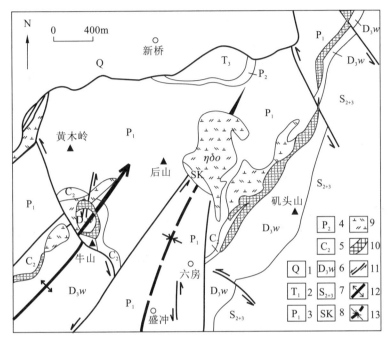

图14-18 新桥矿田地质略图 (据刘文灿等,1996,略改)

1.第四系;2.下三叠统灰岩;3.下二叠统灰岩、硅质岩;4.上二叠统硅质页岩;5.上石炭统灰岩、白云岩;6.上泥盆统石英砂岩、石英岩;7.中、上志留统砂岩、粉砂岩;8.矽卡岩;9.石英二长闪长岩;10.矿体;11.断层;12.大成山背斜;13.盛冲向斜

三、矿田潜在含矿性标志

1.地球物理标志

1)磁场特征

狮子山矿田在区域性东西向磁场展布的基础上,沿青山背斜轴部次级隆起地段,几乎等间距地出现规模不等的磁异常。磁异常由中酸性岩体所引起。单个异常长轴方向以北西向为主,其次为北东向,反映了引起异常的中酸性岩体就位主要受北西向和北东向两组盖层断裂构造控制(图14-19)。陶家山向斜范围内,仅在北傍山-金口岭和狮子山-谢家垅两条北西向异常带上有零星的小异常,表明引起异常的地质体埋深很大,规模较小。朱村向斜中,除在扬冲见狮子山近南北向异常外,从顺安南到图幅外的东部一线有规模较大、峰值较高的异常,反映沿铜陵深大断裂边部有大规模岩浆活动的特征。磁异常总体特征反映东西向、南北向两组盖层隐伏深断裂交会处,即以狮子山矿田为中心的深部大岩基。沿北西向、北东向

两组盖层隐伏深断裂侵位形成第二、第三层次的岩株、岩枝-岩墙状侵入体。磁异常强度一般为 200~500nT，高峰值的异常（大于 500nT）一般反映基性岩体，更高峰值的一般为磁性矿体的反映（孟贵祥，2006）。

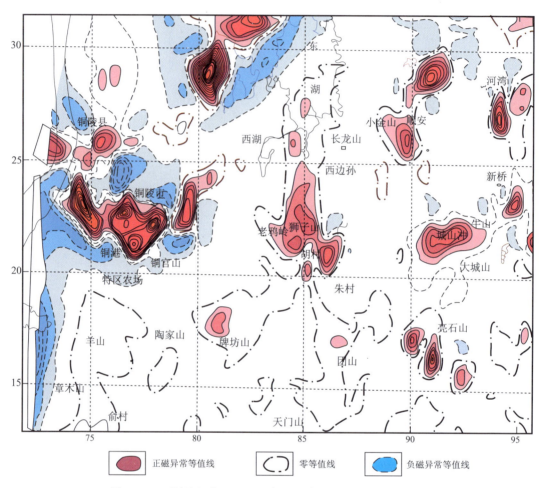

图 14-19 狮子山矿田 1:5 万航磁异常化极图（据孟贵祥，2006）

2) 重力场特征

区内布格重力剩余异常具有北东方向延展的趋势，与区域构造线基本一致。通常，背斜褶皱表现为重力高，向斜构造表现为重力低，大致反映褶皱深部地层的隆起与凹陷深度。异常延伸方向的改变，表现褶皱轴被切割错开的情况。局部重力高异常，如狮子山重力异常（图 14-20），焦冲、严冲、铁壶嘴、小峰山、铜官山尾砂坝异常和与褶皱轴线方向不甚一致的异常，很大一部分应为矿致异常，具有很大的找矿意义。

陶家山向斜中沿轴向出现串珠状低值负剩余异常，反映向斜凹折幅度的不均衡性。北东段和青山背斜一样，有明显错断现象。朱村向斜总体在低值负异常背景上，叠加了更低值的负异常和正值剩余异常两种情况。前者反映由断裂破碎引起的第三系断陷盆地分布位

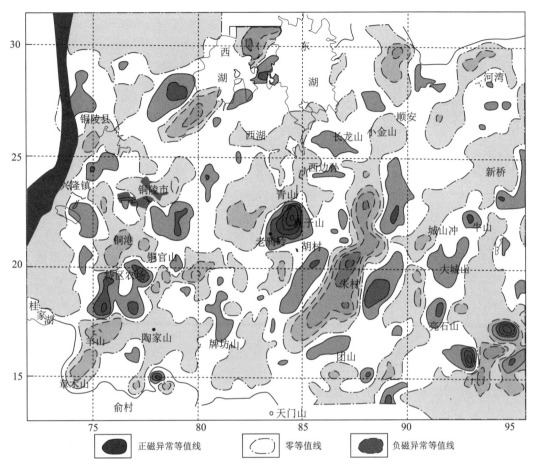

图 14-20 狮子山矿田 1∶5 万重力剩余异常图(据孟贵祥,2006)

置,其负值的增长有可能反映沉降幅度的加大;后者反映一定埋深(-300m 左右)的较大密度地质体的存在,初步推断可能与隐伏矿金属矿有关。

2. 地球化学标志

1)土壤次生晕异常

以狮子山矿田为例。狮子山矿田土壤次生晕异常为一明显的综合异常(图 14-21)。面积约 20km², 元素组合复杂,以 Cu 为主,伴生有 Pb、Zn、Ag、As、Sn、Mo、Co 等。异常呈椭圆形,长轴方向为北东向,主元素 Cu 有 2 个浓集中心,即东狮子山和包村,极大值为 1804×10^{-6}。Au 异常与 Cu 异常形成偏心组合,狮子山极大值达 1000×10^{-6}, 包村为 460×10^{-6}。伴生的 Ag、Zn 与主要元素 Cu、Au 组合较好,其余的都以零星的小异常出现。对 Cu、Pb、Zn、As、Ag、Mo、Sn、Au 几个元素做累乘计算,也得出很好的异常反映。经 R 型点群分析显示成矿的多阶段、多期次叠加的特点。

次生晕异常是地表矿及浅部矿和矿化带的反映,对尚无工程揭露的矿上晕或前缘晕具有一定的找矿潜力,特别是对找金工作具有很好的启示作用。

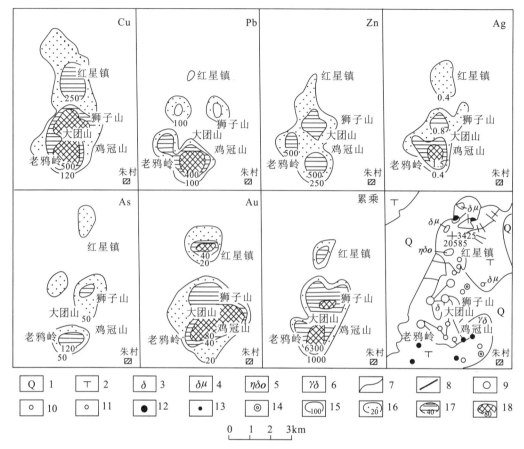

图 14-21　狮子山矿田次生晕异常剖面图（据安徽省地质矿产勘查局 321 地质队，1990）

1. 第四系；2. 三叠系；3. 闪长岩；4. 闪长玢岩；5. 石英二长闪长岩；6. 辉石闪长岩；7. 地质界线；8. 断层；9. 中型铜矿床；10. 小型铜矿床；11. 铜矿点；12. 小型铁矿床；13. 铁矿点；14. 黄铁矿点；15. 等浓度线；16. 外带；17. 中带；18. 内带

2) 水化学异常

水化学取样测定显示，区内水化学异常与已知矿点吻合较好。异常主要分布在狮子山、焦冲、严冲—郎家涝等地，表现为 SO_4^{2-}、Cu^{2+}、Pb^{2+}、Zn^{2+} 的综合异常。狮子山异常以 SO_4^{2-}、Cu^{2+} 异常为主，Pb^{2+}、Zn^{2+} 异常较弱；焦冲异常以 Pb^{2+}、Zn^{2+} 异常为主，Cu^{2+}、SO_4^{2-} 异常较弱；严冲异常 Cu^{2+} 异常北东方向较为显著，向南西渐被 Pb^{2+}、Zn^{2+} 异常取代。3 处异常的 pH 值小于 8，一般为 5.5～7.5。总体上来看，由北东向南西，即狮子山—严冲，Cu^{2+} 含量逐渐降低，Pb^{2+}、Zn^{2+} 含量逐渐增高，与土壤异常一样，反映出一定的元素分带现象。

3. 遥感标志

在遥感图像上，通常位于断裂交叉部位，存在沿主断裂呈串珠状分布的环状影像，环的长轴 2～10km，经图像处理后，色调与周围背景相比或深或浅的环缘。有大小环附于其中。这样的环往往是岩浆柱（热柱）的反映。

第四节 矿床潜在含矿性准则

一、主要矿床类型

铜陵成矿亚区已发现的矿床按成矿作用及矿床产出的空间位置可划分为 5 种基本类型:①燕山期中酸性侵入岩体与碳酸盐岩接触带中的接触交代矽卡岩型矿床,以铜官山、凤凰山矿床为代表;②沿层间破碎带充填交代所形成的层间矽卡岩型矿床,以西狮子山、大团山矿床为代表;③晚古生代至中生代地层中含有原始矿胚层,如下-中石炭统中的沉积黄铁矿层的碳酸盐岩中的层控矽卡岩型矿床,以冬瓜山矿床为代表;④沿断裂带充填交代形成的热液型矿床,以天马山金矿床为代表;⑤燕山期浅成闪长岩类岩体中的斑岩型矿床,以冬瓜山深部矿床、凤凰山南部矿床为代表。

矿床金属元素组合复杂。例如狮子山矿田,以铜、铜(金)、铜(钼)和金、金(铜)、银(金)矿床为主,共伴生有铁、硫铁、铅锌多金属。矿床在空间上有规律地分布:金、金(铜)和银(金)矿床大致呈近南北向分布,产于矿田浅部;铜、铜(金)、铜(钼)矿床呈北东向分布,主要产于矿田中深部和深部;铜矿床或矿体与金矿床或矿体既各自独立产出,又相互共生或伴生,显示铜矿化和金矿化在时间上和空间上存在既共生又分离的现象。

二、矿床潜在含矿性地质前提

1. 地质构造前提

作为矿床构造前提的有次级褶皱构造、层间滑脱构造和岩浆侵入接触构造。
1)次级褶皱构造

狮子山矿田内发育北东向、近东西向和近南北向的小型褶皱,矿床受不同方向小型褶皱的控制。北东向褶皱属青山背斜的次级褶皱,发育于青山背斜轴部和南东翼,成组平行分布,轴向与青山背斜轴向基本一致,轴面倾向不定,延长数十米至 500m 以上,多数因岩体侵入而遭受不同程度的破坏(图 14-16),其中西狮子山小背斜构造为控矿构造。近东西向褶皱主要分布于青山背斜轴部附近,由单个或几个大致平行排列的小褶皱组成的褶皱组,规模较小,单个褶皱延伸一般 40~50m,幅度平缓,倾角中等,其中以冬瓜山褶皱组最大,单个褶皱延伸均小于 100m,但总的延长可达 300m。近南北向褶皱延伸长度一般 20~100m,轴面较陡,其中白芒山背斜是东狮子山矿床的控矿构造。北东向的 S 型褶皱系统与近东西向的中小型褶皱的叠加复合构造控制着矿床的分布。如狮子山矿田浅表所见的主要形变格架是由北东向的褶皱和多个近东西向的叠加褶皱组成的。构造变形叠加部位存在较多小的成矿岩体,岩体周围则形成了几个大的铜金硫矿床。不同构造相互复合比较复杂的地带,矿化强度也较大。

凤凰山铜矿床位于凤凰山复式向斜的轴部。西狮子山铜(金)矿床位于狮子山矿田的中西部、青山背斜南东翼,包村后山-沙子堡北北东向构造带与大团山-宝儿岭东西向构造带、西狮子山东西向构造带之间的复合部位。大团山铜(金)矿床位于狮子山矿田的中部、青山背斜南东翼。冬瓜山铜(金)矿床位于狮子山矿田的中北部、青山背斜核部,包村后山-沙子堡北北东向构造带和包村后山-青山东西向与大团山东西向构造带之间的构造复合交会部位。

2)层间滑脱构造

众所周知,铜陵地区最主要的矿床类型为层控矽卡岩型矿床,最主要的控矿特征是层控特征,且具有"多层楼"特色(常印佛等,1991;吕庆田等,2005)。

铜陵地区层控矽卡岩型矿床均赋存于层间滑脱带内,而这些层间滑脱带均发育于相似的岩性界面——碳酸盐岩与硅质岩或粉砂岩界面上,主要包含五通组粉砂岩与黄龙组白云岩界面、栖霞组灰岩与孤峰组硅质岩界面、龙潭组硅质白云岩与大隆组硅质岩界面、大隆组硅质岩与殷坑组泥灰岩界面。岩石研究显示,硅质岩或粉砂岩与碳酸盐岩力学性质明显不同(储国正,2003)。因此,在后期(印支期)构造运动中,特别是褶皱变形中,极易发生层间滑脱,为后期(燕山期)与岩浆作用有关的热液的流通和聚集提供了通道和场所。

构造-岩性组合是区内层控矽卡岩矿床形成的必要条件。薄层碳酸盐岩或成分不纯的碳酸盐岩对成矿更为有利,特别是薄层碳酸盐岩与其物理性质差异较大的岩石互层时,常常有利于形成规模大、品位高的矿床。

表14-4 铜陵地区主要层间滑脱构造变形特征(据吴淦国等,2003)

滑脱层名称	主要特征
C_{2+3}/D_3w	黄龙组-船山组(C_{2+3})和五通组(D_3w)间岩石片理化、糜棱岩化强烈,层面见有大量的顺层擦痕,由于滑脱层上下岩性差别较大,使区域背斜核部厚度增大,两翼相对减薄,受顺层剪切作用和岩浆侵位的影响,原生沉积层纹状黄铁矿层发生强烈的流变褶皱变形
P_1g/P_1q	孤峰组(P_1g)和栖霞组(P_1q)间层滑作用使厚层灰岩发育宽缓褶皱而硅质岩发育叠瓦状逆冲断层,形成挤压逆冲带。层间节理、裂隙极为发育,岩石破碎
P_2l/P_1g	龙潭组(P_2l)和孤峰组(P_1g)之间的层滑构造发育于沉积平行不整合面上,龙潭组的厚层砂岩变形较弱,仅形成双峰褶皱,下伏的孤峰组硅质页岩则变形相对强烈,多形成紧闭小褶皱

续表 14-4

滑脱层名称	主要特征
P_2d/P_2l	大隆组(P_2d)和龙潭组(P_2l)之间的构造滑脱形成一些典型的拖曳褶皱(两翼倾角不等,为不对称的斜歪、倒转甚至平卧的小褶皱),顶厚现象极为普遍
T_1y/P_2d	殷坑组(T_1y)和大隆组(P_2d),底部厚层灰岩上的泥质页岩和页岩变形强烈,小褶皱非常发育,规模较小,枢纽方向有北东向、北北东向、东西向和南北向。由于发育褶皱,使得地层增厚
T_1h/T_1y	和龙山组(T_1h)和殷坑组(T_1y)滑脱层上发育各方向的紧密尖棱状小褶皱及密集不穿层的破劈理。层面以下则褶皱规模较大,褶皱形态较宽缓,多为同心等厚褶皱和箱状褶皱。背斜紧闭,向斜开阔,发育轴面裂隙
T_2n^1/T_2n^2	南陵湖组下段(T_2n^1)和上段(T_2n^2)之间层滑造成上下段变形特征有显著差别。上段的薄层—微薄层灰岩中小褶皱异常发育,褶皱规模较小,褶皱紧密,呈尖棱状,多为一系列紧闭同斜的多级褶皱组合,轴面多与层面平行,形成褶叠层。下段厚层灰岩变形相对微弱,多为宽缓同心等厚褶皱

3) 岩浆侵入接触构造

铜官山矿田横跨叠加于北东向褶皱之上的东西向宽缓褶皱,使北东向褶皱构造的枢纽发生起伏,有着控岩、控矿的双重意义。矿田内的主要侵入岩体为铜官山石英二长闪长岩岩体、金口岭花岗闪长岩岩体和天鹅抱蛋山石英二长闪长岩岩体,它们与上石炭统—下三叠统的碳酸盐岩间形成了较为发育的岩浆侵入接触构造。

凤凰山矿田沿侵入体边部形成了极为发育的岩浆侵入接触构造。矿田内的药园山、铁山头、宝山陶、仙人冲、清水塘、相思树等一系列典型矽卡岩型铜矿床点均呈众星捧月式环绕于凤凰山岩体周围(图 14-17)。除宝山陶矿床主要受大理岩中的断裂构造控制外,几乎均受接触构造控制。

2. 岩浆岩前提

成矿作用在时间上和空间上与燕山期岩浆侵入作用密切相关,侵入体的岩性主要为辉石闪长(玢)岩、石英(二长)闪长(玢)岩和花岗闪长(斑)岩。

冬瓜山铜(金)矿床、凤凰山矿床的岩体主要由花岗闪长岩和石英二长闪长岩组成,花岗闪长岩分布于岩体内部,石英二长闪长岩则分布于岩体边缘。西狮子山矿床的岩体为石英二长闪长岩。大团山铜矿床石英闪长(玢)岩与铜矿关系最为密切。大团山岩体中心部位岩性为石英闪长岩,两侧为石英闪长玢岩。年代学研究发现,大团山铜矿床石英闪长(玢)岩成岩年龄与成矿年龄相近,表明大团山石英闪长(玢)岩体是矿区铜的主要来源之一,同时在岩浆-流体演化过程中铜向流体相富集。

岩浆分异、演化比较充分的、多期次侵位的复式岩体,并有一定的分相,含矿性质判别标志良好。地表及浅部呈复杂的岩枝-岩墙体系,深部逐渐合并相连的岩体,其形态产状及侵入接触构造对成矿最为有利。这类上小下大的岩体,穿越的地层层位多,垂直延伸距离大,是控制多层成矿的重要因素之一,特别是几个岩枝之间的凹兜构造及半封闭构造更是多层成矿的重要部位。

3. 地层前提

层控矽卡岩矿床主要分布在中酸性侵入岩体与特定层位沉积地层的接触带上,矿体常呈层状或似层状,且明显受地层层位控制。

有许多研究者特别强调由同生沉积成矿作用形成的矿胚层(或称矿源层)的作用(翟裕生等,1992)。然而,在大部分层控矽卡岩矿床产出区并无矿胚层分布(唐永成等,1998;常印佛等,1991),即使在部分有矿胚层分布的层控矽卡岩矿床产出区,矿胚层提供的成矿物质也很少,远不足以形成相应矿床(徐兆文等,2007)。看来,沉积地层与层控矽卡岩矿床间的成因联系尚未完全查明。

志留系—三叠系沉积地层内产有大量层控矽卡岩铜(金)矿床。矿体多呈层状、似层状,与地层呈整合接触,并与上下岩层同步折曲。储量规模以赋存在五通组至石炭系黄龙组中的矿床(以冬瓜山、新桥和铜官山等矿床为代表)最大,其次是赋存在二叠系大隆组顶部和底部地层中的矿床(以大团山、老鸦岭等矿床为代表),其他地层中的矿床规模都很小。

硅质白云岩与大隆组硅质岩界面(P_2l/P_2d)以及大隆组硅质岩与殷坑组泥灰岩界面(P_2d/T_1y)为代表,该界面内发育一些中小型层控矽卡岩矿床,是铜陵地区层控矽卡岩型矿床的次级赋存层位。

三、矿床潜在含矿性标志

1. 地球物理标志

1)电异常

区内开展过多种电法工作,如自然电场法、充电法、激发极化法、电阻率法联合剖面法、测深电磁法、可控源音频大地电磁法、瞬变电磁法、频谱激电法等。

常规电法反映的深度较小,一般为100~200m或小于100m。电磁法反映的深度较大,通常大于200m。自然电位异常受含煤地层的影响较大,通常异常沿地层走向呈高强度分布,而与矿有关的异常走向通常与岩体接触带或地表铁帽方向一致,呈较好的椭圆形异常,均为源体埋深不大的矿体引起。

激电极化率异常大多为浅部(小于150m)硫化物或含碳地层的反映,除碳质岩石外,大多为黄铁矿的反映。直接与矿石有关的异常,如鸡冠石异常,为浅部接触带及破碎带中的硫化物型矿体所引起。荷花塘铅锌矿点也有一定的显示。

反映深度较大的电磁法主要获取电阻率参数,通常需要依据其他的地质标志和物探标志来判别目标矿体的异常组合特征,通常低阻异常对寻找良导电的硫化物矿体有利。简单地依据电阻率异常来判断是否为矿致异常是很困难的。

2)重力异常

重力异常对矿床(体)的存在与规模大小有良好的对应关系,特别是与主背斜或次级叠加小背斜走向不一致的异常和位于磁异常梯度带上的剩余异常,常预示不同深度内有隐伏的矿床(体)存在。在磁异常范围内的重力负异常可以表明岩体侵入的深部通道,间接指示一定深度下的有利成矿部位,特别是一些内凹的超覆接触带的空间分布。

2. 地球化学标志

地球化学异常是与成矿活动相伴随的产物,是评价有无矿体存在的最客观的直接标志,与其他标志组合配套好的异常更有实际意义。

在铜陵铜金多金属高背景异常区范围内,首先要注意更高峰值的次级多元素配套组合异常,它们往往预示着地表有强烈矿化和一定深度有隐伏矿体存在。特别注意沿断裂裂隙带、岩体接触带以及大理岩层中的 Tl 等远程探途元素异常标志,它们是预测和寻找隐伏矿的重要依据。

在重视正异常的同时,也需注意 Cu、Pb、Zn 等主要成矿元素的负值异常,它指示成矿组分的活化萃取和循环迁移,有带出就会有集中卸载之处,预示附近有成矿的可能。

孟贵祥(2006)在狮子山地区进行原生晕取样、测定,圈定了 9 个 Cu 异常,主要有东狮子山、西狮子山、冬瓜山、大团山、包村异常,除 Cu 异常外,还发现有 Ag、Zn、Mo、As 的异常,除 Ag 异常规模较大外,Zn、Mo、As 异常均呈局部分散或叫零散。矿区的地球化学特征主要为:

(1)大片 Cu、Ag 异常同时出现的地段是已知矿床的上方或最有找矿远景地段,强的 Cu 异常(大于 1000×10^{-6})伴随有 Ag 异常分布地段可能为矿化中心。

(2)Cu、Ag、Mo 异常同时出现,或者 Cu、Mo 异常出现而 Ag 异常缺失,可能是矿体已被剥蚀或大部分被剥蚀的迹象,以 Mo/Ag>10、Mo/(Cu×100)>4 为标准。

(3)元素在垂向上具有一定的分带性,从上而下为 Ag—Cu—Mo。在断面上,矿体四周围岩中,发育着包裹矿体的原生晕,晕与矿体产状一致。

(4)元素沿水平方向也有一定的分带性,东狮子山、西狮子山、大团山以铜晕为主,向西南出现 Zn、As、Ag 异常,并有向青山脚—花树坡一带扩大的趋势。

3. 遥感标志

在遥感图像上,环状影像一般分布于岩体与围岩接触带及其附近,环的长轴 1~3km 或小于 1km。色调与周围背景相比略深。这样的环往往是热变质或蚀变的反映。

第五节　矿体潜在含矿性准则

一、矿体潜在含矿性地质前提

1. 地质构造前提

1) 断裂构造

断裂是热液脉型矿体的重要控矿构造。平面上,该类型矿体在控矿断裂相交会的构造部位往往发生膨大,如鸡冠山矿床的浅部矿体明显受近东西向和北北东向断裂破碎带的控制,两组断裂相交会部位的矿体变得厚大(图14-22)。

脉状矿体一般均位于浅部,深部则为矽卡岩型矿体和层控矽卡岩型矿体。以鸡冠石多金属矿床最具代表性,该矿床的上部脉状矿体严格受石英二长闪长岩岩体内的近东西向和近南北向的断裂构造控制。

铜官山矿田的金口岭矿床是断裂构造叠加于接触构造带控制其矿体产出的典型实例(图14-23)。

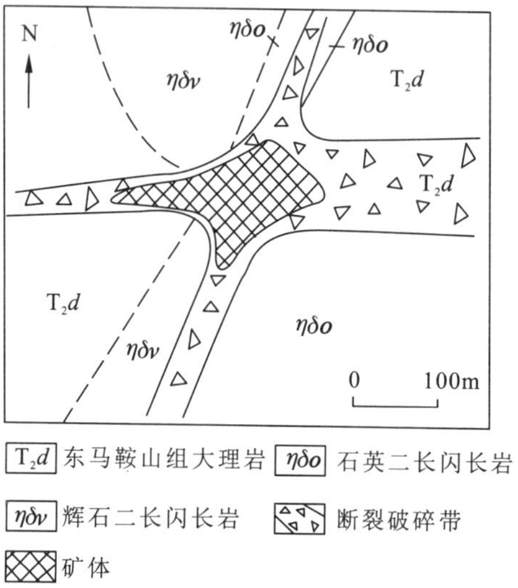

2) 接触构造

岩体侵入接触构造是矽卡岩型矿床的矿体主要控矿构造,区内大多数矿体都赋存在接触带中,一般于岩体侵入接触面产状变化部位就位,如对围岩的内凹、外凸舌状体、岛状体、捕房体等部位。当接触面倾向岩体时,常形成岩体超覆接触构造,有利于含矿热液充分聚集交代,因此矿体发育良好。当接触面背向岩体时,只有在与围岩产状一致时,才可能形成较好的矿体,如围岩呈捕房体存在于岩体中,则对矿液的充分交代和富集极为有利,常形成透镜状、扁豆状的富矿体。

铜陵成矿亚区上石炭统—中三叠统的岩性以碳酸盐岩为主,其化学性质活泼,在中酸性岩浆侵入过程中,易发生矽卡岩化,同时也由于顶蚀、顶沉等构造作用形成了各种类型的侵入接触构造。

(1) 岩体或岩脉与围岩接触构造。该构造为岩体或岩脉与围岩接触所构成,在铜陵成矿亚区的5个矿田均较发育,是接触交代矽卡岩型矿床最常见的控矿构造类型。与围岩以不整合接触为主,局部呈整合接触,其中以老鸦岭矿床较为典型(图14-24)。陡立或陡立—舒

图14-22　鸡冠山矿床平面分布示意图
(据安徽省地质矿产勘查局321队,1990)

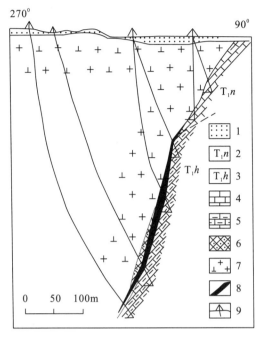

图 14-23 金口岭矿床 104 线剖面图(据唐永成等,1998)

1.浮土;2.南陵湖组;3.和龙山组;4.大理岩、钙质角岩;5.矽卡岩;
6.石英二长闪长岩;7.花岗闪长岩;8.矿体;9.钻孔

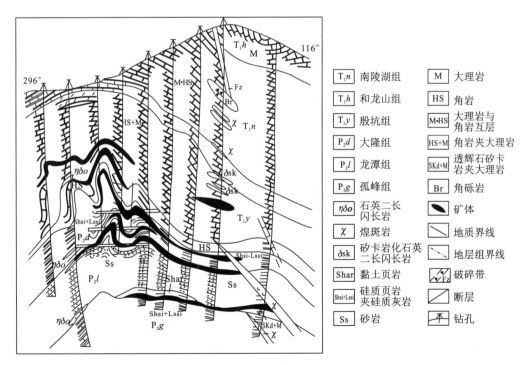

图 14-24 老鸦岭矿床典型地质剖面图(据唐永成等,1998,略改)

缓波状接触带在各矿田均较发育,是接触构造的主要控矿样式。转折接触带以凤凰山和狮子山矿田较发育,多个转折叠置可控制多层矿体。超覆接触带仅见于鸡冠石矿床的下部,矿化不很发育,岩浆呈指状顺层穿插形成的指状接触带虽然在狮子山矿田较发育,但一般无矿化或仅发育一些小矿体。

(2)捕虏体接触构造。捕虏体接触构造为围岩拆落入岩浆中形成,亦为接触交代矽卡岩型矿床的一类特殊控矿构造。以凤凰山矿田的捕虏体接触构造控矿较为发育,如药园山矿床22线剖面图(图14-25)所示,捕虏体全部或几乎全部矽卡岩化,且大部或全部发生矿化。

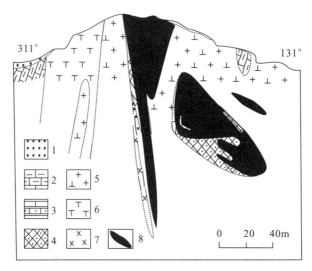

图14-25 药园山矿床22线地质剖面图(据李进文,2004)
1.浮土;2.大理岩;3.矽卡岩夹大理岩;4.石英二长闪长岩;
5.花岗闪长岩;6.辉绿岩;7.正长斑岩;8.矿体

3)层间滑脱构造

二叠纪—早三叠世地层内的层间滑脱构造主要发育于狮子山矿田,对该矿田的西狮子山、大团山、老鸦岭、花树坡等层间矽卡岩型矿床具有重要的控制作用,在本区占有较为重要的地位。

层间滑脱构造在剖面上呈多层叠置,滑脱面多呈不规则状曲面,但与地层产状基本一致。因此,矿床及矿体在空间上亦为多层叠置,并且具有随地层产状而起伏的特征。

矿体呈层状、似层状、透镜状、马鞍状等与围岩整合接触,多与接触带高角度相交。如狮子山矿田的西狮子山矿床受外接触带层间构造控制,其矿体呈似层状与岩层基本为整合产出,且与接触带交角也比较大(图14-26)。

4)爆发角砾岩筒构造

爆发角砾岩筒构造是隐爆角砾岩筒型矿床的控矿构造,仅发育于狮子山矿田的东狮子山矿床(图14-27)。岩浆侵入地下浅部后,在冷凝过程中,残余岩浆中的挥发组分大量聚集发生隐爆,崩塌围岩角砾被后继熔浆胶结而形成了爆破角砾岩筒。

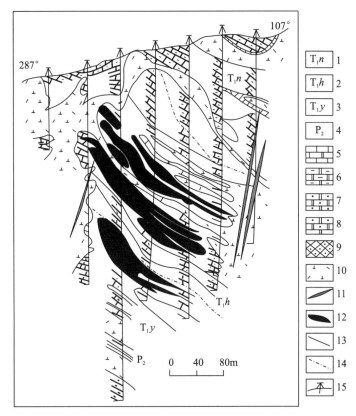

图 14-26 西狮子山矿床 36 线地质剖面图(据唐永成等,1998,略改)

1. 南陵湖组;2. 和龙山组;3. 殷坑组;4. 上二叠统;5. 大理岩;6. 条带状大理岩;7. 角岩;8. 条带状石榴子石矽卡岩;9. 块状矽卡岩;10. 石英二长闪长岩;11. 煌斑岩脉;12. 矿体;13. 地质界线;14. 地层组界线;15. 钻孔

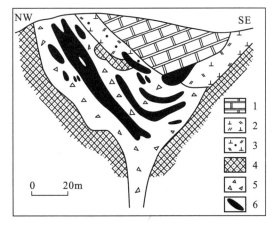

图 14-27 东狮子山矿床勘探线剖面图(据黄许陈等,1993,略改)

1. 大理岩;2. 石英二长闪长岩;3. 矽卡岩化石英二长闪长岩;4. 块状矽卡岩;5. 隐爆角砾状矽卡岩;6. 矿体

2. 地层、岩性前提

介于下石炭统砂页岩与下二叠统栖霞组厚层灰岩之间的白云质灰岩、白云岩、石灰岩，夹于上二叠统龙潭组硅质页岩之间的硅质灰岩，下三叠统中夹于钙质页岩之间的条带状泥质灰岩等均较上、下岩层利于矿化。反过来，这些上、下层的砂页岩、钙质页岩、变质后的角岩层都不利于矿化，但起到屏蔽作用，使矿沿其夹层进行富集。就岩性来说，以中细粒钙铁榴石矽卡岩及含透辉石铁铝榴石矽卡岩利于矿化。而性脆、化学活性差的岩层，在构造有利部位，如背斜轴部易产生裂隙，矿液以充填、浸染于密集的裂隙中而构成铜矿体，如老鸦岭硅质岩中的矿体。

3. 岩浆岩前提

地表岩体规模均很小，形态和产状复杂的网格状岩枝控制的主要为层控式矽卡岩矿床，沿接触带及有利地层多层成矿是其主要特色。在一定深度下的两岩枝或几个岩枝会合的凹兜，如焦冲北傍山与老坟山岩体之间的凹兜，富矿和矿体常分布其内。形态和产状较为简单的蘑菇状岩体，主要是岩体的内凹、舌状突起、前缘部位等控矿，矿体直接产于接触带内，如胡村、华山铜矿属于此类型。鸡冠山岩体的隐伏岩枝及内凹处同样发育矽卡岩，矿体零星分布，这类岩体在地表见到的是"蘑菇盖"或称岩被，其规模稍大，地表以下未见"蘑菇茎"，其规模很快变小，成为岩枝体系的组成部分。

二、矿体潜在含矿性标志

1. 地球化学标志

原生晕异常往往是寻找矿体的直接标志。对异常本身还要按元素分带序列和元素及元素组的比值确定晕的性质是前缘晕或矿上晕，还是经过深剥蚀的尾晕或矿下晕，如老鸦岭地表有前缘晕指示其深部大隆组及其上下层位有层控矽卡岩型铜矿床存在。又如大团山铜矿床地表大理岩中有 Cu 原生晕异常，冬瓜山铜硫矿床地表有 Cu、Ag 原生晕组合异常，且含量低，比值小。总之，各方法的异常均能较客观地反映出各种地球化学标志，远程元素显示的包含深部成矿作用的标志和地球物理标志与成矿地质构造环境一起构成很重要的综合标志体系。

2. 地球物理标志

地球物理标志能提供其他方法难以获取的深部标志。本区与矿有关的磁异常，一方面反映地表及地下岩体的分布与形态产状，间接指示有利成矿的侵入构造部位；另一方面局部的高峰值异常往往直接指示磁性矿体的存在，如南洪冲、乌栗山磁铁矿含铜强磁异常。一些低缓异常反映侵入岩体经历强烈的蚀变作用，反映另一种与强烈成矿作用有关的岩性特征。

3. 围岩蚀变标志

张赞赞等(2012)研究了冬瓜山铜金矿床蚀变特征及分带（图 14-28）。上部矿体中主要发育矽卡岩化、大理岩化、角岩化、石英-绢云母化、蛇纹石化、滑石化、绿泥石化、绿帘石化、碳酸盐化，分带不明显。早期接触热变质和交代作用形成矽卡岩、大理岩和角岩，因石炭系围岩岩性不同而发育镁质矽卡岩和钙质矽卡岩，前者位于含矿建造的下部，后者分布在含矿建造的上部。镁质矽卡岩主要由钙铁榴石、透辉石、镁橄榄石、粒硅镁石和金云母组成，主要发育有闪石化、绿帘石化、蛇纹石化和滑石化蚀变组合，金属矿物为黄铁矿、磁黄铁矿、黄铜矿和磁铁矿，形成纹层状、曲卷状构造；钙质矽卡岩主要由早期钙铁榴石、晚期钙铝榴石、透辉石组成，主要发育阳起石-透闪石化、绿泥石化和绿帘石化蚀变组合，金属矿物为黄铁矿和黄铜矿。

根据蚀变矿物类型和共生组合特征，进行了蚀变带划分，如图 14-28 所示。冬瓜山矿床－850m 中段地质图显示，自岩体中心到围岩依次可划分为：石英—钾长石化带→石英—绢云母化带→青磐岩化带→矽卡岩化带→角岩＋大理岩化带。这些蚀变带中，最发育的是石英-绢云母化带和石英-钾长石化带，青磐岩化带往往与矽卡岩化带重叠，也与矿体重叠，岩体中发育稀疏斑点状高岭土化和团块状矽卡岩化，与典型斑岩型矿床的蚀变分带对比，深部矿体内主要发育钾长石化，未见明显的黑云母化，虽然发育有泥质蚀变，但不足以成带。总体上，深部矿体发育类似于斑岩型矿床的蚀变特征。

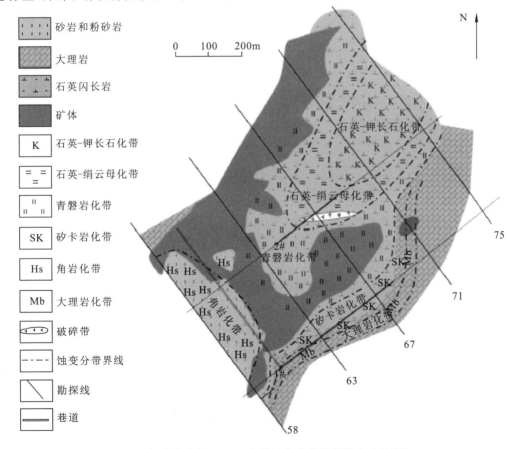

图 14-28　冬瓜山矿床－850m 中段蚀变分带示意图（据张赞赞等，2012）

4. 地表矿化显示标志

地表及浅部的矿化与零星小矿体,是整个成矿活动的一部分,往往是深部成矿在地表显示的标志窗口,结合构造、接触带、有利成矿层位、地球物理异常等一起综合分析,决定其在寻找隐伏矿方面的意义。

地表的铁帽或脉状矿体之下,在一定深度下见到层控式矿体的例子,在区内是很多的,如老鸦岭、鸡冠山等地。

第十五章　胶东金矿

第一节　成矿背景及成矿区(带)划分

一、华北陆块成矿省地质背景

华北陆块的地壳生长与最初克拉通化发生于新太古代,其基底主要为云英闪长岩-奥长花岗岩-花岗闪长岩(TTG)岩系、角闪岩、超镁铁质岩和条带状含铁建造(郭林楠,2016)。一系列的双峰火山岩和沉积岩记录了2.3~2.0Ga的地质事件。华北陆块的东、西两部分在约1.85Ga碰撞拼合于中间过渡造山带,并完成最终的克拉通化。之后从古元古代到新元古代,华北克拉通发生了多次抬升运动;古生代至早中生代,华北陆块的南缘和北缘也遭受了多期造山活动(陈衍景等,2009)。随着古亚洲洋闭合,华北陆块北缘在晚二叠世至早侏罗世期间经历了持续的挤压及地壳增生,沿郯庐断裂带左行走滑500~700km。晚侏罗世至早白垩世,华北陆块东区则遭受了与岩石圈减薄和去克拉通化相关的拉张构造活动,并伴随着大规模的岩浆活动和金成矿作用。

黎清华(2004)总结了大地构造背景。我国地球科学家发现和证实了在中生代前后华北东部的动力学机制发生过重大转折:①构造体制转折。从古生代至中生代早期,构造格局由东西向转变为北北东向,由以挤压为主的构造体制转变为以伸展为主。②岩石圈厚度剧烈减薄。岩石圈厚度从200km左右(古生代)变化到不足80km(中生代后期)。③大陆深俯冲作用。中央造山带东部曾发生大陆深俯冲作用,而后超高压岩片又抬升到地表,苏鲁地区发生大规模走滑作用,牵引两侧地块发生强烈变形,反映出中国东部从古生代—中生代早期由不同陆块的拼合转变为以陆内构造过程为主的动力学体制转变。④强烈而又频繁的岩浆-火山活动。自中生代以来,发生过大规模的中酸性岩浆侵入和火山喷发活动,并在燕山期形成高峰,反映出壳-幔强烈的相互作用。⑤大规模的流体成矿作用。

自中生代以来,受周边地区强烈相互作用的综合影响,中国大陆处于特提斯、古亚洲洋和太平洋三大构造域的结合部位,众多的重大构造作用大都发生在中生代前后,如中央造山带的深俯冲、东部岩石圈减薄等。周边构造域的相互作用及陆内过程都会影响到中国大陆,影响到华北东部地区的构造转折过程。在中生代燕山期,受深部上升的地幔热结构变化的作用,地幔流体的大幅度上涌,造成岩石圈的热、密度和物质结构的根本性扰动及倒转与调整,发生强烈广泛的构造作用并形成一个新的岩浆-流体-成矿系统。

二、华北地区的金成矿区(带)划分

华北地区是中国主要的金产区。华北陆块的东缘、南缘和北缘分布着数百个大小金矿床,分属华北陆块成矿省和华北陆块北缘成矿省(陈毓川等,2006)。前者又分为胶-辽-吉金矿带和小秦岭-熊耳山金矿带。胶-辽-吉金矿带位于华北陆块东缘,沿郯庐断裂带分布,包括胶东金矿成矿亚区、辽东金矿成矿亚区和夹皮沟金矿成矿亚带3个Ⅳ级成矿区(带)。

三、胶东金矿成矿亚区内区(带)划分

全国的成矿区(带)划分采用五分法,即成矿域[又称Ⅰ级区(带)]、成矿省[又称Ⅱ级区(带)]、成矿区(带)[又称Ⅲ级区(带)]、成矿亚区(带)[又称Ⅵ级区(带)]、矿田[又称Ⅴ级区(带)]。级别由高到低,范围也由大变小,统称序次排列的成矿区(带)划分体制(陈毓川等,2006)。宋明春等(2015)在全国Ⅰ—Ⅲ级成矿区(带)划分的基础上,按照山东省矿产资源分布规律将其划分为成矿亚区(Ⅳ级)、成矿小区(Ⅴ级)和矿床集中区(Ⅵ级)。

笔者认为,矿床集中区即为矿田,不如用矿田这个常用术语。结合胶东金矿的实际情况,成矿区(带)划分采用六分法是恰当的,即成矿域[又称Ⅰ级区(带)]、成矿省[又称Ⅱ级区(带)]、成矿区(带)[又称Ⅲ级区(带)]、成矿亚区(带)[又称Ⅵ级区(带)]、成矿小区或Ⅴ级成矿带和矿田(Ⅵ级)。

闻名于世的胶东金矿在Ⅰ级成矿区(带)滨西太平洋成矿域,Ⅱ级成矿区(带)华北陆块成矿省,Ⅲ级成矿区(带)胶辽成矿区的Ⅳ级成矿区(带)胶北成矿亚区内,包括成矿亚区(带)胶西北成矿小区和栖霞-福山成矿小区。所谓的胶东金矿应当是成矿亚区,在$1100km^2$范围内聚集了中国25%以上的已探明金储量。

对该成矿亚区内Ⅴ级成矿带(以下叙述简称为成矿带)的划分,前人做了很多研究。其中较为系统的有:孙丰月(1994)提出的胶西北地区金矿三分法;刘玉强等(2002)、宋明春等(2007)对胶东的六分法。根据宋明春等(2007),胶东金矿内划分为以下6个成矿亚区(带)(图15-1)。

1. 三山岛-仓上成矿带

该成矿带位于胶北隆起西缘,沿三山岛-仓上断裂带分布,总体呈北东走向,两端入渤海湾,陆地出露长度大于30km,断裂带宽20~400m。断裂发育于前寒武纪地质体与玲珑花岗岩、郭家岭花岗岩的接触带部位。矿体赋存于主断裂面下盘的黄铁绢英岩化碎裂岩带和黄铁绢英岩化花岗(闪长)质碎裂岩带中。矿床类型为破碎带蚀变岩型金矿床。三山岛-仓上

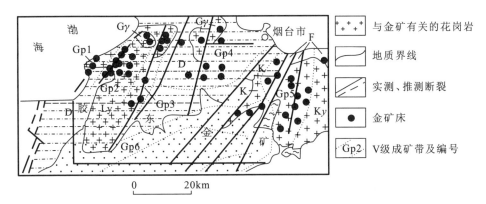

图 15-1 胶东金矿主要矿床分布图(据宋明春等,2007 修改)
Gp1. 三山岛-仓上成矿带;Gp2. 龙-莱成矿带;Gp3. 招-平成矿带;Gp4. 栖-蓬-福成矿区;
Gp5. 牟-乳成矿带;Gp6. 胶莱盆地周缘成矿区

断裂控制了三山岛、仓上、新立等 3 个特大型、大型金矿床。

2. 龙(口)-莱(州)成矿带

该成矿带位于胶北隆起西部,沿龙(口)-莱(州)断裂带分布,该带北起龙口市石良集,南至莱州市朱桥一带。龙口黄山馆以南区段常称为焦家断裂。断裂总体呈北东走向,长大于 60km,断裂带宽 50~500m。断裂大致沿玲珑花岗岩体的内接触带分布,部分地区发育于前寒武纪地质体与玲珑花岗岩接触带部位。矿体主要赋存于主裂面下盘的黄铁绢英岩化碎裂岩带、黄铁绢英岩化花岗(闪长)质碎裂岩带及黄铁绢英岩化花岗(闪长)岩带中。矿床类型主要为破碎带蚀变岩型金矿床,在主干断裂下盘伴生、派生的低序次断裂裂隙中形成破碎带石英网脉带型金矿。该带控制了新城、焦家、河西等 3 个特大型金矿床及河东、东季、上庄、望儿山、马塘、寺庄等一批大、中型金矿床。

3. 招(远)-平(度)成矿带

该成矿带位于胶北隆起中西部,沿招(远)-平(度)(简称招平)断裂带分布,该带北起龙口市颜家沟,南至平度市区北,总体呈北东走向,长约 120km,断裂带宽 150~200m。断裂沿玲珑花岗岩体与前寒武纪地质体的边界展布。矿体主要赋存于主裂面下盘的黄铁绢英岩化碎裂岩带、黄铁绢英岩化花岗质碎裂岩带及黄铁绢英岩化花岗岩带中,以破碎带蚀变岩型金矿床为主;下盘次级断裂构造中以含金石英脉型金矿床为主。该断裂带控制了玲珑、台上、大尹格庄等 3 个特大型金矿床及曹家洼、夏甸、姜家窑、张格庄、旧店等一批大、中型金矿床。

4. 牟(平)-乳(山)成矿带

该成矿带位于苏鲁造山带西缘的昆嵛山花岗岩内接触带,主体沿金牛山断裂带分布,是硫化物石英脉型金矿的集中分布区。断裂带总体呈北北东向展布,由大致平行且等间距排列的 4 条断裂组成,长 60 余千米,宽 30 余千米,以金牛山断裂为中心,相隔 3~4km 出现一条,主要有曲家口、仙姑顶、上王格庄、高陵等断裂。该组断裂有较多石英脉充填,绢英岩化、黄铁矿化明显,金矿化普遍。牟(平)-即(墨)断裂带北段的金矿也隶属该成矿带。该断裂带控制了邓格庄、金青顶、西直格庄、金牛山等大中型金矿床及福禄地、唐家沟、初家沟数十个小型金矿床。

5. 栖(霞)-蓬(莱)-福(山)成矿区

该成矿区位于招平断裂带与桃村断裂之间的胶北隆起东北部。该区前寒武纪变质岩系广泛出露,北东向、北北东向断裂构造及北西向韧性剪切带发育,局部地段玲珑花岗岩呈岩株状产出。被认为是胶东金矿直接矿源岩系的郭家岭花岗岩在该区大范围出露。区内的主要控矿断裂有北北东向陡崖-龙门口断裂、北东向肖古家断裂及近东西向西林断裂。区内含金石英脉型及破碎带蚀变岩型金矿均存在。小型矿床、矿(化)点密集成片分布,有的已达或接近大、中型金矿床,矿床集中分布于蓬莱市东部及栖霞市中部地区。

6. 胶莱盆地周缘成矿区

该成矿区主要指胶莱盆地南缘、东北缘、北缘等中生代盖层与变质基底接触带附近。20世纪70年代在胶莱盆地南缘发现了产于潜火山岩和隐爆角砾岩中的五莲七宝山金铜矿,揭开了该区寻找金矿的序幕。20世纪末至21世纪初,该区金矿找矿取得重大突破,在胶莱盆地东北缘相继发现了发云夼破碎蚀变砾岩型中型金矿和蓬家夼盆缘滑脱拆离构造带型大型金矿。这些发现奠定了该成矿区客观存在的基础,也改变了过去人们将胶东地区找矿方向锁定在古老结晶基底地区的传统观念。有人将该成矿区中的金矿划分为与胶北隆起区金矿不同的成矿系统,认为二者形成于不同的地球动力学环境。

第二节 胶东金矿成矿亚区潜在含矿性准则

胶东成矿亚区位于胶东半岛西北部,大地构造位置处于华北地台东缘胶北隆起区,西靠沂沭断裂带,南接胶莱坳陷,北邻龙口断陷盆地和渤海坳陷,东接牟平-即墨构造混杂岩带。古老的基底变形变质岩系、多期多成因的岩浆活动和以北东向断裂为主的构造格架,构成了成矿亚区金矿的主要区域地质背景。

一、成矿亚区潜在含矿性地质前提

1. 地质构造前提

胶东呈半岛状突出于渤海与黄海之间。山东半岛属新华夏系第二隆起带。胶东金矿成矿期主要发育新华夏构造体系和华夏式构造体系。新华夏构造体系和华夏式构造体系不同规模、级别和序次的成分复合叠加而成的构造变形岩相带,加之基底岩石有利成矿的地质地球化学条件,成为胶东金矿构造控矿的背景(吕古贤等,1993)。

胶东基底的变质岩显示褶断构造带(图15-2)，呈现为近东西向波状弧形展布的"S"形构造变形岩相型式(吕古贤等,1993)。中生代盖层经华夏式及新华夏系的构造复合形成"N"形构造变形岩相型式，它是北北东向区域压扭构造叠加复合北东向和北东东向构造与岩相带而成的，是金矿成矿带的控矿构造背景(万天丰,1993)。以玲珑花岗杂岩体为代表的岩浆岩及中生代陆相火山-碎屑沉积盆地，受"N"形构造控制。往往在岩浆岩接触带发育的剪切断裂有利部位形成热液交代蚀变带，断裂下盘时有形成焦家类型黄铁绢英质蚀变岩金矿，而断裂下盘花岗岩、蚀变花岗岩中的次级张剪断裂中交代充填有黄铁矿石英脉类型，即玲珑式金矿(吕古贤等,1993)。

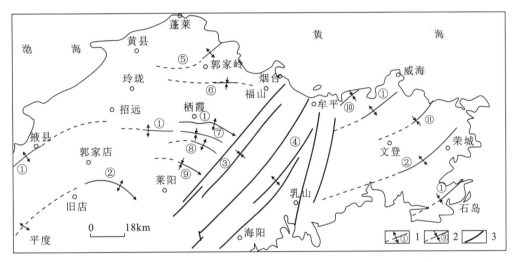

图15-2 胶东地区胶东群、荆山群褶皱构造纲要图(据吕古贤等,1993)
1.背斜及推测延伸部分、编号;2.向斜及推测延伸部分、编号;3.断裂

新华夏系巨型隆起带发育低序次的北东东向断裂，又称之为泰山式构造(李四光,1973)，形成时代为110~100Ma(吕古贤,1991)。新华夏系北东东向(泰山式)伴生构造控制胶东区域金矿带的展布。泰山式构造在胶东从北向南有3组集中分布带，金矿在3个带中集中分布。北部带从西向东为三山岛-新城、焦家-灵山-玲珑-蓬莱南金矿分布带；中部带从西向东控制大庄子、旧店、夏甸、尹格庄-栖霞盘马金矿、蓬家夼金矿、台前金矿和祁雨沟-威海南金矿等；南部带受莱阳盆地的影响，覆盖较强，带中仅在东部分布有乳山的金牛山矿田的文登小型金矿和银矿等。

2. 岩浆岩前提

胶东地区花岗岩极为发育。其中中生代花岗岩分为玲珑(型)花岗岩(弱片麻状二长花岗岩)、郭家岭(型)花岗岩(斑状花岗闪长岩)、伟德山(型)花岗岩(斑状花岗闪长岩)等。丁正江(2014)认为：

1)花岗质岩浆作用为成矿带来了热和成矿流体

在金成矿过程中，金与H_2O具正相关关系，同熔岩浆及岩浆热液有利于金进入热液系统形成成矿热液,金趋于在晚期岩浆演化阶段富集于水溶液中,故成矿流体往往并非与大规模侵入的岩体同时上侵就位,而是在晚期顺构造薄弱地段充填、交代,富集成矿。一方面,早期岩体(包括玲珑岩体、郭家岭岩体)的上侵提供了大量的热,"预热"了成矿地质体,激活了部分成矿物质,促进了流体的流动;另一方面,岩浆强势底侵,可能同时形成了一系列韧性剪切带或者扩大了部分脆性断裂,为后期成矿流体的上升开辟了通道。

2)花岗质岩类为成矿提供了成矿空间

岩浆活动的上升,一方面追踪以往断裂发育,并可在前端及周围形成水压破裂,并迅速扩张,从而扩大断裂空间;另一方面由于其上拱作用,容易形成穹隆,发育变质核杂岩构造。如鹊山变质核杂岩,中生代玲珑花岗岩的同构造侵入作用加快了区域地壳的水平伸展变薄及因均衡作用而隆升的步伐,在其上部荆山群内发育铲形断层系统,上盘铲形断层向深部变缓,最终联合或终止于一个大规模的低角度正断层上。该断层系统被后期成矿作用所利用,发育了蓬家夼式金矿和宋家沟式金矿。甚至认为胶东牟乳成矿带也属于该套变质核杂岩系统,为该低角度正断层之上的陡倾拆离断层。另外,岩体边部的韧性剪切带,由于矿物的重新定向排列,其内流通性较好,利于成矿作用的发生(刘光智,2003)。

对367个主要金矿床(点)围岩统计表明,产于玲珑型花岗岩中的占69.21%(254个),产于郭家岭型花岗岩中的占8.99%(33个),产于前寒武纪变质岩中的占21.80%(80个)。实际上,除福山、文登—威海地区部分金矿床(点)产于前寒武纪变质地层,胶莱盆地东北缘个别金矿产于中生代地层中外,其他金矿床(点)几乎全部产于中生代花岗(闪长)岩、新太古代TTG岩系和中—新元古代花岗质片麻岩套中。

3. 地层前提

胶东花岗岩-绿岩地体出露面积19 770km^2。其中太古宇绿岩带(胶东岩群)出露面积1528km^2,占总面积的7.73%。元古宇绿岩带(荆山群)出露面积2167km^2,占10.96%;元古宇粉子山群出露面积514km^2,占2.60%;新元古界蓬莱群出露面积356m^2,占1.80%。花岗岩类岩体出露面积5551km^2,占28.08%。中生界侏罗系、白垩系出露面积7509km^2,占37.98%(徐述平,2009)。地层对区内成矿大致起到如下作用。

1)地层可能为成矿提供了部分成矿物质

丁正江(2014)提供的胶东地区地层地球化学测量结果(表15-1)表明,粉子山群、蓬莱群Au含量平均值在$(1.56\sim2.90)\times10^{-9}$之间,低于地壳丰度值$(4\times10^{-9})$。金成矿作用强烈的胶东西北部地区Au元素的丰度明显高于胶东东部地区。表15-1中的高值结果,分析的平均值一般为$(12.00\sim30.52)\times10^{-9}$,平均$19.19\times10^{-9}$,高者$89.00\times10^{-9}$、$120.00\times10^{-9}$,矿化后的为$160.00\times10^{-9}$。显示元素异常的相对高可能是由矿化作用引起的,并不能认为地层提供了金成矿物质。有个较为一致的结果是,镁铁质岩类、斜长角闪岩类Au丰度相对较高。

邓军等(2001)通过计算不同地质体中金丰度分布及丰度对数分布偏离正态的程度等认为,胶东岩群原岩建造——太古宙拉斑玄武岩为含金初始矿源层。陈光远等(1989)提出了胶东金矿成矿作用的三段论,并指出胶东岩群为胶东金矿最原始的矿源层。吕古贤等(2013)指出前寒武纪变质岩系为中间矿源岩,变质岩原岩为初始矿源岩。孙丰月(1994)认为老变质岩发生重熔形成花岗质岩石的过程中会有部分金活化进入含矿热液参与成矿,但无法定量估计来自老地层的金在成矿作用中所占的比例,并且从同位素、煌斑岩含金性以及上地幔提供金的可能性论证了金的上地幔源区。野头组的火山建造形成于海底裂陷环境,火山活动的前、后期是金的产出高峰期,属火山喷气-溢流阶段的产物,金主要赋存在正常沉积与火山沉积的交变带中。这说明,局部结晶基底是富含金的,也就是说胶东地区部分结晶基底可以为金的成矿提供金物质(韦延光,2005),可能为其附近的金的成矿作用通过热液淋滤作用提供少量的金矿质。

表 15-1 胶东地区前寒武系金丰度表(据丁正江,2014)

取样层位及岩性	样品数/个	Au 含量平均值/$\times 10^{-9}$	资料来源
蓬莱群	21	2.00	杨士望,1989
粉子山群	132	1.56	杨士望,1989
粉子山群	86	2.90	林卓虹等,1990
胶东岩群	616	5.80	姚凤良等,1990
胶东岩群富阳组	—	6.00	裘有守,1988
胶东岩群民山组	—	7.00	裘有守,1988
胶东岩群富阳组	15	9.77	王建国,1998
胶东岩群	492	12.00	林卓虹等,1990
胶东岩群民山组	45	13.69	王建国,1998
胶东岩群斜长角闪岩、片麻岩	26	15.00	裘有守,1988
胶东岩群	—	17.00	张德宏,1986
胶东岩群	97	19.51	王建国,1998
胶东岩群蓬夼组	—	20.00	裘有守,1988
胶东岩群	265	22.11	杨士望,1986
胶东岩群	—	22.91	张韫璞,1983
胶东岩群蓬夼组	37	30.52	王建国,1998
胶东岩群镁铁质岩	11	89.00	裘有守,1988
胶东岩群磁铁石英岩(莱西)	4	120.00	孙丰月等,1995
胶东岩群中褐铁矿矿石(莱西)	3	160.00	孙丰月等,1995
平均值		19.19	

2)部分地层屏蔽热液活动,促使金发生沉淀

变质岩作为层状地质体,可对下部流体起到一定的隔挡作用。另外,地层中含有的大量石墨,可能形成成矿元素迁移的"地球化学障"。孙丰月等(1995)研究发现,在昆嵛山花岗岩中发育有大量的老地层残留体,尤其是在靠近变质地层部位更是如此。利用残留体的分布恢复变质岩在重熔前的分布范围,发现荆山群禄格庄组及野头组分布区是金矿化的有利范围,牟乳金矿带中85%以上的金储量分布其中。大理岩层是胶东东部金矿定位的一个重要因素,其控矿意义不在于其含金性的高低,而主要在于碳酸盐岩的化学活动性,大理岩残留体容易形成地球化学障,促使矿液中金的沉淀。

二、成矿亚区潜在含矿性标志

1. 地球化学标志

(1)胶东地区地球化学元素丰度:胶东西部 Au、Ba、Co、Hg、Ni、Pb、Sr、V、Na_2O、SiO_2 等元素和东部地区 Au、Ba、Be、La、Mn、Mo、Nb、Sr、Th、Al_2O_3、K_2O、Na_2O、SiO_2 等元素含量较高,尤其表现为,作为金矿集中分布的胶东西北部地区和牟乳断裂带、栖霞断裂带 Au 的异常较为明显。

(2)主要的矿床与相应成矿元素大致相对应,表明地球化学异常特征能够较好地反映(地表、近地表的)矿化特征。区域地球化学异常可以作为选取评价的依据之一。如鲁东地区的招远、乳山等地的金矿区,大部分的 Au 异常都套合有 Ag 异常。矿致异常的特征明显。

(3)不同类型的金矿,其组合元素均有不同,如焦家矿区为破碎带蚀变岩型金矿,其组合元素为 Au、Ag、Bi,其他 As、Cd、W、Ba、Sr 元素异常强度弱、套合差;而相邻的玲珑矿区为石英脉型金矿,其组合元素为 Au、Ag、Cu、Pb、Zn、Cd 等,Cu、Pb、Zn、Sn、Cd 等元素异常和 Au、Ag 元素异常套合也很好,强度高,各套合元素异常均有明显的浓集中心。

2. 地球物理标志

成矿区的岩石建造主要包括前寒武纪结晶基底变质杂岩和中生代花岗质杂岩。其中花岗岩以低密度($2.65 \sim 2.67 g/cm^3$)、低磁化率$(1 \sim 5) \times 10^{-7}$、低泊松比($0.17 \sim 0.19$)和高弹性模量$[(8.43 \sim 8.45) \times 10^4 MPa]$为特征,而变质杂岩以高密度($2.75 \sim 2.78 g/cm^3$)、高磁化率$(1 \sim 3) \times 10^{-6}$、高泊松比($0.20 \sim 0.23$)和低弹性模量$[(5.25 \sim 5.35) \times 10^4 MPa]$为特征,这为地球物理勘探以及测量成果的解释提供了基本前提和依据。

1)重力场

图 15-3 为山东地区布格重力场等值线及金矿床分布图,清晰地显示出山东东部地区的重力正异常对应胶东地区的胶莱盆地。招平断裂的主干断裂沿正负重力异常转换梯级带发育。

有 3 个重力正值异常区带围绕在郭家店重力负值异常区的周围:其西侧重力正值异常

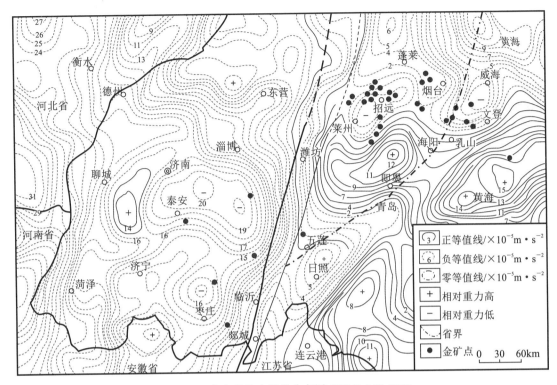

图 15-3　山东省重力异常分布图(据徐贵忠等,2002)

在莱州西南部呈近南北向向北延伸,随后其走向渐变为北东向,穿过三山岛西侧海域至蓬莱市西北海域与北西西向重力正值异常区带会合;其南侧重力正值异常区带在济南呈近南东走向向东延伸到青岛地区,在青岛地区东沿海岸线呈北东向与重力正值异常带相交;其东侧的重力正值区带从莱西—莱阳延伸到烟台地区,其原因是胶莱盆地 300~500m 下的老变质岩基底的密度相对较高,同时胶莱盆地下部地幔上拱。在郭家店重力负值异常区和周围正值带之间存在 2 个明显的重力正负值转换的梯级带;东侧梯级带对应招平断裂带,西侧梯级带为郭家店岩体与围岩接触带的反映,据此得出区域内花岗质杂岩体的形成和分布受控于区内剪切断裂带演化的结论。

2)磁场

由图 15-4 可知,郯庐断裂航磁异常特征总体表现为正异常,其中断裂带上串珠状的正磁异常对应不同深度侵位的岩浆岩。郯庐断裂东侧整体呈负磁场异常,而其西侧为多种异常值和方向的杂乱磁场异常,但主体呈现正磁异常包围负磁异常的特征,其磁场异常的主轴以北东向和北北东向为主。

胶东地区的航磁场变化较为复杂,但大体上处在北东向低-负磁异常区内。图 15-4 中正磁异常主要对应剪切带。区内正磁异常主要分布于三山岛、招平和艾山等剪切带周围,其中招平断裂带磁异常反映最为清楚,表现为北北东—北东向展布的正磁异常及正负磁异常转变的梯级带。

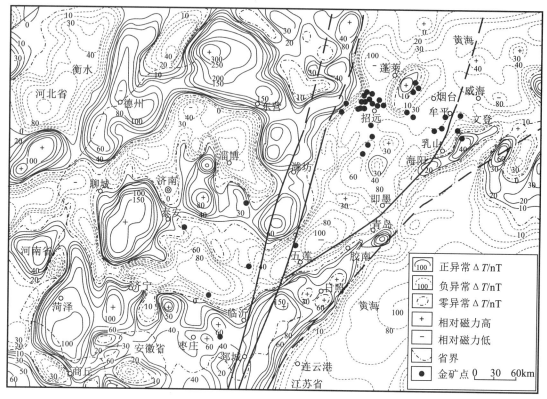

图 15-4　山东省航磁异常特征(据徐贵忠等,2002)

第三节　Ⅴ级成矿带潜在含矿性准则

一、Ⅴ级成矿带潜在含矿性地质前提——构造前提

Ⅴ级成矿带主要为断裂控矿。区内主要断裂构造有三山岛-仓上断裂带、龙(口)-莱(州)断裂带、招(远)-平(度)断裂带、金牛山断裂带。另外,栖(霞)-蓬(莱)-福(山)成矿区主要控矿断裂有北北东向陡崖-龙门口断裂、北东向肖古家断裂及近东西向西林断裂。胶莱盆地的主要控矿构造为南缘、东北缘、北缘等中生代盖层与变质基底接触带。

丁正江(2014)认为,主要成矿区带呈东西向排列,各成矿带在空间形态上长轴主要呈北东—北北东向展布,反映了受东西向基底构造与北东向、北北东向构造复合控矿的特征,同时各成矿带都或多或少地分布有前寒武系。

作为例子,对招平断裂带作一剖析。

招平断裂是胶西北"S"形断裂中规模最大的一条,是在基底深大断裂的基础上发展起来的一条控矿断裂。断裂南起平度城北,走向近东西向,至宋格庄逐渐转弯,向北东延伸,经招远城又转为北东东向,经黄城集、蓬莱城以西进入渤海,全长 120km(图 15-5),宽一般 50~200m,断面向南或南东倾斜,倾角 30°~50°。断裂自南往北基本上沿荆山群、胶东岩群与玲珑花岗岩的接触带延伸,至招远城以北切割玲珑花岗岩。

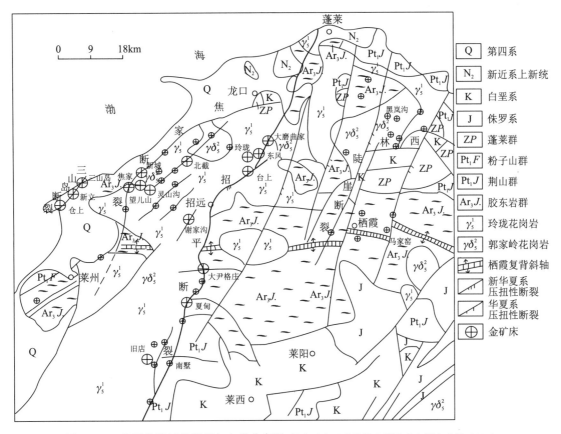

图 15-5　胶西北地区岩浆岩与金矿分布图(据中国人民武装警察部队黄金第七支队,1993)

招平断裂带呈脆性变形特征。一般地,从主断裂面向下盘依次为断层泥→挤压片理带→构造透镜体带→密集节理带→稀疏节理带。成矿前→成矿期→成矿后,断裂带经历了左行逆冲→右行张剪—正断→左行压剪的转变。

招平断裂的分段特征如下。

在招平断裂带内通常存在一条或几条近平行的主干断裂带,灰色—灰黑色连续稳定的断层泥可作为发育完好的主干断裂面的"标志",主干断裂总体走向为 NE 30°~40°,局部向东或向北偏转,构成北东—北北东向断裂带,主干断裂带倾向南东,倾角 31°~50°,一般宽 100~300m,断裂面无论在平面上或在剖面上均呈舒缓波状。从北到南,招平断裂带总体呈"S"形展布,根据其主干断裂构成及走向等的差异,可分为北、中、南三段。

招平断裂带北段位于招远城以北,经前花园、台上村、九曲村、大磨曲家,向北东延伸,由多条近平行的主干断裂组成,其中破头青断裂是玲珑矿田的南界,走向 NEE 50°~70°,倾向南东,倾角 40°左右。断裂带通常宽 40~300m,最宽 800m。主断裂上盘是滦家河花岗岩,下盘是玲珑花岗岩。破头青断裂在九曲村附近分为两支,一支继续向北东东延伸到黑山,称为破头青断裂的东支;另一支为阜山-九曲蒋家断裂,走向 NE 35°,倾向南东,倾角 30°~55°,构造带在玲珑金矿田东缘宽 400m,它控制了超大型东风(阜山)金矿床和大磨曲家矿床。破头青断裂下盘玲珑花岗岩内发育次级陡倾断裂带,这些断裂和裂隙系统与破头青断裂一起控制了不同类型金矿床的产出,如大型玲珑石英脉型金矿床、台上蚀变岩型金矿床,这些矿床组成了世界级玲珑金矿田。

招平断裂带中段位于招远城南,从赵家庵经道头、曹家洼,延伸到南部的勾山水库、留仙庄、道北庄子,并被北西向的马连庄-梁郭断裂错断为南北两部分(马连庄-梁郭断裂走向北西,沿着曹家洼南部错断招平断裂达 1km)。北段被近东西走向的南周家断裂、大尹格庄断裂和南沟断裂所切割,破碎带走向 NE 10°~20°,倾向南东东,倾角 30°~50°,宽度一般为 30~60m,最大宽度 85m。主断裂面沿玲珑花岗岩与胶东岩群的接触带延伸。该段主断裂控制了特大型大尹格庄金矿和曹家洼金矿的产出。

招平断裂带南段从姜家窑经芝下、莱西市的山后、南墅到平度市山旺。招平断裂带在招远市内的一段也称为芝下-姜家窑断裂,延长 8km,走向 NE 45°,倾向南东,倾角 45°。主断裂被北西西向的姜家窑断裂、岚子顶断裂、夏甸断裂、黑虎山断裂所切割,控制着夏甸、姜家窑和山后-北泊金矿。南段在平度市内被 NW 340°的碎石山断裂所切割,控制旧店金矿,并在该区分支复合,即涧里断裂与招平断裂带,控制上庄、石桥、涧里金矿(旧店金矿田)。

二、V 级成矿带潜在含矿性标志

1. 地球物理标志

1)招平断裂带物性参数特征

(1)磁性参数。断裂带内各类岩石的磁性参数具有明显的分组特征。磁铁石英岩、角闪岩磁化率最高,尤其是磁铁石英岩磁化率高达 $12\,500\times10^{-6}\times4\pi SI$,同时剩余磁化强度也较高,达 $10\,000\times10^{-3}A/m$。花岗闪长岩、花岗岩相比之下减弱,磁化率最高也只有 $1850\times10^{-6}\times4\pi SI$,剩余磁化强度亦较低。蚀变花岗岩、闪长玢岩、细晶岩的磁化率明显降低,磁化率最高值仅有 $729\times10^{-6}\times4\pi SI$,剩余磁化强度为 $6\times10^{-3}A/m$。花岗片麻岩、斜长角闪岩的磁性参数变化相对来说比较稳定。辉石辉绿岩、辉石岩具有较高的磁化率,同时其剩余磁化强度也较高。辉长岩的磁性参数偏低。

当花岗岩与变质岩以构造接触时,两种不同场的分界可指示断裂构造的位置。由于构造带对岩石的破碎、蚀变等破坏作用,岩石的结构发生变化,一般表现为退磁作用,当其具有一定的长度和宽度时,可呈低磁异常带反映,为断裂构造的划分提供了一定的依据。

(2)电性参数。断裂带内,花岗闪长岩、黑云母花岗岩电阻率值最高。岩性、结构构造的不同造成电性不均匀,变化范围较大。变质岩类数值较低,仅为花岗岩的 1/10~1/8,且电性均匀,差异不大。第四系盖层属低阻介质,对下伏地层或花岗岩电阻率值具有一定的圆滑作用。碎裂状花岗岩、蚀变花岗岩及矿石具有中等电阻率值。据此可以认为各类岩石具有明显的电性差异。

断裂构造带内岩石的破碎充水可呈低阻反映,特别是花岗岩与变质岩以构造接触时,高、低电阻率场的分界可指示断裂构造的位置,有时可形成变化剧烈的梯级带,使构造的划分更加清楚。另外,由于构造带上部碎裂岩空气介质的充填以及蚀变岩强硅化、钾化等因素影响,蚀变带靠近高阻介质的一侧往往伴有局部的高电阻率异常,致使梯度带变化,梯度增大。各类岩石极化率参数区分明显,矿石极化率值较高,区别于正常岩石,说明其硫化物含量较高,是找矿的重要标志。

2) 招平断裂带地球物理场特征

(1) 磁场。区内花岗岩与变质岩 ΔT 场有明显的区别。花岗岩区为平稳的正磁场(30~60nT),场值变化平稳,起伏不大。高磁场区为郭家岭岩体的反映,其余为玲珑岩体。就招平断裂带总体特征来看,花岗岩分布区多为玲珑花岗岩,其成分比较单一,因此磁场平稳,曲线圆滑。

变质岩区 ΔT 场相对较复杂,背景场 10~30nT,明显低于花岗岩区。在变质岩分布区平稳低缓的背景场上常发育数条高磁异常带,ΔT 约为 100nT,个别点高达 200nT 甚至 300nT,推测由变质岩地层中不同岩性组合引起。

ΔT 场的总体分布规律为:花岗岩区 ΔT 场高,变化平稳;变质岩区为相对复杂的组合场,高、低磁性的斜长角闪岩和片岩、片麻岩、变粒岩等区分明显;后者为背景场的主体,ΔT 场较花岗岩低。

在断裂构造带内,由于一些岩浆岩的侵入,其磁场特征有强有弱,在区域上显示局部异常,并沿一定走向呈杂乱磁异常或磁场变化带或串珠状异常或低负磁异常展布,形成与区域场截然不同的磁场特征。

(2) 电场。视电阻率 ρ_s 在花岗岩与变质岩区差异不大,背景值分别为 800Ω·m 及 1100Ω·m 左右。在招平断裂带下盘花岗岩区 ρ_s 曲线跳跃变化比较剧烈,等值线呈北北东向展布的条带状且有诸多北北东向高阻异常相间排列,究其原因是由脉岩所致。招平断裂带上盘变质岩区 ρ_s 曲线的跳跃变化相对弱一些,等值线呈北东向及北北东向展布,异常形态相对宽大。视极化率异常主要分布于变质岩区及断裂带上,花岗岩区仅有零星分布。

断裂构造带内的岩石破碎较为严重且多数充水,花岗岩与变质岩以构造接触时较为破碎且充填湿润断层泥,均反映为相对明显的低阻。因此,区内电阻率高值、低值的分界面或者变化剧烈的梯级带,可推断其为断裂构造。

2. 地球化学标志

胶东地区 1:20 万水系沉积物地球化学异常,异常总面积 2030km²。有编号的 Au 异常共 98 个,其中 36 个 Au 异常范围内有金矿床分布,其他异常只有金矿点或未发现有价值的找矿线索。

表 15-2　胶东地区各类矿床 1∶20 万水系沉积物地球化学异常区间统计表

矿床类型	异常区间	平均值
特大型金矿	$(3.18 \sim 251.2) \times 10^{-9}$	90.26×10^{-9}
大型金矿	$(2.01 \sim 125.97) \times 10^{-9}$	35.15×10^{-9}
中型金矿	$(1.27 \sim 125.97) \times 10^{-9}$	30.12×10^{-9}
小型金矿	$(0.80 \sim 125.97) \times 10^{-9}$	16.95×10^{-9}
金矿点	$(0.50 \sim 125.97) \times 10^{-9}$	8.07×10^{-9}

从表 15-2 可以看出：金矿床规模越大，Au 异常的强度和规模越大；金矿床一般位于异常浓集中心到异常值大的一侧；非矿致异常一般具有平缓的异常值，异常的规模较小。对应着高值区中规模最大、强度最高的异常区是两个著名的金矿田——玲珑金矿田和焦家金矿田，而异常的浓集中心则是大型、超大型矿床的产出位置，Au 异常在断裂构造的复合叠加部位大都出现富集。另外 Au 异常与区域构造有着密切的联系，从图 15-6 中可以看出 Au 异常总体呈北北东向展布，形成了两个等间距排列的异常带，分别受控于焦家断裂带和招平断裂带；再从单个异常形态来看，异常多呈不规则椭圆状，异常长轴为北东向，少量为北西向，推测可能与北东向、北西向的断裂构造叠加有关。同时由于早期结晶基底的限制作用，因而异常分布在东西方向亦有所显示，由南往北依次出现了 3 个异常带，金矿床大都产出于在

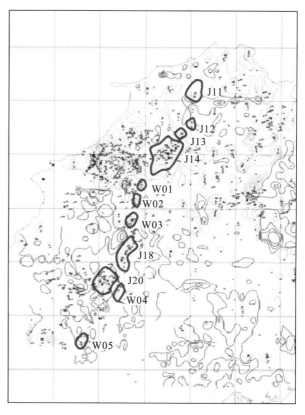

图 15-6　胶东地区 1∶20 万水系沉积物 Au 异常图
（据山东省物探队，1989）

两者的交会处，因而出现了金矿床东西成行、北东成列的规则排列现象。

招平断裂带上的 Au 异常共有 11 处，玲珑矿田的 J14 号、夏甸等金矿的 J18 号、旧店矿田的 J20 号、郭家埠金矿的 W01 号、大尹格庄金矿的 W03 号、南墅金矿的 W04 号异常均已发现金矿床，下一步的找矿方向主要是就矿找矿，在矿山周边和深部开展成矿预测工作。目

前工作程度低,还没有发现矿体的异常,如 J14 号南部、J11 号、J13 号、W02 号、W05 号异常还有较大的找矿潜力,也是招平断裂带找矿的空白区,是招平断裂找矿取得突破的首选地段。

第四节 矿田潜在含矿性准则

一、重要金矿田

1. 焦家新城金矿田

焦家新城金矿田(图 15-7),位于招莱成矿带的中西部,区内已探明焦家、新城 2 处特大型金矿床和上庄、河东、河西、望儿山、马塘 5 处大型矿床,此外还有几处中小型金矿床。矿区内矿化类型几乎都属于蚀变岩型金矿,只有望儿山金矿有少量的石英脉。焦家新城主断裂控制了新城、焦家特大型金矿床和马塘大型金矿床;上庄-望儿山分支断裂控制了界河、上庄、河东、望儿山等大中型矿床;河西分支断裂控制了河西大型金矿床。赋存于不同超单元接触带的矿床规模较大,矿体主要分布在厚大断层泥下盘破碎蚀变矿化的花岗岩中。近主裂面的矿体规模大,连续性好,形态产状比较稳定,往往是该矿床的主矿体;远离主裂面产出的矿体规模较小,连续性差,形态产状比较复杂。

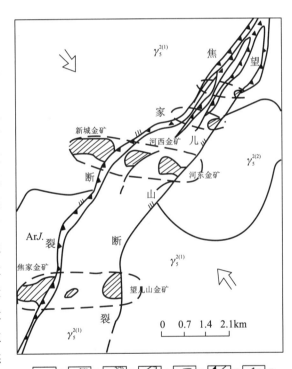

图 15-7 焦家金矿田控矿断裂与金矿床分布图

1. 胶东岩群;2. 玲珑型似片麻状花岗岩;3. 郭家岭型似斑状花岗闪长岩;4. 矿床水平投影;5. 矿体分带;6. 断裂及产状;7. 主压应力方向

2. 玲珑金矿田

玲珑金矿田位于胶北隆起北部,招平断裂带北段,紧邻破头青断裂带。面积约 70km²,已发现金矿床 10 余处,探明金资源量近 1000t。包括台上、罗山和东风超大型金矿床,玲珑、九曲、大开头、大磨曲家、水旺庄等大型金矿床,阜山等中型金矿床,以及其他小型金矿床(图 15-8)。该区金矿化可分为"焦家式"细脉-浸染状和"玲珑式"含金石英脉状,前者主要受控于破头青主断裂,以台上、罗山、东风和水旺庄金矿床为代表;后者受控于破头青断裂和玲珑断裂的次级张性断裂,以玲珑、九曲和大开头金矿为代表(刘亚剑,2008)。

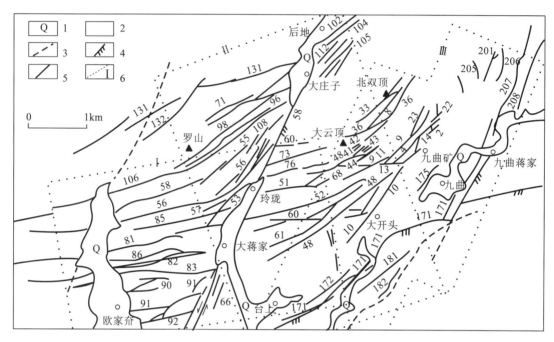

图 15-8　玲珑金矿田构造矿化富集带分布图

1. 第四系;2. 玲珑花岗岩;3. 推测断裂;4. 主干断裂;5. 矿脉及编号;6. 矿化富集带范围及编号

二、矿田潜在含矿性地质前提

1. 构造前提

新华夏系北北东向区域剪切带控制金矿田的产出。胶东新华夏系北北东向区域压扭带是控制性构造,例如三山岛断裂、招平断裂、焦家断裂等。也就是说,三山岛金矿田受三山岛北北东向断裂控制;焦家金矿田沿焦家北北东向断裂及其下盘分布(图 15-9);玲珑矿田分布于招远北部北东向断裂和北北东向断裂复合带及其下盘;尹格庄金矿田位于招平带北北东向断裂及其下盘(山东省地质矿产勘查局,1977)。东部金牛山矿田是胶东东部的主要金矿产地。宽大且平行发育的石英硫化物金矿脉赋存于北北东—南北方向的金牛山断裂组带。该组断裂是由华夏式扭裂断裂受新华夏构造复合改造而成的,称之为"金牛山式"构造(吕古贤等,1993)。

平度大庄子金矿带分布于沂沭断裂的分支断裂,莒南断裂的北延区段。栖霞盘马式金矿、台前金矿和蓬莱东南的金矿带受控于半岛中部五十里铺断裂和扬础断裂带。

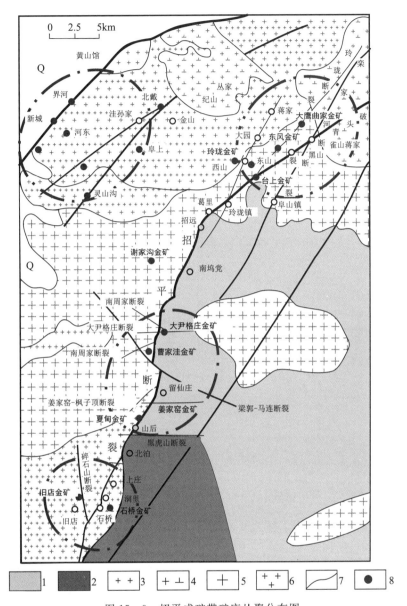

图15-9 招平成矿带矿床丛聚分布图

1.胶东岩群;2.荆山群;3.玲珑花岗岩;4.郭家岭花岗闪长岩;5.滦家河花岗岩;
6.艾山花岗岩;7.断裂;8.金矿床

丁正江(2014)认为,大型金矿田处于两组构造交会部位。矿田在各自矿化带内呈北东向或北北东向展布,大型矿床往往位于"V"字形、"X"字形构造交会处。具体表现在区(带)中,则是形成若干个(特大)大中型矿床集中产出的矿田,如招平成矿带中的焦家金矿田、玲珑金矿田、大尹格庄-夏甸金矿田和旧店-大石桥金矿田(图15-10)等,栖-蓬-福成矿区中的黑岚沟地区金矿田、栖霞金矿田、福山铜钼多金属矿田,荣成成矿区伟德山地区的铜钼铅锌银金多金属矿田等。原因在于该区金矿床主要受基底构造和晚期北东—北北东向韧-脆性断裂构造双重控制,一方面沿北东—北北东向断裂发育,同时又在两组构造交会形成的构造空间膨大处富集。

徐述平(2009)认为,招平断裂的弧形弯曲是造成其下盘次级构造发育的重要原因。招平断裂北段(破头青断裂)为一向南东凸出的弧形断裂,其走向由南西向北东,从 NE 65°→NE 55°→NE 35°,从而构成一明显弧形,正是这一弧形部位及其下盘密集发育的次级断裂,控制了拥有数百吨金储量的玲珑矿田的产出。造成这种现象的原因可能是断裂向上盘凸出时,其下盘的地质体在构造活动中应力更易集中,从而形成一系列次级构造(图 15-10)。

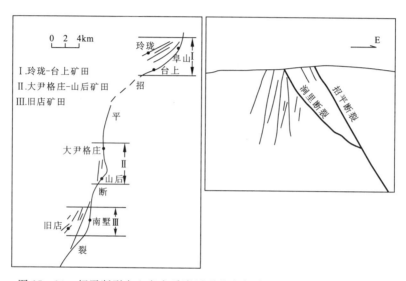

图 15-10　招平断裂向上盘变质岩弧形凸出与矿田形成图(据徐述平,2009)

2. 岩浆岩前提

晚侏罗世玲珑钙碱性花岗岩体主要由黑云母花岗岩、二长花岗岩、花岗闪长岩和石英闪长岩组成,形成时代为 165~150Ma。其中,玲珑黑云母花岗岩是焦家金矿田内最发育的岩浆岩,亦是主要的赋矿建造。黑云母花岗岩主要分布于焦家主断裂下盘。

早白垩世中期郭家岭型花岗闪长岩由斑状石英二长岩、花岗闪长岩和含钾长石巨斑的二长花岗岩组成,与玲珑花岗岩体呈侵入关系。郭家岭花岗闪长岩呈岩株产出或隐伏于玲珑花岗岩之下,焦家金矿田内称为上庄岩体,长约 4km,宽约 2.5km,分布于上庄—河东一带。另外,在新城金矿蚀变带的下盘发现有郭家岭花岗闪长岩体产出,长 2km,宽百余米,其产状与蚀变岩一致,称为新城岩体。在河西、红布等矿床地段,亦存在浅隐伏的等粒结构的花岗闪长岩体,走向及倾向与蚀变带一致,厚 520m,围岩为玲珑黑云母花岗岩。锆石 U-Pb 年代学分析认为其成岩年龄为 132~123Ma(Yang et al.,2012;Wang et al.,2014)。

三、矿田潜在含矿性标志

1. 地球物理标志

胶东地区岩石、矿石的物理性质、磁性特征具有很大差别,特别是在断裂构造带、破碎蚀变带中的岩石、矿石的岩性特征有很明显的物理差异,表现出不同的地球物理特性。这些磁性差异,为研究地球物理场提供可靠的依据。

据刘亚剑(2008)资料,岩石密度层主要分为两个层位:以太古宇为主的岩性密度分层组成的高密度岩性层的岩石密度主要在$(2.60\sim2.90)\times10^3\,kg/m^3$之间变化,平均密度为$2.84\times10^3\,kg/m^3$,胶东岩群的斜长角闪岩密度可达$3.00\times10^3\,kg/m^3$以上;由玲珑侵入岩体、郭家岭侵入岩体组成的低密度岩性层的岩石密度在$(2.51\sim2.65)\times10^3\,kg/m^3$之间变化,平均密度为$2.61\times10^3\,kg/m^3$。太古宙变质岩与玲珑岩体和郭家岭岩体形成岩石密度界面,两侧岩石密度极差为$0.52\times10^3\,kg/m^3$,平均密度差在$(0.10\sim0.15)\times10^3\,kg/m^3$之间变化。在一些岩石密度变化较大的岩层中,密度界面表现得不是很明显,有时甚至无法识别这一界面。

矿石密度受构造作用影响,矿石破碎程度越高,密度也较低,形成低密度岩矿带;蚀变作用强烈的地段,岩石密度会随着蚀变作用的增强而变高;矿化作用同样会使岩石、矿石的密度升高,主要受相对密度较高的成矿物质的交代、充填作用影响形成密度较高的矿石,由贫矿到富矿间的矿石密度变化可以得出这一特征。

通过对岩石、矿石的密度变化特征分析,重力分析不仅在区域构造、岩体形态、变质岩分布方面研究效果明显,同时也可运用于规模较大的蚀变破碎带研究。但对一些密度变化幅度较大的岩层,利用重力资料进行研究的效果不佳。

岩石磁性变化较为复杂,由无磁性到强磁性的岩石均有。变质岩系的磁化率和磁化强度分别为$(0\sim3500)\times10^{-6}\times4\pi SI$和$(0\sim1000)\times10^{-3}\,A/m$。根据岩性磁化率的差异,弱变质作用的岩石呈现较弱的磁性或微磁性,磁化率一般为$(0\sim1000)\times10^{-6}\times4\pi SI$,磁化强度为$(0\sim200)\times10^{-3}\,A/m$;片岩、片麻岩和角闪岩类变质程度较高的岩石磁性较强,一般为$(1000\sim2500)\times10^{-6}\times4\pi SI$,磁化强度小于$1000\times10^{-3}\,A/m$。

在矿田地球物理场上,玲珑断裂、破头青断裂、丰仪断裂、双目顶断裂、玉皇顶断裂以及焦家断裂带及其周围,整体表现为重力低和磁场变化低缓的负磁场区,或夹有重力相对高和局部的磁力正异常。

通过对重磁场的空间分析,在不同高度、不同方向场进行一阶导数延拓,对轴线进行提取并进行叠加分析,提取出不同延拓高度显示的构造形迹。从构造规模来看,结果显示区域内构造以北东向、北北东向构造为主,北西向和南北向构造次之,近东西向构造较少。

2. 地球化学标志

以龙口南部地区地球化学标志研究为例(刘亚剑,2008)。

地球化学标志是最直接的找矿标志,根据山东省地质矿产勘查开发局第六地质大队对胶东地区地球化学普查与区域地球化学研究成果,利用1:20万区域化探扫面的分析结果,对龙口南部地区内测定的地球化学元素进行筛选,选择与金矿相关性较强的Au、Ag、As、Cu、Pb、Zn、Hg等元素,作为指示元素并进行系统研究。

根据各元素的地球化学场均值、标准离差及异常下限(表15-3),分为低背景场($<X-2S$),中背景场($X-S\sim X+S$),高背景场($X+S\sim X+2S$)和异常区($>X+2S$)。其中,Au、Hg低背景场为小于$X-S$。

表15-3 龙口南部地区地球化学元素参数表

参数\元素	Au	Ag	As	Hg	Cu	Pb	Zn
离差	2.631	20.541	2.102	20.362	6.806	5.317	11.427
均值	3.528	52.405	5.987	38.265	23.465	26.524	56.650
变异系数	0.746	0.392	0.351	0.532	0.290	0.200	0.202
异常下限	8.790	93.488	10.190	78.989	37.076	37.158	79.505

注:Au、Ag、As、Hg单位为$\times 10^{-9}$;Cu、Pb、Zn单位为$\times 10^{-6}$。

龙口南部地区Au异常规模较大,面积有上百平方千米,主要出现在玲珑断裂带、灵山沟-双目顶断裂带以及焦家断裂带上,北东向的异常与北西向的异常相互连接,形成一个巨大的Au异常场。其中玲珑断裂带的异常十分明显,并且异常强度大,灵山沟-双目顶断裂带上的强异常呈串珠状分布,与构造线一致。

Ag、Cu、Pb、Zn元素规模较大的异常主要出现在玲珑断裂带上,与Au强异常相重合,异常范围约200km^2;在曲家一带的焦家断裂带上分布有规模较小的异常,异常范围约60km^2。As异常在龙口南部地区内的规模较小,主要出现在玲珑断裂带的北东延伸方向上,异常范围约30km^2。规模较大的Hg异常出现在黄县盆地东端,异常范围约120km^2;规模较小的出现在乐土夼一带,异常范围约40km^2,异常强度较大。在断裂带上的Hg异常规模均较小。

根据Au异常特点确定微量元素组合异常,在龙口南部地区内主要圈定8个组合异常,如图15-11所示。

4号组合异常规模、强度大,浓集中心突出,Au、Ag、Cu、Pb、Zn在异常范围内均达到全区的最大值,分别为Au 690×10^{-9}、Ag 1368×10^{-9}、Cu 207.7×10^{-6}、Pb 160×10^{-6}、Zn 300×10^{-6},浓集中心十分突出。As虽然在异常区内规模较小,但异常强度达到20.8×10^{-9},且浓集中心较突出。

其次为异常强度大、浓集中心突出的1、3、6、7号组合异常,异常规模相对较小,元素组合分别为As、Cu、Pb、Hg,Au、Ag、As、Cu、Pb、Zn,Au、Ag、Cu、Pb、Zn,Au、Ag、Hg。各元素组合的浓集中心较突出,并且相互重叠,在空间上具有较好的叠加性,元素含量变化均高于异常下限数10倍之多。

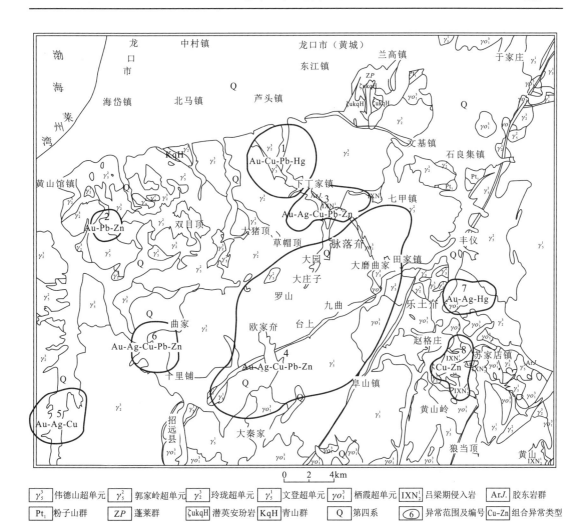

图 15-11 研究区微量元素组合异常图（据山东省地质六队）

最后为异常规模较小的组合异常 2、5、8 号，异常强度与以上相比较弱，浓集中心较突出，元素异常的空间重叠性一般，异常元素组合较少，主要为 Au、Ag、Cu、Pb、Zn。

第五节　矿床潜在含矿性准则

一、胶东金矿的成因类型

李洪奎等（2006）将胶东金矿的类型按成因类型划分为重熔岩浆期后热液型金矿，其中包括破碎带交代型金矿(焦家式)、裂隙充填型金矿(玲珑式)和蚀变砾岩型金矿(发云夼式)。

1. 破碎带交代型金矿(焦家式)

焦家式金矿床包括新城、台上和罗山等金矿床(图15-7)。

该类型金矿主要分布在胶北隆起西北边缘,沿着玲珑岩体与基底岩系(胶东岩群)接触界面形成的宽缓构造破碎带分布。矿体主要产于断裂破碎带下盘及其次级断裂中。三山岛断裂、焦家断裂、招平断裂和破头青断裂4条大的控矿构造中,分布着一系列大中型金矿床。

金矿床严格受构造控制,多赋存于北北东—北东向缓倾(倾角30°~45°)压扭性断裂交会部位或断裂带沿走向、倾向的转弯部位。矿体多产于断裂主裂面下盘,总体产状与主裂面产状一致。矿体形态较简单,呈似层状、透镜状、脉状及饼状。矿体长300~1220m,厚一般3~15m,最大厚度达30m,倾向延深300~1500m,倾向延深大于走向延长。深部倾角逐渐变缓,并具有侧伏现象,矿体倾向北西者多向南西侧伏,矿体倾向东者多向北东侧伏。

矿化蚀变主要有绢云母化、硅化、黄铁矿化、钾化等,其次为碳酸盐化、绿泥石化等。矿石中金品位$(5.12\sim23.03)\times10^{-6}$,一般$(2.14\sim52.9)\times10^{-6}$,最高达$253.55\times10^{-6}$。成矿可分为4个成矿阶段,即金-石英-黄铁矿阶段、金-石英-多金属硫化物阶段(主成矿阶段)、黄铁矿-石英阶段和石英-方解石阶段。蚀变岩石是明显的找矿标志,也是矿石的主要组成部分。

2. 裂隙充填型金矿(玲珑式)

玲珑式金矿床包括阜山、玲珑等金矿床(图15-8)。这类金矿有两个集中分布区,一是玲珑地区,二是牟平—乳山地区。其围岩为玲珑花岗岩和郭家岭花岗岩,总体地质特征与焦家式金矿相似,不同之处是它以裂隙充填型的石英脉群产出。在牟平、乳山地区,含金石英硫化物脉型金矿以高硫为特征,有人称之为金牛山式金矿。

矿床主要受北北东—北东向断裂构造控制,矿脉形态较为简单,以单脉型为主,复脉型次之,以玲珑金矿田为代表。矿体产状与矿脉一致,呈脉状、透镜状、豆荚状及不规则状产出,在空间上具有分支、复合、尖灭再现等现象,矿体形态复杂,厚度、品位变化较大,矿体规模一般较小,长数十米至数百米。矿石含金品位$(9.36\sim27.44)\times10^{-6}$。在牟平—乳山地区,矿石中硫、铜含量较高,可供综合回收利用。

3. 蚀变砾岩型金矿(发云夼式)

该类型金矿是近几年在胶莱盆地北侧盆缘断裂找金中发现的新的金矿类型,已控制金矿储量30t左右。该矿产于早白垩世莱阳群砾岩中,层位为林寺山组冲洪积扇砾岩堆积层,容矿岩石为蚀变的砾岩,矿体呈层状、似层状,长400m,宽8m~20m,延伸大于600m,走向近东西,南倾,倾角10°左右。矿化呈浸染状,偶见细脉状,矿化不甚连续。金品位$(1\sim10)\times10^{-6}$。具填隙结构和浸染状、脉状构造。围岩蚀变以硅化、绢云母化为主。矿化阶段为黄铁矿-石英阶段、金-石英-多金属硫化物阶段和石英-碳酸盐阶段。

从区域成矿条件分析,该矿床成因可能与青山期火山岩(128.6~127.5Ma)及同期的燕山晚期侵入岩有关,主成矿期为早白垩世。

二、矿床潜在含矿性地质前提

1. 地质构造前提

招平断裂带一般具有稳定的主裂面,其两侧由糜棱岩、碎裂岩、碎裂状岩石组成,呈带状分布,构成破碎带。矿体一般分布在主裂面之下的碎裂岩和碎裂状岩石中。其中,莱西市北泊金矿床分布在荆山群与岩体接触带中,而夏甸、姜家窑、曹家洼、大尹格庄等金矿床分布于胶东岩群与岩体接触带中,台上金矿床断裂带上、下盘均为玲珑花岗岩。由此可见,招平断裂带上盘无论是荆山群、胶东岩群,或是岩体,均可赋存金矿床。

1) 裂隙充填型金矿(玲珑式)的构造前提

不同地段主干断裂与次级断裂组合对金成矿有着不同的控制作用。北部的玲珑矿田由招平断裂带主干断裂及派生的低序次构造——玲珑帚状构造控制,分布面积约为50km^2,由9条走向北北东—北东东向的弧形断裂构成。主要包括产于破头青断裂中的台上金矿床,北北东向次级断裂与破头青主断裂带相交部位的阜山金矿床,产于下盘北北东向次级断裂中的大磨曲家金矿床以及产于与破头青主断裂带呈小角度斜交的一组北东—北北东向次级断裂中的玲珑金矿床。

2) 破碎带交代型金矿(焦家式)的构造前提

焦家断裂早期表现为韧性特征,可见糜棱岩;成矿期主要表现为脆性特征,以碎裂岩及构造节理发育为特征,含矿硫化物沿断裂贯入或以胶结物形式出现。构造带内的应变岩石蚀变现象普遍。断层上盘见有1~30cm厚的断层泥。在平面上,断裂走向突然转折部位和断裂的交会处是成矿重要地段。主裂面下盘蚀变程度和矿化程度由强变弱,上盘基本无矿化。矿体多赋存于节理或裂隙倾角变缓的部位。

望儿山断裂是焦家断裂的二级构造和矿田边界,控制着望儿山金矿的生成;三级构造鲍李断裂主要由碎裂岩组成,展布于焦家主干断裂与望儿山分支断裂之间,控制着一些小矿体。

2. 岩浆岩前提

玲珑花岗岩为矿体的主要围岩,个别矿段发育破碎蚀变带的郭家岭花岗岩中亦可成矿。脉岩包括花岗伟晶岩、石英二长斑岩脉、闪长岩、闪长玢岩、煌斑岩、辉绿岩等,往往成群出现,与矿脉在时间上相随、空间上相伴,石英二长斑岩与矿化基本同期。

不同类型矿床的空间分布与岩体有远近关系。总的来看,典型的、矿化好的、规模宏大的焦家式金矿在空间上远离伟德山花岗岩;盘马式、玲珑式金矿床外围可见伟德山花岗岩;而燕山运动晚期阶段的斑岩型、中低温热液脉型铜钼铅锌银金多金属矿接近或产于伟德山花岗岩中(李杰,2012)。此规律对于野外地质找矿具有一定的指导意义。

三、矿床潜在含矿性标志

1. 地球物理标志

1) 地质体电磁物性特征

根据测区内各类岩、矿石电性参数(表15-4),区内花岗闪长岩和黑云母花岗岩是电阻率值最高者,但因其岩性、结构构造影响导致其电阻率的变化范围较大。区内变质岩类的电阻率分布较均匀,跳动幅度不大,但其电阻率数值相对较小,仅为前者的1/8。招平断裂所在区域大面积分布的第四系覆盖层的电阻率偏低,属低阻介质;碎裂花岗岩、蚀变矿化花岗岩及矿石的电阻率值表现为中等电阻率。

表 15-4 电性参数统计(据山东省地质矿产勘查局物探队,1989)

岩石名称	块数	$\eta/\%$	$\rho/\Omega \cdot m$
花岗闪长岩	108	5.23	4255
黑云母花岗岩	38	4.32	2976
蚀变花岗岩	191	5.37	1871
绢英岩化花岗质碎裂岩	16	2.90	370
斜长角闪岩	134	3.93	324
变粒岩及斜长角闪岩	29	3.00	110
云母片岩、变粒岩类	16	7.80	180
黑云变粒岩	61	1.82	334
闪长玢岩	23	3.90	400
碎裂状花岗岩	38	2.92	804
云母片岩	31	5.90	620
矿石	146	16.40	1450
富矿石	74	25.40	1284
黄土	6	1.30	60

总之,招平金矿带所在区域的各类岩石、矿石电性差异明显。断裂构造带内的岩石破碎较为严重且多数充水,花岗岩与变质岩以构造接触时较为破碎且充填湿润断层泥,均反映为

相对明显的低阻。因此,区内电阻率高值、低值的分界面或者变化剧烈的梯级带,可推断其为断裂构造。区内各类岩石、矿石的极化率差异较大,可以用于区分矿石、富矿石和正常岩石。因此,可以利用极化率值较高来推断硫化物含量较高的岩体,结合金矿地质特征和矿物伴生特征,极化率能够作为金矿的重要找矿标志。

胶西北金成矿与玲珑花岗岩、郭家岭花岗闪长岩及北东向断裂构造关系极为密切。金矿体多处于磁异常带上或边缘部位。构造发育地段侵入体的规模较大,构造发育程度差则侵入体的规模也较小。金矿受地层、构造控矿因素控制,金矿体多产于玲珑花岗岩与郭家岭花岗闪长岩的接触带上,控矿断裂构造的拐弯部位、分支复合部位、倾向由陡变缓的部位往往是成矿的有利地段。只有查明地质构造与岩体的分布情况,才能进一步开展金矿找矿工作。

2) 高精度磁测

高精度磁测是指磁测总精度±5nT的磁测工作,比以往的中低精度磁法观测精度高出5~10倍。高精度磁测主要适用于弱磁性目标物的勘查和由深部磁性体产生的地表弱磁异常研究,能更好地反映出各种岩性的磁场特征,有助于进一步划分岩性及其构造特征,圈定深部岩浆带的分布范围。另外,岩石经过挤压破碎后磁场会降低,形成线性的低磁异常带,若破碎带被后期的脉岩侵入,则会形成串珠状的异常带,通过研究这些线性的串珠状的异常带,可进一步了解断裂构造的分布规律。能产生弱磁异常的共生矿物、控矿构造、蚀变围岩等可以提供更多的地质标志,在构造研究、地质填图、矿产勘查中起到重要的作用。

覆盖区地表存在较多局部不均匀磁性体,利用磁场上延来推测浅部及深部磁性地质体的变化情况,划分岩体分布范围,进而推测断裂构造带。

3) 激电异常

激电异常解释推断的依据是岩矿石的物性差异。不同的金矿床类型表现出不同的地球物理特征。石英脉型金矿床一般表现为高阻、高极化特征,联合剖面在矿体倾斜一侧上方可产生 η_s 反交点及 ρ_s 正交点;破碎带蚀变岩型金矿床一般表现为低阻、高极化特征,联合剖面在矿体倾斜一侧的上方可产生 η_s 反交点和 ρ_s 正交点。在地层与花岗岩接触带部位,联合剖面 ρ_s 可产生明显的梯度变化,或形成交点带。石墨、黄铁矿化等也可引起低阻、高极化异常,形态多呈面状,分布范围较大,其强度较矿致异常高。

4) 可控源音频大地电磁测深(CSAMT)

招平金矿带有利于金矿保存的空间主要集中在主断裂转折部位、局部空间扩容部位、主次断裂交会部位,相应地球物理表征为重磁正负异常转换梯级带、极化率高值、低阻背景中的局部高阻。破碎带蚀变岩型金矿是整个金矿带的主要金矿类型,主要分布在紧靠主断裂上下盘的次级断裂。主断裂面距离由近到远,构造应力性质由压扭向张扭过渡,金矿类型逐渐过渡到玲珑式石英脉型。

在系统分析研究招平金矿带覆盖区深部金矿床相关的各种岩石、矿石特征和物性的基础上,从区域性资料分析了金矿受控于大型断裂构造,进而运用磁法、激电中梯等地球物理方法圈定了远景区,并对断裂带覆盖层以下成矿的可能性展开定性判断,在焦格庄、陡崖曹家和北泊-山后找矿远景区进行可控源音频大地电磁测深,定位预测覆盖区深部金成矿。可控源音频大地电磁测深的物性基础是,断裂破碎带中赋存高品位金矿体形成低阻背景中出现局部高阻的特征。

2. 地球化学标志

据徐述平(2009)提供的大磨曲家矿床地球化学特征研究资料,介绍矿床地球化学标志。

1)样品采集

大磨曲家矿床地表按 100~200m 线距,共测剖面 10 条,样品间距 10~20m;深部进行钻孔原生晕测量,共测钻孔 17 个,样品间距 5~10m。实际采样时,按未蚀变围岩、蚀变围岩、矿(化)体连续打块采集。

2)地质体成矿元素丰度

胶东岩群、玲珑花岗岩、郭家岭花岗岩三类地质体均富 Pb、Bi,贫 Cu、Zn、Sb、Hg。胶东岩群、玲珑花岗岩和郭家岭花岗岩含金丰度值均较低,低于岩浆岩中金的平均含量 5×10^{-9}。金的丰度随着花岗岩化程度的增强而降低,胶东岩群在混合岩化过程中大约有 48.7% 的金出现了活化迁移,为金矿成矿提供了物质来源,胶东岩群是金矿的主要矿源岩。煌斑岩中金的丰度值较高,脉岩有破碎蚀变现象,产状与破碎带一致,说明为成矿早期侵入的脉岩,与金矿化关系密切。在 302 号破碎蚀变带中,Au、Ag、As、Sb 等元素出现了明显富集,特别是 Au 元素,与围岩相比,出现了约 8 倍的富集(表 15-5)。

表 15-5 大磨曲家金矿地质体微量元素丰度特征

采样地质单元	样品数	Au	Ag	Cu	Pb	Zn	As	Sb	Bi	Mo	Hg
胶东岩群	270	2.36	0.20	28.24	24.22	41.01	2.03	0.21	0.16	3.81	0.012
玲珑岩体	652	1.77	0.11	8.24	39.17	21.01	1.65	0.23	0.06	0.79	0.010
郭家岭岩体	69	1.21	0.06	10.73	23.37	14.50	1.10	0.23	0.10	0.94	0.012
煌斑岩	9	6.34	0.09	18.26	32.83	48.47	3.48	0.17	0.13	3.23	0.030
302 号脉	430	16.33	0.38	15.42	41.42	29.61	5.82	0.31	0.13	0.81	0.015
地壳克拉克值		3.5	0.08	63	12	94	2.2	0.6	0.004	1.30	0.089

注:Au 含量单位为 $\times 10^{-9}$,其他元素含量单位为 $\times 10^{-6}$;地壳克拉克值据黎彤,1976。

3)矿体元素组合

在 0.5 的聚类水平上,元素组合有 3 组:As-Bi、Ag-Au、Zn-Pb。在 0.3 的聚类水平上,又可分出 3 组:Cu-Ag、Au,As、Bi-Cu、Ag、Au,Zn、Pb-As、Bi、Cu、Ag、Au。通过聚类分析得出矿区矿体元素组合为:Au、Ag、Cu、Pb、Zn、As、Bi。

具体表现为:相关系数由高到低为 As-Bi(0.55)、Ag-Bi(0.54)、Au-Ag(0.53)、Ag-Cu(0.51)、Pb-Zn(0.50)、Cu-Bi(0.50)。

第六节 矿体潜在含矿性准则

一、矿体潜在含矿性地质前提

1. 地质构造前提

1) 矿化脉(带)特征

矿化严格受断裂构造控制,矿化带(脉)集中分布于破头青断裂下盘,一般在浅部产于玲珑花岗岩体内,而在深部则产于郭家岭花岗闪长岩体中。具有以下两个主要特征:①以玲珑断裂为界,远离主断裂以发育大脉状石英脉为特征,矿体相对稀疏;而靠近主断裂的东部则以发育复脉、网脉状矿化为主(陈光远等,1989)。多条矿化脉(带)及其支脉相互交接,分支复合,往往构成矿化脉(带)群。矿(化)脉群中主脉直接受控于破头青断裂与玲珑断裂的次生断裂;支脉主要发育在主矿脉的两侧。②越靠近破头青断裂,矿化带规模越大,变化小,蚀变作用越强;而远距破头青断裂处,矿化带(脉)规模较小,变化大,蚀变作用较弱,充填作用较明显。前者矿化带长度100m至几千米,宽度几米至100m,倾向延深一般几百米,深者可达几千米;后者矿化带长度最大几百米,宽往往不足1m至几米,倾向延深亦相对较小。

矿体严格受断裂构造控制。形态较为简单,多呈脉状,少量呈透镜状产出;矿体走向在NE 35°~75°之间,一般倾向北西,在靠近破头青断裂上部倾向南东,倾角56°~85°;长100~1000m,水平厚0.8~8.0m,品位$(1\sim20)\times10^{-6}$,极个别矿段出现巨大的自然金(刘连登等,2002)。自北向南、自西向东,赋矿标高有逐步降低的趋势,越靠近破头青断裂矿体的形态越趋于完整,规模亦较大(丁正江,2014)。

2) 矿体的空间定位

矿体的定位受应力引张部位控制,主要表现为:

(1)矿体侧伏是胶东地区金矿找矿最重要的规律之一。胶西北地区压扭性断裂控矿,主要表现为矿体北东向侧伏,主断面东倾(图15-12)。

(2)矿体尖灭再现。受构造扩容空间及热液脉动式运移影响,常见矿体尖灭再现现象。在平面上,沿矿脉延伸方向,出现矿化的强弱变化,矿体之间形成无矿间隔。无论主干断裂还是次级断裂控矿,控制矿体产出的部位往往是构造带的宽大处,且非断裂的转弯处,而是该转弯处的附近,是断裂产生局部引张开启部位。在剖面上,垂向上出现尖灭再现,主要沿矿化延深(长轴)方向出现,也主要与受构造张力形成的扩容空间的分布有关(图15-13)。

(3)矿体叠瓦状分布。一是成矿前受应力作用影响,赋矿构造呈叠瓦式、斜列式分布,后期热液充填,形成叠瓦式分布的矿体;二是矿体受后期断裂破坏,逐次位移,呈叠瓦式分布(图15-14)。

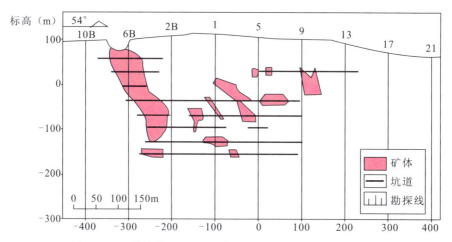

图 15-12　黄埠岭金矿 10 号脉垂直纵投影图(据唐宇等,2012)

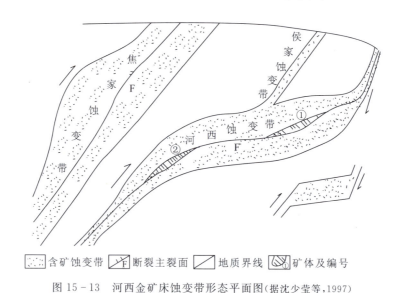

图 15-13　河西金矿床蚀变带形态平面图(据沈少莹等,1997)

二、矿体潜在含矿性标志

1. 岩石原生晕异常标志

1) 微量元素浓度分带

据徐述平(2009)提供的山后金矿床地球化学特征研究资料,介绍矿体地球化学标志。对山后金矿地表沿招平蚀变带系统采取了岩石地球化学样品,共完成 68 条共 28.5km 地球化学剖面测量,样品间距 10~20m,采集样品 1480 件;深部对 34 个钻孔作原生晕测量,累计剖面长度 16.34km,样品间距 5~20m,共采集样品 1526 件,分析 Au、Ag、Cu、Pb、Zn、As、Sb、Bi、Mo、Hg 共 10 种元素。

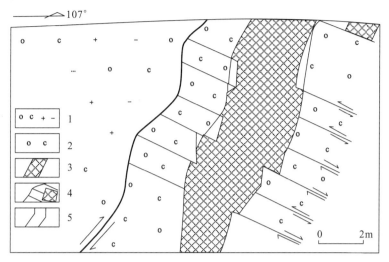

图 15-14 望儿山金矿 902 采场矿体剖面图(据方金云等,1999)
1. 绢英岩化花岗岩;2. 绢英岩;3. 矿体;4. 反倾向断裂;5. 采场边界

通过地表原生晕测量,共圈出组合异常 3 处,编号为Ⅰ、Ⅱ、Ⅲ号异常(图 15-15),分别位于 16—32 线、112—0 线、80—108 线,其中Ⅰ号异常位于 1-2 号已探明的矿体,Ⅱ、Ⅲ号异常工作程度低,需要深部工程验证。Ⅱ号异常长 1450m,宽 400m,面积 0.45km²,为 Au、Cu、Pb、As、Sb、Bi 组合异常;Ⅲ号异常长 1400m,宽 400m,面积 0.50km²,为 Au、Ag、Cu、Pb、As、Sb、Bi 组合异常。上述异常规模较大,元素组合全,异常强度高,有明显的浓集中心,分带明显,内带出现 Au、Cu、Pb、Ag 元素异常,外带出现 As、Sb、Bi 元素异常,与主裂面及次级矿脉平行,经槽探、井探工程验证这些异常均为矿致异常。目前Ⅱ、Ⅲ号组合异常,通过深部钻探验证,均发现工业矿体。

对 1-2 号矿体钻孔开展原生晕测量,从图 15-16 可以看出,在矿化体周围能形成异常的元素组合为 Au、Ag、Cu、Pb、Zn、As、Sb、Bi,其中 Sb、As 是前缘晕元素,Mo、Bi 为尾晕元素。

2)多建造晕

多建造晕是由成分和形成条件不同的两个以上成矿建造,在空间上同时并存而形成的结构非常复杂的地球化学异常。多建造晕实际上是一种复合晕。

利用多建造晕或叠加晕可预测深部矿体。李惠等(1998)提出,两矿体头尾相近时,不同矿体的原生晕重合叠加。若前一矿体的尾部出现有前缘晕异常,其下就有可能有另一个盲矿体。

利用这一原理,对山东乳山金青顶金矿深部预测取得成功(图 15-17)。矿床为石英脉型金矿。主矿体在地表延长不足 300m,但深部延伸大,侧伏方向具有多个富集中心。1987 年勘探到 -400m。原生晕研究表明,Ⅰ号矿体部位出现 Au、Ag、Cu、Pb、Zn、As、Sb、Hg 组合异常,是矿体的前缘和头部。Hg、As、Sb 近地表的强异常是Ⅰ号矿体的前缘晕。在 -400m 处,Au、Pb、Zn 又出现了新的浓集中心,指示了该矿体向深部还有延伸。1996 年勘

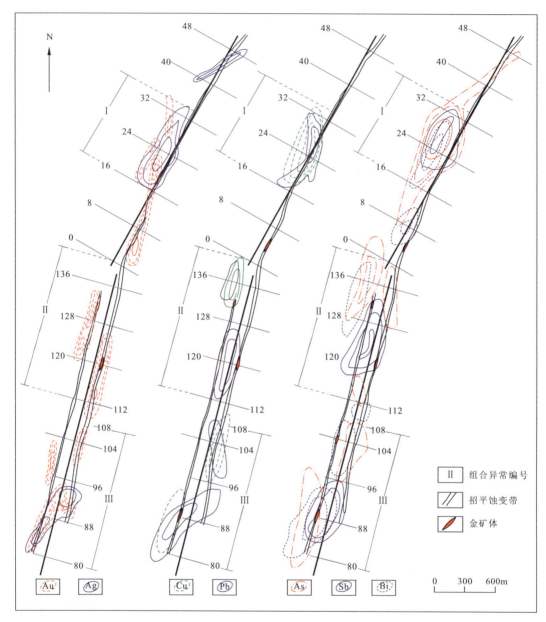

图 15-15　山后金矿地表微量元素异常特征(据徐述平,2009)

探到 -700m,对原生晕研究表明,-700m 之上有 3 个浓集中心,Au、Ag、Cu 有相关性,As、Sb、Hg 分布于每个 Au 的富集中心之上部,Bi、Mo 在其下,Pb、Zn 强异常分布于 Au 富集中心稍偏上。根据 -700m 出现 Au、Ag、Cu 内带,As、Sb、Hg 前缘晕元素组合与尾晕 Bi、Mo 组合共存,指示深部还有新矿体。1997 年勘探到 -900m,矿体还存在,连续延伸。

2. 围岩蚀变标志

围岩蚀变广泛发育是胶东金矿床,特别是焦家式金矿最重要的地质特征之一。在强烈

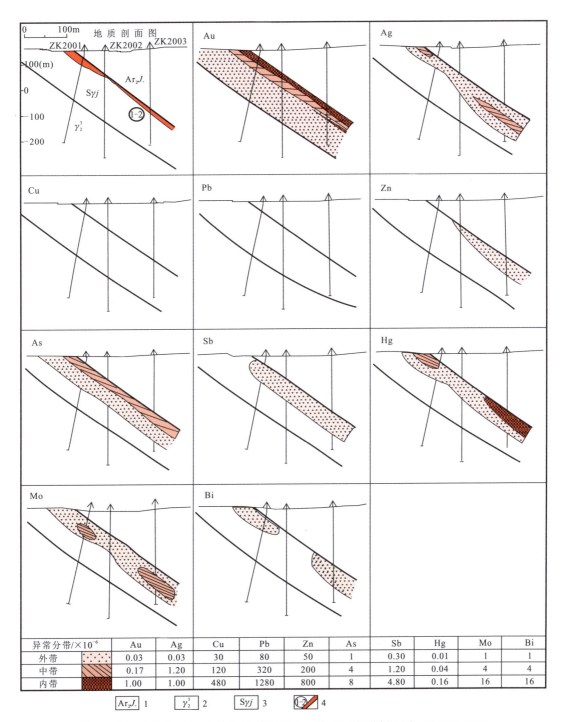

图 15-16 山后金矿 1-2 矿体 20 号勘探线地质-地球化学剖面图（据徐述平，2009）

1. 胶东岩群；2. 弱片麻状二长花岗岩；3. 绢英岩化花岗质碎裂岩；4. 矿体及编号

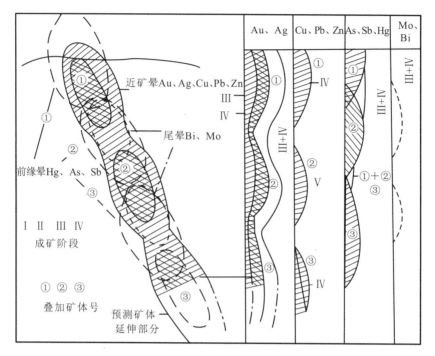

图 15-17 山东乳山金青顶金矿床原生叠加晕模型(据蒋敬业,2006)

的构造-热液活动的作用下,焦家、破头青主断裂下盘的赋矿围岩(主要是花岗岩类)发生了大规模的钾长石化、绢英岩化、硅化、碳酸盐化等热液蚀变;次级断裂上下盘也发育了小规模的蚀变带(郭林楠,2016)。

1)围岩蚀变类型

钾长石化蚀变在焦家式金矿——新城、台上和罗山金矿区内广泛发育,规模宏大。主要呈面状,少量以脉状、团块状、角砾状发育于整个花岗岩内。在焦家、破头青主断裂下盘5~60m范围内,钾化花岗岩常以团块状或角砾状残留于黄铁绢英岩或硅化岩内;远离主断裂下盘,在硅化蚀变带外围发育面状钾长石化;再向外,钾长石化蚀变强度逐渐变弱,而代之以大面积的新鲜花岗岩。

胶东金矿床内,绢云母化蚀变与硅化蚀变常常叠加相伴产出,合称为绢英岩化蚀变。绢英岩化蚀变在焦家式金矿床内广泛发育,严格受焦家、破头青主断裂控制,其规模大小受断裂的规模控制,主断裂下盘的绢英岩化蚀变带一般宽3~60m。在玲珑式金矿内,绢英岩化蚀变不连续发育于次级断裂两侧,规模相对较小,一般以0.1~1m宽的脉状发育在钾化花岗岩内。

硅化蚀变在焦家式金矿床内广泛发育,严格受焦家、破头青主断裂及其下盘的次级断裂控制,既可以单独呈脉状、网脉状产出,又可以呈面状充填或交代蚀变岩。其规模大小受断裂的规模控制。其中焦家、破头青主断裂下盘的硅化蚀变带规模最大,一般宽5~20m;而次级断裂控制的硅化蚀变带规模相对较小,一般以0.1~1m宽的脉状发育在钾化花岗岩内。

碳酸盐化主要为方解石化,常以方解石脉或石英-方解石脉的形式发育在钾长石化花岗岩、硅化岩和煌斑岩脉内或叠加于石英硫化物脉之上,多为成矿晚期的产物。

2)围岩蚀变空间结构

焦家式金矿床内的蚀变类型具有一定的水平分带。在焦家、破头青主断裂下盘几百米范围内,距主断裂由近及远,花岗岩内依次发育了较窄的绢英岩化带、连续或不连续的硅化带以及较宽的钾长石化带(图15-18、图15-19)。主断裂上盘一般发育有几米宽的钾长石化蚀变带。硫化,尤其是黄铁矿化,多叠加于绢云母化蚀变之上,形成黄铁绢英岩。

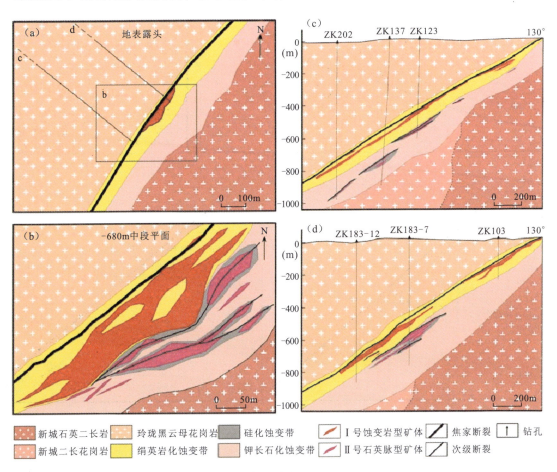

图15-18 新城金矿床地质图(据Yang et al.,2015改编)
a. 新城金矿床地表露头平面图;b. -680m中段平面图;c、d. 矿床剖面图

玲珑式金矿床内的围岩蚀变较不发育,主要以不连续的脉状绢英岩化和硅化蚀变以及较连续的钾长石化蚀变分布于次级断裂的两侧。绢英岩化和硅化蚀变一般难以区分,和矿体密切相关,宽几十厘米至两三米;钾长石化蚀变分布在绢英岩化和硅化蚀变两侧,宽几十厘米至几米。围岩蚀变与次级断裂的规模有关,总体宽度不超过10m,多为2~3m。硫化多发育于石英脉内,形成石英-黄铁矿多金属硫化物脉。

典型金矿床内的蚀变-矿化事件时序为钾长石化蚀变→绢英岩化蚀变、硅化蚀变、石英硫化物脉→方解石脉。

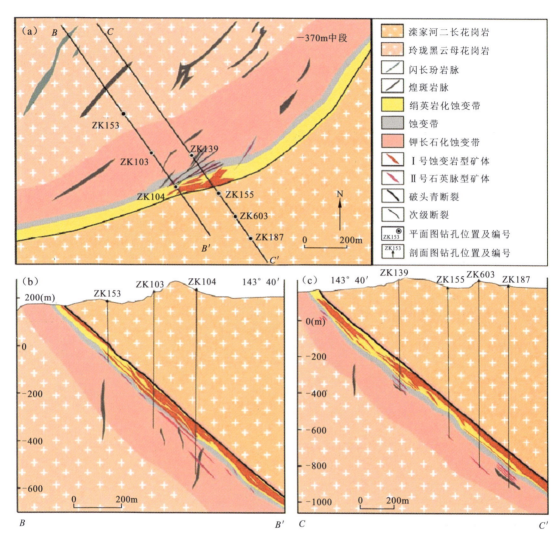

图 15-19　台上金矿床地质图(据 Yang et al.,2016 改编)
(a)台上金矿床-370m 中段平面图;(b)、(c)矿床 BB′和 CC′剖面图

第十六章　福建紫金山金、铜矿

第一节　区域地质背景

紫金山矿田位于华南东部的华夏板块,闽西北武夷隆起带的边缘与闽西南海西-印支期坳陷的过渡带,东南沿海火山活动带的西部亚带,北西向云霄-上杭深断裂带北西段与北东向宣和复式背斜南西倾伏端交会部位,上杭北西向白垩纪陆相火山-沉积盆地东缘(图16-1)。其中,前中生代老地层构成北东向宣和复式背斜,侏罗纪火山-岩浆岩带沿着背斜两翼的北西向断裂带分布。从晚侏罗世到白垩纪,区域上以北西向为主的燕山晚期火山活动带叠加于燕山早期的火山-花岗岩带上,构成紫金山地区复杂的、多期次的构造岩浆活动叠加事件,并为紫金山地区系列矿床的形成提供了得天独厚的地质环境(刘文元,2015)。

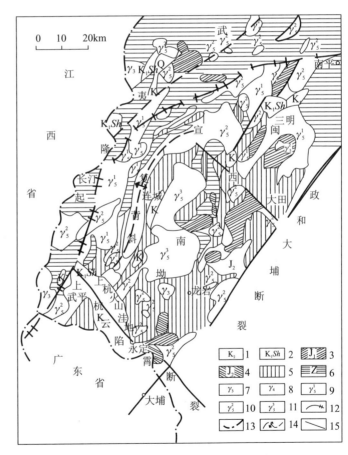

图16-1　紫金山区域地质构造略图(改自毛建仁等,2001)

1.上白垩统;2.下白垩统石帽山群;3.下侏罗统;4.上侏罗统;5.上泥盆统—中三叠统;6.震旦系;7.加里东期花岗岩;8.华力西期花岗岩;9.印支期花岗岩;10.燕山早期花岗岩;11.燕山晚期花岗岩;12.构造单元线;13.省界;14.复背斜轴;15.断裂

一、岩石圈结构和深部构造

上杭地区紫金山金、铜矿田位于华安幔坳向闽西北地幔缓隆带过渡部位的地幔缓隆带一侧,其莫霍面深度在 32~33km 之断裂带的莫霍面的变异带,反映该区地幔的底辟上升、热流上涌(图 16-2)。这可能是早白垩世本区地壳表层拉张,导致石帽山群火山作用的根本原因(王振民等,2001)。

据大地电磁测深(MT)资料,上杭地区处于华安软流圈顶面隆起之西,福建西部软流圈

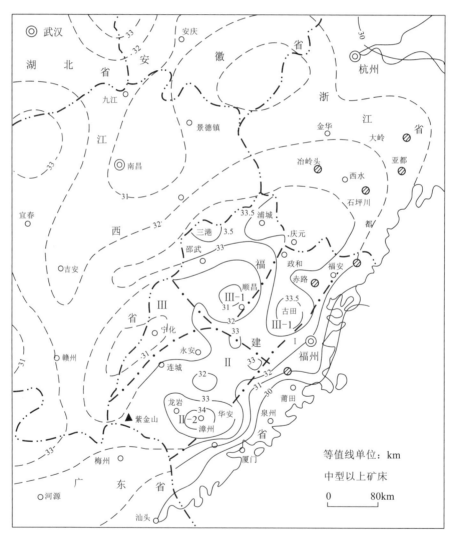

图 16-2 福建省及邻区莫霍面变化趋势与深部构造分区略图(据王培宗等,1993)
Ⅰ.闽东沿海地幔陡坡带;Ⅱ.闽中地幔坳陷带;Ⅱ-1.古田幔凹;Ⅱ-2.华安幔凹;
Ⅲ.闽西北地幔缓隆带;Ⅲ-1.顺昌幔凸

顶面隆起之南,其软流圈埋深约 80km,在这一带,软流圈等深线(80km)呈北西向陡变带,从而与上杭-云霄深断裂带相对应。它反映沿该深断裂带分布的早白垩世石帽山双峰式火山岩系是地幔上隆的高热流引起的下地壳-上地幔物质局部熔融的结果(冯宗帜,1993)。

二、区域金、铜矿地质前提

紫金山矿田区域背景构造经历了加里东期、海西-印支期、燕山期及喜马拉雅期 4 个构造旋回的形成发展过程。形变构造复杂,以形成多期叠加的复杂构造带为特征(唐瑞来,2001;陶奎元,1998;王平安等,1997)。

紫金山金、铜矿田的区域背景构造位于中国东南沿海中生代火山活动带西侧,闽西南坳陷带西南缘,即夹持于东侧的北东向长乐-南澳(东山)地壳断裂带和西侧的政和-长汀岩石圈断裂带之间。其间次级构造也依从两深大断裂派生为北东向松溪-上杭坳陷带与北西向上杭-云霄深断裂互为衔接的"断-陷"部位。区域构造的交会部位,特别是区域深断裂带,为深源岩浆和成矿物质上升提供了必要条件。与其他区域构造复合,常为区域构造岩浆活动和矿化的特点。福建省南部地区的上杭-云霄深断裂带与其他方向的区域构造复合部位,是紫金山式铜(金)矿床有利区域构造位置(图 16-3)。

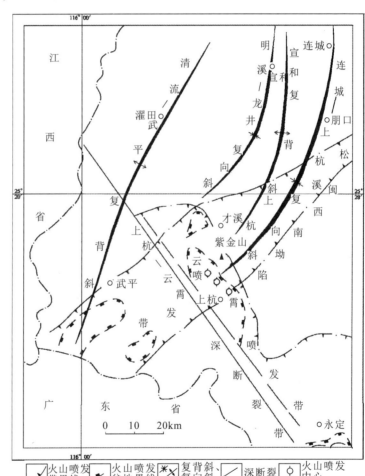

图 16-3 紫金山地区地质构造略图

(据闽西地质大队,1992)

政和(松溪)-长汀断裂带是福建省西部重要的岩石圈断裂,紫金山金、铜矿田位于该断裂带之南东侧约 50km。该断裂带走向北东,倾向以北西为主,它影响着紫金山金、铜矿田中生代构造-岩浆活动。上杭-云霄断裂带,呈北西走向,在省内长约 220.8km,宽约 20.8km,

由几条北西向断裂组成,总体倾向北东。它是区域重磁梯度带、莫霍面深度变异带,其两侧地壳结构有明显的差异,北东侧上地壳增厚、中下地壳减薄,南西侧正好相反。它是燕山期陆内的重大断裂,受北东-南西方向的推挤,上盘板片(北东侧)上冲、下盘(南西侧)板片下插所造成的。它制约着紫金山金、铜矿田白垩纪的构造岩浆作用过程(王培宗等,1993)。

永安-上杭断裂带是切穿紫金山金、铜矿田的一条基底断裂。该断裂北东延长约140km,横穿矿田的一级北东向断裂是它的组成部分。沿该断裂带的北东向航磁异常带,上延20km后仍稳定存在,反映它作为基底断裂,局部可能切穿分区地壳。燕山早期该断裂带强烈活动,导致矿田S型花岗岩的侵位和北东向岩带的形成。白垩纪时期,它与上杭-云霄(地壳)断裂带的组合,控制了上杭-碧田火山盆地(石帽山群)和Ⅰ型花岗岩类侵入体的分布。

第二节　矿田潜在含矿性准则

紫金山矿田位于福建省闽西南上杭县北15km处。矿田面积约100km²。矿田内矿产资源丰富,主要有紫金山、五子骑龙、碧田、中寮、龙江亭、悦洋、大岌岗、温屋、二庙沟、仙师岩等铜、金、锰、银、钼、无烟煤、明矾石矿产30余处(图16-4)。其中紫金山金、铜矿是福建省最大的铜金矿床。整个矿床分为西北、东北、东南3个矿段。矿体产于紫金山复式岩体中,北西向、北东向断裂和紫金山火山机构是紫金山金、铜矿的主要成矿条件和控矿因素。紫金山矿床目前探明的金地质储量预计可达200多吨;铜C+D+E级储量200多万吨,中寮和五子骑龙铜D+E级储量40万t,龙江亭铜D+E级储量7万t。该矿田具有极好的远景。

一、矿田中生代主要矿床类型

王少怀(2007)总结了紫金山矿田主要矿床类型特点如下。

1. 低温火山-次火山热液型

分布于碧田、龙江亭—悦洋一带的低温火山-次火山热液型矿床具有以下特点:深部中—中细粒花岗岩[$\gamma_5^{2(3)d}$]为主要含矿围岩;铜矿体(黄铜矿为主)分布在次一级北西向断裂破碎带及其附近的裂隙中;主要蚀变为硅化、地开石化、叶蜡石化。目前控制铜储量5万t;赋存于不整合面之上石帽山群(K_1Sh)火山岩盖层内。于不整合面附近及中粗粒安山岩内存在金、银矿化,还有铅锌矿体。目前储量为金2t,银80t,主要与破碎带石英脉有关,为裂隙热液充填型矿床。围岩蚀变以硅化、水云母化、黄铁矿化为主。其上部流纹岩内为火山岩型铀矿。矿田内英安玢岩及隐爆角砾岩穿插到火山岩和花岗岩内。

2. 中—低温次火山热液型

紫金山金、铜矿床为该类矿床的典型。此类型在我国属首次发现。矿床面积约3km²,

图 16-4 紫金山矿田区域矿产地质简图(改自钟军等,2011)

1. 震旦系浅变质岩;2. 泥盆系砂砾岩;3. 石炭系碎屑沉积岩;4. 紫金山复式花岗岩体;5. 花岗闪长岩;6. 二长花岗岩;7. 英安玢岩;8. 花岗闪长斑岩;9. 白垩系火山碎屑岩;10. 隐爆角砾岩;11. 第四系;12. 断层;13. Au;14. Cu;15. Ag;16. Mo

矿区中部为紫金山火山机构,其中心由隐爆碎屑岩和次英安玢岩组成,是燕山晚期火山作用的产物,侵位于燕山早期花岗岩中。火山机构的西北侧和东南侧有大量隐爆角砾岩、热液角砾岩和英安玢岩沿构造薄弱带呈北西向侵入。碎裂中细粒二长花岗岩[五龙子岩体 $\gamma_5^{2(3)c_2}$],是矿区分布面积最大的侵入岩,也是最主要的赋矿围岩。矿床分布于火山机构西北侧,铜、金矿体主要赋存于北西向次火山角砾岩的内、外接触带,受隐爆角砾岩和英安玢岩带控制。铜矿物主要为蓝辉铜矿、硫砷铜矿,其次为斑铜矿和黄铜矿。铜矿物及黄铁矿呈脉状或浸染状,充填交代隐爆角砾岩及胶结物或产于隐爆产生的碎裂带中,矿体中心厚度达100m,品位0.6%~1.4%,黄铁矿含量一般为3%~5%,局部达10%。蚀变强烈呈垂直分带,垂深达千米,由上而下为硅化+石英、明矾石化,地开石化+石英,绢云母化。硅化和地开石化为隐爆前蚀变,主要矿化期为晚期隐爆作用,蚀变类型以明矾石化为主。

紫金山矿田长期处于隆升环境,在氧化淋滤过程中形成上部氧化淋滤带(标高700m以上)的硅化帽金矿,下部为原生带(标高600m以下),产出隐伏的铜矿,伴生大型的明矾石矿、大型镓矿、中型银矿与中型硫铁矿。

3. 斑岩型铜钼矿

本类型矿床浅部矿以罗卜岭-仙师岩矿床为代表,铜矿主要赋存部位为花岗闪长斑岩 $[\gamma\delta\pi_5^{3(1)a_2}]$ 与仙师岩岩体 $[\mu\gamma_5^{3(1)a_1}]$ 的内、外接触带。铜矿为脉状-细网脉状、浸染状黄铜矿型硫化物矿石,钼矿为石英-辉钼矿型硫化物矿石,品位 $Cu>0.5\%$,$Mo>0.06\%$,目前已圈出7个透镜状矿体(张德全等,1992,2003,2005)。

深部矿以五子骑龙为代表,矿床产于深部(标高 160~700m)。中细粒花岗岩 $[\gamma_5^{2(3)d}]$ 和花岗闪长斑岩 $[\gamma\delta\pi_5^{3(1)a_2}]$ 中,矿体受裂隙控制明显,铜矿呈细脉-线脉状、浸染状充填于裂隙及岩石中。围岩蚀变为硅化、绢云母化、地开石化、黄铁矿化等。上部矿体产于中细粒花岗岩中,下部矿体产于花岗闪长斑岩内。两者铜矿物均为铜蓝、蓝辉铜矿、黄铜矿。后者黄铜矿增多,累厚40m。

在该矿床的深部和外围相继发现了斑岩铜(钼)矿、大型中低温热液型铜矿、大型低硫浅成热液型(绢云母-冰长石)银(金、铜)矿床和铀矿床。各类型均属同一地热体系的不同衍生相,其空间产出按垂向或侧列方向从上到下形成了不同矿种在空间上的叠置关系,具体表现为 U、Ag→Au→Au、Cu→Cu→Cu、Mo→W、Sn "一梯多层楼"式的矿种组合特征(图16-5)。据此,"多层楼"产出模式将启示这一地区找矿新的时空领域(王少怀,2007)。

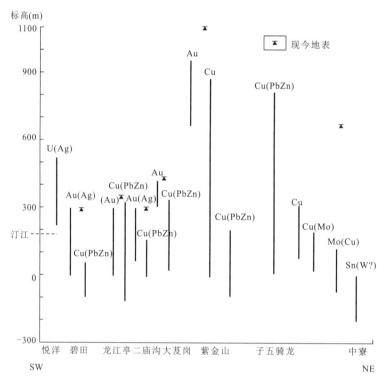

图 16-5 紫金山矿田主要成矿元素在各矿床中的产出标高

(据地质矿产部矿床地质研究所,1994 修改)

福建紫金山矿田是全球罕见的多种矿床类型并存的斑岩浅成低温热液成矿系统(张德全等,2003),包括紫金山高硫型铜金矿床、罗卜岭斑岩型铜银矿床、悦洋低硫型银多金属矿床和五子骑龙、龙江亭过渡型铜矿床。其中紫金山金、铜矿床是中国大陆发现的首例高硫型热液矿床(张德全等,1991),发育巨厚的高级泥化蚀变带和以铜蓝-蓝辉铜矿组合为特征的铜矿体,其中铜矿体延伸厚度已超过1500m,还未见到原生的斑岩型铜矿体。目前除了位于其东南方向的罗卜岭斑岩型矿床外,紫金山金铜矿的深部和外围还未见其他斑岩型矿床,而罗卜岭矿床只是一个小型的斑岩热液系统,无法与紫金山地区大规模的高级泥化蚀变带相匹配,因此,暗示着紫金山地区具有深部斑岩找矿的潜力。而龙江亭和五子骑龙铜矿床都显示出斑岩型向高硫型过渡的矿化特征,应具有潜在深部斑岩找矿潜力,特别是在大岩里和二庙沟矿化点的深部(刘文元,2015)。

通过精细矿物学研究表明,紫金山矿田中发育的这些不同类型矿床的矿物组合特征具有可对比性,包括主要的铜矿物组合和含锡矿物组合。紫金山金、铜矿床的厚层状以蓝辉铜矿铜蓝硫砷铜矿斑铜矿组合的铜矿体属于典型的高硫型热液成因,并非次生富集成因(刘文元,2015)。而高硫型铜矿体的深部(-400m)出现的一系列矿物组合特征,表明已经到了高硫型矿化的根部,并表现出斑岩型向高硫化型过渡的热液矿化蚀变特征(Kouzmanov et al.,2004;Sillitoe,2010;Vouduris,2014)。根据刘光永等(2014)对紫金山金、铜矿床的地球化学原生晕研究表明,紫金山高级泥化带的深部呈现的F-Mn-Pb-Zn地球化学异常特征,这符合典型斑岩铜矿床外带的元素组合特征(Sillitoe,2010)。紫金山矿田成矿模式如图16-6所示。

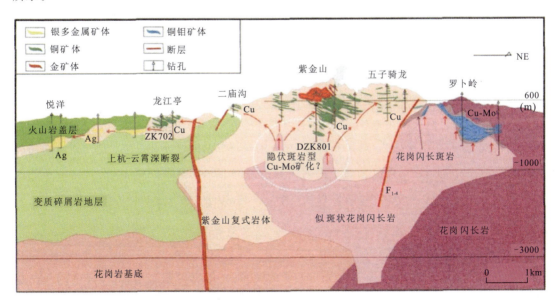

图16-6 紫金山矿田成矿模式图(改自张锦章,2013)

二、矿田含矿性地质前提

1. 岩浆岩前提

多旋回构造-岩浆活动,使多源成矿物质不断富集,并在燕山晚期的次火山热液作用下叠加成矿,与燕山晚期拉张机制有关的深源I型中酸性火山-侵入活动是紫金山式铜金矿床成矿的重要地质前提。

矿田内岩浆活动可分为早、晚两期。燕山早期酸性岩浆岩沿以震旦系—下古生界变质岩系组成的背斜轴部侵入,形成中粗粒花岗岩、中细粒花岗岩(U-Pb同位素年龄为157Ma)和细粒花岗岩,构成北东向复式岩体,显示S型花岗岩特征。燕山晚期主要形成一套中酸性火山-侵入岩系,有喷出相英安岩、安山岩、粗安岩、英安质凝灰熔岩等,以及次火山岩相英安玢岩、安山玢岩和浅成相花岗闪长斑岩。形成顺序依次为花岗闪长岩(四坊岩体U-Pb同位素年龄为128Ma),安山质、英安质熔岩-多斑英安玢岩-少斑英安玢岩-花岗闪长斑岩(罗卜岭岩体Rb-Sr同位素年龄为105Ma、110Ma)。这类岩石同属钙碱质中酸性岩,应为同源岩浆不同方式、不同定位深度的产物,属I型花岗岩类。英安玢岩与铜、金矿化关系密切;花岗闪长斑岩与斑岩型铜(钼)矿关系密切;英安岩、粗安岩则与低温型银、金、铜矿具成因联系。较大的英安玢岩周边常发育隐爆角砾岩环和隐爆角砾岩脉。花岗闪长斑岩则见于东北部罗卜岭,呈北东向,与隐伏于紫金山东侧深部的岩体相连。

紫金山金、铜矿田产出的火山岩-潜火山岩-岩浆岩多为复式岩体。它们在空间上多呈垂向上或侧列方向上的岩体中岩体,即"体中体"的复式岩体产状,并被区域性北东向、北西向断裂限制于矿田的中部。在时间上,它们分属晚侏罗世、早白垩世两个时期。它们形成的时序自老至新是:紫金山序列复式岩体(晚侏罗世花岗岩)→才溪岩体(晚侏罗世—早白垩世花岗岩)→上杭-碧田火山盆地(早白垩世火山岩)→四坊岩体(早白垩世花岗闪长岩)→紫金山火山机构(早白垩世火山岩-隐爆角砾岩-潜火山岩-斑岩)→罗卜岭岩体(早白垩世花岗闪长斑岩)。在空间上,它们则分别属于更大区域范围的北东向侏罗纪火山-侵入岩带和北西向早白垩世火山-侵入岩带的成员,也表现为从区域挤压向区域拉伸转换的构造机制。

2. 火山岩前提

1)火山岩基底结构前提

火山岩的基底结构、展布及其特征与金矿的关系:一般以单基底结构,即以前寒武纪变质地层为基底,且基底埋藏深度较浅的地段或在大面积分布的火山岩中出现变质基底"构造天窗"对寻找金矿有利;而存在多基底结构,即存在前寒武纪变质基底和古生代基底等,或虽以前寒武纪变质岩为基底但其埋藏深度较深的地区,对寻找金矿均不利。因此,对于中生代上叠式火山盆地而言,前寒武纪变质基底的埋藏深浅,可作为火山岩型金矿找矿前景评价的一个重要准则。

2)火山岩岩性、岩相前提

火山岩岩性的复杂程度反映了岩浆演化成熟度,岩相则反映了火山构造的剥蚀程度,二者皆为判断找矿前景的重要标志。从岩性方面来看,以同时出现中性岩、中酸性岩、酸性岩对成矿有利;岩相上则以爆发空落相、碎屑流相、爆溢相、火山通道相、潜火山岩相等共存(平面上)对找矿有利,而单一岩相(如火山熔岩相)广泛分布的地区,对找矿不利。

3)Ⅳ级火山构造前提

Ⅳ级火山构造类型主要有火山喷发盆地、火山洼地、破火山口组合体、火山群、巨型环状火山构造等,其中以破火山口组合体和火山喷发盆地、火山洼地对火山岩区金矿田或矿化集中区的展布控制明显,如上杭火山喷发盆地控制上杭紫金山金矿化集中区的产出。火山盆地边缘,火山机构旁侧次一级中酸性次火山侵入岩体,并存在强烈气液隐蔽爆破作用,形成一系列的隐爆角砾岩和热液角砾岩类。

紫金山火山构造是上杭早白垩世构造北缘的一个火山活动中心。该火山机构盖层剥蚀殆尽。次火山英安玢岩及下部的花岗闪长斑岩,先后沿火山管道侵位,构成一个椭圆形复式斑岩筒。紫金山火山构造为最重要的蚀变矿化中心(图16-7)。

3. 地质构造前提

紫金山矿床位于北西向上杭-云霄深大断裂与北东向震旦系—古生界形成的复背斜的交会处(图16-7)。

矿田内断裂主要为北东向、北西向2组,彼此交叉,将矿田内岩石切割成菱形块体,成矿前的北东向、北西向2组断裂的结点常成为次火山岩-浅成斑岩定位之处,并为成矿后同方向断裂所利用。北西向断裂带导致矿田东部、北部普遍抬升。此外,沿不同期次花岗岩体接触界面或与火山岩盖层不整合接触界面发育的缓倾角断裂是二庙沟—龙江亭—碧田一带银、金、铜矿的重要控矿构造。

三、矿田含矿性标志

1. 地球化学标志

水系沉积物测量($4km^2$ 内样品组合1个样)分析结果出现21种微量元素的异常,即Cu、Pb、Zn、Au、Ag、As、Sb、Bi、W、Sn、Mo、U、Sr、B、Li、Cd、P、Hg、Mn、Fe、Cr等,前16个元素具有明显的组分分带和多方向分布特点。各异常带均交会于紫金山矿田(图16-8),与重磁异常带的分布和地质矿化特征有密切的联系。元素组合可分为4种类型,其特征概述如下(史长义等,1996;翟裕生,2003):

(1)Au、As、Sb、Bi 元素异常呈近南北向分布于涂坊—紫金山一带,长20~30km,宽

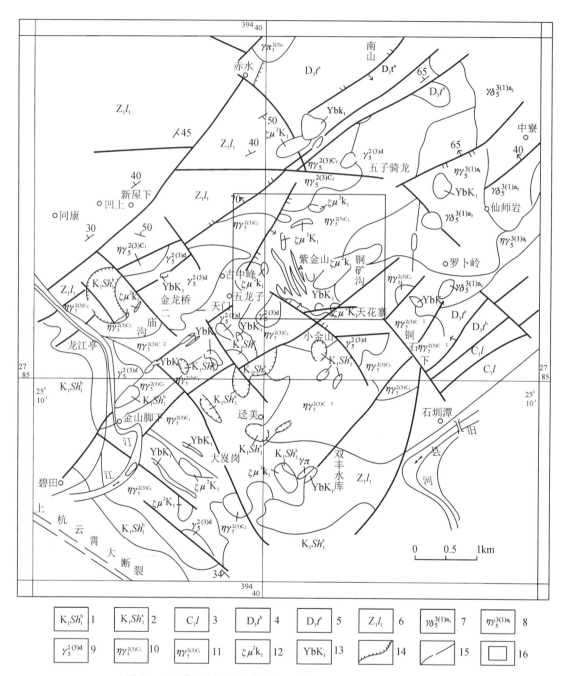

图 16-7 紫金山矿田地质图(据福建紫金矿业股份有限公司修改)

1. 石帽山群下组上段；2. 石帽山群下组下段；3. 林地组；4. 天瓦崯组上段；5. 天瓦崯组下段；6. 楼子坝群；7. 中粗粒花岗闪长岩(四坊岩体)；8. 细粒黑云母二长花岗岩(仙师岩岩体)；9. 细粒黑云母花岗岩(金龙桥岩体)；10. 中细粒二长花岗岩(五龙寺岩体)；11. 中粗粒二长花岗岩(迳美岩体)；12. 英安玢岩；13. 隐爆角砾岩；14. 实测正断层；15. 实测、推测逆断层；16. 矿区范围

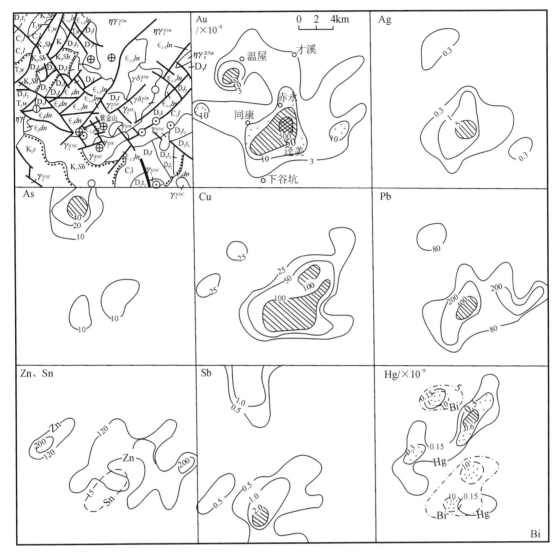

图 16-8 紫金山矿田地球化学异常剖析图(含量单位：×10^{-6})(据福建省闽西地质大队,图例省略)

10～20km,与涂坊-上杭-峰市重力正剩余异常和涂坊-上杭-永定磁异常带的北段范围基本一致,表明以 Au 为主的元素组合受重磁高异常带所控制,即与变质岩基底和复背斜以及复式岩体有关。

(2)Cu、Pb、Zn、Au、Ag、Sn、Bi、Cd、W 等元素异常,按一定间隔呈东西走向经双髻山转为北东走向至珠地,与武平-双髻山-珠地磁异常带基本一致。

(3)U、Mo、Sr 元素异常形状规则,呈圆形或椭圆形,面积 50～70km²,分布于紫金山复式岩体内。

(4)B、Li 元素异常形态规则,为带状,长 15～30km,宽 10km,分布于上杭盆地内,与盆地走向一致呈北东向。

上述21种元素,不同走向的4种类型元素组合异常带均交会于紫金山矿田,构成面积达100多平方千米的综合异常区。元素组分复杂,浓度高,套合好,并有明显的浓集中心。范围较大的元素异常有 Bi、Au、Cu、Zn、Pb、As、Sb、W、Cd 等9个,U、Mo、Sr、Ag、Sn 等元素异常范围较小,而 P、Hg、Mn、Fe、Cr 等元素为弱异常(杨军华等,1993)。

在矿田内有明显的中比例尺的 Cu、Au(Ag、Pb、As、Sn、Mo)等水系沉积物组合异常(图16-9)。

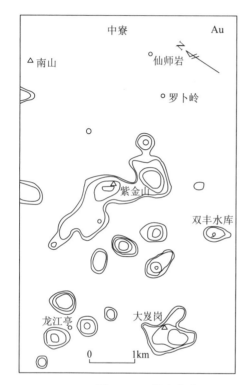
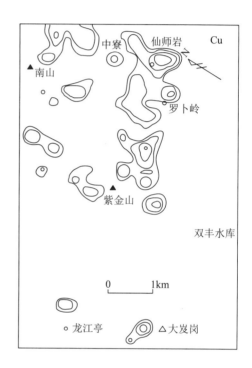

图 16-9　紫金山矿田 Au、Cu 元素异常图(据福建省物化探大队)

2. 围岩蚀变标志

紫金山金铜矿田内成矿流体及其围岩蚀变划分为4期:①岩浆期后热液蚀变期;②次火山热液蚀变期[包括英安玢岩岩浆期后热液蚀变阶段、早期隐爆蚀变阶段、晚期隐爆蚀变阶段、热水溶液(热泉)蚀变阶段和残余热水溶液蚀变阶段];③斑岩型热液蚀变期;④表生蚀变期。4期作用反映为"蚀变的蚀变",并在空间分布上受北西向断裂构造和火山机构的双重控制,表现为裂隙-中心式。蚀变分带从宏观上可划分为石英-地开石-明矾石带、石英-绢云母-地开石带和石英-绢云母带等3个蚀变带(黄铁矿化因分布普遍,不具划分蚀变分带的意义)(图16-10);在时间上与成矿的相关关系可划分为前蚀变、同蚀变和后蚀变,但它们在时间和空间上多为相互叠置关系(王少怀,2007)。

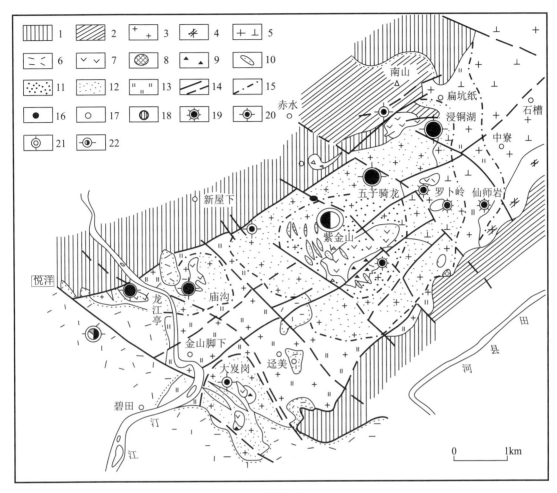

图 16-10 紫金山矿田蚀变-矿化分带简图(据福建省闽西紫金矿业集团有限公司)

1. 震旦系—寒武系变质细碎屑岩;2. 泥盆系—石炭系粗碎屑岩;3. 燕山早期花岗岩;4. 燕山早期二长花岗岩;5. 燕山晚期花岗闪长岩;6. 下白垩统中酸性火山岩;7. 英安玢岩;8. 花岗闪长斑岩;9. 隐爆角砾岩;10. 热液角砾岩;11. 石英-地开石-明矾石带;12. 石英-绢云母-地开石带;13. 石英-绢云母带;14. 断层;15. 蚀变分带界线;16. 铜矿床(点);17. 金矿床(点);18. 银矿床(点);19. 斑岩型矿床;20. 中低温热液型矿床;21. 高硫浅成低温热液型矿床;22. 低硫浅层低温热液型矿床

第三节 矿床潜在含矿性准则

一、矿床地质特征

紫金山金铜矿床位于紫金山复式岩体中部,北东向的金山脚下-中寮断裂和北西向的铜石下-紫金山断裂交会部位,大致为紫金山火山机构范围,面积 $4.37 km^2$,见图 16-11。

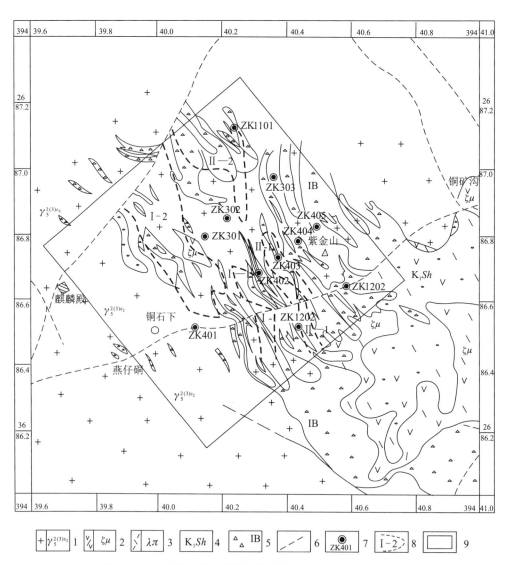

图 16-11 紫金山铜金矿区地质草图(据福建省闽西地质大队)

1. 绢英岩化中细粒花岗岩;2. 英安玢岩;3. 流纹斑岩;4. 下白垩统石帽山群中酸性火山岩;5. 隐爆角砾岩;
6. 推断断层;7. 钻孔及其编号;8. 矿化体及围岩编号;9. 原生晕工作区

1. 地层

仅在矿区北西角出露少量震旦系楼子坝群,泥盆系桃子坑组、天瓦崠组和石炭系林地组,走向北东,倾向北西,倾角 50°左右,与燕山早期似斑状中粗粒花岗岩呈断层接触,接触面为北东向断层。

2. 构造

矿床范围内断裂构造比较发育,以北东向和北西向断裂为主,其次是北北东向和东西向断裂。除断裂构造外,北东向、北西向 2 组节理裂隙构造十分发育,互相交切,呈现出"行、列、会"构造样式,遍布全区。

1) 断裂构造

矿区断裂构造主要有北东向断裂(F_3、F_2、F_4)、北西向断裂(F_5),EW 向构造(F_6)和成矿后的破坏性断裂——北北东向断裂(F_1)。

2) 节理裂隙构造

矿区节理裂隙发育,尤其在花岗岩中特别发育,达到 100 条/m(英安玢岩 7 条/m、隐爆角砾岩 10 条/m)。节理主要为北西向、北东向 2 组,是一对共轭扭裂面。北东向节理裂隙中偶见晚期隐爆角砾岩和黄铁矿脉、铜金矿脉充填其中。北西向节理裂隙是矿区最发育,也是与成矿最密切的一组节理,已被大量隐爆角砾岩和英安玢岩所充填。

3. 岩浆岩

1) 侵入岩

以燕山早期的花岗岩为主,主要岩性为碎裂中粗粒花岗岩、碎裂中细粒花岗岩及细粒白云母花岗岩,是铜、金矿体的主要围岩。燕山晚期有后成矿的花岗斑岩和石英斑岩岩脉,对矿体有一定的破坏作用。

碎裂似斑状中粗粒花岗岩[$\gamma_5^{2(3)c_1}$]是迳美岩体的一部分,也是矿区形成最早的侵入岩。岩石呈变余花岗结构、碎裂结构。蚀变强烈,由原生石英和蚀变矿物组成,蚀变矿物有次生石英、绢云母、地开石、明矾石。碎裂结构明显。该岩体距隐爆中心较远,具紫金山式蚀变晕的边缘相特征,以中高温相蚀变为主。

碎裂中细粒花岗岩[$\gamma_5^{2(3)c_2}$]五龙寺岩体的主体部分,约占矿区面积的 60%,与碎裂中粗粒花岗岩同源,形成时间略晚,是最主要的矿化围岩。该岩体蚀变极为强烈,岩石呈变余花岗结构或变晶结构,碎裂状构造或块状构造。原生矿物除部分石英外均已蚀变,被硅化石英、明矾石、地开石及少量绢云母取代,形成强烈蚀变的花岗岩或交代石英岩,具有紫金山式蚀变晕的中心相特征,以中低温相蚀变为主。

细粒白云母花岗岩[$\gamma_5^{2(3)d}$]为金龙桥岩体的北东部分,也是矿化围岩之一。与粗粒花岗岩、中细粒花岗岩的接触界线十分模糊,矿物成分和蚀变类型与中细粒花岗岩类似,具有紫金山式蚀变晕的特征,以中温相蚀变为主。

花岗斑岩($\gamma\pi$)-石英斑岩脉($Q\pi$)多见于矿区西部,规模较大的为侵入于 F_1 断层中的脉岩,切穿了矿区大部分地质体,脉幅从 1m 到大于 20m,走向 NE 25°,倾向南东,倾角 35°~70°。

岩石相变明显,一般近地表浅处或宽大脉边为花岗斑岩,深部和宽大脉幅中心为石英斑岩。

2)火山岩和火山构造

受区域岩浆侵入-火山作用的影响,矿区火山活动强烈,表现为紫金山中心式火山喷发-次火山岩侵入的火山作用。火山岩筒直径约700m,倾向北东。铜、金矿化与花岗闪长岩浆的火山活动有密切的成因和时空关系。

(1)火山岩和火山岩相。因风化剥蚀深的原因,火山岩相发育不全,仅保留火山颈下部的次火山相、隐爆相和火山侵入相岩石。

次火山相岩石:据形成时间的先后及岩石特征,可划分为早、晚两期英安玢岩(张万良,2001)。

早期英安玢岩($K_1\zeta\mu^1$)以多斑结构、多孔状构造和强硅化为特征区别于第二期英安玢岩。岩石遭受强酸性(pH<2)流体的淋滤作用而形成多孔状硅化岩。

晚期英安玢岩($K_1\zeta\mu^2$)呈筒状分布于火山通道中,中部也有零星分布,是矿区分布最广的次火山岩,也是赋矿围岩。沿裂隙侵入的脉状、透镜状英安玢岩,构成次级隐爆中心和矿体富集中心。

隐爆相:形成于第二期英安玢岩之后,由隐爆而形成的一系列碎屑岩组成。隐爆碎屑岩类在时空上与成矿最为密切,也是主要赋矿岩石之一。隐爆角砾岩与近地表超浅成次火山相英安玢岩具密切的成因和时空联系。它们在空间上几乎分布于同一地段,形影不离,剖面上主要分布在标高600m以上。根据隐爆角砾岩分布特点和产出方式划分为岩筒状隐爆角砾岩和脉状隐爆角砾岩,其特征见表16-1。

表16-1 两种不同隐爆角砾岩特征对比表

特征	筒状隐爆角砾岩	脉状隐爆角砾岩
形态规模	位于火山管道内,呈上大下小漏斗状;规模大,直径500~1000m	产于火山管道两侧的花岗岩构造裂隙带中,呈平行脉状产出,宽一般数十厘米至几米,长几十米至几百米
角砾特征	角砾含量不一,大小混杂,集块岩到凝灰岩均有出现。角砾形态多为棱角状,中部为英安岩角砾,往边缘花岗岩角砾逐渐增加过渡为复成分隐爆角砾岩	角砾含量一般30%~80%,大小相对较均匀。角砾形态多为次棱角—次圆状,少数为浑圆状。角砾成分因地而异,为花岗质、英安玢岩质或由两者以不同含量混合
胶结情况	中部以基底-接触式熔浆胶结为主,边部以基底式碎屑、岩粉胶结为主	多为震碎岩粉或蚀变矿物胶结。基底式胶结为主
蚀变与矿化	硅化、地开石化为主,矿化弱,有少量浸染状铜、钼矿化	以明矾石化为主,次为地开石化、硅化。为主要赋矿围岩,与铜、金矿有密切成因及时空关系
成因	由中心隐爆作用形成,上部可能与火山塌陷作用有关。时间早于脉状隐爆角砾岩	在中心隐爆作用动力驱使下侵入到围岩裂隙中;局部裂隙式隐爆;可能有部分为热液角砾岩。由多次隐爆形成,至少有早、晚两期,在时间上相应晚于筒状隐爆角砾岩

火山侵入相:火山通道下部的浅成侵入体——花岗闪长斑岩,其形成时间晚于英安玢岩,与英安玢岩为同源不同定位深度。花岗闪长斑岩蚀变类型主要为绢云母化、地开石化、硅化、绿泥石化、绿帘石化、方解石化以及重晶石化等,具有典型的斑岩型铜矿化特征。

(2)火山构造。紫金山火山构造属Ⅴ级火山构造,是上杭火山喷发盆地(Ⅳ级构造)的次级喷发中心。其主体位于紫金山主峰南东,为一呈北东走向的椭圆状。地貌上呈明显向北东开口的环状洼地,其宽度800~1000m,长度约1500m,保留的火山通道内充填英安玢岩、英安质隐爆角砾岩和边部复成分隐爆角砾岩或含角砾英安玢岩。岩筒外围由宽80~200m的震碎花岗岩环绕。火山管道的底部为火山侵入相花岗闪长斑岩。岩筒向北东东倾伏,倾角30°~50°,呈上宽下窄的漏斗状。在岩筒的北西部和南东部,隐爆角砾岩和英安玢岩呈脉带展布,形成宽约1200m、长约2000m的隐爆角砾岩密集带,总体呈"螃蟹状"(图16-10)。由于受构造环境的影响,该火山机构放射状构造不明显。

二、矿床含矿性地质前提

紫金山铜矿成因类型应为斑岩-高硫浅成中低温热液铜矿床,金矿成因类型则为高硫浅成低温热液氧化金矿床,则紫金山矿床是典型的石英-硫酸盐型浅成热液铜金矿床(陈景河,1999;郝秀云等,1999)。

1. 岩浆岩前提

大规模的铜金成矿作用发生在早白垩世(陈好寿,1996;周肃等,1994;张德全等,2001),并与早白垩世岩浆子系统(罗卜岭花岗闪长斑岩)有成因联系。研究表明,大规模隐伏于紫金山地区之下的花岗闪长斑岩是该区铜金矿床的控矿因素之一。

2. 火山构造前提

控制矿床、矿(化)点产出的火山机构类型繁多,主要包括破火山、锥状火山、穹状火山、层状火山、盾状火山、复式火山、火山喷发中心等。其中又以破火山、火山喷发中心、穹状火山等火山机构与区域断裂构造的复合部位对金矿的形成较为有利。紫金山金、铜矿受破火山构造和区域断裂复合的中型构造控制。

3. 剥蚀程度

良好的保存条件、剥蚀程度低是该类矿床形成的重要条件。紫金山金矿床火山岩型金矿床主要形成于浅部,其成矿深度一般不超过1500m。鉴于该区火山岩金矿容矿围岩成矿时代为中生代,故必须考虑成矿后的剥蚀深度。如剥蚀浅,矿床保存好;剥蚀过深,原来形成的金矿也大部或全部被剥蚀。所以剥蚀深度对火山岩金矿远景评价甚为重要。

4. 氧化带发育

氧化带发育是紫金山式金矿形成的重要条件。

紫金山金矿床原生阶段形成的金、铜矿体,经表生作用,矿体中Au、Cu元素发生迁移。

金在氧化淋滤亚带贫化,在氧化次生富集亚带富集。Cu、S、Ag、As等元素在氧化带中均有不同程度的贫化(廖经祯,1995)。由于金的络合物与SiO_2溶液迁移、沉淀条件相似,故自然金多与石英密切共生。目前已探明和控制的金资源/储量大部分都集中在氧化次生富集亚带。

次生富集部位在地形较陡、潜水面埋深较大、强烈氧化带中下部,黄钾铁矾带,褐铁矿化(铁帽)发育部位。

紫金山金、铜矿床缺失具有高^{65}Cu的次生富集带。紫金山金、铜矿床中的斑铜矿矿石、蓝辉铜矿铜矿石和铜蓝铜矿石中的铜矿物组合的铜同位素比值均在零附近,呈现原生的高硫型热液成因特征。紫金山金、铜矿床的蓝辉铜矿矿石在表生淋滤作用过程中^{65}Cu不断被带走,残留物富集^{63}Cu,最后形成具有极低的^{65}Cu同位素比值的表生成因铜蓝和孔雀石。由于紫金山矿区断裂构造发育,淋滤带走的^{65}Cu可能沿着裂隙进入汀江河水中,或许还有部分的铜沿着裂隙富集在矿床深部还未发现(刘文元,2015)。

三、矿床含矿性标志

1. 地球化学标志

火山岩型金矿常伴有金(银)等重砂异常和多元素地球化学异常展布,分带性明显,元素衬度高,见有Au、Ag、Hg、As、Bi、Cu、Pb、Zn、Mo等元素组合异常,重叠性好,异常环绕火山机构分布,并具一定的分带性。Au、Cu元素化探异常是其矿化的最直接指示标志(图16-12、图16-13)。矿区$Au>100\times10^{-9}$,$Cu>100\times10^{-6}$,可望发现隐伏矿化体。

2. 围岩蚀变标志

1)紫金山矿床围岩蚀变

紫金山矿床热液蚀变作用与燕山晚期钙碱性花岗闪长岩侵入-次火山作用有密切的成因及时空联系。主要蚀变类型为硅化、绢云母化、地开石化、明矾石化,其次还有少量氯黄晶化、钾长石化、绿泥石化、绿帘石化、方解石化以及重晶石化等。其中硅化(Q)从早到晚有4期;绢云母化(Ms)常与硅化石英组合成绢英岩化(Ph);地开石化(D)与硅化石英关系密切,也有4个阶段;明矾石化(Alu)是矿区内次火山热液蚀变期的典型蚀变,其形成有3个世代,分别与第二、第三、第四世代的石英、地开石共生,以晚期隐爆阶段蚀变(Alu2)最为强烈。

上述蚀变矿物生成顺序和共生组合关系如下:Q1+Ms1+(D1)→Ms2→Q2+D2+Alu1→Q3+D3+Alu2→Q41+D4+Alu2→Q42。

紫金山矿床具典型的高硫浅成低温热液蚀变矿化特征(张德全等,1992)。矿化类型与蚀变带分布有密切关系(图16-14)。从隐爆中心向四周依次分布的硅化帽、石英+明矾石、石英+地开石+明矾石+绢云母、石英+绢云母等蚀变带,分别与蚀变分期的二期五阶段、二期四阶段、三阶段,二期二阶段和二期一阶段等蚀变组合大致相当。

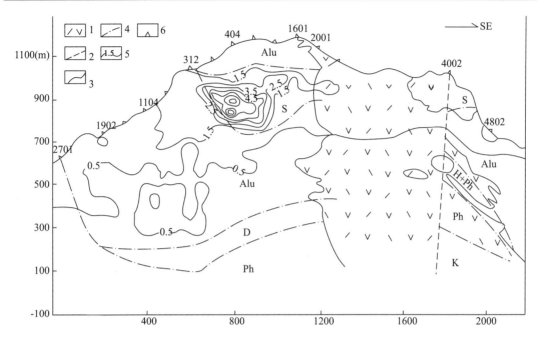

图 16-12 紫金山矿床 ZK2701—ZK4802 纵剖面 Au 元素异常图(据福建省地质勘查技术院)

1. 英安玢岩;2. 断裂;3. 地质界线;4. 蚀变界线;5. 等值线;6. 钻孔。Alu. 明矾石化带;S. 硅化带;
D. 地开石化带;H. 埃洛石化;Ph. 绢英岩化;K. 钾硅酸盐化

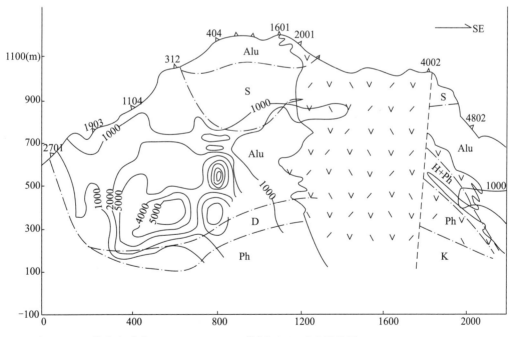

图 16-13 紫金山矿床 ZK2701—ZK4802 纵剖面 Cu 元素异常图(据福建省地质勘查技术院)
(图例及说明同图 16-12)

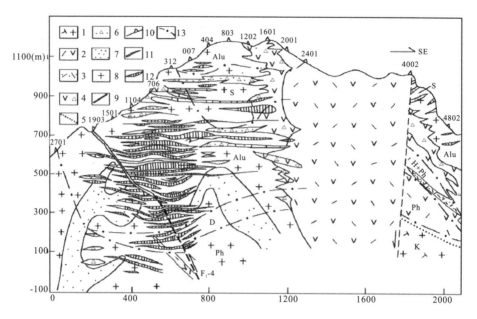

图 16-14 紫金山矿床 ZK2701—ZK4802 纵剖面地质图（据福建省闽西地质大队）

1. 花岗闪长斑岩；2. 英安玢岩；3. 隐爆凝灰岩；4. 隐爆角砾岩；5. 岩相分界线；6. 热液角砾岩；
7. 细粒白云母花岗岩；8. 中细粒花岗岩；9. 断层；10. 钻孔；11. 金矿体；12. 铜矿体；13. 蚀变岩相
带界线。蚀变岩相带代号同图 16-12

硅化帽控制了大部分金矿体的空间分布，还有小部分的金矿体是产在石英＋明矾石带中，因为金矿与低温硅化关系最为密切，其次是低温明矾石化（G. B. Arehart et al., 1992）。石英＋明矾石带控制了蓝辉铜矿、硫砷铜矿及铜蓝等铜矿化组合类型（刘连登等, 1999；王志辉等, 1995）。石英＋绢云母带控制了黄铜矿、斑铜矿、铜蓝、方铅矿、闪锌矿的铜铅锌矿化组合类型。石英＋地开石＋明矾石＋绢云母带的矿化类型则介于上述两个带之间。铜矿体主要产于石英＋明矾石带中。

2）中寮矿床围岩蚀变

中寮矿床中广泛发育一套斑岩铜矿蚀变，大致可以分为钾硅酸盐化、绢云母化、青磐岩化和硬石膏化 4 种类型：硬石膏化蚀变岩石仅呈细脉状、浸染状或团块状分布于钾硅酸盐岩石中；绢云母化广泛分布于花岗闪长斑岩上部及其围岩中；青磐岩化主要分布于花岗闪长斑岩近侧近地表或地表的花岗闪长岩中；而钾硅酸盐化仅出现在钻孔下部的花岗闪长斑岩内。斑岩型铜矿床的中寮矿床可以将蚀变分为 5 个带，即硬石膏化-钾硅酸盐化带（Anh＋K）；红柱石化-绢云母化带（And＋Ph）；埃洛石化-绢云母化带（H＋Ph）；绢云母化带（Ph）和青磐岩化带（P）（图 16-15）。蚀变分带的型式是：从花岗闪长斑岩的突起核部往顶部，依次是 Anh＋K、And＋Ph、H＋Ph；在该岩突的旁侧，从岩体往外依次是 Anh＋K、Ph、P。其中岩突顶部 And＋Ph、H＋Ph 蚀变带与五子骑龙深部的同类型蚀变带重合，从而显示中寮矿床是五子骑龙矿床的深部产物。

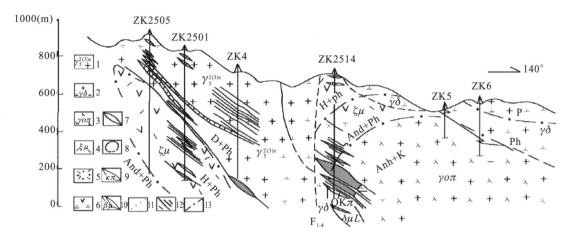

图 16-15 中寮矿床 25 线地质剖面图（据福建省第八地质大队）

1. 中细粒花岗岩；2. 花岗闪长岩；3. 花岗闪长斑岩；4. 英安玢岩；5. 晶屑凝灰岩；6. 隐爆角砾岩；7. 热液角砾岩；8. 地质界线；9. 正长斑岩；10. 辉绿玢岩；11. 岩相界线；12. 铜矿体；13. 蚀变岩相界线。K. 钾硅酸盐化；Ph. 绢英岩化；D. 地开石化；H. 埃洛石化；And. 红柱石化；Anh. 硬石膏化

3) 五子骑龙矿床围岩蚀变

五子骑龙矿床中各类岩石均遭受到广泛而强烈的蚀变，这些蚀变的类型和分布都以过渡于浅成热液型和斑岩型蚀变之间为特征。蚀变类型主要有绢英岩化、红柱石化、埃洛石化、地开石化、明矾石化。

绢英岩化是最早的一种蚀变岩石类型，它几乎遍布整个矿床的地表和剖面，被其他 4 种后期的蚀变岩石所改造和叠加；它以面状分布为主，也以脉状分布。红柱石化分布于深部，并叠加于绢英岩化中，它的最主要特征是柱状、粒状的红柱石和石英集合体常交代绢云母产出；一水铝石则是一个普遍出现的矿物，细粒黄铁矿浸染其间，它不但较稳定地和红柱石构成一个矿物组合（它略早于红柱石），还和埃洛石一起，构成了埃洛石化蚀变岩石。埃洛石化仅见于深部，它和石英以及一水铝石构成新生的矿物组合，交代原绢英岩化岩石，并叠加于绢英岩化之上。埃洛石形成略晚于一水铝石。地开石化广泛地分布于地表和钻孔中，主要由地开石和石英以及部分绢云母构成矿物组合，叠加在绢英岩化之上，此外含少量的黄铁矿、重晶石、氯黄晶、高岭石和叶蜡石。地开石主要呈浸染状散布，也呈脉状分布。

明矾石化分布极为局限，呈脉状、透镜状交代叠加在绢英岩化蚀变中，由石英、明矾石、地开石及黄铁矿组成。明矾石和地开石交代绢云母，而明矾石还交代地开石。由此可见，蚀变形成的时序是绢英岩化→红柱石化→埃洛石化→地开石化→明矾石化，后期的蚀变往往叠加在前期的蚀变之上，而作为前期的蚀变（主要是绢英岩化）却大部分或部分地被残留于岩石中。从剖面自上往下为地开石化-绢英岩化带（D+Ph）→明矾石化-绢英岩化带（Alu+Ph）→埃洛石化-绢英岩化带（H+Ph）→红柱石化-绢英岩化带（And+Ph）4 个带（图 16-16）。D+Ph 广泛分布于地表和剖面的最上部，呈南西厚北东薄的似层状覆盖于地表及剖面之上，它相当于紫金山矿床（浅成热液型）蚀变分带中的深部带。Alu+Ph 呈南西厚北东薄,往北西和南东方向迅速尖灭呈透镜状,局部为向绢英岩化带中穿插的脉状体。H+Ph 在剖面上呈厚约 100m 的似层状,出现在深部英安玢岩-花岗闪长斑岩岩体的顶部。And+Ph 呈层状体位于剖面的最下部。可见 D+Ph、H+Ph、And+Ph 呈较稳定的带状环绕并产于英安玢岩-花岗闪长斑岩的顶部之上,而 Alu+Ph 则呈透镜状体主要穿插于 D+Ph 蚀变带中。在这个蚀变分带中最上部的 D+Ph 及最下部的 And+Ph 分别与浅成热型蚀变的下部带和斑岩型蚀变带的上部带相衔接。

成矿元素的垂直分带自上而下是:Cu→Cu、Pb、Zn→Cu、Mo。

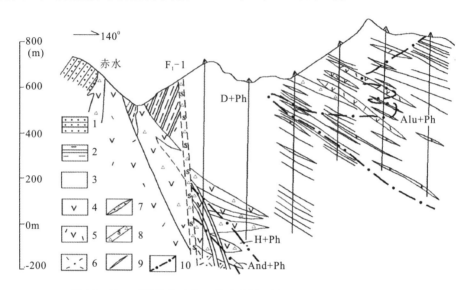

图 16-16 五子骑龙矿床 8 线地质剖面图(据福建省第八地质大队)

1. 上泥盆统砂岩;2. 下震旦统浅变质粉砂岩、千枚岩;3. 晚侏罗世中细粒花岗岩;4. 隐爆角砾岩;
5. 英安玢岩;6. 晶屑凝灰岩;7. 热液角砾岩;8. 断层角砾岩;9. Cu 矿床;10. 蚀变岩相界线。
Ph. 绢英岩化;H. 埃洛石化;D. 地开石化;And. 红柱石化;Anh. 硬石膏化

3. 采金老硐和采坑标志

矿区分布众多古代采金老硐和采坑。它们成群成带分布,是矿化带直接有效的指示标志。

4. 地貌标志

雄伟陡峭地貌特征,是次生石英岩化系列蚀变的典型地貌标志,也是矿床的地貌标志。

第四节 矿体潜在含矿性准则

一、矿体地质特征

紫金山金、铜矿床的主体是西北矿段。根据张德全等(1991)研究表明,紫金山金、铜矿床的金矿体主要分布在海拔标高 650m 以上的氧化带中,而铜矿体主要分布在海拔标高 650m 以下的原生带中,形成了"上金下铜"的矿化分带特征(图 16-17)。

矿床具有明显的平面和垂直蚀变分带特征,从火山机构中心往外依次为硅化带、石英-明矾石化带、石英-地开石化带、石英-绢云母化带。金矿化主要与硅化关系密切,产于强硅化的中细粒花岗岩中。铜矿化则与明矾石化蚀变密切相关。紫金山西北矿段按北东向展布,可将铜矿体划分为 0 号、Ⅰ号、Ⅱ号和Ⅺ号 4 个主要的铜矿带(图 16-17)。铜矿石主要产于热液角砾岩中,以典型的蓝辉铜矿-铜蓝-硫砷铜矿-明矾石矿物组合为特征,少数的黄铜矿、斑铜矿、闪锌矿等矿物分布在深部的石英-绢云母化带中。

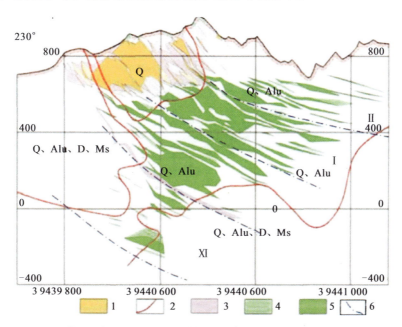

图 16-17 紫金山铜金矿 3 号勘探线剖面示意图(根据紫金山地质报告资料修改)
1. 金矿体;2. 蚀变带分界线;3. 英安玢岩;4. 表外铜矿体;5. 表内铜矿体;
6. 矿带分界线。Q. 硅化;Alu. 明矾石化;Ms. 绢云母化;D. 地开石化

刘文元(2015)通过对紫金山露天采场进行详细的野外工作,发现前人描述的"上金下铜"的矿化分带不够准确。在紫金山以上的露采场中,氧化型金矿体两侧的同海拔处仍然存在大量的原生铜矿体,金矿带与铜矿带在水平方向上可见明显的过渡分带(金铜混合带)。受紫金山火山机构和氧化淋滤作用的影响,在远离火山口方向上,蚀变分带依次为多孔状石英-褐铁矿化、褐铁矿-地开石-硅化、明矾石-地开石-硅化和地开石-绢云母化。

这些野外地质现象清晰地表明,紫金山金、铜矿上部(>600m)的铜和金原本是共生的。由于受两组密集交会断裂带的影响,在密集裂隙带发育的区域发生强氧化淋滤作用,铜矿物受氧化淋滤作用而流失,金颗粒在此过程中则发生次生富集。而裂隙带不太发育的区域,原生铜矿体保留下来,残留的铜矿石还可见自然金颗粒分布在蓝辉铜矿中。因此铜矿体和金矿体的矿化分带不只是在垂向上,水平方向也存在,这种分带实际是受由密集裂隙带控制的氧化淋滤作用的影响(刘文元,2015)。

二、矿体含矿性地质前提

1. 火山构造前提

控制金矿(化)体的产出的火山构造主要有火山机构边缘的环状和放射状断裂、筒状火山通道、爆发角砾岩构造。如紫金山矿床中金矿体主要产于爆发角砾岩脉中。

2. 构造前提

火山岩型金矿的产出与特定的构造部位密切相关,金矿体就位的有利构造部位有:①火山断坳盆地边缘;②火山岩带中区域性断裂旁侧次级断裂或多组区域性断裂复合处;③火山穹隆、破火山口周边断裂系统,火山管道的上部或周边接触带;④次火山岩体的中上部接触带或隐爆角砾岩带中;⑤火山活动旋回后期复活的断裂带、层间破碎带等。

三、矿体含矿性标志

1. 围岩蚀变标志

由于受多期次蚀变作用,蚀变规模和强度广大和强烈。该类型金矿围岩蚀变类型繁多,为一套高硫中低温蚀变组合,有硅化、黄铁矿化、明矾石化、地开石化、绢云母化、叶蜡石化、绿泥石化、重晶石化、青磐岩化等,主要为硅化、明矾石化、地开石化和绢云母化,其中以硅化和黄铁矿化与金矿关系最为密切。

一般蚀变越强烈且蚀变分带越明显对成矿越有利。硅化(或石英脉)和黄铁矿化是找矿的重要标志。明矾石化带是铜矿的重要蚀变标志。低温硅化带是金矿的重要蚀变标志。

硅化带是紫金山式铜金矿床的上部蚀变标志,绢云母化带是该矿床的下部蚀变标志,根据围岩蚀变可判断剥蚀程度。

2. 地球物理标志

1）主要岩矿石物性特征

变质岩电阻率平均值大约在 500Ω·m，视极化率大多在 4.0% 左右；岩体和火山沉积岩电阻率平均值在 300Ω·m，视极化率在 2.0%～4.0% 之间变化；各类含金属硫化物矿化的岩石和矿石均有大于 4.0% 的视极化率；第四系沉积物电阻率在 100Ω·m 以下，视极化率大多小于 2.0%。

2）电阻率标志

由于岩石的结构和岩性不均匀，其电阻率差异较大；受断裂影响而破碎的岩石，由于孔隙结构变化及含水因素，电阻率明显下降。由于理论上电阻率测量要求地形平坦（或单斜），而本次工作区内的地形切割剧烈，地势变化较大，取得的电阻率资料仅具相互比较的意义。

3）激电标志

激电法矿产勘探的应用前提是岩（矿）石中含有电子导体（金属硫化物或石墨），大量的实验证明电子导体具有明显的激电效应。激电法可以有效地发现和寻找硫化物金属矿床，地质效果也颇为显著，目前已成为一种常规物探找矿方法。本工作区内岩（矿）石的蚀变矿化与金属硫化物密切相关，黄铁矿化广泛发育，各种铜金矿石与其他金属硫化物共生，而工作区又无非矿化的石墨化的干扰影响，激电异常均与金属硫化物有关，因此，激电法异常是寻找金属硫化物的地球物理标志。

3. 地球化学

Ag、Au、Bi(Mo) 是铜矿床的上部元素组合，Cr 是铜矿的尾晕元素，Au 异常及矿体的存在是矿床未受较大剥蚀的重要标志。

第十七章 鞍山-本溪鞍山式铁矿

第一节 华北陆块成矿省内鞍山式铁矿

一、鞍山式铁矿时空分布

1. 鞍山式铁矿空间分布

华北陆块是我国主要的鞍山式铁矿床分布区,陆块内成矿区(带)主要有鲁西成矿带、舞阳-霍邱成矿带、密云-遵化成矿带、五台-吕梁成矿带、固阳成矿带以及鞍山-本溪成矿亚带(沈保丰等,2005)。

根据中国地质科学院矿产资源所陈毓川等(2006)在《中国成矿区(带)的划分》一文中的划分,鞍山式铁矿床分布区则分属于:Ⅱ-3华北陆块北缘成矿省的Ⅲ-11华北陆块北缘东段太古宙、元古宙、中生代金银铅锌镍钴硫成矿带、Ⅲ-12华北陆块北缘中段太古宙、元古宙、中生代金银铅锌铁硫铁矿成矿带、Ⅲ-13华北陆块北缘西段太古宙、元古宙、中生代铁铌稀土金铜铅锌硫成矿带,Ⅱ-4华北陆块成矿省的Ⅲ-14胶辽太古宙、元古宙、中生代金铜铅锌银菱镁矿滑石石墨成矿带、Ⅲ-18五台-太行太古宙、元古宙、古生代、中生代金铁铜钼钴银锰成矿区,Ⅱ-8秦岭-大别成矿省的Ⅲ-39桐柏-大别元古宙、中生代金铅锌银非金属成矿带。

鞍山-本溪地区鞍山式铁矿床则分布于上述Ⅲ级成矿单元中的太古宙、元古宙变质地层出露区,应属于Ⅳ级成矿单元,为成矿亚区(带)。

2. 鞍山式铁矿时间分布

华北陆块成矿期从古太古代一直持续至古元古代时期,新元古代时期亦有少量铁建造形成。其中新太古代2.7~2.5Ga为成矿高峰期,(张连昌等,2011;翟明国,2010)。

古太古代铁建造局限于华北陆块中段的冀东迁安地区,中太古代鞍山式铁矿零星产出于冀东水厂、迁安、密云等地。但张连昌等(2012)认为华北陆块是否存在古—中太古代铁建造尚待进一步研究证明。新太古代鞍山式铁矿广泛分布于华北陆块,以鲁西地区、鞍山—本溪地区、五台地区较为集中。太古宙时期形成的鞍山式铁矿基本均为 Algoma 型,仅在鞍山-本溪地区发育具有 Superior 型铁矿特征的矿体。Superior 型铁矿主要见于吕梁地区袁家村、吉林大栗子铁矿区,成矿时期限定为古元古代 1.8Ga 左右(沈保丰,2012)。华北陆块新太古代铁建造的形成时限同大规模基性—中酸性岩浆活动相一致,受新太古代末期—古元古代早期强烈的构造-热事件改造控制。

二、鞍山式铁矿成矿构造环境

地球化学研究结果表明华北陆块铁建造无 Ce 负异常,明显的 Eu 正异常,铁建造富集重 Fe 同位素,强烈亏损 ^{30}Si,$\delta^{33}S$ 多为负值,暗示华北陆块鞍山式铁矿同全球铁建造形成机制类似,均为在缺氧的还原性深海中由海底热液提供 Fe 和 Si 成矿物质沉淀而成,多形成于岛弧构造环境,但也可能存在地幔柱叠加成因(李延河等,2010,2012;李志红等,2008;代堰培等,2012,2013)。铁建造铁矿形成于基性—超基性岩浆上涌、洋壳薄弱的构造环境中。

由于铁建造自身的地球化学性质无法反演其形成的地球动力学背景,通常人们利用赋存铁建造铁矿的绿岩带与铁矿体整合产出的基性—中酸性变质火山岩地球化学特征来判定铁建造铁矿形成的构造环境(表 17-1)。

表 17-1 我国主要赋存铁建造的绿岩带地球动力学背景

绿岩带	岩石组合	年龄/Ma	地球动力学背景	参考文献
鞍山-本溪绿岩带	拉斑玄武岩-英安岩-铁建造	2540	岛弧构造、弧后盆地	代堰培等(2012,2013)
五台绿岩带	玄武岩-流纹岩-铁建造	2550~2500	洋壳俯冲岛弧构造	Polat et al.(2005)
冀东绿岩带	拉斑玄武岩-铁建造	2555~2550	俯冲相关的弧后盆地	Zhang et al.(2011)
固阳绿岩带	科马提岩-拉斑玄武岩-铁建造	2540	深部地幔柱发育的岛弧构造	刘利等(2012)
鲁西绿岩带	科马提岩-拉斑玄武岩-铁建造	2750~2700,2560~2525	岛弧构造	万渝生(1993)

目前对于太古宙绿岩带形成的地球动力学背景主要有 4 种主流观点:

(1)地幔柱体系。Isley 等(1999)和 Pirajno(2004)注意到铁建造在产出时间上同全球地幔柱活动具有相吻合的高峰期,认为铁建造铁矿的形成与大规模地幔柱活动相关。Huston 等(2004)认为 2.7~2.5Ga 新太古代 Algoma 型铁建造铁矿成矿高峰期同 2.7Ga 时的一次地幔柱活动有关,但有些鞍山式铁矿的形成同地幔柱构造发生的时间不吻合(Steinhoefel et al.,2009;Wang et al.,2009;Bekker et al.,2010)。

（2）岛弧构造体系。有些太古宙绿岩带中的基性—中酸性火山岩具有岛弧火山岩地球化学特征，火山沉积岩性组合同现代岛弧环境下相类似，弧后盆地中存在大量的海底火山热液活动为铁建造铁矿沉积提供物质来源（万渝生，1993；Zhang et al. ，2011；Polat et al. ，2005；代堰培等，2012，2013；张连昌等，2012；Khoza et al. ，2013）。

（3）地幔柱-岛弧构造体系。太古宙绿岩带中常见有科马提岩等超基性岩石，而岛弧构造环境中无法解释这种地质现象，基性火山岩也具有地幔柱体系的地球化学特征（Balakrishnan et al. ，1990；Polat et al. ，1999；Hollings et al. ，1999；Wyman et al. ，1999，2002；Jayananda et al. ，2008；Kerrich et al. ，2008；Wyman and Kerrich，2009）。

（4）大陆裂谷边缘的地幔柱体系。某些绿岩带中具有双峰式火山岩，高镁、低镁玄武岩共存，具有地幔柱柱头岩浆受地壳混染较为明显的地球化学特征，铁建造沉积序列具有现代大陆裂谷红海海底沉积特征（Manikyamba et al. ，2004；Prendergast，2004；Said et al. ，2010）。

第二节　鞍山-本溪成矿亚带

鞍山-本溪成矿亚带位于华北陆块北缘东段，是我国最大的条带状铁矿成矿亚带。成矿亚带内，鞍山式铁矿床主要有西鞍山铁矿、齐大山铁矿、胡家庙子铁矿、大孤山铁矿、陈台沟铁矿、弓长岭矿区、歪头山铁矿、北台铁矿、南芬铁矿、思山岭铁矿等。

近年来，随着地质找矿工作的深入进展，相继发现了大台沟铁矿、韭菜沟铁矿、徐家堡子铁矿等矿床，并且在黑石砬子、弓长岭二矿区、胡家庙子等矿床深部勘查获得了大量的资源储量。

一、成矿亚带空间特征

1. 大地构造位置

鞍山-本溪成矿亚带位于中朝准地台胶辽台隆与华北断坳的交接处，横跨下辽河断陷、铁岭-靖宇台拱、太子河-浑江台陷和营口-宽甸台拱4个Ⅲ级大地构造单元。处于中朝准地台胶辽台隆中的太子河-浑江台陷西段，Ⅳ级构造单元为辽阳-本溪凹陷。区内又可划分为5个Ⅴ级单元：鞍山凸起、歪头山凸起、南芬凸起、辽阳凹陷、本溪凹陷（辽宁省地质矿产局，1989）（图17-1）。

2. 鞍山式铁矿的分布

鞍山-本溪成矿亚带鞍山式铁矿主要分布于鞍山、弓长岭、北台-歪头山以及南芬-大台沟4个矿田（表17-2，图17-2）。

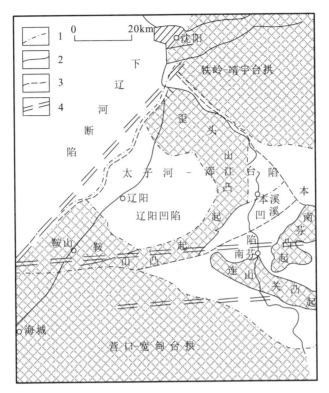

图 17-1 鞍本地区构造分区示意图(据辽宁省地质矿产局,1989)
1. Ⅲ级构造单元界线;2. Ⅳ级构建单元界线;3. 区域性断裂;4. 推测深大断裂

表 17-2 鞍山-本溪成矿亚区铁建造型铁矿矿田主要矿床

矿田	主要矿床
鞍山矿田	西鞍山、齐大山、大孤山、胡家庙子、眼前山、小房身
弓长岭矿田	弓长岭二矿区、弓长岭一矿区、三矿区、独木矿区、黄泥岗
歪头山-北台矿田	歪头山、韭菜沟、果木园子、北台、大河沿
南芬-大台沟矿田	南芬、徐家堡子、大台沟、思山岭

3. 富铁矿的分布

刘忠元等(2015)按产出位置将成矿带划分为鞍山Ⅴ级成矿区和本溪Ⅴ级成矿区(图17-3)。鞍山Ⅴ级成矿区内有鞍山矿田,累计探明资源量大于80亿t。而本溪Ⅴ级成矿区则包括弓长岭、北台-歪头山以及南芬-大台沟3个矿田,累计探明资源量大于100亿t。

成矿亚带内有9个资源量大于10亿t的特大型铁矿,分布在东西长85km、南北宽约25km的区域内。矿床总体特点是规模大、品位低,TFe含量一般在25%~40%之间,平均30%左右。矿石以磁铁矿为主,部分为赤铁矿。

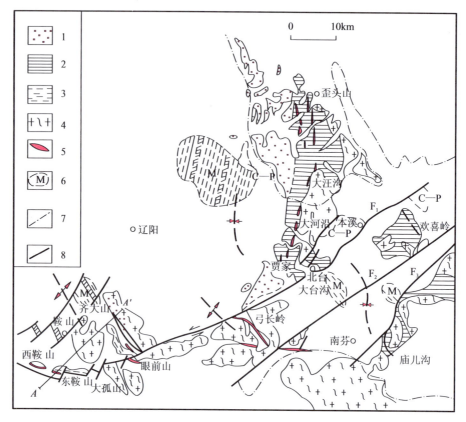

图 17-2　鞍山—本溪地区地质简图(引自《鞍山—本溪地区地质》)

1. 大峪沟组；2. 茨沟组；3. 樱桃园组；4. 花岗质岩石；5. 矿体；6. 磁异常区和推断矿体；7. 省界；
8. 大断裂；C—P. 石炭系—二叠系；F_1. 寒岭断裂；F_2. 偏岭断裂；F_3. 下马塘断裂

初步统计鞍山—本溪地区至少有 10 个铁矿床中有富铁矿体赋存，其矿石品位为一般鞍山式铁矿品位的 1.5～2 倍。将含有富铁矿的矿床展绘到研究区铁矿床分布图(图 17-3)上可以看出，除歪头山铁矿外，其他有富铁赋存的铁矿床均分布在上述近东西向展布的条带状区域内，与区内特大型铁矿床分布范围相吻合，且除歪头山、大孤山和小岭子铁矿外，其余 7 个矿床均为资源量超过 10 亿 t 的特大型铁矿床(刘陆山等，2015)。

富铁矿体一般呈似层状、脉状、筒状、团块状，以及其他不规则形状，赋存在条带状磁铁石英岩矿层中，尤其是比较大的富矿体都产在条带状磁铁石英岩矿层中或附近，只有很少数的小富铁矿体产在蚀变围岩中。在富铁矿体中常可见有条带状磁铁石英岩的淋滤残余。条带状磁铁石英岩的规模决定磁铁矿富矿的规模，只有在延伸很深、规模很大的条带状磁铁石英岩旁才能形成规模大的富铁矿体(王恩德等，2012)。

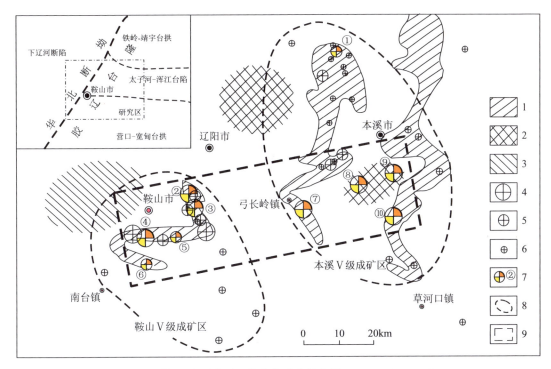

图 17-3 鞍山-本溪成矿亚带富铁矿床分布图(据刘陆山等,2015 修改)

1. 含铁建造出露区;2. 被证实的隐伏含铁建造分布区;3. 推测的隐伏含铁建造分布区;4. 资源量大于 10 亿 t 铁矿床;5. 资源量(1~10)亿 t 铁矿床;6. 资源量(0.01~1)亿 t 铁矿床;7. 含富铁的矿床(①歪头山铁矿,②齐大山铁矿,③胡家子铁矿,④东鞍山铁矿,⑤大孤山铁矿,⑥小岭子铁矿,⑦弓长岭铁矿,⑧大台沟铁矿,⑨思山岭铁矿,⑩南芬铁矿);8. 铁矿成矿亚区范围;9. 富铁及特大型铁矿分布区域

二、成矿亚带潜在含矿性地质前提

1. 变质地层前提

太古宙花岗岩和变质地层是条带状含铁建造的赋矿围岩。

在鞍山地区,鞍山群樱桃园组为条带状含鞍山式铁矿的容矿围岩。鞍山群樱桃园组不整合覆盖在铁架山花岗岩(2.9Ga)之上,后期又被 2.5Ga 左右的齐大山花岗岩侵入。

在本溪地区,鞍山群茨沟组是条带状含鞍山式铁矿的容矿围岩。崔培龙(2014)、代堰培等(2012)对歪头山铁矿茨沟组进行了锆石 U-Pb 同位素测年,得出的结果在 2548~2523Ma 之间。

采用绿岩带"标准"柱状剖面进行岩组层序对比的方法(张秋生,1988),将鞍山-本溪地区含铁变质地层划分为茨沟组、大峪沟组和西鞍山组(表 17-3)。

表 17-3 鞍山—本溪地区含铁变质地层的划分对比表

程裕淇 (1963)		辽宁区测队 (1976)		周世泰 (1994)	《辽宁区域地 质志》(1989)	李士江等(2010)	
鞍山群	上部	樱桃园组		上鞍山群	樱桃园组	樱桃园组	鞍山群	上部	西鞍山组
		大峪沟组			大峪沟组	大峪沟组			大峪沟组
	中部	茨沟组	茨沟组	二段	中鞍山群	烟龙山组	茨沟组		中部	茨沟组
				一段		山城子组				
	下部	通什村组		下鞍山群	通什村组	通什村组		下部	通什村组
		石棚子组			石棚子组	石棚子组			石棚子组

茨沟组原岩为基性—中酸性火山岩,夹泥质-粉砂质沉积岩和硅铁质岩,变质程度为角闪岩相。大峪沟组原岩主要为中酸性火山岩、火山碎屑岩,夹薄层基性火山岩、沉积岩和硅铁质岩,变质程度为角闪岩相。茨沟组和大峪沟组,相当于绿岩带中部岩系的上部岩组。西鞍山组原岩主要为泥质-粉质沉积岩夹硅铁质岩及少量基性、中酸性火山岩,变质程度为绿片岩相,相当于绿岩带上部沉积岩系(李士江等,2010)。

含铁变质地层主要出露于鞍山凸起、歪头山凸起和南芬凸起内,构成凸起的岩石大部分(>80%)为太古宙花岗岩,变质岩层均呈大小不等、形态各异的捕虏体赋存于太古宙花岗岩中,共同构成鞍山-本溪地区的花岗岩-绿岩地体。

鞍山凸起包括鞍山和弓长岭两部分。鞍山地区有南、北两个铁矿带:北为樱桃园矿带;南为东西鞍山-眼前山矿带。弓长岭地区包括一矿区、二矿区、三矿区以及独木矿区。

歪头山凸起含铁变质地层走向北北东,向北西倾斜,有歪头山铁矿、北台铁矿、大河沿铁矿、棉花堡铁矿、贾家堡子铁矿等。南芬凸起主要有庙儿沟铁矿。除上述 3 个凸起外,本溪凹陷中有大台沟磁异常、徐家堡子(小台沟)磁异常和思山岭磁异常。经勘探证实,在古生界—新元古界之下均见到含铁变质地层和条带状铁矿,其层位应属鞍山群;辽阳凹陷有大达连洲磁异常、张台子磁异常;鞍山凸起西部有羊草庄磁异常、李三台子磁异常,推测均应有鞍山群含铁变质地层的存在,磁异常是由条带状铁矿所引起(李士江等,2010)。

2. 地质构造前提

1)断裂构造

成矿亚带内断裂构造发育,对成矿亚带地质构造影响最大。可能控制了区内的含铁建造分布的是北东走向寒岭-偏岭平移断裂带,为郯城-庐江断裂带东盘的一条次级断裂。寒岭断裂西起鞍山南部,隐伏于第四系之下,向北东东延伸经大孤山、寒岭、弓长岭二矿区、本溪市,东至偏岭镇。偏岭断裂位于寒岭断裂南侧,呈平行状(图 17-2)。寒岭-偏岭平移断裂带总长度可达 130km,呈近东西向至北东东向延伸(张国仁等,2004)。

鞍山—本溪地区的太古宙花岗绿岩带受古断裂控制呈北东向展布,其东侧地表出露的为茨沟组,西侧为樱桃园组,铁矿床相应地也分布在其中。

2)褶皱构造

成矿亚带内的褶皱构造包括辽阳向斜、本溪向斜、鞍山凸起等。从褶皱的样式及出露状态可以看出区内的褶皱遭受了多期的变质变形改造:太古宙形成的褶皱保留不全,多呈现为单斜褶皱,局部褶皱式样复杂而多变;古元古代形成的褶皱多表现为近东西向的向斜;而新元古代和古生代形成的褶皱多构成北西向或北东向的背斜或向斜。褶皱构造控制了含铁变质地层的分布。

3. 变质岩前提

成矿亚带内变质岩可分为表壳岩和绿岩带,普遍遭受混合岩化作用,而未受混合岩化的变质岩多呈残留体分布于混合岩化岩石中。鞍山-本溪地区变质岩主要有 6 种类型,分别为斜长角闪岩类、变粒岩类、片岩类、片麻岩类、混合岩化岩类以及硅铁建造岩类(戴传祇,2017)。

斜长角闪岩类是鞍山群大峪沟组和茨沟组主要的变质岩石之一,在本溪地区与条带状含鞍山式铁矿交互产出,是最主要的围岩类型。变粒岩类主要分布于贾家堡子和歪头山一带,是鞍山群大峪沟组主要变质岩之一。片岩类全区内都有分布,大多呈层状产于铁矿层中或作为铁矿围岩产出,常遭受混合岩化作用。片麻岩类主要由太古宙岩浆岩变质而来,经混合岩化作用可形成混合岩化片麻岩。硅铁建造岩类即条带状铁矿石。

除上述的几种主要变质岩外,局部出现千枚岩、硅铁质片岩等副变质岩。根据野外产出关系、变余组构及地球化学特征可将成矿亚带内变质岩归并分为 3 种组合类型:①千枚岩-黑云变粒岩建造;②黑云变粒岩建造;③黑云片麻岩-斜长角闪岩建造。其岩性及原岩类型见表 17-4。

表 17-4 鞍山—本溪地区鞍山群地层变质岩建造及原岩建造

地层		变质岩建造	变质岩石		原岩建造	原岩恢复	
			主要岩石	次要岩石		主要岩石	次要岩石
鞍山群	樱桃园组	千枚岩-黑云变粒岩建造	千枚岩、黑云变粒岩、条带状磁铁石英岩	斜长角闪岩、中酸性火山岩	火山岩-沉积岩建造	泥质-粉砂质页岩、中酸性火山凝灰岩	磁铁质沉积岩、基性火山岩
	大峪沟组	黑云变粒岩建造	黑云变粒岩	条带状磁铁石英岩	斜长角闪岩、中酸性火山岩建造	中酸性火山凝灰岩、磁铁质沉积岩	基性火山岩
	茨沟组	黑云片麻岩-斜长角闪岩建造	黑云片麻岩、黑云变粒岩	斜长角闪岩、条带状磁铁石英岩	沉积火山岩建造	泥质-粉砂质页岩、中酸性火山岩	基性火山岩、磁铁质沉积岩

三、成矿亚带潜在含矿性标志

成矿亚带潜在含矿性标志主要为磁异常标志，具体内容如下。

1. 岩矿石磁性参数

任群智(2011)总结了鞍山地区岩矿石的磁性特征具有以下特点：

(1)鞍山式铁矿(磁铁石英岩)的磁性最强，是鞍山地区唯一能引起强磁异常的场源。属绿片岩相的磁铁石英岩(未氧化)矿石的磁化率一般在$(0.01\sim0.7)\times4\pi SI$；角闪岩相的磁铁石英岩的磁化率常达$(0.5\sim2)\times4\pi SI$；只有少数铁矿石具有较强的余磁，且大多以感磁为主。

(2)铁矿的磁性强弱受矿石的氧化程度影响很大。鞍山地区的铁矿床具有较深的氧化带，一般可达400~500m。铁矿石磁性随氧化程度的加深而减弱；当铁矿石完全氧化时，矿石则几乎没有磁性。因此，若矿体具有较深的氧化带且产状较缓时，磁异常的中心就不在铁矿体的露头上，鞍山地区西鞍山铁矿就是典型例子。

(3)鞍山式条带状磁铁石英岩的磁性具有各向异性的特点，顺矿石条带(条纹)方向和垂直条带(条纹)方向的磁化率差异可达1.8倍以上。根据这一特点，当矿体产状较陡时，容易产生顺层磁化，形成陡峭的磁异常；而铁矿体产状较平缓时，由于消磁作用的影响使磁异常显著降低。

(4)磁铁富矿和贫矿(磁铁石英岩)的磁性存在明显的差异。胡家庙铁矿和弓长岭铁矿的富矿平均磁化率分别是贫矿磁铁石英岩平均磁化率的2.2倍和4.2倍。

(5)鞍山地区铁矿的各种近矿围岩，如千枚岩、斜长角闪岩、变粒岩等磁性均很弱。

(6)区内出露的各时代侵入岩磁性各有差异。各时代的花岗岩磁性均很弱，前寒武纪闪长岩只有微弱磁性，时代较晚的闪长岩具有中等磁性，基性岩和超基性岩具有中等磁性。

(7)各时代的沉积岩基本不具磁性或磁性很弱。

2. 航磁异常标志

1:50万的航磁异常能反映出鞍山-本溪成矿亚带基底构造及矿田和超大型铁矿床的分布。

1:20万航磁异常对于鞍山-本溪成矿亚带鞍山式铁矿具有明显的指示意义。1:20万航磁异常分布区鞍山群出露地段均已发现鞍山式铁矿(戴传祇,2017)。

鞍山、弓长岭、北台-歪头山以及南芬-大台沟4个矿田在图17-7上都有明确的磁异常显示。鞍山矿田是区内最强的磁异常。弓长岭矿田磁异常明确。南芬-大台沟矿田有南、北两个磁异常，是南芬矿床和大台沟矿床的显示。北台-歪头山矿田磁异常也有所显示。

第三节 矿田潜在含矿性准则

鞍山矿田主要由南北两个矿带组成,呈"V"形分布(图17-4)。

南矿带呈东西走向,从西往东依次为大孤山、黑石砬子、东鞍山、西鞍山铁矿,深部矿体基本连续,东西延长达12km,且自西鞍山铁矿体倾伏于第四系之下向西延伸。矿带中主矿体均为一层,厚度90~300m不等,但在大孤山铁矿的主矿体之上见有一层厚20~40m主要赋存于千枚岩中的薄矿层,矿石主要类型为假象赤铁石英岩以及菱铁矿,矿体总储量为12 175.6万t,其中碳酸铁矿储量为9 564.7万t。

北矿带呈南北走向,从北往南依次为齐大山、西大背、胡家庙子、眼前山铁矿,南北延长达14.5km,主矿层均为厚100~300m的单层矿体,走向为北西向,近似直立,但在齐大山铁矿见有一个薄层矿体。

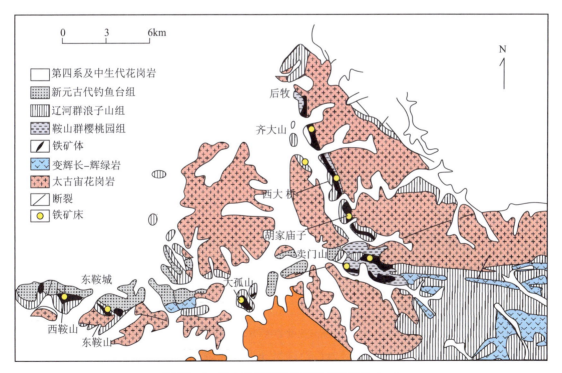

图17-4 鞍山矿田矿床分布图(据周世泰,1994)

一、矿田潜在含矿性地质前提

1. 构造前提

鞍山矿田控矿构造为不对称穹形构造体系。该体系以铁架山太古宙花岗杂岩为核心，轴面近南北，西翼向南西倒伏，东翼近似直立。一系列的北东向断裂，直接控制着该矿带的铁矿床分布，使得该矿带整体上呈现出东西向分布，但单个矿床的矿体走向仍为北西—北北西向。沿断裂运动方向恢复构造前的矿体，可以发现均为北北西向，同齐大山、西大背矿体走向一致。

歪头山-北台矿田控矿构造为近南北向往东倒卧复式背斜褶皱构造。赋存于茨沟组斜长角闪岩中的铁矿产于北台-歪头山近南北向往东倒卧复式背斜的核部，构成了东部铁矿带。从歪头山向南经红旗岭、朝汕岭梨树沟、彩北屯至北台一带断续分布，大致在梨树沟至代家堡联线以西倾没于变粒岩之下。而赋存于大峪沟组变粒岩中的铁矿分布于北台-歪头山近南北向往东倒卧复式背斜的两翼，亦具有断续分布的特点，其西翼部分向西中等倾斜，构成本区的西部铁矿带，而东翼部分在本溪东南部出露，多呈倒卧褶皱形式出现，因而褶轴面和条带面也主要向西倾斜。

南芬-大台沟矿田地层主要受本溪向斜、南芬背形和偏岭断裂带控制，由于偏岭断裂具左行压扭性运动特征，导致区内地层均轻微西倾。

弓长岭矿田褶皱和断裂构造较为发育，明显控制铁矿体的分布及产状。主要褶皱为弓长岭背斜和三道岭-下马塘背斜。断裂构造呈北东向和北北西向2组，主要为寒岭断裂、偏岭断裂，次级断裂为三道岭-陈家岭断裂、汤河-南芬断裂以及东黄泥岗断裂。

2. 地层前提

鞍山矿田赋矿地层主要为鞍山群樱桃园组。樱桃园组主要由上部千枚岩、铁矿体和下部千枚岩、片岩组成，与上覆细河群为不整合接触关系，普遍受到了不同程度的混合岩化作用。

弓长岭矿田赋矿地层为鞍山群茨沟组，呈残留体状包裹在混合花岗岩中，主要岩性为一套基性—中酸性火山岩、碎屑岩为主的火山沉积建造，其中以二矿区茨沟组出露最为完整。

歪头山-北台矿田中同铁矿相关的地层为鞍山群茨沟组和大峪沟组。歪头山—北台地区茨沟组大面积出露，主要铁矿床有歪头山、北台、梨树沟、韭菜沟、大河沿等。大峪沟组向近南北向出露于歪头山—北台地区西侧，主要铁矿床有贾家堡子、大洼沟等。

南芬-大台沟矿田赋矿地层为鞍山群茨沟组和大峪沟组。

二、矿田潜在含矿性标志

1∶10万航磁异常（图17－5）和重力异常是在矿田范围内寻找铁矿床最重要的标志。

以鞍山矿田为例。齐大山-胡家庙-西大背异常位置与齐大山-西大背南北铁矿带非常吻合。祁家沟异常经勘探证实为多层铁矿引起。张家湾异常为埋藏不深的隐伏铁矿引起,经过勘查证实为长约1500m、厚度为40~60m的铁矿。陈台沟异常推测为具有一定埋深的铁矿引起。羊草庄异常前人的研究认为由埋深较大的鞍山式铁矿引起。

鞍山矿田是一个大磁异常、重力异常区,分布有4条异常带。磁异常强度都为$n\times10^5$ nT,具有明显的带状分布特征。围绕铁架山花岗岩区构成一个近似环状的异常群(任群智,2011)。4个异常带分别是南北铁矿异常带、南部异常带、关门山-谷首峪异常带、小岭子-靛池沟异常带。

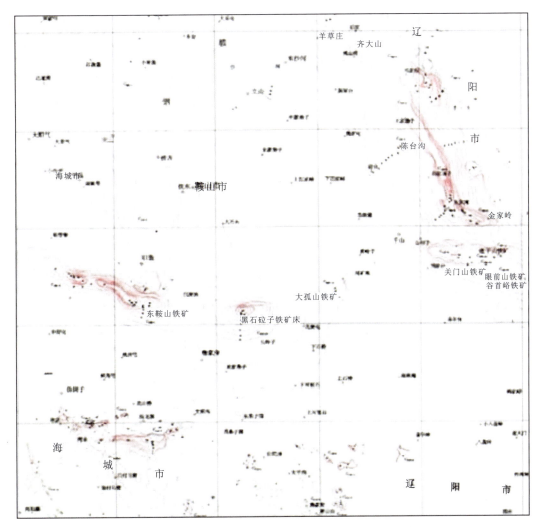

图17-5 鞍山-本溪成矿亚带1:10万航磁异常成果示意图

(据辽宁省冶金地质勘查局,1997)

1. 南北铁矿异常带

南北铁矿异常带为羊草庄—樱桃园—胡家庙—金家岭一线的异常带,全长 20 余千米,异常强度很大,一般大于 $1 \times 10^4 \mathrm{nT}$,局部地区大于 $1 \times 10^6 \mathrm{nT}$,梯度陡,是鞍山南北铁矿带的反映。该异常带可进一步划分为齐大山-胡家庙-西大背异常、祁家沟异常、张家湾异常、陈台沟异常、羊草庄异常等。

2. 南部异常带

鞍山南部的异常带由东西铁矿带的东鞍山铁矿异常、西鞍山铁矿异常、黑石砬子铁矿异常、大孤山铁矿异常、四方台异常和李三台子深大异常组成一个"V"字形磁异常带。南翼由东西铁矿带的大孤山以西部分组成,北翼由四方台和李三台子两个隐伏异常组成。

由于东鞍山、西鞍山之间的铁矿体是互相连续的,所以东鞍山铁矿和西鞍山铁矿的磁异常是一个整体。东鞍山、西鞍山铁矿重力异常(G-23)的形状、方向、位置和规模与磁异常和东鞍山、西鞍山铁矿完全吻合。黑石砬子异常(G-18)的规模较大,黑石砬子铁矿应该具有很大的潜力。大孤山异常(G-19)仅是保有铁矿引起的磁场的反映。李三台子重磁异常(G-14)应该是埋深很大的鞍山式铁矿引起的磁异常。四方台异常(G-16)为闪长岩和铁矿引起的复合异常。

3. 关门山-谷首峪异常带

该异常带位于鞍山地区东南部。单就磁异常而言是南北铁矿带的南延部分,但铁矿属于东西铁矿带的东段部分。异常带走向近东西向,若按 2000nT 等值线圈定,则长约 7500m,宽约 2000m。该异常带的特点是不像南北铁矿异常带由基本连续的铁矿体所引起,也不同于南部异常带由几个相互独立的铁矿体所引起,而是由相互距离很近的几个矿体引起的异常相连组合连成一个大的异常,构成了整个眼前山铁矿。

4. 小岭子-靛池沟异常带

该异常带位于鞍山地区南部的汤岗子花岗岩区之中。与前述 3 个异常带的强大异常相比,该异常规模明显较小,异常形态不规则,单个异常走向不明显,异常较为杂乱,反映出大峪沟组中的薄层、多层铁矿引起的复杂磁异常。与之相对应,铁矿规模较小,矿体形态复杂,产状变化大,多以中小型铁矿为主。

第四节　矿床潜在含矿性准则

一、矿床潜在含矿性地质前提

矿床潜在含矿性地质前提主要为地层前提。

鞍山矿田内的西鞍山、齐大山、大孤山、胡家庙子、眼前山、小房身等矿床,赋矿地层主要为鞍山群樱桃园组。弓长岭矿田内的弓长岭二矿区、一矿区、三矿区、独木矿区、黄泥岗等矿床,赋矿地层为鞍山群茨沟组。歪头山-北台矿田内的歪头山、韭菜沟、果木园子、北台、大河沿等矿床,同铁矿相关的地层为鞍山群茨沟组和大峪沟组。南芬-大台沟矿田内的南芬、徐家堡子、大台沟、思山岭等矿床,赋矿地层为鞍山群茨沟组和大峪沟组。

1. 鞍山群樱桃园组

中太古界鞍山群樱桃园组主要由绿泥千枚岩、绢云千枚岩、二云变粒岩、碳质千枚岩、绢云石英片岩及铁矿层所组成。自上而下可分为3层,即下部千枚岩层、铁矿层和上部千枚岩层,为一套粉砂岩-泥岩-硅铁质沉积建造(图17-6)(崔培龙,2014)。

大台沟铁矿钻孔中见到的樱桃园组岩性较简单:上部见少量绿泥绢云片岩、条带状(含铁)石英岩;中部为铁矿层,主要为条带状磁铁石英岩、条带状赤铁石英岩、条带状磁铁赤铁石英岩、透闪磁铁石英岩、透闪赤铁磁铁石英岩、角砾状赤铁石英岩;下部为绿泥(绢云)石英片岩、含磁铁绢云(绿泥)石英片岩,在铁矿层中见有层间角砾岩(表17-5)(张璟等,2014)。

2. 鞍山群茨沟组

弓长岭二矿区鞍山群茨沟组呈北西-南东向展布,总长达4800余米,一般宽500~800m,倾角较大,约为60°~70°,呈捕房体分布在混合花岗岩中(图17-7),垂直延伸1000余米。矿体为单斜状产出,矿区含铁岩系中赋存6层铁矿体,其中第六层产出富矿体,茨沟组保存完整(图17-8)(崔培龙,2014)。

歪头山铁矿床内出露的地层主要是太古宇鞍山群茨沟组,在二长花岗片麻岩中多呈残留体状存在,遭受了花岗质岩浆强烈的底辟式侵入作用(崔培龙,2014)。矿体呈层状和似层状,主要工业矿体有3层,其中第二层铁矿规模最大。铁矿体底板岩层为厚层斜长角闪岩层,顶板岩层为石榴阳起片岩。第一层铁矿与第二层铁矿间仍为斜长角闪岩层,第二层铁矿与第三层铁矿间为条带状阳起石英岩层。

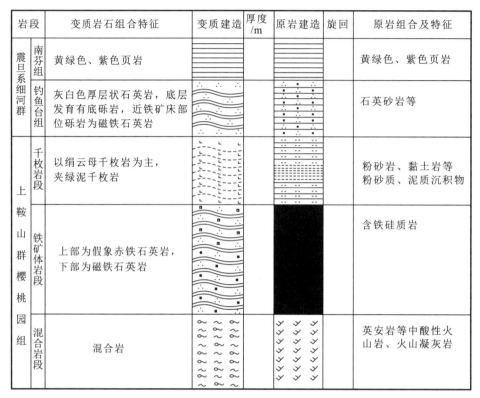

图 17-6 西鞍山铁矿床地层柱状图（改自张秋生等，1988）

表 17-5 樱桃园岩组岩性分布特征

岩性分段	主要岩石类型	岩石结构	岩石构造	主要矿物成分
上部岩性	绿泥绢云片岩	鳞片粒状变晶结构、镶嵌粒状变晶结构	片理构造	绢云母、绿泥石及少量赤铁矿
	条带状（含铁）石英岩	镶嵌粒状变晶结构	条带状构造	石英，少量赤铁矿及方解石
中部岩性	磁铁石英岩	粒状变晶结构、鳞片粒状变晶结构	条带状构造	磁铁矿、石英，少量赤铁矿、方解石、透闪石、绿泥石
	赤铁石英岩	镶嵌粒状变晶结构	条带状构造	赤铁矿、石英、磁铁矿、方解石、绿泥石
	透闪磁铁石英岩	镶嵌粒状变晶结构、柱粒状变晶结构、鳞片粒状变晶结构	条带状构造	磁铁矿、石英、赤铁矿、透闪石、方解石、绢云母
下部岩性	含磁铁绢云（绿泥）石英片岩	鳞片粒状变晶结构、粒状变晶结构	条带状构造、片状构造	石英、绢云母、绿泥石，少量磁铁矿

第十七章 鞍山-本溪鞍山式铁矿

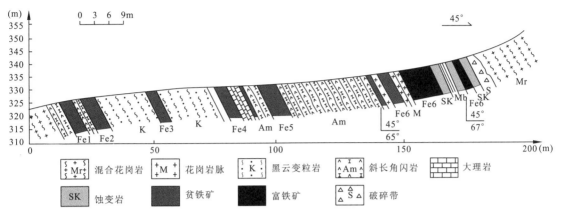

图 17-7　弓长岭铁矿二矿区剖面图（据刘明军，2013）

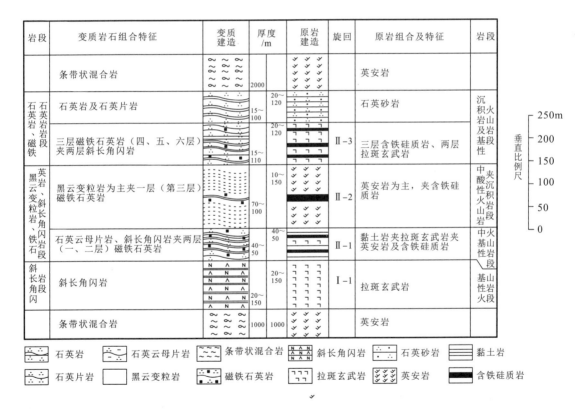

图 17-8　弓长岭铁矿二矿区柱状图

二、矿床潜在含矿性标志

1. 磁异常标志

1:1万地磁异常是鞍山式铁矿床潜在含矿性的直接标志。以大台沟鞍山式铁矿床为例(张璟等,2014)。

钻孔揭露的盖层自地表向下每种主要岩性物性特征表明,磁性参数总体上磁铁石英岩的磁性较强外,其他均为弱磁性或无磁性,这种明显的磁性差异为运用磁法寻找本区鞍山式铁矿提供有效的地球物理依据(表17-6)。

表17-6 岩矿石磁性参数级制度表(据张璟等,2014)

岩矿石名称	样品数/个	磁化率/×4πSI 变化范围	磁化率/×4πSI 平均值	剩磁强度/A·m^{-1} 变化范围	剩磁强度/A·m^{-1} 平均值
灰黑色泥灰岩	14	0.000 42~0.002 49	0.001 49	0.08~1.00	0.39
砂岩夹页岩	15	0.000 28~0.002 54	0.001 26	0.24~1.44	0.62
蛋青色泥灰岩	15	0.000 77~0.007 86	0.002 47	0.38~3.16	1.39
紫色泥(灰)岩	15	0.000 36~0.006 48	0.002 29	0.22~3.53	0.97
灰白色石英砂岩	15	0.000 25~0.004 76	0.002 11	0.31~5.16	1.24
硅化白云质大理岩	30	0.000 54~0.004 98	0.002 26	0.23~1.66	0.72
绢云母化绿泥石英片岩	30	0.000 37~0.006 63	0.002 75	0.10~2.89	1.09
条带状磁铁石英岩	15	0.026 24~0.560 37	0.209 59	18.48~858.31	189.25
赤铁石英岩	15	0.003 47~0.077 62	0.022 94	2.69~83.37	26.94

1:1万地磁异常中心部位异常值近6000nT,异常走向北偏西(图17-9)。根据异常特征,推断磁性体(铁矿体)走向北西(325°),倾向南西,倾角80°~90°(近直立),向北西倾伏,矿体下延较大,矿体顶端平均埋深1103m,宽1029m,矿体长大于5000m。

2005年,辽宁省地质矿产调查院针对该异常展开新一轮的研究与验证,在异常中心部位验证孔-1280m处发现了铁矿体,至终孔-1500m仍未穿出铁矿体。

以上推断与实际铁矿体展布相似,证明了磁法对于本区铁矿找寻的有效性。

2. 重力异常标志

大台沟铁矿床的1:1万比例尺布格重力异常的整个背景场为负值,布格重力异常变化范围(-7~27)×10^{-5}m/s² 布格异常从西北至东南逐级变低,西北段布格异常等值线向南东突出。大台沟铁矿床的剩余重力异常很好地反映铁矿体和高密度体引起异常的位置与规模(贾立国,2015)。

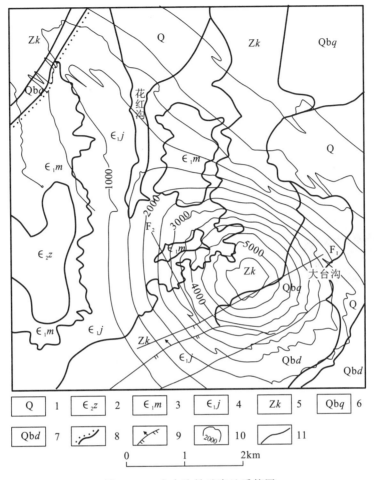

图 17-9 大台沟铁矿床地质简图

1. 第四系;2. 张夏组;3. 馒头组;4. 碱厂组;5. 康家组;6. 桥头组;7. 钓鱼台组;
8. 不整合界线;9. 逆断层;10.1:1 万磁法 ΔT 等值线;11. 地质界线

第五节　矿体潜在含矿性准则

一、矿体潜在含矿性地质前提

1. 地质构造前提

成矿后的构造,影响矿体的分布、形态和产状。例如西鞍山铁矿矿体为巨厚层状的单一矿体,受断裂错断影响,分为东、西两个矿体。歪头山铁矿床矿体呈层状和似层状,由于同斜向斜构造,致使矿层重复出现。局部因构造影响有变化,矿区北端产状随着向斜转折端的变化而变化。

区域构造变形在铁矿富集的过程中发挥了重要的作用。褶皱变形与同时的韧性剪切作用是铁矿在构造变形中富集的重要成因(图17-10)。矿体褶皱转折端的增厚、相邻褶皱翼部的拉伸与剪切是富集的两个主要因素(戴传祇,2017)。

图17-10 磁铁石英岩褶皱变形及铁矿的富集(据戴传祇,2017)
(a)标本照片;(b)薄片扫描图像(黑色为富磁体矿条带,白色为富石英条带)
磁铁石英岩发生褶皱变形,在背斜与向斜之间发生剪切,铁矿质在剪切带上富集

断裂构造控制富矿的现象非常明显,但不是所有的断裂构造都能控制富矿。本区断裂的性质是多种多样的,其中既有走向逆断层,也有横向断层,但只有走向断裂才能控制富矿(王恩德等,2012)。

控矿断裂的规模与产状对于富铁矿体的形成和发育也具有重要的意义。一般说来,延深深度大的断裂构造常能成为很好的导矿和储矿构造。弓长岭二矿区的富铁矿规模较大,这与其成矿断裂的规模大、延深大有很大的关系。

断裂构造的时代与富矿成矿规模也有一定的关系。富铁矿的成矿断裂都是前寒武纪区域变质过程中形成的古老断裂,还没有发现前寒武纪以后的较新断裂中形成富铁矿的实例。

褶皱控制富矿的现象也非常明显,富铁矿常产于横向褶皱中,不同位置的富铁矿常受同一横向褶皱控制(郑宝鼎,1992)(图17-11)。

2. 围岩前提

弓长岭二矿区磁铁石英岩沉积间歇中沉积的含铝的泥质-粉砂质物质是磁铁富矿形成的重要因素,在富铁矿形成过程中消耗磁铁石英岩中的硅,形成石榴子石、绿泥石、黑云母等矿物。

富铁矿体的围岩主要是绿泥片岩、石榴绿泥片岩和绿泥石榴岩。富铁矿体与这些围岩关系密切,围岩发育的程度通常与富铁矿体发育的程度呈正相关(图17-11)。一般情况下,围岩越是厚大的地方,富铁矿体规模也越大,围岩一般在富铁矿体的一侧,宽十几米至几十

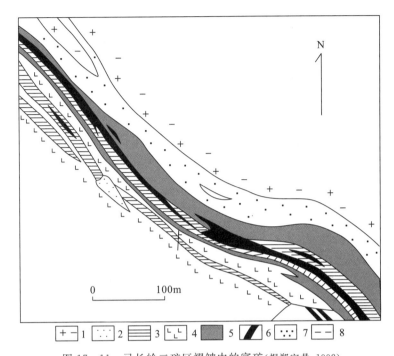

图 17-11 弓长岭二矿区褶皱中的富矿(据郑宝鼎,1992)
1. 混合岩;2. 石英岩;3. 条带状铁建造;4. 角闪岩、片岩;5. 绿泥片岩;6. 磁铁富矿;7. 石英脉;8. 断层

米。矿区铁矿品位与绿泥石、石榴子石以及黑云母的铁含量密切相关(陈光远等,1989)。

弓长岭二矿区含有多层磁铁石英岩,在其间夹有泥质-粉砂质沉积物,导致受力变形以及 SiO_2 吸收两方面都相对于单一厚大磁铁石英岩有利(王恩德等,2012)。

二、矿体潜在含矿性标志

1. 磁异常标志

西鞍山异常位于鞍山大型磁异常带的西南部,航磁异常形态为北西向条带状异常,异常幅值较大。磁性矿体顶界面出露地表,通过剖面反演,磁性体总计走向长度为 3.0km,截面积 215 969m²,磁化倾角为 79°,磁化偏角-8°,磁化强度达 140A/m,异常峰值 1500nT。

异常规模较大,走向长度为 3400m,宽度为 800m,与东鞍山异常连成一体,地磁 ΔZ 异常峰值 9000nT,形态与航磁垂向一阶导数等值线异常形态吻合。矿床位于鞍山重力高异常西南部重力梯度带上,磁法与重力异常图上可清晰见到异常中部因断裂的错断而使异常形态发生错动。西鞍山磁化率测量结果,磁铁石英岩的磁性最强,平均磁化率为 0.776SI,平均剩磁为 13.4A/m;千枚岩、假象赤铁矿磁性微弱或无磁性。西鞍山典型矿床矿层延长 3460m,倾向延深已达 1000m,出露最高标高为 200m,平均厚 164m,前期估算资源量至-600m。物探尖灭深度为 2000m。矿体为巨厚层状,向下延伸较大,地质勘探储量 17 亿 t。

用磁法-重力反演技术对西鞍山进行地质-地球物理联合反演,可以清晰地看到深部矿体对高磁异常和重力异常的响应,利用地球物理联合反演剖面可以准确地预测西鞍山式铁矿的矿体形态和规模。

2. 电磁异常标志

大台沟铁矿条带状磁铁石英岩和赤铁石英岩具明显的低阻高极化特征,其他岩性之间视极化率相差不大,但电阻率变化较大,平均变化范围为 $1843 \sim 13\,362\Omega \cdot m$,显示良好的电性差异,为电法测量推断深部隐伏矿体提供一定的地球物理前提(表 17-7)。

表 17-7 岩矿石电性参数

岩矿石名称	样品数/个	视电阻率/$\Omega \cdot m$		视极化率/%	
		变化范围	平均值	变化范围	平均值
灰黑色泥灰岩	14	312~5628	1843	0.69~5.06	2.59
砂岩夹页岩	15	368~4221	2140	0.34~4.81	2.90
蛋青色泥灰岩	15	592~3860	1981	0.81~3.61	1.75
紫色泥(灰)岩	15	965~10 207	5975	1.15~5.40	2.63
灰白色石英砂岩	15	2058~38 831	12 229	0.49~2.17	0.98
硅化白云质大理岩	30	1226~25 620	7918	0.64~5.83	2.83
绢云母化绿泥石英片岩	30	1688~44 598	13 362	1.07~6.26	3.59
条带状磁铁石英岩	15	448~3411	1267	7.65~11.93	10.26
赤铁石英岩	15	1036~7654	3165	2.52~28.99	16.12

EH4 大地电磁测深方法能够较好地反映深部铁矿体的埋藏深度和边界形态:纵向上,剔除构造因素影响,电阻率的变化主要反映岩性的变化;横向上,对于沉积岩系,电阻率的变化主要受断裂等构造的影响。对于深部的变质岩系,电阻率的变化有两种可能:一种是由构造引起,包括褶皱和断裂构造;另一种是由于矿体导致异常造成的(张红涛,2008;王志宏等,2010)。通过对矿区多条剖面(0、3、7 号剖面)进行 EH4 测量,发现剖面上的电阻率从地表到地下,由低到高逐渐增大,当标高达到 -1200m 时,向下出现了电阻率依次降低的现象,直至 -2000m 电阻率均小于 $4000\Omega \cdot m$。电阻率变化规律与剖面岩性分布恰好对应,电阻率由低变高,反映了岩性垂向分布由近地表的受地下水影响的风化低阻灰岩、页岩向深部高阻的石英砂岩、大理岩转变,与此同时,电阻率开始降低的 -1200m 标高与见矿标高 -1280m 相接近,同时也证明了矿体延深大于 2000m。根据电阻率等值线展布特征并结合已知钻孔资料,于标高 -1000m 以下利用 $4500\Omega \cdot m$ 等值线圈定潜在矿体,与钻孔控制的矿体范围大致重合,向南西侧稍有偏移。偏移的原因可能为:①矿体北东侧受磁铁矿影响而电阻率较真实值偏高;②由电磁波传播非垂直反射产生的偏移(庞宏伟等,2011)。

可见,EH4 大地电磁测深方法对于圈定深部铁矿体分布范围具有较大的准确性。

3. 围岩蚀变标志

弓长岭二矿区发育鞍山—本溪地区唯一的大规模变质热液型富铁矿矿体以及蚀变岩。本区富铁矿体与蚀变围岩受走向断裂控制。围岩蚀变现象比较普遍,蚀变强度与富铁矿体的规模呈正相关。通常,蚀变带越宽,富铁矿体厚度越大,富铁矿石品位越高;反之,围岩蚀变较弱,蚀变带较薄之处,富铁矿体规模较小,品位也较低。

富铁矿体两侧的围岩蚀变类型主要有绿泥石化、石榴石化、镁铁闪石化、黑云母化、铝金云母化、铬白云母化、白云母化、电气石化、十字石化、碳酸盐化、黄铁矿化等。组成的蚀变岩有绿泥岩、石榴绿泥岩、镁铁闪绿泥岩等。富铁矿体与蚀变岩之间的界线是渐变的,有的地方界线清晰,蚀变围岩分布在富铁矿体一侧或两侧。有的地方可看见蚀变岩石分带现象,从富铁矿体向外依次是石榴镁铁闪石岩→石榴绿泥石岩→绿泥石岩。蚀变带厚度几米至几十米,被蚀变的岩石为斜长角闪岩、黑云变粒岩等(崔培龙,2014)。

主要参考文献

安徽沿江重要成矿区铜及有关矿产勘查研究报告[R].铜陵:安徽省地质矿产局321地质队,1995.

白大明,聂凤军,江思宏.甚低频电磁法对脉状矿床勘查评价的意义——以金、铅锌(银)和萤石矿为例[J].矿床地质,2002,21(4):408-413.

北京大学地质系.斑岩铜矿及其找矿[M].北京:冶金工业出版社,1978.

边千韬.白银厂矿田地质构造及成矿模式[M].北京:地震出版社,1989.

蔡新平,刘秉光,季钟霖,等.金厂峪金矿的控矿构造与其地球物理验证[J].黄金科学技术,1994,10,2(5):1-7.

曹显光.物探方法在云南个旧超大型锡矿找矿中的作用[A]//地球物理与中国建设——庆祝中国地球物理学会成立50周年文集,1997.

曹新志,高秋斌,徐伯骏,等.矿区深部矿体定位预测的有效途径和方法研究——以山东招远界河金矿为例[M].武汉:中国地质大学出版社,2005.

常印佛,董树文,黄德志.论中下扬子"一盖多底"格局与演化[J].火山地质与矿产,1996,17(1-2):1-15.

常印佛,刘湘培,吴言昌.长江中下游铁铜成矿带[M].北京:地质出版社,1991.

陈光远,邵伟,孙岱生.胶东金矿成因矿物学与找矿[M].重庆:重庆出版社,1989.

陈好寿.紫金山金、铜矿床成矿年代及同位素找矿评价研究[J].大地构造与成矿学,1996,20(4):348-360.

陈沪生,周雪清.下扬子地区HQ-13线地球物理-地质综合解释剖面[J].地质论评,1988,34(5):483-484.

陈沪生.下扬子地区线的综合地球物理调查及其地质意义[J].石油与天然气地质,1988(3):8-17.

陈沪生.中国东部灵璧—奉贤(HQ-13)地学断面图说明书[M].北京:地质出版社,1993.

陈怀录,牛跃龄.用裂变径迹法测定白银厂黄铁矿型铜矿床的形成时代[J].核技术,1985(4):32-33.

陈家洪,林亿兆.紫金山金矿矿石质量评述[J].黄金,2000,20(7):10-13.

陈景河.紫金山铜(金)矿床成矿模式[J].黄金,1999,20(7):6-11.

陈兰桂.折腰山、小铁山矿床的成因认识[J].中南矿冶学院学报,1983(1):50-57.

陈全树,何文平,周迪.河南省洛阳—三门峡铝土矿地质特征及其勘查开发前景[J].地质找矿论丛,2002,17(4):252-256,270.

陈善.重力勘探[M].北京:地质出版社,1987.

陈守余,赵鹏大,童祥,等.个旧东区蚀变花岗岩型锡铜多金属矿床成矿特征及找矿意义[J].地球科学,2011,36(2):277-281.

陈守余,赵鹏大,张寿庭,等.个旧超大型锡铜多金属矿床成矿多样性与深部找矿[J].地球科学——中国地质大学学报,2009,34(2):319-324.

陈旺.豫西石炭纪铝土矿成矿系统[D].北京:中国地质大学(北京),2009.

陈旺.豫西济源西部铝土矿成矿地质环境[J].地质与勘探,2007,43(1):26-31.

陈旺.豫西焦作—济源一带石炭系铝土矿成矿地质环境研究[D].北京:中国地质大学,2006.

陈旺.豫西石炭系铝土矿出露位置的控制因素[J].大地构造与成矿学,2007,31(4),452-456.

陈卫,杨生,王有霖,等.时间域瞬变电磁法在地质勘查中的应用[J].矿产与地质,2006(Z1):538-542.

陈祎,张均,肖旭东.营造良好整装勘查环境快速实现找矿突破——贵州省56个整装勘查找矿进展启示[J].中国国土资源经济,2011(2):46-50.

陈永清,纪宏金,李森乔,等.铜石金矿田地球化学找矿模型[J].地质与勘探,1996,31(6):49-53.

陈勇.云南个旧东区多元信息综合找矿预测研究[D].北京:中国地质大学(北京),2009.

陈毓川,朱裕生,肖克炎,等.中国成矿区(带)的划分[J].矿床地质,2006,25(S1):1-6.

成岗.白银厂黄铁矿型矿床的若干地质特征[J].地质与勘探,1980(9):1-8.

程利伟.勘查阶段属性渐变规律及其现实意义[J].中国国土资源经济,2012,25(6):4-6.

程裕淇,沈其韩,陆宗斌,等.鞍山附近鞍山群的层序和时代[C]//中国地质科学院院刊甲种1号(前寒武纪专刊).北京:中国工业出版社,1963.

池顺都,吴新林.云南元江地区铜矿GIS预测时的找矿有利度和空间相关性分析[J].地球科学,1998,23(1):75-78.

池顺都,赵鹏大.应用GIS圈定找矿可行地段和有利地段[J].地球科学,1998,23(2):125-128.

池顺都,周顺平,吴新林.GIS支持下的地质异常分析及金属矿产经验预测[J].地球科学,1997,22(1):99-103.

池顺都.GIS——经验找矿与求异找矿结合的工具[J].地质与勘探,2000,36(1):71-74.

池顺都.斑岩铜矿的勘查模式[J].地球科学,1995,20(2):149-155.

池顺都.矿产勘查简明教程[M].北京:地质出版社,2012.

池顺都.矿产勘查模型建立的原则——以个旧锡多金属成矿区为例[J].地球科学,1991,16(3):335-340.

池顺都.矿产勘查系统分析的理论与方法[J].地质科技情报,1990,9(1):67-74.

池顺都.苏联处理化探数据方法介绍[J].地质科技情报,1989,8(1):93-100.

池顺都.系统分析在矿产普查勘探中的应用[J].地质科技情报,1985,4(2):183-190.

池顺都.研究和评价矿床的系统分析方法原理[J].地质与勘探,1993,29(4):33-40.

储国正.铜陵狮子山铜金矿田成矿系统及其找矿意义[D].北京:中国地质大学(北京),2003.

楚新春,王享治,申学广,等.河南省地质矿产志[M].北京:中国展望出版社,1992.

褚丙武,赵春芳.河南支建铝土矿的矿物学特征研究[J].矿产与地质,2000,14(4):251-254.

崔培龙.鞍山—本溪地区铁建造型铁矿成矿构造环境与成矿、找矿模式研究[D].长春:吉林大学,2014.

崔振民.整装勘查浅议[J].中国矿业,2011,20(10):25-27.

代堰培,张连昌,朱明田,等.鞍山陈台沟BIF铁矿与太古代地壳增生:锆石U-Pb年龄与Hf同位素约束[J].岩石学报,2013(7):2537-2550.

代堰培,朱玉娣,张连昌,等.国内外前寒武纪条带状铁建造研究现状[J].地质论评,2016,(3):735-757.

代堰培,张连昌,王长乐,等.辽宁本溪歪头山条带状铁矿的成因类型、形成时代及构造背景[J].岩石学报,2012(11):3574-3594.

戴传祇.辽宁鞍山—本溪地区BIF构造特征与三维建模[D].长春:吉林大学,2017.

党玉涛.加强找矿,增加资源,延长矿山寿命[J].矿产与地质,2000,77(3):178-181.

邓晋福,吴宗絜.下扬子克拉通岩石圈减薄事件与长江中下游Cu-Fe成矿带[J].安徽地质,2001,11(2):86-91.

邓晋福,赵崇贺,邰道乾,等.武山含矿(铜)岩石的岩石学标志及其成因探讨[J].矿物岩石学论丛,1980(1):14-89.

邓晋福.岩浆—成矿作用—板块构造——八十年代火成岩研究新进展[J].地质科技情报,1990,9(2):39-44.

邓军,杨立强,方云,等.胶东地区壳-幔作用与金成矿效应[J].地质科学,2000,35(1):60-70.

邓军,杨立强,葛良胜,等.胶东成矿区形成的构造体制研究进展[J].自然科学进展,2006,16(5):513-518.

丁正江.胶东中生代贵金属及有色金属矿床成矿规律研究[D].长春:吉林大学,2014.

杜建国,戴圣潜,莫宣学,等.安徽沿江地区燕山期火成岩成岩成矿地质背景[J].地学前缘,2003,10(4):551-560.

杜轶伦.安徽铜陵地区层控矽卡岩型矿床控矿因素及成矿型研究[D].北京:中国地质大学(北京),2013.

杜远生,朱杰,顾松竹.北祁连永登石灰沟奥陶纪硅质岩地球化学特征及大地构造意义

[J].地质论评,2006,52(2):184-189.

范炳恒.华北地台石炭二叠纪若干地层问题[J].地层学杂志,1998,22(2):143-148.

范永香,胡家杰,卢作祥,等.山东招(远)-平(度)断裂构造南段上庄地区构造控矿规律研究[R].武汉:中国地质大学(武汉)黄金研究所,1991.

范永香,曾键年,刘伟.成矿预测的理论与实践[M].武汉:中国地质大学出版社,2018.

冯益民,何世平.祁连山大地构造与造山作用[M].北京:地质出版社,1996.

冯跃文.河南三门峡铝土矿成矿带地质与地球化学研究[D].北京:中国地质大学(北京),2013.

冯宗帜.福建中生代火山作用与构造环境[J].中国区域地质,1993,19(4):311-316.

付海涛,王恩德,刘忠元,等.辽宁鞍山一带第四系覆盖区航磁异常的找矿意义[J].物探与化探,2006,30(3):199-202.

甘南冶金地质三队.白银地区酸性火山活动与成矿关系的探讨[J].地质与勘探,1975(8):32-34.

高兰,王登红,熊晓云,等.中国铝矿成矿规律概要[J].地质学报,2014,88(12):2284-2295.

高秋斌,范永香,王可勇,等.金矿床深部成矿预测的主要途径[J].黄金地质,1998,4(2):21-26.

高天钧.福建省紫金山大型铜金矿床的发现与研究[J].中国地质,1998(253):32-34.

高天钧.福建紫金山金、铜矿床类型与环太平洋浅成低温矿床的比较[J].福建地质,1996(4):167-178.

高阳,张寿庭.云南个旧老厂锡矿矿田构造垂直分带研究[J].大地构造与成矿学,2007,31(3):335-341.

高兆奎,陈守宇,韩要权,等.甘肃省白银矿田火山岩型铜多金属矿床找矿方向探讨[J].甘肃地质,2009,18(3):1-5.

郭林楠.胶东型金矿床成矿机理[D].北京:中国地质大学(北京),2016.

郭令智,施央申,马瑞士,等.江南元古代板块运动和岛弧构造的形成和演化[A]//中国地质学会,中国地质科学院.国际前寒武纪地壳演化讨论会论文集(一).北京:地质出版社,1986.

郭令智,施央申,马瑞士,等.中国东南部地体构造的研究[J].南京大学学报,1984,20(4):732-737.

郭令智,施央申,马瑞士.华南大地构造格架与地壳演化[A]//第26届国际地质大会筹备办公室编.国际交流地质学术论文集(一).北京:地质出版社,1980.

郭原生,王金荣,解宪丽,等.白银厂矿田玄武岩地球化学特征及其形成地质环境[J].甘肃地质学报,2001,10(2):29-34.

郭原生,王金荣,邱红英,等.白银厂矿田酸性火山岩岩石学及微量元素地球化学特征[J].甘肃地质学报,2003,12(1):21-29.

郭原生,王金荣,谢宪丽,等.白银厂矿田早中寒武世火山岩地球化学及成因分析[J].岩石学报,2000,16(3):337-344.

郭志宏,熊盛青,周坚鑫,等.航空重力重复线测试数据质量评价方法研究[J].地球物理学报,2008,51(5):1538-1543.

韩金良,张宝林,蔡新平,等.山西堡子湾金矿隐伏矿体预测及其工程验证[J].地质与勘探,2003,39(5):6-10.

韩润生,胡煜昭,邹海俊.云南省大姚县六苴铜矿小河-石门坎矿段接替资源勘查新技术新方法应用研究[R].昆明:昆明理工大学,2007.

郝秀云,刘文达,王静,等.福建紫金山金铜矿床地质特征及成因探讨[J].黄金,1999,20(4):8-11.

何世平,王洪亮,陈隽璐,等.甘肃白银矿田变酸性火山岩锆石 LA-ICP-MS 测年——白银式块状硫化物矿床形成时代新证据[J].矿床地质,2006,25(4):401-411.

河南省地质矿产局.河南省区域地质志[M].北京:地质出版社,1989.

贺淑琴.河南省三门峡地区铝土矿矿床地质特征及找矿方向[J].矿产与地质,2007(2):181-185.

候德义.找矿勘探地质学[M].北京:地质出版社,1984.

胡树起,马生明,刘崇民.斑岩型铜矿勘查地球化学研究现状及进展[J].物探与化探,2011,35(4):431-437.

胡云中,侯增谦.当代主要金属矿产资源勘查与研究的发展态势(上)[J].地质科技管理,1998(1):1-7.

胡志宏,胡受奚.挤压-俯冲作用与 A 型孪生花岗岩带[M].北京:地质出版社,1993.

华仁民,董忠泉.德兴地区两个系列花岗岩类的特征对比及成因探讨[A]//徐克勤,涂光炽.花岗岩地质与成矿关系.南京:江苏科技出版社,1984.

华仁民,李晓峰,陆建军,等.德兴大型铜金矿集区构造环境和成矿流体研究进展[J].地球科学进展,2000,15(5):525-534.

华仁民.赣东北深大断裂带形成机制的讨论[J].南京大学学报(地球科学版),1988(1):62-69.

黄汲清.对中国大地构造特点的一些认识并着重讨论地槽褶皱带的多旋回发展问题[J].地质学报,1979(2):99-111.

黄建清,任丰寿.甘肃银厂矿田的描述性地质模型[J].甘肃地质学报,1996(1):67-74.

黄仁生.福建省紫金山铜金矿床成矿物理化学条件的研究[J].福建地质,1999(3):159-173.

黄许陈,储国正.铜陵狮子山矿田多位一体(多层楼)模式[J].矿床地质,1993(3):221-230.

黄玉春.白银厂及其小外围块状硫化物矿床产出特征[J].西北地质,1991,12(3):33-35.

姜福芝.甘肃省白银矿田及外围块状硫化物矿床的地质特征、成矿模式及找矿前景[R].北京:北京矿产地质研究所,1991.

姜永兰,付占荣,孙家枢,等.甚低频电磁法在柴胡栏子金矿间接找矿中的应用[J].地质与勘探,2005,41(1):77-79.

蒋敬业.应用地球化学[M].武汉:中国地质大学出版社,2006.

蒋心明,从桂新.白银地区细碧石英角斑岩地球化学特征——兼谈白银板块构造环境[J].岩石矿物学杂志,1988,7(3):202-211.

蒋心明,从桂新.白银地区细碧石英角斑岩系成因[J].长春地质学院学报,1989(2):157-164.

金中国,邹林,赵俭文.瞬变电磁法在黔西北猫猫厂铅锌矿区找矿中的应用[J].地质与勘探,2002,38(6):48-50.

卡日丹 А Б.苏联建立和开发矿物原料基地的主要研究方向[M].池顺都译.武汉:中国地质大学出版社,1989.

克里夫佐夫 А И.苏联矿产预测与预测普查组合[M].地质矿产部情报研究所译.出版社不详,1988.

赖大信.个旧矿区高松矿田锡多金属矿床找矿效果的浅析[J].矿产与地质,2006,20(4-5):408-412.

劳雄,张肇新.白银厂铜-多金属矿床折腰山筒状矿体的形成[J].地球学报,1996,17(1):78-84.

黎清华.胶东大型金矿成矿区成矿作用研究综述[J].黄金地质,2004,10(1):55-61.

黎彤,饶纪龙.中国岩浆岩的平均化学成分[J].地质学报,1963,43(3):271-280.

李百祥.白银厂黄铁矿型铜、多金属矿床综合勘查模型[J].甘肃地质学报,1994,3(1):90-95.

李洪奎,杨锋杰.山东金矿类型划分及其主要特征[J].上海地质,2006(4):64-67,18.

李华,张慧军,郭慧锦,等.中国区域地质调查发展变化研究[J].大地测量与地球动力学,2011,31(5):75-79.

李惠,张国义,禹斌.金矿区深部盲矿预测的构造叠加晕模型及找矿效果[M].北京:地质出版社,2005.

李惠,张文华,常凤池,等.大型、特大型金矿盲矿预测的原生叠加晕模型[M].北京:冶金工业出版社,1998.

李惠,张文华.胶东大型金矿床的地球化学分带特征[J].贵金属地质,1999,8(4):217-222.

李惠,郑涛,汤磊,等.山东招远大尹格庄金矿床隐伏矿定位预测的叠加晕模式[J].有色金属矿产与勘查,1998,7(3):178-185.

李杰.胶东地区钼-铜-铅锌多金属矿成矿作用及成矿模式——兼论与胶东金成矿作用的关系[D].成都:成都理工大学,2012.

李凯琦,葛宝勋,陈书龙.豫西G层铝土矿分布于古陆边缘的控制因素[J].焦作矿业学院学报,1994,13(2):1-9.

李启津,杨国高,侯正洪.铝土矿成矿理论研究中的几个问题[J].矿产与地质,1996,10(1):22-26.

李士江,全贵喜.鞍山—本溪地区含铁变质地层的划分与对比[J].地质找矿论丛,2010,25(2):107-111.

李四光.地质力学概论[M].北京:科学出版社,1962.

李向民,马中平,孙吉明,等.甘肃白银矿田基性火山岩LA-ICP-MS的同位素年代学[J].地质通报,2009,28(7):901-906.

李向民,彭礼贵,任有祥,等.断裂系统与折腰山矿床成矿的关系[J].西北地质,1998,19(3):18-24.

李延河,侯可军,万德芳,等.Algoma型和Superior硅铁建造地球化学对比研究[J].岩石学报,2012,28(11):3513-3519.

李延河,侯可军,万德芳,等.前寒武纪条带状硅铁建造的形成机制与地球早期的大气和海洋[J].地质学报,2010,84(9):1359-1373.

李莹,付国民,苗箐,等.甘肃白银地区中基性火山岩岩石地球化学特征及构造背景[J].兰州大学学报(自然科学版),2009,45(Z1):55-60.

李志红,朱祥坤,唐索寒.鞍山—本溪地区条带状铁建造的铁同位素与稀土元素特征及其对成矿物质来源的指示[J].岩石矿物学杂志,2008,27(4):285-290.

李志红.辽宁省鞍山—本溪地区条带状含铁建造的Fe同位素地球化学研究[D].北京:中国地质科学院,2007.

李中明,赵建敏,冯辉,等.河南省郁山古风化壳型稀土矿层的首次发现及意义[J].矿产与地质,2007(2):177-180.

梁光河,徐兴旺,肖骑彬,等.大地电磁测深法在铜镍矿勘查中的应用——以与超镁铁质岩有关的新疆图拉尔根铜镍矿为例[J].矿床地质,2007,26(1):120-127.

廖桂香,王世称,许亚明,等.白银厂矿区及外围区域地质背景、地球化学异常特征及找矿潜力[J].地质与勘探,2007,43(2):28-32.

廖桂香.甘肃银厂矿山及其外围铜多金属矿床密集综合信息成矿预测[D].长春:吉林大学,2007.

廖经祯.紫金山铜(金)矿床的地质特征和勘探特点[J].新疆有色金属,1995(4):7-12.

廖时理.甘肃省白银地区找矿靶区逐级圈定与定量预测[D].武汉:中国地质大学(武汉),2014.

廖士范,梁同荣,张月恒.论我国铝土矿床类型及其红土化风化壳形成机制问题[J].沉积学报,1989,7(1):1-10.

刘长龄,覃志安.论中国岩溶铝土矿的成因与生物和有机质的成矿作用[J].地质找矿论丛,1999,14(4):24-28.

刘长龄.论铝土矿的成因学说[J].河北地质学院学报,1992(2):195-204.

刘长龄.中国石炭纪铝土矿的地质特征与成因[J].沉积学报,1988(3):1-10.

刘崇民.白银厂矿田折腰山海相火山岩型铜矿床地球化学异常特征[J].地质与勘探,1999,35(5):28-35.

刘大文.地球化学块体的概念及其研究意义[J].地球化学,2002,31(6):539-548.

刘大文.地球化学块体理论与方法技术应用于矿产资源评价的研究——以中国锡地球化学块体为例[D].北京:中国地质科学院地质研究所,2002.

刘大文,谢学锦,严光生,等.地球化学块体的方法技术在山东金资源潜力预测中的应用[J].地球学报,2002,23(2):169-174.

刘光永,戴茂昌,祁进平,等.福建省紫金山金、铜矿床原生晕地球化学特征及深部找矿前景[J].物探与化探,2014,38(3):434-440.

刘光智.胶东地区岩浆岩与金-多金属矿的关系[J].黄金,2003,24(11):12-16.

刘国兴,王喜臣,张小路,等.大功率激电和瞬变电磁法在青海锡铁山深部找矿中的应用[J].吉林大学学报(地球科学版),2003,33(4):551-554.

刘连登,陈国华,张辉煌,等.世界级胶东金矿集中区两类地球动力学环境[J].矿床地质,2002,21(增刊):36-39.

刘连登,李颖,兰翔.论角砾/网脉-斑岩型金矿[J].矿床地质,1999,18(1):29-36.

刘陆山,付海涛,刘忠元,等.鞍山—本溪地区富铁矿分布规律及成因探讨[J].地质与资源,2015,24(4):341-346.

刘士毅,孙文珂,孙焕振,等.我国物探化探找矿思路与经验初析[J].物探与化探,2004,2,28(1):1-9.

刘天佑.地球物理勘探概论[M].北京:地质出版社,2007.

刘文元.福建紫金山斑岩浅成热液成矿系统的精细矿物学研究[D].北京:中国地质科学院,2015.

刘学飞,王庆飞,李中明,等.河南铝土矿矿物成因及其演化序列[J].地质与勘探,2012,48(3):449-459.

刘雪敏,王学求,徐善法,等.华南陆块铜的地球化学块体与成矿省的关系[J].地学前缘,2012,19(3):59-69.

刘亚剑.山东省龙口南部地区金矿综合标志成矿预测[D].长春:吉林大学,2008.

刘英俊,沙鹏,朱恺军.江西德兴地区中元古界双桥山群含金建造地球化学研究[J].桂林冶金地质学院学报,1989,9(2):115-125.

刘玉强,陈毓川.山东省成矿区划及找矿靶区优选刍议[J].矿床地质,2002,21(增刊):178-180.

楼金伟.安徽铜陵成矿区中酸性侵入岩及狮子山矿田铜多金属矿床[D].合肥:合肥工业大学,2012.

陆三明.安徽铜陵子山铜金矿田岩浆作用和流体成矿[D].合肥:合肥工业大学,2007.

吕古贤,孔庆存.胶东玲珑-焦家式金矿地质[M].北京:科学出版社,1993.

吕古贤,武际春,崔书学,等.胶东玲珑金矿田地质[M].北京:地质出版社,2013.

吕鹏,陈建平,张路锁,等.基于矿床规模模型的西南三江北段区域资源潜力定量预测与评价[J].地质与勘探,2006,42(5):66-71.

吕庆田,侯增谦,杨竹森,等.长江中下游地区的底侵作用及动力学演化模式:来自地球物理资料的约束[J].中国科学(D辑),2004,34(9):442-449.

吕庆田,史大年,赵金花,等.隐伏矿产勘查的地震学方法:问题与前景——铜陵矿集区的应用实例[J].地质通报,2005,24(3):211-218.

罗铭玖,黎世美,卢欣祥,等.河南省主要矿产的成矿作用及矿床成矿系列[M].北京:地质出版社,2000.

麻杰磊.渑池铝土矿物质组成与富集规律研究[D].北京:中国地质大学(北京),2015.

马既民.河南岩溶型铝土矿床的成矿过程[J].河南地质,1991,9(3):15-20.

孟贵祥.大型成矿区接替资源定位预测研究——以铜陵成矿区隐伏矿找矿预测研究为例[D].北京:中国地质科学院,2006.

孟银生.胶东招平金矿带厚覆盖区深部矿床综合地球物理勘查模型与成矿预测[D].北京:中国地质大学(北京),2016.

庞宏伟,洪秀伟,李尔峰,等.EH4方法在辽宁本溪大台沟铁矿勘查中的应用[J].山东国土资源,2011,27(7):17-21.

彭程电.略论个旧锡矿床地质找矿的新发现及其途径[J].矿床地质,1986,5(3):37-48.

彭程电.试论个旧锡矿成矿条件及矿床类型、模式[J].云南地质,1985,4(1):17-32.

彭礼贵,任有祥,李智佩.甘肃白银厂铜多金属矿床成矿模式[M]北京:地质出版社,1995.

彭素霞,尹传明,刘建朝,等.对北祁连造山带前寒武纪基底物性、火山岩的源区性质及找矿问题的分析和综述[J].地质与勘探,2012(2):250-258.

彭秀红,白银厂矿田构造-岩浆-成矿动态演化模式[D].成都:成都理工大学,2007.

秦德先,谈树成,范柱国,等.个旧—大厂地区地质构造演化及锡多金属成矿[J].矿物学报,2004,24(2):117-123.

全忠文.归来庄金矿成矿地质特征[J].山东地质情报,1992(2):18-26.

任纪舜.论中国南部的大地构造[J].地质学报,1990,64(3):225-288.

任天祥,伍宗华,羌荣生.区域化探异常筛选与查证的方法技术[M].北京:地质出版社,1998.

任有祥,彭礼贵,李智佩,等.白银矿田折腰山大型古火山及其在成矿作用中的地位[J].西北地质科学 1995,16(1):39-49.

荣桂林,靳松.浅议河北省铁矿整装勘查成果及勘查方向——找矿突破战略行动整装勘查区找矿成果交流[J].矿床地质,2014,33(增刊):901-902.

芮宗瑶,黄崇轲,齐国明,等.中国斑岩铜(钼)矿床[M].北京:地质出版社,1984.

邵克忠.论德兴斑岩铜矿床热液蚀变分带模式[J].河北地质学院学报,1979(2):1-7.

邵跃.热液矿床岩石测量(原生晕法)找矿[M].北京:地质出版社,1997.

申萍,沈远超,刘铁兵,等.EH4连续电导率成像仪在隐伏矿体定位预测中的应用[J].矿床地质,2007,26(1):70-78.

申伍军,王学求.内蒙古大型银矿集区地球化学预测[J].地球学报,2010,31(3):449-455.

沈保丰,翟安明,杨春亮,等.中国前寒武纪铁矿床时空分布和演化特征[J].地质调查与研究,2005,28(4):196-206.

沈保丰.中国BIF型铁矿床地质特征和资源远景[J].地质学报,2012,86(9):1376-1395.

沈远超,申萍,刘铁兵,等.东天山镜儿泉铜镍矿床成矿预测及EH4地球物理测量依据[J].地质与勘探,2007,43(2):62-67.

师淑娟,王学求,宫进忠.河北省金的地球化学省与矿集区[J].矿物学报,2009,29(增刊):463-464.

施和生.豫西铝土矿的成矿学特征[J].大地构造与成矿学,1989,13(3):280-282.

石昆法,张庚利,李英贤.CSAMT法在山东蓬家夼地区层间滑动角砾型金矿成矿预测中的应用[J].地质与勘探,2001,37(1):86-90.

史长义,张金华,黄笑梅.福建紫金山陆相火山岩型Cu-Au矿田区域地质地球化学异常结构模式[J].物探与化探,1996,20(3):180-188.

史大年,吕庆田,徐明才,等.铜陵矿集区地壳浅表结构的地震层析研究[J].矿床地质,2004,23(3):383-389.

舒立霞,罗先熔,白银矿田外围物化探找矿模型及找矿预测[J].广西科学,2010,17(2):151-155.

舒良树,李雅锦.试论江西北部的地体构造[J].江西地质,1987,1(1):31-37.

舒良树,施央申,郭令智,等.江南中段板块-地体构造与碰撞造山运动学[M].北京:地质出版社,1995.

水兰素,常全明.华北地台G层铝土矿赋存规律[J].中国矿业,1999,8(5):65-68.

水涛,徐步台.绍兴-江山古陆对接带[J].科学通报,1986,31(6):487-489.

宋明春,艾宪森,于学峰,等.山东省矿产资源类型和时空分布特点[J].矿床地质,2015,34(6):1237-1254.

宋明春,杨承海,焦秀美.山东省金矿成矿区带划分及找矿方向探讨[J].地质找矿论丛,2007(4):248-252.

孙丰月.胶东地区中新生代区域构造演化与成矿[J].长春地质学院学报,1994(24),378-422.

谈树成,秦德先,范柱国,等.个旧锡矿细脉带型矿床地质特征及找矿方向研究——以老厂矿田大斗山式矿床为例[J].矿产与地质,2003,17(增刊):306-311.

唐瑞来.福建省"尤德地体"的成矿特征和找矿远景[J].火山地质与矿产,2001,22(3):206-213.

唐永成,吴言昌,储国正,等.安徽沿江地区铜金多金属矿床地质[M].北京:地质出版社,1998.

陶奎元.再论永梅会矿集区的找矿方向[J].火山地质与矿产,1998,19(4):295-303.

陶琰,高振敏,马德云,等.个旧锡矿阿西寨矿段化探异常分带及找矿意义[J].矿物学报,2004,24(2):143-148.

陶琰,高振敏,王奖臻,等.个旧锡矿土壤次生晕地球化学勘查的可行性分析[J].地质与勘探,2002,38(5):53-56.

万渝生.辽宁弓长岭含铁岩系的形成与演化[M].北京:科学技术出版社,1993.

汪新,马瑞士.怀玉山蛇绿混杂岩及古碰撞缝合线的确定[J].南京大学学报(地球科学),1989(1-2):72-81.

汪志芬.关于个旧锡矿成矿作用的几个问题[J].地质学报,1983,57(2):154-163.

王恩德,夏建明,赵纯福,等.弓长岭铁矿床磁铁富矿形成机制探讨[J].地质学报,2012,86(11):1761-1772.

王继伦,李善芳,齐文秀,等.中国金矿物探、化探方法技术的研究与应用[M].北京:地质出版社,1997.

王金荣.北祁连造山带东段早古生代构造岩浆作用及成矿的研究[D].兰州:兰州大学,2006.

王金荣,郭原生,翟新伟,等.甘肃白银厂矿田早中寒武世火山岩形成的构造环境[J].高校地质学报,2003,9(1):89-98.

王立文.苏联地质部推广"预测普查组合"取得明显地质效果和经济效益[J].地质科技资料选编(一一九),地质矿产部情报研究所,1988.

王培宗,陈耀安,曹宝庭,等.福建省地壳—上地幔结构及深部构造背景的研究[J].福建地质,1993,12(2):79-158.

王平安,陈毓川.秦岭造山带构造-成矿旋回与演化[J].地质力学学报,1997,3(1):10-19.

王少怀.紫金山金、铜矿集区大比例尺成矿预测研究——紫金山矿田及外围找矿[D].北京:中国地质科学院,2007.

王希今,胡忠贤,李永胜,等.黑龙江省滨东地区 Cu-Pb-Zn-W-As-Sb-Bi-Au-Ag 地球化学块体矿产资源潜力预测[J].地质与资源,2007,16(2):91-94.

王学求,程志中,迟清华,等.吐哈盆地砂岩型铀矿战略性地球化学调查与评价[J].地质与勘探,2002(38):148-151.

王学求.勘查地球化学近十年进展[J].矿物岩石地球化学通报,2013,32(2):190-197.

王学求,申伍军,张必敏,等.地球化学块体与大型矿集区的关系:以东天山为例[J].地学前缘,2007,14(5):116-123.

王学求,谢学锦.金的勘查地球化学:理论与方法·战略与战术[M].济南:山东科学技术出版社,2000.

王学求,叶荣.纳米金属微粒发现——深穿透地球化学的微观证据[J].地球学报,2011,

32(1):7-12.

王学求.巨型矿床与大型矿集区勘查地球化学[J].矿床地质,2000,19(1):76-87.

王学求.深穿透勘查地球化学[J].物探与化探,1998,22(3):166-169.

王雅丽,李磊.个旧老厂细脉型锡矿床包裹体地球化学特征研究[J].云南地质,1999,18(1):36-46.

王彦斌,刘敦一,曾普胜,等.安徽铜陵地区幔源岩浆底侵作用的时代——朝山辉石闪长岩锆石 SHRIMP 定年[J].地球学报,2004,25(4):423-427.

王彦斌,刘敦一,曾普胜,等.铜陵地区小铜官山石英闪长岩锆石 SHRIMP 的 U-Pb 年龄及其成因指示[J].岩石矿物学杂志,2004,23(4):298-304.

王燕茹,王庆飞,刘学飞,等.河南渑池铝土矿成矿区地球化学背景[J].地质与勘探,2012(3):526-532.

王杨成,李路瑶,张京渤,等.个旧锡矿高松矿田矿体控矿因素及找矿规律研究[J].有色金属(矿山部分),2016,68(2):36-69.

王振民,付玉琴.福建省上地幔结构与岩石矿物的基本特征[J].福建地质,2001,20(1):7-28.

王志宏,郑娇.大台沟铁矿的成因及找矿标志[J].辽宁科技大学学报,2010,33(4):353-355.

王志辉,王润民.伊犁阿希矿化角砾岩筒型金矿床[J].成都理工学院学报,1995,22(1):917-700.

温同想.河南石炭纪铝土矿地质特征[J].华北地质矿产杂志,1996,11(4):491-511.

邬介人,黄玉春,赵统.西北海相火山岩地区块状硫化物矿床[M].武汉:中国地质大学出版社,1994.

吴才来,高前明,国和平,等.铜陵中酸性侵入岩成因及锆石 SHRIMP 定年[J].岩石学报,2010,26(9):2630-2652.

吴才来,周珣若,黄许陈,等.铜陵地区中酸性侵入岩年代学研究[J].岩石矿物学杂志,1996,15(4):299-306.

吴承烈,朱炳球,徐外生.普查评价斑岩铜矿的化探方法[G]//物化探研究报导(3).地球物理探矿研究所,1978:117-144.

吴淦国,张达,藏文拴.铜陵矿集区构造滑脱与分层成矿特征研究[J].中国科学 D 辑:地球科学,2003,33(4):300-308.

吴淦国,张达,狄永军,等.铜陵矿集区侵入岩 SHRIMP 锆石 U-Pb 年龄及其深部动力学背景[J].中国科学 D 辑:地球科学,2008,38(5):630-645.

吴功建,高锐.在中国用物探和化探方法找锡矿床的成果和展望[A]//锡矿地质讨论会论文集.北京:地质出版社,1987.

吴国炎,姚公一,吕夏,等.河南铝土矿床[M].北京:冶金工业出版社,1996.

吴国炎.华北铝土矿的物质来源及成矿模式探讨[J].河南地质,1997,15(3):161-166.

吴言昌,曹奋扬,常印佛.初论安徽沿江地区成矿系统的深部构造-岩浆控制[J].地学前缘,1999,6(2):92-103.

伍岳,刘汉彬,董秀康.EH4电导率成像系统在砂岩型铀矿床上的应用研究[J].铀矿地质,1998,14(1):32-37.

西南冶金地质勘探公司三〇八队.个旧锡矿地质[M].北京:冶金工业出版社,1984.

西南有色地勘局三〇八地质勘探队地质研究室.某矽卡岩型锡、铜矿床的成矿特点[J].地质与勘探,1974(4):9-14.

奚小环.1999—2001·勘查地球化学·资源与环境[J].物探与化探,2003,27(1):1-6,12.

夏斌,涂光炽,陈根文,等.超大型斑岩铜矿床形成的全球地质背景[J].矿物岩石地球化学通报,1991,19(4):406-408.

夏林圻,夏祖春.北祁连山早古生代洋脊-洋岛和弧后盆地火山作用[J].地质学报,1998,72(4):301-312.

夏林圻,夏祖春,徐学义.北祁连山奥陶纪弧后盆地火山岩浆成因[J].中国地质,2003(1):48-60.

夏林析,夏祖春,徐学义.北祁连山海相火山岩岩石成因[M].北京:地质出版社,1996.

夏祖春,夏林圻,徐学义.北祁连山元古代末—寒武纪海相火山作用与成矿作用的关系[J].西北地质科学,1995,16(1):29-38.

肖克炎,邢树文,丁建华,等.全国重要固体矿产重点成矿区带划分与资源潜力特征[J].地质学报,2016,90(7):1269-1280.

肖骑彬,蔡新平,徐兴旺,等.浅层地震与MT联合技术在隐伏金属矿床定位预测中的应用——以新疆哈密图拉尔根铜镍矿区为例[J].矿床地质,2005,24(6):676-683.

谢学锦,刘大文,向运川,等.地球化学块体——概念与方法学的发展[J].中国地质,2002,29(3):225.

谢学锦,邵跃,王学求.走向21世纪矿产勘查地球化学[M].北京:地质出版社,1999.

谢学锦,向运川.巨型矿床的地球化学预测方法[M].北京:地质出版社,1999.

谢学锦.区域化探全国扫面工作方法的讨论[J].物探与化探,1979(1):18-26.

谢学锦.用新观念与新技术寻找巨型矿床[J].科学中国人,1995(5):14-16.

熊光楚,石盛滕.个旧锡矿区物理-地质模型及应用效果[J].地质论评,1994,40(1):19-27.

熊鹏飞,池顺都,李紫金,等.中国若干主要类型铜矿床勘查模式[M].武汉:中国地质大学出版社,1994.

熊盛青,陈斌,于长春,等.地下煤层自燃遥感与地球物理探测技术[M].北京:地质出版社,2006.

熊盛青.发展中国航空物探技术有关问题的思考[J].中国地质,2009,36(6):1366-1374.

熊盛青."十五"以来我国航空物探进展与展望[J].物探与化探,2007,31(6):479-484.

熊盛青.航空物探"九五"科技进展综述[J].物探与化探,2002,26(1):1-5.

熊盛青.我国航空重磁勘探技术现状与发展趋势[J].地球物理学进展,2009,24(1):113-117.

徐备,郭令智,施央申.皖浙赣地区元古代地体和多期碰撞造山带[M].北京:地质出版社,1992.

徐备,乔广生.赣东北晚元古代蛇绿岩套的Sm-Nd同位素年龄及原始构造环境[J].南京大学学报(地球科学),1989(3):108-114.

徐明才,高景华,荣立新,等.地面地震层析成像和高分辨率地震联合勘探技术[J].地质与勘探,2005,41(4):83-87.

徐述平.招平断裂带金矿勘查模型与成矿预测[D].北京:中国地质大学(北京),2009.

徐晓春,白茹玉,谢巧勤,等.安徽铜陵中生代侵入岩地球化学特征再认识及成因讨论[J].岩石学报,2012,28(12):3139-3169.

徐晓春,陆三明,谢巧勤,等.安徽铜陵狮子山矿田岩浆岩锆石SHRIMP定年及其成意义[J].地质学报,2008,82(4):501-509.

徐晓春,尹滔,楼金伟,等.铜陵冬瓜山层控矽卡岩型铜金矿床的成因机制:S同位素制约[J].岩石学报,2010,26(9):2739-2750.

徐兆文,陆现彩,高庚,等.铜陵冬瓜山层状铜矿同位素地球化学及成矿机制研究[J].地质论评,2007,53(1):44-51.

许顺山,吴淦国,江万,等.分形在紫金山矿床中的应用[J].地质与勘探,1999,35(5):50-52.

薛纪越,孙涛,张文兰,等.斜方蓝辉铜矿在我国的发现及其微结构[J].矿物学报,2000,20(1):9-12.

闫秋实,尹观.甘肃白银厂矿田锆石红外光谱特征和地质年龄估测[J].矿物岩石地球化学通报,2004,23(1):52-56.

杨金中,赵玉灵,沈远超.可控源音频大地电磁法在矿体定位预测中的应用——以山东省乳山市蓬家夼金矿床为例[J].地质科技情报,2000,19(3):107-112.

杨军华,刘庆生,等.福建省上杭县紫金山金、铜矿床地球化学模式研究及盲矿预测(科研报告)[R].福州:福建省地质勘查技术院,1993.

杨立强,邓军,王中亮,等.胶东中生代金成矿系统[J].岩石学报,2014,30(9):2447-2467.

杨森楠.华南裂陷系的建造特征和构造演化[J].地球科学,1989,14(1):29-36.

杨彦峰,杨生,周振义.CSAMT在陕西凤太地区寻找隐伏金属矿上的应用[J].地质找矿论丛,2002,17(2):131-135.

杨振军,刘国范,马庚杰.豫西铝土矿成矿地质条件及找矿前景[J].矿产与地质,2005,19(3):280-185.

杨子江,胡志国,韦天设,等.江西银山铜铅锌金银矿床[M].北京:地质出版社,1996.

姚敬金,张素兰,曹洛华,等.中国主要大型有色、贵金属矿床综合信息找矿模型[M].北京:地质出版社,2002.

姚涛,陈守余,廖阮颖.地球化学异常限不同确定方法及合理性探讨[J]地质找矿论丛,2011,26(1):96-101.

叶德隆,邓晋福,孙平,等.皖南蛇绿岩的初步研究[J].地球科学,1991,16(2):143-152.

叶德隆,叶松,王群,等.德兴式斑岩型矿床的构造-岩浆-成矿体系[J].地球科学——中国地质大学学报,1997,22(3):252-256.

叶松,王群,莫宣学.江西德兴银山火山岩-次火山岩岩石学研究[J].现代地质,1998,12(3):353-359.

叶松,叶德隆,莫宣学,等.深源岩浆作用与江西德兴大型矿集区成矿关系[J].高校地质学报,1999,5(4):395-404.

尹冰川,谢学锦.地球化学省的概念、特征及其与成矿省的系[J].长春地质学院学报,1994,24(1):37-43.

游志成.江西铜的成矿岩体与非成矿岩体的判别标志[J].地质论评,1988,34(1):45-53.

袁跃清.河南省铝土矿床成因探讨[J].矿产与地质,2005,19(1):52-56.

曾键年.岩浆岩体含矿性评价的某些常量元素标志[J].地质科技情报,1990,9(2):75-79.

曾庆栋,刘铁兵,李光明,等.新疆布尔克斯岱金矿床成矿远景[J].地质与勘探,2004,40(4):17-20.

翟东兴,刘国明,陈德杰,等.河南省陕-新铝土矿带矿床地质特征及其成矿规律[J].地质与勘探,2002,38(4):41-44.

翟明国.华北克拉通的形成演化与成矿作用[J].矿床地质,2010(1):24-36.

翟裕生,林新多,姚书振.长江中下游地区铁铜(金)成矿规律[M].北京:地质出版社,1992.

翟裕生,吕古贤.构造动力体制转换与成矿作用[J].地球学报,2002,23(2):97-102.

翟裕生.区域构造、地球化学与成矿[J].地质调查与研究,2003,26(1):1-7.

翟裕生,姚书振,周宗桂,等.长江中下游地区铁铜金矿床矿田构造研究[M].武汉:中国地质大学出版社,1999.

张爱萍.安徽铜陵凤凰山矽卡岩铜矿床特征和成因[D].北京:中国地质大学(北京),2015.

张达,吴淦国,李东旭.铜陵凤凰山岩体接触带构造变形特征[J].地学前缘,2001,8(3):223-229.

张大顺,郑世书,孙亚军,等.地理信息系统技术及其在煤矿水灾预测中的应用[M].徐州:中国矿业大学出版社,1994.

张德全,丰成友,李大新,等.紫金山地区斑岩浅成热液成矿系统的成矿流体演化[J].地球学报,2005,26(2):127-136.

张德全,李大新,赵一鸣,等.紫金山矿床:我国大陆首例石英-明矾石型浅成低温热液矿床[J].地质论评,1991,37(6):481-491.

张德全,佘宏全,李大新,等.紫金山地区的斑岩-浅成热液成矿系统[J].地质学报,2003,77(2):2517-1761.

张德全,佘宏全,阎升好,等.福建紫金山地区中生代构造环境转换的岩浆岩地球化学证据[J].地质论评,2001,47(6):608-616.

张德全、李大新,赵一鸣,等.紫金山铜金矿床蚀变和矿化分带[M].北京:地质出版社,1992.

张发荣.白银地区前寒武纪火山岩的构造环境探讨[J].甘肃科学学报,1995(1):74-80.

张汉成.建立典型矿床地质地球化学异常模型指导成矿预测——以白银矿田为例[J].现代地质,2000,14(4):417-422.

张红涛.EH4在本溪大台沟地区隐伏铁矿探测的研究[D].沈阳:东北大学,2008.

张宏强,王忠.地球化学块体资源预测在甘肃金矿的应用[J].甘肃地质,2006,15(2):48-54.

张洪培,刘继顺,方维萱,等.甘肃白银折腰山型和石青硐型块状硫化物矿床综合信息找矿模型研究[J].矿床地质,2003,22(4):408-414.

张建东.个旧锡矿花岗岩接触—凹陷带空间展布特征、控矿机理及空间信息成矿预测研究[D].长沙:中南大学,2007.

张璟,邵军,鲍庆中,等.辽宁本溪大台沟铁矿地质特征及找矿标志[J].地质与资源,2014(4):343-351+356.

张璟.西鞍山铁矿典型矿床研究与"鞍山式"铁矿深部预测[D].长春:吉林大学,2010.

张连昌,翟明国,万渝生,等.华北克拉通前寒武纪BIF铁矿研究:进展与问题[J].岩石学报,2012(28):3431-3445.

张连昌,张晓静,崔敏利,等.华北克拉通BIF铁矿形成时代与构造环境[J].矿物学报,2011(增刊):666-667.

张明维.赣东北地区含矿建造特征及成矿富集条件[J].华东矿产地质,1991(2):53-62.

张平.西鞍山铁矿石物质成分研究[A]//王可南,姚培慧.中国铁矿床综论.北京:冶金工业出版社,1992.

张秋生.辽东半岛早期地壳与矿床[M].北京:地质出版社,1988.

张寿庭,徐旃章,郑明华.甚低频电磁法在矿体空间定位预测中的应用[J].地质科技情报,1999,18(4):85-88.

张万良.相山、银山、紫金山次英安斑岩的对比研究[J].地质与勘探,2001,37(4):39-42.

张文佑,汪一鹏,李兴唐.华北断块区的形成和发展[M].北京:科学出版社,1979.

张运香,林全胜.福建紫金山铜矿补充储量计算微机应用[J].福建地质,1992(4):191-95.

张赞赞,徐晓春,何苗,等.安徽铜陵冬瓜山铜金矿床蚀变特征及分带[J].矿床地质,2012,31(增刊):397-398.

赵崇贺,何科昭,莫宣学,等.赣东北深断裂带蛇绿混杂岩中含晚古生代放射虫硅质岩的发现及其意义[J].科学通报,1995,40(23):2161-2163.

赵海如,李白祥.甘肃省白银厂地区物化探大比例尺铜、多金属矿成矿预测报告[R].张掖:甘肃省地矿局物探队,1990.

赵鹏大,陈永清,金友渔.基于地质异常的"SP"找矿地段的定量圈定与评价[J].地质论评,2000,46(增刊):6-16.

赵鹏大,陈永清.地质异常矿体定位的基本途径[J].地球科学,1998,23(2):111-114.

赵鹏大,池顺都.初论地质异常[J].地球科学,1991,16(3):241-248.

赵鹏大,池顺都.当今矿产勘探问题的思考[J].地球科学,1998,23(1):70-74.

赵鹏大,池顺都,陈永清.查明地质异常——成矿预测的基础[J].高校地质学报,1996,2(4):361-373.

赵鹏大.矿产勘查理论与方法[M].武汉:中国地质大学出版社,2006.

赵社生,柴东浩,字国良.山西地块G层铝土矿同位素年龄及其地质意义[J].金属矿山,2001(8):5-9.

赵锡岩,翟东兴,张巧梅,等.豫西铝土矿成矿时代初探[J].矿产与地质,2002,16(2):95-97.

郑宝鼎.辽宁省鞍山—本溪地区太古代花岗质岩石绿岩地体中层控磁铁富矿矿床[A]//王可南,姚培慧.中国铁矿床综论[M].北京:冶金工业出版社,1992.

周建平,徐克勤,华仁民,等.滇东南锡多金属矿床成因商榷[J].云南地质,1997,16(4):309-349.

周圣华,鄢云飞,李艳军.矿产勘查中的物化探技术应用与地质效果[J].地质与勘探,2007,43(6):58-62.

周世泰.鞍山—本溪地区条带状铁矿地质[M].北京:地质出版社,1994.

周世泰.我国太古宙条带状铁矿研究进展及展望[J].地质与勘探,1997,33(3):1-7.

周肃,邱瑞照,陈好寿.福建紫金山金、铜矿床氢氧同位素组成特征及与成矿关系的研究[J].福建地质,1994(2):94-100.

周耀华,梅占魁,王传松,等.德兴斑岩铜矿物质来源之刍议[J].江西地质科技,1981(1):32-41.

周耀华.江西某地斑岩铜(钼)矿田地质成矿特征[A].地质科学院地质矿产所.铁铜矿产专辑(5)[C].北京:地质出版社,1975.

朱炳球,徐外生,吴承烈.斑岩铜(钼)矿床原生地球化学异常[C]//张本仁.勘查地球物理勘查地球化学文集(第2集)——金属矿床勘查地球化学研究专集.北京:地质出版社,1985.

朱钧,张景垣.试论浙皖赣深断裂带[J].地质论评,1964,22(2):91-98.

朱恺军,范宏瑞.江西金山金矿床层控成因的地质地球化学证据[J].地质找矿论丛,1991,6(4):18-27.

朱训,黄崇轲,芮宗瑶,等.德兴斑岩铜矿[M].北京:地质出版社,1983.

庄永秋,王任重,杨树培,等.云南个旧锡多金属矿床[M].北京:地震出版社,1996.

左国朝,刘寄陈.北祁连早古生代大地构造演化[J].地质科学,1987(1):14-24.

左国朝.甘肃白银厂黄铁矿型多金属矿床火山岩系的时代[J].中国地质,1985(3):17-18.

Arehart G B, kesler S E, O'Neil J R, et al. Evidence for the supergene origin of alunite in sediment-hosted micron gold deposits, Nevada[J]. ECONOMIC GEOLOGY, 1992, 87(2):2617-1770.

Cao J J, Hu R Z, Liang Z R, et al. TEM observation of geogas–carried particles from the Changkeng concealed gold deposit, Guangdong Province, South China[J]. Journal of Geochemical Exploration, 2009, 101(3):247-253.

Singer D A.世界级金银铜铅锌矿床的定量分析[J].地质地球化学,1996,6:5-13.

Tu G Z. The Unique nature ore composition, Geological background and metallogenic mechanism of non convention superlarge ore deposits: A Preliminary discussion[J]. SCIENCE IN CHINA(Series D), 1998, 41(5):1-6.

Xie X J, Yin B C. Geochemical patterns from local to global[J]. Journal of Geochemical Exploration, 1993, 47:109-129.

Xie X J. The Surfacial geochemical expressions of giant ore deposits [A]. In: Whiting, B. H., Hodgson, C. J. and Mason, R., Giant Ore Deposits II. Kingston: Queen's University. 1995.

Xue Q, Wang S F, Xu B M, et al. Deep–penetrating geochemistry for sandstone-type uranium deposits in the Tur-pan- Hami basin, north-western China[J]. Applied Geo-chemistry, 2011, 26:2238-2246.

Ye S, Ye D L, Mo X X, et al. Tectonomagmatic metallogenic system of Dexing ore field, Jiangxi, China[J]. Journal of China University of Geosciences, 1999, 10(1):72-75.

Каждан А Б. Поиски и разведка месторождений полезных ископаемых——произвоство геолого–разведочных работ[M].Москва:Недра,1985.

Каждан А Б. Советская геология.,1987(2):63-69.

Каждан А Б. Поиски и разведка месторождений полезных ископаемых——научные основы поисков и разведки[M].Москва:Недра,1984.

Кривцов А И и др. 建立最佳"预测普查组合"的原则和方法[C]//地质矿产部情报研究所.地质科技资料选编(一一九)[M].王立文,译.1982.

Кривцов А И и др. Советская геология,1983,1:17-27.

Чумаченко Б А и др. Системный анализ при геологической оценке перспектив рудоносности территорий,Москва:Недра,1980.

图书在版编目(CIP)数据

金属矿产系统勘查学/池顺都编著. —武汉:中国地质大学出版社,2019.10(2023.11重印)
ISBN 978-7-5625-4630-6

Ⅰ.①金…
Ⅱ.①池…
Ⅲ.①金属矿物-矿产勘探-研究-中国
Ⅳ.①TD85

中国版本图书馆CIP数据核字(2019)第204099号

金属矿产系统勘查学		池顺都	编著
责任编辑:张燕霞		责任校对:马 严	
出版发行:中国地质大学出版社(武汉市洪山区鲁磨路388号)		邮政编码:430074	
电 话:(027)67883511	传 真:67883580	E-mail:cbb @ cug.edu.cn	
经 销:全国新华书店		http://cugp.cug.edu.cn	
开本:787毫米×1 092毫米 1/16		字数:608千字	印张:23.75
版次:2019年10月第1版		印次:2023年11月第2次印刷	
印刷:武汉市籍缘印刷厂			
ISBN 978-7-5625-4630-6		定价:58.00元	

如有印装质量问题请与印刷厂联系调换